# 建筑工程质量百问

## （第三版）

王宗昌　编著

中国建筑工业出版社

**图书在版编目（CIP）数据**

建筑工程质量百问/王宗昌编著. —3版. —北京：中国建筑工业出版社，2017.10
ISBN 978-7-112-21348-1

Ⅰ.①建… Ⅱ.①王… Ⅲ.①建筑工程-工程质量-问题解答 Ⅳ.①TU712.3-44

中国版本图书馆CIP数据核字（2017）第252233号

**建筑工程质量百问**
（第三版）
王宗昌 编著

*

中国建筑工业出版社出版、发行（北京海淀三里河路9号）
各地新华书店、建筑书店经销
北京科地亚盟排版公司制版
环球东方（北京）印务有限公司印刷

*

开本：850×1168毫米 1/32 印张：15⅞ 字数：411千字
2018年2月第三版 2018年2月第九次印刷
定价：**48.00**元
ISBN 978-7-112-21348-1
（31071）

本书采用问答形式，依据最新的施工类和质量验收类规范编写，着重关注施工质量控制的热点问题。

本书的主要内容包括：建筑地基与基础工程；地下室及地下工程；砌体工程；门窗与外墙防渗漏工程；楼面及地面工程；屋面工程；混凝土及钢筋混凝土工程；给水排水及消防工程；建筑电气工程；后浇带工程十个方面。

本书供施工人员、质量人员、监理人员和材料人员使用。

责任编辑：尹珺祥　郭　栋
责任校对：李欣慰　王　瑞

# 前　　言

《建筑工程质量百问》于1999年2月初版，书中共涉及11个分部内容，113个问题及解答，至2004年底先后印刷过6次。当时考虑到自初版已经过6年的建设发展实践应用，国家也修订完善了大量的规范标准和规程，问答内容不能满足当时的建设技术需要，因此又重新编写了《建筑工程质量百问》（第二版），于2005年5月出版。书中共10个分部内容，103个问题及解答。第二版至今已走过了12年的历程，国内外建筑科学技术、设计理念、新材料研发应用、新工艺质保措施都得到空前巨大的发展提升，以前的施工质量保证措施远远满足不了当前发展的需求，作者认为有必要进行第三次修订出版，以便从事及热爱建筑技术工作的同仁参考借鉴。

作者从事各类建筑工程深入现场，参与技术质量及监督管理工作50多年，在实践中亲身经历了我国建筑业的技术发展与取得的巨大进步，紧跟建筑技术步伐学习、理解、熟悉各类工程工艺过程中细部操作控制的方法和技术要求，对工序的做法合格与否十分清晰，在对各类工程实践应用总结的基础上，结合现行国家标准、规范及行业规程，从工程应用及施工质量控制中产生的通病及防治为主，提出具体问题并分析其原因，并介绍经实践证明是符合现行质量验收标准且行之有效的技术控制方法措施，希望能给施工现场忙于施工的技术及管理人员，从事建筑行业的同行学习，以便共同提升工程质量。

第三版的主要内容包括：建筑地基与基础工程，地下室与地下工程，砌体工程，门窗与外墙防渗漏工程，楼面及地面工程，屋面工程，混凝土及钢筋混凝土工程，给水排水及消防工程，建筑电气工程及后浇带工程10个分部工程，共涉及质量问题107个。在百问的写作构思中，力求问题全面、系统，通俗易懂，突出实用性、针对性和可操作性，围绕工序质量过程，切实以质量标准及规范的预防、控制通病为主。

本书适用于现场技术人员、工程施工管理人员、建筑设计人员，建设监理及质量检查员、工程监督、建筑专业院校师生学习借鉴，使这些工作繁忙又无一定时间顾及学习标准、规范的专业人员，能够尽快熟悉和掌握新的技术规范、项目细部操作、控制质量问题的方法等，使建筑工程的质量达到设计和验收规范的要求。

在本书出版发行之际，感谢国家建设部原总工程师许溶烈、姚兵、金德钧教授的鼓励与多年关怀；感谢克拉玛依市建设局韩斌局长等领导；感谢克拉玛依石化公司、设计院、监理公司等单位同事的关心与长期支持。尤其感谢中国建筑工业出版社多年的友好合作及责任编辑老师的辛勤劳作，使拙作再次同读者见面。

在百问写作中参考了一些技术专著及文献资料，在此一并衷心感谢。因作者在建设实践活动中，所处地区的局限性和自身知识面的不全面，难免存在一定的欠缺和不足，恳请热诚读者批评指正，有机会再次修订时予以纠正。

# 目　　录


一、建筑地基与基础工程 …………………………………… 1

1.1 如何控制桩基础施工测量的质量? ……………………… 1

1.2 建筑基础水文及地质勘察应重视哪些问题? ………… 6

1.3 桩基工程如何控制施工质量? ………………………… 12

1.4 怎样控制建筑工程中桩基工程的施工质量? ……… 15

1.5 如何处理软弱土地基? …………………………………… 17

1.6 如何控制钻孔混凝土灌注桩的施工质量? ………… 21

1.7 如何预防钻孔灌注桩的质量事故? ………………… 25

1.8 怎样控制水泥稳定碎石基层的施工质量? ………… 31

1.9 黄土地基工程质量问题如何处理? ………………… 37

1.10 如何对条形基础及基础托换进行处理? ………… 46

1.11 如何对建筑物不良地基进行处治? ………………… 56

1.12 如何监测建筑基坑的安全? ………………………… 64

二、地下室及地下工程 ……………………………………… 68

2.1 地下室与基础的设计应注意哪些问题? …………… 68

2.2 高层建筑地下室如何进行设计处理? ……………… 71

2.3 如何控制地下大体积混凝土产生的裂缝? ………… 76

2.4 高层建筑地下室施工应注意哪些问题? …………… 79

2.5 如何对地下室混凝土施工常见问题进行控制? …… 83

2.6 高层地下室防水工程质量如何控制? ……………… 86

2.7 如何做好地下工程防水的施工质量? ……………… 90

2.8 如何防治地下室墙体裂缝? ………………………… 94

2.9 测量技术在城市地下管网中如何应用? …………… 98

2.10 如何进行地下连续墙工程的施工? ……………… 100

2.11 如何控制地下混凝土工程裂缝? ………………… 104

2.12 地下人防洞口常见质量问题如何控制？ …………… 110

三、砌体工程 ……………………………………………… 117
3.1 砖砌体的砌筑工艺要求有哪些？ ………………… 117
3.2 砖砌体施工应注意的重点有哪些？ ……………… 122
3.3 混凝土多孔砖及其施工如何控制？ ……………… 125
3.4 怎样控制砖混结构房屋的施工质量？ …………… 129
3.5 混凝土小型空心砌块房屋变形裂缝如何防治？ …… 133
3.6 多孔砖砌筑施工中有哪些问题？如何处理？ …… 137
3.7 砌筑房屋墙体裂缝产生的原因及防治措施有哪些？ … 141
3.8 砖混结构墙体裂缝的原因是什么？如何防治？ …… 146
3.9 多层砖混结构房屋施工质量如何控制？ ………… 154
3.10 填充墙砌体裂缝如何防治及处理？ …………… 158
3.11 如何设置砌体结构的圈梁和构造柱？ ………… 162
3.12 如何解决框架结构填充墙的渗漏？ …………… 166
3.13 砖墙砌筑施工技术控制的内容有哪些？ ……… 173
3.14 墙体砌筑施工中如何留槎才符合要求？ ……… 177
3.15 如何防治混凝土砌块墙体的裂缝？ …………… 180
3.16 砌筑配筋砌体的施工如何控制？ ……………… 184
3.17 多层住宅小型空心砌块墙体裂缝怎样控制？ …… 189
3.18 如何才能提高砖混结构房屋抗震的技术水平？ … 193
3.19 砌体结构裂缝控制的措施有哪些？ …………… 204

四、门窗与外墙防渗漏工程 ………………………… 212
4.1 门窗的施工安装质量如何控制？ ………………… 212
4.2 塑钢窗制作及安装需重视哪些问题？ …………… 216
4.3 门窗有哪些类型？其作用是什么？ ……………… 220
4.4 铝合金门窗如何防治渗漏水？ …………………… 222
4.5 如何防治建筑外窗部位渗漏水？ ………………… 225
4.6 如何确保住宅建筑施工中不产生渗漏水？ ……… 229

4.7　防止建筑物外墙渗漏的措施有哪些？ …………… 233
4.8　常见住宅渗漏水如何防治？ ………………………… 239

五、楼面及地面工程 ………………………………………… 243
5.1　如何应对现浇混凝土楼面产生的裂缝？ ………… 243
5.2　楼面裂缝的设计施工防治措施有哪些？ ………… 246
5.3　住宅地面返潮的原因及处理方法有哪些？ ……… 250
5.4　地面铺设块材的施工工艺有哪些要求？ ………… 253
5.5　如何预防水泥地面空鼓及起砂？ ………………… 261
5.6　墙地面瓷砖粘贴的质量如何控制？ ……………… 265

六、屋面工程 ………………………………………………… 268
6.1　如何进行坡屋面施工及质量控制？ ……………… 268
6.2　卷材屋面如何进行防水施工？ …………………… 272
6.3　屋面渗漏原因及解决措施有哪些？ ……………… 277
6.4　屋面防水施工如何保证其质量？ ………………… 280
6.5　如何确保房屋屋顶的施工质量？ ………………… 285
6.6　房屋坡屋面施工控制的重点有哪些？ …………… 289
6.7　不同材质卷材屋面防水层施工质量如何控制？ …… 293
6.8　刚性屋面渗漏原因及预防措施有哪些？ ………… 298
6.9　新型屋面防水保温一体化如何施工？ …………… 301
6.10　屋面防水质量通病的控制措施有哪些？ ……… 306
6.11　常见屋面渗漏的原因及防治措施有哪些？ …… 312
6.12　泡沫混凝土保温屋面施工如何控制？ ………… 317

七、混凝土及钢筋混凝土工程 ……………………………… 322
7.1　如何控制大体积混凝土裂缝的产生？如何预防？ … 322
7.2　泵送混凝土施工如何控制其裂缝的产生？ ……… 327
7.3　为什么对钢筋保护层进行控制？其作用是什么？ … 331
7.4　钢筋分项工程的质量如何控制？ ………………… 335

7.5　如何防止大体积混凝土的温度裂缝？ …………… 339
7.6　如何掺加高性能混凝土外加剂？其适应性如何？ … 344
7.7　如何预防和处理混凝土施工裂缝？ ……………… 348
7.8　混凝土建筑结构设计中应重点控制哪些问题？ …… 355
7.9　为防止大体积混凝土产生裂缝，施工应如何控制？ … 361
7.10　如何预防现浇混凝土梁的裂缝？ ……………… 366
7.11　混凝土裂缝的成因是什么？如何预防及处理？ … 371
7.12　如何预防混凝土施工温度裂缝的产生？ ………… 375
7.13　如何进行混凝土现浇楼板裂缝的控制？ ………… 380
7.14　如何防治大体积混凝土的裂缝？ ……………… 384
7.15　梁柱节点不同强度等级的混凝土如何施工？ …… 393
7.16　如何应用补偿收缩混凝土控制结构裂缝？ ……… 396
7.17　高性能混凝土同普通混凝土施工控制有什么不同？ ………………………………………… 402
7.18　建筑工程混凝土施工质量如何控制？ ………… 407
7.19　工程常见混凝土裂缝的预防措施有哪些？ ……… 410
7.20　如何认识与控制大体积混凝土的裂缝？ ………… 414

**八、给水排水及消防工程** ……………………………… 420
8.1　住宅给水排水设计的实用细节有哪些？ ………… 420
8.2　建筑房屋给水排水工程施工质量如何控制？ …… 423
8.3　高层建筑给水排水系统如何施工与安装？ ……… 428
8.4　如何监督好给水排水设施的施工？ …………… 432
8.5　建筑给水工程施工质量控制的重点有哪些？ …… 437
8.6　如何提高建筑给水排水施工技术？ …………… 440
8.7　塑料管材根据其特点在应用中需注意哪些问题？ … 443
8.8　如何防治水暖与土建安装相互配合中的质量通病？ … 457

**九、建筑电气工程** ………………………………… 461
9.1　如何进行电气安装施工的质量控制？ ………… 461

9.2 如何制定电气系统的施工方案及技术措施？ ……… 464
9.3 建筑电气施工质量的应对措施有哪些？ ……………… 467
9.4 建筑防雷工程施工常见问题的处理措施有哪些？ … 471
9.5 智能建筑防雷击工程的技术要求有哪些？ ………… 475
9.6 民用建筑防雷与接地施工质量如何控制？ ………… 480

**十、后浇带工程** ……………………………………………… 483
10.1 现浇混凝土结构中后浇带施工质量如何控制？ … 483
10.2 如何控制后浇带的工程质量？ ……………………… 486
10.3 后浇带在建筑施工中如何应用？ …………………… 489
10.4 后浇带施工技术及质量保证措施有哪些？ ……… 492

主要参考文献 ………………………………………………… 497

# 一、建筑地基与基础工程

## 1.1 如何控制桩基础施工测量的质量？

桩基础是工业和民用建筑工程中常用的一种基础形式，是属于深基础的一种。按桩使用材料，可分为钢筋混凝土桩、钢桩、木桩等；按受力分类，分为摩擦桩和端承桩；按桩的入土方法，可分为打入桩、压入桩和灌注桩等。建筑工程桩基础不论采用何种类型的桩，施工测量都是不可缺少的。建筑工程桩基础施工测量的主要任务为：一是把设计总图上的建筑物基础桩位，按设计和施工的要求，准确地测设到拟建区地面上，为桩基础工程施工提供标志，作为按图施工、指导施工的依据；二是进行桩基础施工监测；三是在桩基础施工完成后，为检验施工质量和为地面建筑工程施工提供桩基础资料，需要进行桩基础竣工测量。

**1. 工程桩基础施工测量技术要求**

设计和施工单位对建筑工程的平面尺寸精度要求不是按测量中误差来确定的，而是按实际长度与设计长度之比的误差来要求的，对长度尺寸精度要求分为两种：一是建筑物外廓主轴线对周围建筑物相对位置的精度，即新建筑物的定位精度；二是建筑物桩位轴线对其主轴线的相对位置精度。

1）建筑物轴线测设的主要技术要求

建筑物桩基础定位测量，一般是根据建筑设计红线或设计单位所提供的测量控制点或基准线与新建筑物的相关数据，首先测设建筑物定位矩形控制网，进行建筑物定位测量；然后，根据建筑物的定位矩形控制网，测设建筑物桩位轴线；最后，再根据桩位轴线来测设承台桩位。

2）对高程测量的技术要求

桩基础施工测量的高程应以设计或建设单位所提供的水准

点作为基准进行引测。在高程引测前，应对原水准点高程进行检测。确认无误后才能使用，在拟建区附近设置水准点，其位置不应受施工影响，便于使用和保存，数量一般不得少于3个以上，应埋设水准点，或选用附近永久性的建筑物作为水准基点。高程测量可按四等水准测量方法和要求进行，其往返较差，附合或环线闭合差不应大于±20$L$mm（$L$为水准路线长度，以km为单位）。桩位点高程测量一般用普通水准仪散点法施测，高程测量误差不应大于±10mm。

**2. 建筑物定位测量**

建筑物的定位是根据设计所给定的条件，将建筑物四周外廓主轴线的交点（简称角桩）测设到地面上，作为测设建筑物桩位轴线的依据，这就是通常所说的建筑物定位测量。由于在桩基础施工时，所有的角桩均要因施工而被破坏，无法保存，为了满足桩基础竣工后续工序恢复建筑物桩位轴线和测设建筑物开间轴线的需要，在建筑物定位测量时，并不是直接测设建筑物外廓主轴线交点的角桩，而是在距建筑物四周外廓5～10m且平行建筑物处，首先测设一个建筑物定位矩形控制网，作为建筑物定位基础；然后，测出桩位轴线在此定位矩形控制网上的交点桩，称之为轴线控制桩（或叫引桩）。

1）编制桩位测量放线图及说明书

为便于桩基础施工测量，在熟悉资料的基础上，在作业前需编制桩位测量放线图及说明书。

（1）确定定位轴线：为便于施测放线，对于平面呈矩形、外形整齐的建筑物，一般以外廓墙体中心线作为建筑物定位主轴线；对于平面呈弧形、外形不规则的复杂建筑物，是以十字轴线和圆心轴线作为定位主轴线；以桩位轴线作为承台桩的定位轴线；

（2）根据桩位平面图所标定的尺寸，建立与建筑物定位主轴线相互平行的施工坐标系统，一般应以建筑物定位矩形控制网西南角的控制点作为坐标系的起算点，其坐标应假设成整数；

（3）为避免桩点测设时的混乱，应根据桩位平面布置图对所有桩点统一编号，桩点编号应由建筑物的西南角开始，按从左到右、自下而上的顺序编号；

(4) 根据设计资料计算建筑物定位矩形网、主轴线、桩位轴线和承台桩位测设数据，并将有关数据标注在桩位测量放线图上；

(5) 根据设计所提供的水准点（或标高基点），拟定高程测量方案。

2) 建筑物的定位

根据设计所给定的定位条件不同，建筑物的定位主要有五种不同形式：一是根据原建筑物定位；二是根据道路中心线（或路沿）定位；三是根据城市建设规划红线定位；四是根据建筑物施工方格网定位；五是根据三角点或导线点定位。

在建筑物定位测量时，可根据设计所给的定位形式，选用直角坐标法、内分法、极坐标法、角度或距离交会法、等腰三角形与勾股弦等测量方法。为确保建筑物的定位精度，对角度的测设均要按经纬仪的正倒镜位置测定，距离丈量必须按精密测量方法进行。

3) 建筑物定位矩形网测量

对建筑物定位矩形网测量，根据工程大小、复杂程度不同，一般采用下列方法：

(1) 定位桩法：若需要测设 $A$、$B$、$C$、$D$ 建筑物时，要根据设计所给定的条件，首先测设出 $A'$ 和 $B'$ 两点，然后根据 $A'$、$B'$ 测设出 $C'$、$D'$ 两点，最后以 $A'$、$B'$、$C'$、$D'$ 定位矩形网为基础，测设 $ABCD$ 建筑物所有的桩位轴线进行建筑物定位。此种方法适用于一般民用建筑和精度要求不高的中小型厂房的定位测量。

(2) 主轴线法：大型厂房或复杂的建筑物，因对定位精度要求高，采用定位桩法不易保证建筑物定位要求。由于主轴线法测设要求严格，误差分配均匀、精度高，但工作量大，主要适用于大型工业厂房或复杂建筑物的定位测量。如要测设 $ABCD$ 厂房时，应根据设计所给的条件首先测设出长轴线 $EOW$；

然后，再以长轴线为基线，用测直角形方法测设出短轴线 $SON$，进行精密丈量和归化；最后，根据长轴线点和短轴线点按直角形法，测设 $A'$、$B'$、$C'$、$D'$各点。经检查满足要求后，才测设 $ABCD$ 建筑物的桩位轴线进行建筑物定位测量。

4）测量质量控制

建筑物定位矩形网点需要埋设直径 80mm、长 350mm 的大木桩，桩位既要便于作业，又要便于保存，并在木桩上钉小铁钉作为中心标志。对木桩要用水泥加固保护，在施工中要注意保护，使用前应进行检查。对于大型或较复杂、工期较长的工程，应埋设顶部为 100mm×100mm、底部为 120mm×120mm、长为 800mm 的水泥桩作为长期控制点。

必须加强检查工作，对桩位测量放线图的所有计算数据。必须经过第二人进行 100％的检查，确认无误后才能到现场测设。在建筑物定位测量成果经检查满足要求后，才能测设建筑物桩位轴线，进行建筑物的定位测量。

**3. 建筑物桩位轴线及承台桩位测设**

1）桩位轴线测设的质量控制

建筑物桩位轴线测设是在建筑物定位矩形网测设完成后进行的，是以建筑物定位矩形网为基础，采用内分法用经纬仪定线精密量距法进行桩位轴线引桩的测设。对复杂建筑物圆心点的测设，一般采用极坐标法。对所测设的桩位轴线的引桩均要打入小木桩，木桩顶上应钉小铁钉作为桩位轴线引桩的中心点位。为了便于保存和使用，要求桩顶与地面齐平，并在引桩周围撒上白石灰。在桩位轴线测设完成后，应及时对桩位轴线间长度和桩位轴线的长度进行检测，要求实量距离与设计长度之差，对单排桩位不应超过±10mm，对群桩不超过±20mm。在桩位轴线检测满足设计要求后，才能进行承台桩位的测设。

2）建筑物承台桩位测设的质量控制

建筑物承台桩位的测设是以桩位轴线的引桩为基础进行测设的，桩基础设计根据地上建筑物的需要，分为群桩和单排桩。

规范规定，3～20 根桩为一组的称为群桩；1～2 根桩为一组的称为单排桩。群桩的平面几何图形分为正方形、长方形、三角形、圆形、多边形和椭圆形等。测设时，可根据设计所给定的承台桩位与轴线的相互关系，选用直角坐标法、线交会法、极坐标法等进行测设。对于复杂建筑物承台桩位的测设，往往设计所提供的数据不能直接利用，而是需要经过换算后才能测设。在承台桩位测设后，应打入小木桩作为桩位标志并撒上白灰，便于桩基础施工。在承台桩位测设后应及时检测，对本承台桩位间的实量距离与设计长度之差不应大于±20mm，对相邻承台桩位间的实量距离与设计长度之差不应大于±30mm。在桩点位经检测满足设计要求后，才能移交给桩基础施工单位进行桩基础施工。

**4. 桩基础竣工测量质量控制**

桩基础竣工测量成果图是桩基础竣工验收重要资料之一，其主要内容：测出地面开挖后的桩位偏移量、桩顶标高、桩的垂直度等，有时还要协助测试单位进行单桩垂直静载试验。

1）恢复桩位轴线

桩基础施工中，由于确定桩位轴线的引桩，往往因施工被破坏，不能满足竣工测量要求，所以首先应根据建筑物定位矩形网点恢复有关桩位轴线的引桩点，以满足重新恢复建筑物纵、横桩位轴线的要求。恢复引桩点的精度要求应与建筑物定位测量时的作业方法和要求相同。

2）单桩垂直静载试验

在整个桩基础工程完成后，测量工作需要配合岩土工程测试单位进行荷载沉降测量，对桩的荷载沉降量的测量一般采用百分表测量；当不宜采用百分表测量时，可采用 $S_{05}$ 或 $S_1$ 精密水准仪和铟瓦尺施测。

3）桩位偏移量测定

桩位偏移量是指桩顶中心点在设计纵、横桩位轴线上的偏移量。对桩位偏移量的允许值，不同类型的桩有不同要求。当所有桩顶标高差别不大时，桩位偏移量的测定方法可采用拉线法，即在原有或恢复后的纵、横桩位轴线的引桩点间分别拉细尼龙绳各一条，然后用角尺分别量取每个桩顶中心点至细尼龙绳的垂直距离，即偏移量，并要标明偏移方向；当桩顶标高相差较大时，可采用经纬仪法。把纵、横桩位轴线投影到桩顶上，然后再量取桩位偏移量，或采用极坐标法测定每个桩顶中心点坐标与理论坐标之差，计算其偏移量。

4）桩顶标高测量

采用普通水准仪，以散点法施测每个桩顶标高，施测时应对所用水准点进行检测，确认无误后才进行施测，桩顶标高测量精度应满足±10mm的要求。

5）桩身垂直度测量

桩身垂直度一般以桩身倾斜角来表示的，倾斜角系指桩纵向中心线与铅垂线间的夹角，桩身垂直度测定可以用自制简单测斜仪直接测定其倾斜角，要求度盘半径不小于300mm，度盘刻度不低于$10'$。

6）桩位竣工图编绘

桩位竣工图的比例尺一般与桩位测量放线图一致，采用1∶500或1∶200，其主要内容包括：建筑物定位矩形网点、建筑物纵横桩位轴线编号及其间距、承台桩点实际位置及编号、角桩、引桩点位及编号。

## 1.2 建筑基础水文及地质勘察应重视哪些问题?

在工程勘察设计施工过程中，水文地质问题始终是一个最为重要但容易被忽视的问题。由于重视不够，导致地下水引起各种岩土工程危害现象。为此，在岩土工程勘察中要查明与岩土工程有关的水文地质问题评估对建筑物的影响，为设计和施工提供必需的水文资料，以减轻地下水对地基的危害。

水文地质勘察是运用地质学、岩土力学、工程地质学和测量学的相关理论，按照既定的勘察程序与方法，利用可靠的测试仪器和钻探技术，调查和本工程有关的工程地质条件和水文地质条件，评价存在与工程有关的工程地质和水文地质现状，为建设工程的设计与施工提供翔实、科学、准确的地质资料。水文地质对工程基础施工尤其重要，但是在具体的工程地质勘察工作中，勘察人员一般会更加注重钻探出来的岩石类型及其工程地质性质、地质结构的研究，而较少直接涉及水文参数的利用。在勘察报告中，大多只是简单地对天然状态下水文地质条件作一个浅要评价，导致时常出现的由地下水引起的各种地基危害存在，给勘察和设计带来较大困难。由此可知，重视工程水文地质勘察对工程地基处理非常关键，而且作用也很重要。

**1. 工程地质勘察中水文地质评价内容**

在许多的建筑基础工程勘察报告中，由于缺少结合基础设计和施工需要而评价地下水对岩土工程的危害，在一些地区已发生多起因地下水造成建筑基础下沉和房屋开裂的质量事故。通过对一些因水文地质问题引起的工程危害分析总结，需要在今后的工程勘察中，对水文地质的评价主要是以下几个方面引起重视：

（1）要重点评价地下水对岩土体和建筑物基础部分的作用影响，预测可能产生的岩土工程危害并提出预防控制措施；

（2）在工程勘察中应密切结合建筑物基础类型的实际需要，查明有关水文地质问题，提供选型所需的水文地质资料；

（3）要查明地下水的天然状态条件的影响，重要的是分析预测在人为活动中地下水的变化情况，还要考虑对岩土体和建筑物的反作用，主要是对基础的浸蚀破坏等影响；

（4）要从工程角度按地下水对工程的影响，提出不同条件下应重点评价的地质问题。例如：对埋藏在地下水位以下的建筑物基础的混凝土及混凝土中钢筋的腐蚀影响；对存在的软质岩石、强风化岩、残积土及膨胀土体作为基础持力层的建筑物用地，要重点评价地下水位活动对上述岩体可能产生的软化、胀缩作用影响等。在地基基础压缩层范围内存在着松散、饱和的粉细砂和粉土时，应预测产生液化、潜蚀、流砂和可能产生的管涌；当基础下部存在承压含水层，要对基础开挖后承压水冲毁基坑底板的可能性进行计算评估；在地下水位以下开挖基坑，要进行渗透性和富水性试验，要评价因为人工降水引起的土体下沉，边坡失稳现象引起周围建筑物稳定性问题。

**2. 岩土水理性质分析评价**

岩土水理性质是指岩土与地下水相互作用时表现出来的各种特性。其水理与物理性质都是重要的工程地质性质。岩土水理性质不仅会影响岩土强度和变形，而且有些特性还直接影响到建筑基础的稳定性。在过去的勘察中对岩土物理力学性能的测试比较重视，而对岩土的水理性质却并不重视，因而对岩土工程地质的评价不够全面。我们知道岩土水理性质是岩土与地下水相互作用而显示出其特性，要分析介绍地下水的贮藏形式及其对岩土水理性质的影响，然后对岩土的几个重要水理性质和测试方法进行浅要介绍。地下水的贮藏形式可以分为结合水、毛细管水和重力水三种。其中，结合水又可分为强结合水和弱结合水两种。

岩土主要的水理性质及其测试办法现在有 5 种：软化性，透水性，崩解性，给水性和膨胀性。

1）软化性

是指岩土体浸水以后，力学强度大幅降低的特性，是用软化系数来表示的，也是判断岩土耐风化、耐水浸能力的指标。在岩石层中易软化岩层时，在地下水作用时往往会形成软弱夹层。各类成分的黏性土层、泥岩和页岩、泥质砂岩等，均普遍存在软化特性。

2）透水性

是指水在重力作用下岩石允许水透过自身的性能。松散岩土的颗粒越细和不均匀，其透水性会变弱。而坚硬岩石的裂隙或岩溶越发育，其透水性会更强。透水性是利用渗透系数来表示的，岩土体的渗透系数是通过抽水试验求得的。

3）崩解性

是指岩土浸水湿化后因土粒连接被削弱破坏，使土体崩散解体的特性。岩土体崩解性与土颗粒成分，矿物成分及结构相关。如广东的残积土试验为例，一般崩解时间为5～24h，崩解量1.79～34，以蒙脱石、水云母和高岭土为主的残积土以散开形式崩解，而以石英为主的残积土多以裂开状崩解为主。

4）给水性

是指在重力作用下饱水岩土可以从孔隙、裂缝中自由流出一定水量的性能，用给水度来表示。给水度是含水层的一个重要水文地质参数，也影响场地疏干时间。给水度一般采用试验室方法测定。

5）膨胀性

是指岩土吸水后体积增大而失水后体积减小的特性，岩土的膨胀性是由于颗粒表面结合水膜吸水变厚而失水变薄造成的。岩土的膨胀性是产生地面裂缝、基坑隆起的重要原因，对地基变形和土坡表面稳定性影响较大。标示岩土胀缩性的指标是膨胀率、自由膨胀率、体缩率、收缩系数等。岩土的水理性质包括持水性、溶水性、毛细管性和可塑性等。

**3. 地下水对建筑基础的危害**

地下水引起对建筑基础的危害，主要是由于地下水位升降变化和地下水动水压力的作用造成。

（1）地下水位的变化对建筑物基础的危害影响极大。如地下水位上升会引起浅地基承载力的降低，在有地震砂土液化的地区会引起液化的加剧，岩土体会产生变形、滑移或崩塌、失稳等不良的地质作用。再者，在寒冷地区产生地下水的冻胀影响。事实上，就建筑物本身来说，若地下水位在基础底面以下压缩层内出现上升状况，水浸湿和软化岩土，造成地基土的强度降低、压缩性增加，建筑物则会产生较大的沉降量，造成地基严重变形。尤其是对于结构不稳定的湿陷性黄土及膨胀土，这种现象更加明显，对于无地下室的建筑防潮也是不利的。

（2）地下水侵蚀性的影响主要反映在水对混凝土、可溶性石材、地下管道及金属材料的侵蚀危害上。突出体现在地下水的侵蚀性和地下水化学性质的腐蚀作用，在工程上是极其有害的，侵蚀性在不停地逐渐进行着，大幅度降低各种材料的耐久年限。

（3）在含水丰富的砂性土层中施工，由于地下水水力出现改变，使土颗粒之间的有效应力降至零，土颗粒悬浮在水中，随着水一起流动，属于流砂，没有任何强度。这种不良地质作用的影响主要表现在建筑基础施工中会出现大量土体流失，导致地面塌陷或是基础下沉变形，给正常施工带来极大困难，也可能直接影响所建工程及附近建筑物的安全。

（4）假若地下水渗流，水力坡度小于临界水力坡度，虽然不会产生流砂现象，但是土中细小颗粒仍然有可能穿过粗颗粒之间孔隙，在长期渗流中带走。其结果是使地基土的强度受到破坏，土中形成空洞，导致地表塌陷，破坏建筑物的安全稳定，此种现象习惯上称作潜蚀。

（5）地下水的不良地质作用中，需要重视的是基坑涌水现象。这种情况出现在建筑物基础下面有承压水时，基坑开挖会减小坑底下承压水上部隔水层的厚度，减少较多会造成承压水的水头压力冲破基坑底板，使水涌出。如果涌水一旦出现，会冲毁基坑、破坏地基，给正在施工的地下工程造成严重损失。另外，当过度开采地下水时，也会使地面沉陷。地面沉陷给工程造成的危害和经济损失是极大的。此类现象比较多，不再举例分析。

**4. 基础建筑对水文地质勘察的要求**

加强岩土水理性质的测试质量。岩土水理性质系指岩土与地下水相互作用时显示出的各种特性。其水理性质与其物理性质都是重要的工程地质性质，而且有的性质会直接影响到建筑物的稳定性。在以往的勘察中，对岩土物理力学性质的测试比较重视，而对岩土的水理性质却不怎么重视，造成对工程地质评价的不全面性。

岩土的水理性质是岩土与地下水相互作用显示的性质，而地下水在岩土中有不同的贮存方式，不同形式地下水对岩土水理性质的影响程度也不同，并同岩土类别有关。现在一般认为，岩土贮存水的形式可分为三种，即结合水、毛细管水和重力水。在结合水中，又可分为强结合水和弱结合水。

1）强结合水

又称吸湿水。吸湿水是被分子力吸附在岩土颗粒周围形成薄弱的水膜，紧附于颗粒表面结合最牢固的一层水，其吸附力可达到10MPa，在强压下的密度接近普通水的两倍，具有极大的黏滞性和弹性，可以抗剪切，但不受重力作用，也不会传递静水压力。

2）弱结合水

又称弱薄膜水，其位于吸着水之外，厚度大于吸着水。弱结合水所受的吸附力小于强结合水，可以在颗粒水膜之间作缓慢的移动，颗粒水在外界压力下可以变形，但同样不受重力影响，并不能传递静水压力。

3）毛细管水

系指由毛细管作用保持在岩土毛细管空隙中的地下水，可以细分为孤立毛细管水、悬挂毛细管水及真正毛细管水。它同时受毛细管力和重力的作用。当毛细管力大于重力时，毛细管水就上升，因此地下水潜水面以上的普通形式是一个与保水带有水力联系的含水量较高的湿水层。毛细管水能传递静水压力并在空隙中垂直上下运动，对岩土体可起到软化的效果。有时，也会引起土的沼泽化或盐渍化，增强岩土土体及地下水对基础材料的腐蚀性。毛细管水在砂土和粉砂土中含量较多时，则在砂砾层含量较少，在黏土中含量最少。

4）重力水

系指在重力作用下可以在岩土孔隙及裂缝中自由活动的水，也就是习惯称作为地下水。它不受分子力的影响，也不能抗剪切，可以传递静水压力。由于重力水在天然和人为作用的影响下，在岩土中的渗透活动非常活跃，对岩土的水理性质有明显的影响。故重力水应是研究水理性质的关键所在。

综上浅述可知，岩土工程中地下水问题占有相当重要的位置，在具体工程中一定要把勘察到的工程所处区域的水文地质条件，制定相应的防护措施和工程计划，确保地下勘察的确实质量。要加强对水文地质的分析，消除地下水对岩土工程的危害，使所建工程的地质勘察准确、可靠，不断提升建筑物的安全性。

## 1.3 桩基工程如何控制施工质量?

### 1. 桩基质量

打桩工程施工工序多，影响桩基质量的因素相对较多，一般有：

（1）工程地质勘察报告不够详尽、准确；

（2）设计的不合理取值；

（3）施工中的各种原因。

桩基施工中，对质量问题及隐患的分析与处理，将影响建筑物的结构安全。常见质量问题的类别及原因有：单桩承载力低于设计值；桩倾斜过大；断桩；桩接头断离；桩位偏差过大五大类。

1）单桩承载力低于设计要求的常见原因：

（1）桩沉入深度不足；

（2）桩端未进入设计规定的持力层，但桩深已达设计值；

（3）最终贯入度过大；

（4）其他，诸如桩倾斜过大、断裂等原因导致单桩承载力下降；

（5）勘察报告所提供的地层剖面、地基承载力等有关数据与实际情况不符。

2）桩倾斜过大的常见原因：

（1）预制桩质量差，其中桩顶面倾斜和桩尖位置不正或变形，最易造成桩倾斜；

（2）桩机安装不正，桩架与地面不垂直；

（3）桩锤、桩帽、桩身的中心线不重合，产生锤击偏心；

（4）桩端遇石子或坚硬的障碍物；

（5）桩距过小，打桩顺序不当而产生强烈的挤土效应；

（6）基坑土方开挖不当。

3）出现断桩的常见原因：

除了桩倾斜过大可能产生桩断裂外，还有其他三种原因：

（1）桩堆放、起吊、运输的支点或吊点位置不当；

（2）沉桩过程中桩身弯曲过大而断裂。如桩制作质量造成的弯曲，或桩细长又遇到较硬土层时锤击产生的弯曲等；

（3）锤击次数过多，如有的设计要求的桩锤击过重、设计贯入度过小，以致施工时锤击过度而导致桩断裂。

4）桩接头断离的常见原因

设计桩较长时，因施工工艺需要，桩分段预制、分段沉入，各段之间常用钢制焊接连接件做桩接头。其原因，还有上、下节桩中心线不重合；桩接头施工质量差，如焊缝尺寸不足等原因。

5）桩位偏差过大的常见原因

测量放线差错；沉桩工艺不良，如桩身倾斜造成竣工桩位出现较大的偏差，打桩过程中施工单位切忌自行处理，必须报监理、业主，然后会同设计、勘察等相关部门分析、研究，做出正确处理方案，由设计部门出具修改设计通知。

**2. 建筑工程桩基施工的技术要点分析**

1）施工顺序要合理

合理的施工顺序能减少施工难度，所以，在施工方案中要认真统筹，依据实际情况合理安排在可能的条件下，应先施工外围桩孔，这部分桩孔混凝土护壁完成后，可保留少量桩孔先不浇筑桩身混凝土，而作为排水井，以方便其他孔位的施工，从而保证了桩孔的施工速度和成孔质量。

2）桩基施工的技术节点控制

（1）施工时，若桩身内部的混凝土强度与预先设计的强度相符时，应将桩静置且经过蒸汽养护后方可施工；在进行沉桩的施工时，利用经纬仪严格的测量，使桩应保持垂直，误差不超过0.5%，因为偏差较大时，会导致桩身容易开裂。

（2）进行接桩的操作施工时，接桩通常采用钢端板焊接的方式。在桩身离地面1m的距离时，即可进行焊接。接桩时，要时刻观察两节桩身的衔接情况，保证圆角和直角相互正对，在桩顶清理干净后要进行定位板的固定；接着，再将上段的桩吊放在下段桩的端板上，利用定位板将上下段的桩接直。如果在两段桩的衔接处有空隙，要利用楔形的铁片加以焊接固定。接头处坡口槽电焊应分三层对称进行，焊接时应减小焊接变形，焊缝连续、饱满；焊后清除焊渣，检查焊缝饱满程度。焊接完成后，应等接头温度与周围环境温差在1℃以内才能沉桩。一般情况下，静压桩等候6min、锤击桩等候8min为宜，不得用水淋等方式快速冷却。

（3）在桩帽和送桩器的选择上，要保持外形上的相互匹配，而且在强度和刚度等的选取上也一定要合格，桩帽和送桩器的下端应采用开孔的方式，来加强桩内部同外界的互通性能，尽量使得每次沉桩的操作都一次到底，避免中间的出现的短暂性停歇；在沉桩的过程中，如果出现贯入度不正常、桩身出现略微的偏差或位移时，为了避免桩身或者桩顶的损坏，应立即停止沉桩，通过分析出现这种情况的原因并且加以解决，接着方可继续施工。

（4）对于空心桩，一般不进行截桩的操作，如果遇到特殊的情况必须要截桩时，应采用机械分割的方法将无须截掉的那部分桩身加以固定；然后，再沿着钢箍的上边缘进行切割，钢箍绝不可以利用人力进行强行截除，可以利用气割法进行切割。

## 1.4 怎样控制建筑工程中桩基工程的施工质量?

打桩过程中当发现质量问题，施工单位切忌自行处理，必须报监理、业主，然后会同设计、勘察等有关部门分析，做出正确的处理方案。由设计部门出具的修改设计通知，一般的处理方法有：补沉法、补桩法、送补结合法、纠偏法、扩大承台法、复合地基法等，下面分别简要介绍。

1）补沉法

预制桩入土深度不足时，或打入桩因土体隆起将桩上抬时，均可采用此法。

2）补桩法

可采用下述两种方法的任一种：

(1) 桩基承台前补桩当桩距较小时，可采用先钻孔、后植桩、再沉桩的方法；

(2) 桩基承台或地下室完成再补静压桩。此法的优点是可以利用承台或地下室结构承受静压桩反力，设施简单，不延长工期。

3）补送结合法

当打入桩采用分节连接、逐根沉入时，差的接桩可能发生连接节点脱开的情况。此时，可采用送补结合法。首先，对有疑点的桩复打，使其下沉，将松开的接头再拧紧，使其具有一定的竖向承载力；其次，适当补些全长完整的桩，一方面补足整个基础竖向承载力的不足，另一方面补充整桩可承受的地震荷载。

4）纠偏法

桩身倾斜但未断裂，而且桩长较短，或因基坑开挖造成桩身倾斜而未断裂，可采用局部开挖后，用千斤顶纠偏复位法处理。

5）扩大承台法

存在以下三种原因，原有的桩基承台平面尺寸满足不了构造要求或基础承载力的要求，而需要扩大基承台的面积：

（1）桩位偏差大。原设计的承台平面尺寸满足不了规范规定的构造要求，可用扩大承台法处理；

（2）考虑桩-土共同作用。当单桩承载力达不到设计要求，需要扩大承台并考虑桩与天然地基共同承担上部结构荷载；

（3）桩基础质量不均匀，防止独立承台出现不均匀沉降，或为提高抗震能力，可采用将独立的承台连成整块，提高基础的整体性或设抗震地梁。

6）复合地基法

此法是利用桩-土共同作用的原理，对地基作适当处理，提高地基承载力，更有效地分担桩基的荷载作用。常用的方法有以下几种：

（1）承台下做换土地基。在桩基承台施工前，挖除一定深度的土，换成砂石填层分层夯填，然后在人工地基和桩基上施工承台。

（2）桩间增设水泥土桩。当桩承载力达不到设计要求时，可采用在桩间土中干喷水泥的方法，形成复合地基基础。

7）修改桩型或沉桩参数

（1）改变桩型：如预制方桩改为预应力管桩等；

（2）改变桩入土深度：例如预制桩过程中遇到较厚的密实粉砂或粉土层，出现桩下沉困难，甚至发生断桩事故。此时，可采用缩短桩长、增加桩数量、取密实的粉砂层作为持力层；

（3）改变桩位：如沉桩中遇到坚硬、不大的地下障碍物，使桩产生倾斜甚至断裂时，可改变桩位重新沉桩；

（4）改变沉桩设备：当桩沉入深度达不到设计要求时，可采用大吨位桩架，采用重锤低击法沉桩。

作为建筑工程的总要组成部分，其桩基工程的施工质量对建筑工程施工质量有着重要的影响。因此，应加强对桩基施工技术的提高改进，才能保障桩基工程的施工质量。

## 1.5 如何处理软弱土地基？

软弱土在工程中主要是指淤泥、淤泥质土和部分冲填土、杂填土及其他高压缩性土。由软弱土组成的地基，称为软弱土地基。淤泥、淤泥质土在工程上统称为软土，由于软土地基的承载力较低，如果不做任何处理，一般不能承受较大的建筑物荷载。所以，在软土地基上修建建筑物，必须重视地基的变形和稳定问题。因此，在软土地基上建造建筑物，要求对软土地基进行处理。地基处理的目的主要是改善地基土的工程性质，达到满足建筑物对地基稳定和变形的要求，包括改善地基土的变形特性和渗透性，提高其抗剪强度和抗液化能力，消除其他不利影响。下面笔者就介绍一下软弱土地基的特点和几种常用的地基处理方法。

**1. 软弱土地基的表现特征**

软弱土系指淤泥、淤泥质土和部分冲填土、杂填土及其他高压缩性土。由软弱土组成的地基，称为软弱土地基。淤泥、淤泥质土在工程上统称为软土，其工程特性如下：

（1）含水量较高，孔隙比较大：据统计，软土的含水量一般为35%～80%，孔隙比为1～2.；

（2）压缩性较高：软土的压缩系数在0.5～1.5$MPa^{-1}$，有些高达4.5$MPa^{-1}$，且其压缩性往往随着液限的增大而增加；

（3）抗剪强度很低：软土的天然不排水抗剪强度一般小于20kPa，其变化范围约在5～25kPa；

（4）渗透性较差：软土的渗透系数一般在$i\times10^{-5}\sim i\times10^{-7}$ mm/s（$i=1$，2…，9）。因此，软土层在自重或荷载作用下达到完全固结所需的时间很长。

（5）具有显著的结构性：特别是滨海相的软土，一旦受到扰动（振动、搅拌或搓揉等），其絮状结构受到破坏，土的强度显著降低，甚至呈流动状态。软土受到扰动后强度降低的特性，可用灵敏度表示。我国东南沿海软土的灵敏度约为4～10，属高灵敏土。

（6）具有明显的流变性：软土在不变的剪应力的作用下，将连续产生缓慢的剪切变形，并可能导致抗剪强度的衰减。在固结沉降完成后，软土还可能继续产生可观的次固结沉降。

软土具有强度低、压缩性较高和渗透性较差等特性，必须重视地基的变形和稳定问题。如果不作任何处理，一般不能承受较大的建筑物荷载。冲填土（吹填土）是在整治和疏通江河时，用挖泥船或泥浆泵把江河或港湾底部的泥沙用水力冲填（吹填）形成的沉积土。冲填土的物质成分比较复杂，如以粉土、黏土为主，则属于欠固结的软弱土，而主要由中砂粒以上组的颗粒组成的，则不属于软弱土。杂填土一般是覆盖在城市地表的人工杂物，包括瓦片、砖块等建筑垃圾、工业废料和生活垃圾等。其主要特性是强度低、压缩性高和均匀性差。

**2. 如何确定地基的处理方法**

1）碾压法与夯实法

碾压与夯实是修路、筑堤、加固地基表层最常用的简易处理方法。通过处理，可使填土或地基表层疏松土孔隙体积减小，密实度提高，从而降低土的压缩性，提高其抗剪强度和承载力。目前，我国常用的有机械碾压、振动压实和重锤夯实，以及 20 世纪 70 年代后发展起来的强夯法等。

（1）机械碾压法：机械碾压法是利用压路机、羊足碾、平碾、振动碾等碾压机械将地基土压实。

（2）振动压实法：振动压实法是通过在地基表面施加振动而将浅层松散土振实的方法，可用于处理砂土和由炉灰、炉渣、碎砖等组成的杂填土地基。

（3）重锤夯实法：重锤夯实法是利用起重机械将夯锤提到一定高度（2.5～4.5m），然后使锤自由落下并重复夯击以加固地基。锤重一般不小于 15kN，经夯击以后，地基表层土体的相对密实度或干密度将增加，从而提高表层地基的承载力。对于湿陷性黄土，重锤夯实可减少表层土的湿陷性；对于杂填土，则可减少其不均匀性；

（4）强夯法：又称动力固结法。其用起重机械将 80～300kN 的夯锤起吊到 6～30m 高度后，自由落下，产生强大的冲击能量，对地基进行强力夯实，从而提高地基承载力，降低其压缩性，是我国目前最为常用、最经济的深层地基处理方法之一。

2）换土垫层法

（1）换土垫层法的原理：换土垫层法是将基础下一定深度内的软弱土层挖去，回填强度较高的砂、碎石或灰土等，并夯至密实的一种地基处理方法。常用的垫层有：砂垫层、砂卵石垫层、碎石垫层、灰土或素土垫层、煤渣垫层、矿渣垫层以及用其他性能稳定、无侵蚀性材料做的垫层等。

（2）垫层的设计要点：垫层的设计不但要满足建筑物对地基变形及稳定的要求，而且应符合经济、合理的原则。其设计内容主要是确定断面的合理厚度和宽度。对于垫层，既要求有足够的厚度来置换可能被剪切破坏的软弱土层，又要有足够的宽度防止垫层向两侧挤出。

（3）施工要点：垫层施工必须保证达到设计要求的密实度。密实方法常用的有振动法、水撼法、根压法等。这些方法都要求控制一定的含水量，分层铺砂厚约 200～300mm，逐层振密或压实，并且应将下层的密实度检验合格后，方可进行上层施工；垫层的砂料必须具有良好的压实性。砂料的不均匀系数不能小于 5，以中粗砂为好，允许在砂中掺入一定数量的碎石，但要分布均匀；开挖基坑铺设垫层时，必须避免对软弱土层的扰动和破坏境底土的结构。基坑开挖后应及时回填，不应暴露过久或浸水，并且防止践踏坑底。当采用碎石垫层时，应在坑底先铺一层砂垫底，以免碎石挤入土中。

3）排水固结预压法

排水固结预压法是利用地基排水固结的特性，通过施加顶压荷载，并增设各种排水条件（砂井和排水垫层等排水体），以加速饱和软黏土固结发展的一种软土地基处理方法。根据固结理论，黏性土固结所需时间与排水距离的平方成正比。因此，为了加速土层的固结，最有效的方法是增加土层的排水途径，缩短排水距离。

4）桩基法

当淤土层较厚，难以大面积进行深处理，可采用打桩办法进行加固处理。而桩基础技术多种多样，早期多采用水泥土搅拌桩、砂石桩、木桩，目前很少使用。一是水泥土搅拌桩水灰比、输浆量和搅拌次数等控制管理自动化系统未健全，设备陈旧、技术落后，存在搅拌均匀性差及成桩质量不稳定的问题；二是砂石桩用以加固较深淤泥软土地基，由于存在工期长、工后变形大等问题，已不再用作对变形有要求的建筑地基处理；三是民用建筑已禁用木桩基础。由于钢筋混凝土预制桩（钢筋混凝土桩和预应力管桩）目前由于具有较强承载力、投资省、质量有保证、施工速度快等特点，得到普遍运用。当淤土层较厚时，地基处理还可以采用灌注桩，打灌注桩至硬土层作承载台，灌注桩有沉管灌注桩和冲钻孔灌注桩，但两种方法灌注桩还存在一些技术难题：一是沉管灌注桩在深厚软土中存在桩身完整性问题；二是冲钻孔灌注桩存在泥浆污染问题，桩身混凝土灌注质量，桩底沉渣清理和持力层判断不易监控等问题。

5）灌浆法

是利用气压、液压或电化学原理将能够固化的某些浆液注入地基介质中或建筑物与地基的缝隙部位。灌浆浆液可以是水泥浆、水泥砂浆、黏土水泥浆、黏土浆及各种化学浆材如聚氨酯类、木质素类、硅酸盐类等。

6）加筋法

加筋土是将抗拉能力很强的土工合成材料埋置于土层中，利用土颗粒位移与拉筋产生摩擦力，使土与加筋材料形成整体，减少整体变形和增强整体稳定。

以上只是浅要介绍了较为常用的软弱土地基处理的几种方

法。设计人员不仅要选择好软弱土地基处理方法，而且还要考虑其建筑物结构优化设计，尽量采用较为轻型的结构基础，减轻上部重量，这样会减少软弱土地基处理的造价及保障结构安全。

## 1.6 如何控制钻孔混凝土灌注桩的施工质量?

水下灌注混凝土是成桩的关键工序，作业中应分工明确，统一配合指挥，做到快速、连续施工，灌注高质量的水下混凝土桩，防止发生质量事故。当出现事故时应分析原因，采取合理的技术措施，及时设法补救补强后检验合格方可使用。

钻孔灌注桩施工质量问题和控制要点如下。

**1. 成孔质量的控制**

成孔是混凝土灌注桩施工中的一个重要部分，其质量如控制得不好，则可能会发生塌孔、缩径、桩孔偏斜及桩端达不到设计持力层要求等，还将直接影响桩身质量和造成桩承载力下降。因此，在成孔的施工技术和施工质量控制方面，应着重做好以下几项工作：

(1) 采取隔孔施工程序：钻孔混凝土灌注桩是先成孔，然后在孔内成桩，周围土移向桩身土体对桩产生动压力。尤其是在成桩初始，桩身混凝土的强度很低且混凝土灌注桩的成孔是依靠泥浆来平衡的，故采取较适合的桩距，对防止坍孔和缩径是一项稳妥的技术措施。

(2) 确保桩身成孔垂直精度：为了保证成孔垂直精度满足设计要求，应采取扩大桩机支承面积而使桩机稳固，经常校核钻架及钻杆的垂直度等措施。

(3) 确保桩位、桩顶标高和成孔深度：在护筒定位后，及时复核护筒的位置。严格控制护筒中心与桩位中心线偏差不大于 50mm，并认真检查回填土是否密实，以防钻孔过程中发生漏浆现象。在施工过程中，自然地坪的标高会发生一些变化，为准确地控制钻孔深度，在桩架就位后及时复核底梁的水平和桩具的总长度并做好记录。以便在成孔后，根据钻杆在钻机上的留出长度来校验成孔达到深度。

虽然钻杆到达的深度已反映了成孔深度，但是如在第一次清孔时泥浆相对密度控制不当或在提钻具时碰撞了孔壁，就可能会发生坍孔、沉渣过厚等现象，这将给第二次清孔带来很大的困难，有的甚至通过第二次清孔也无法清除坍落的沉渣。因此，在提出钻具后用测绳复核成孔深度，如测绳的测深比钻杆的钻探小，就要重新下钻杆复钻并清孔。同时，还要考虑在施工中常用的测绳遇水后缩水的问题。因其最大收缩率达 1.2%，为提高测绳的测量精度，在使用前要预湿后重新标定并在使用中经常复核。

**2. 钢筋笼制作质量和吊放**

钢筋笼制作前，首先要检查钢材的质量保证资料，检查合格后再按设计和施工规范要求验收钢筋的直径、长度、规格、数量和制作质量。在验收中，还要特别注意钢筋笼吊环长度能否使钢筋准确地吊放在设计标高上，这是由于钢筋笼吊放后是暂时固定在钻架底梁上的。因此，吊环长度是根据底梁标高的变化而改变，所以应根据底梁标高逐根复核吊环长度，以确保钢筋的埋入标高满足设计要求。在钢筋笼吊放过程中，应逐节验收钢筋笼的连接焊缝质量。对质量不符合规范要求的焊缝、焊口，则要进行补焊。同时，要注意钢筋笼能否顺利下放，沉放时不能碰撞孔壁；当吊放受阻时，不能加压强行下放，因为这将会造成坍孔、钢筋笼变形等现象，应停止吊放并寻找原因。如因钢筋笼没有垂直吊放而造成的，应提出后重新垂直吊放；如果是成孔偏斜而造成的，则要求进行复钻纠偏，并在重新验收成孔质量后，再吊放钢筋笼。钢筋笼接长时要加快焊接时间，尽可能缩短沉放时间。

**3. 导管进水问题**

（1）原因：首批混凝土储量不足或是储量足够，但导管口距孔底的间距较大，混凝土下落后不能埋设导管口，以致泥水从导管口涌入。导管密封不严，接头处橡皮垫破裂，或导管焊缝破裂，水从缝隙中进入导管。由于测深出错，作业中拔脱导管，底口涌入泥水。

（2）控制办法：为了避免进水，作业前要采取相应的预防措施，检查导管的密封性及焊缝是否结实，核算初灌量，测导管下水深度。万一进水应迅速查明事故原因，采取相应对策。

由上述第一种原因引起的，应立即将导管拔出，用空气吸泥机、水力吸泥机或抓吊清除，也可以通过反循环钻机的吸泥泵吸出或提起钢筋笼，采用复钻清除，然后重新灌注。

若是第二、三种原因引起的，应视具体情况拔除导管，重新下管，但灌注前应将进入导管内的水和污泥抽出或取出，方可继续灌注混凝土，续灌的混凝土配合比应增加水泥量，提高稠度，灌入导管内。灌入前，将导管小幅度振动片刻，使原混凝土损失的流动性得以弥补，以后续灌可恢复正常配合比。

若混凝土面在水下不深且未初凝时，可于导管底部设置防水塞（应使用混凝土特制），将导管插入混凝土内。导管内装入混凝土后稍提导管，利用原混凝土将底塞冲开，然后继续灌注；若混凝土面在水面以下不是很深但已初凝，导管不能重新插入混凝土时，可在原护筒内加设直径稍小的钢护筒，用重压或锤击方法压入混凝土面适当深度，然后将护筒内的水（泥浆）抽出，清除软弱层，再在护筒内灌注普通混凝土至桩顶。

**4. 卡管**

灌注过程中，混凝土在导管中下不去即为卡管，有两种情况：初灌时隔水栓卡管，或由于混凝土本身的原因，如坍落度过小、流动性差、夹有大卵石、拌和不均匀以及运输途中产生离析、导管接缝处漏水、雨天运送混凝土未遮盖等，使混凝土中的水泥浆被冲走，粗集料集中而造成导管堵塞。

处理办法：可用长杆冲捣管内混凝土，用吊绳抖动导管，或在导管上安装附着式振捣器等使隔水栓下落。如仍不能下落时，则须将导管连同其内的混凝土提出钻孔，进行清理修整

(注意不要使导管内的混凝土落入井孔)，然后重新吊装导管，重新灌注。一旦有混凝土拌合物落入孔底，则须按前述方法清除。

机械发生故障或其他原因使混凝土在导管中停留时间过长，或灌注混凝土的时间过长，最初的混凝土已初凝，增大了导管内混凝土下落的阻力，混凝土堵在管内；其预防方法为：灌注前仔细检查检修灌注机械并准备备用机械，发生故障时立即调换机械，同时采取措施加速混凝土灌注。必要时，可在首批混凝土中掺加缓凝剂，以延缓混凝土的初凝时间；当灌注时间已久，孔内的首批混凝土已初凝，导管内堵塞有混凝土时，将导管拔出重安钻机，利用较小钻头将钢筋笼以内的混凝土吸出，用冲抓锥将骨架逐一拔出，然后用黏土掺砂砾填塞井孔，待沉实后重新钻孔成桩。

**5. 成桩质量的控制**

为确保成桩质量，要严格检查验收进场原材料的质保书(水泥出厂合格证、化验报告、砂石化验报告)。如发现实样与质保书不符，应立即取样进行复查，不合格的材料（如水泥、砂、石、水质）严禁用于混凝土灌注桩。钻孔灌注水下混凝土的施工主要是采用导管灌注，混凝土的离析现象还会存在，但良好的配合比可减少离析程度。因此，现场的配合比要随水泥品种、砂石料规格及含水率的变化进行调整，为使每根桩的配合比都能正确无误，在混凝土搅拌前都要复核配合比并校验计量的准确性，严格计量和测试管理，并及时填入原始记录和制作试件。

为防止发生断桩、夹泥、堵管等现象。在混凝土灌注时，应加强对混凝土搅拌时间和混凝土坍落度的控制。因为混凝土搅拌时间不足，会直接影响混凝土的强度，混凝土坍落采用 18～20cm，并随时了解混凝土面的标高和导管的埋入深度。导管在混凝土面的埋置深度一般宜保持在 2～4m，不宜大于 5m 和小于 1m，严禁把导管底端提出混凝土面。当灌注至距桩顶标高 8～

10m 时，应及时将坍落度调小至 120～160mm，以提高桩身上部混凝土的抗压强度。施工过程中要控制好灌注工艺和操作，抽动导管，混凝土面上升的力度要适中，保证有程序的拔管和连续灌注。升降的幅度不能过大，如大幅度抽拔导管则容易造成混凝土体冲刷孔壁，导致孔壁下坠或坍落，桩身夹泥。这种现象尤其在砂层厚的地方比较容易发生。

总之，在灌注桩在施工过程中，应严格按施工实施细则要求及工序进行质量控制，坚持每道工序实施检查验收许可制，成桩辅以适当的检测方法。这样，就能保证属于地下隐蔽工程、施工难以控制的混凝土灌注桩质量达到设计要求。

## 1.7 如何预防钻孔灌注桩的质量事故？

钻孔灌注桩具有低噪声、小振动、无挤土、对周围环境及邻近建筑物影响小、能穿越各种复杂地层和形成较大的单桩承载力、适应各种地质条件及不同规模的建筑物等优点，在桥梁、房屋、水工建筑物等工程中得到广泛应用，已成为一种重要的桩型。随着社会经济发展的需要，钻孔灌注桩的桩长和桩径不断加大，单桩承载力越来越高。同时，也使单柱的设计成为可能。对于长桩、大桩，其施工难度大，易发生质量事故。而单柱设计对桩的质量要求高。发生质量事故后，加固处理难度大且费用较高。因此，有必要对钻孔灌注桩的常见质量事故加以分析，找出质量事故发生的原因，研究相应对策，尽可能防止质量事故的发生。

**1. 地质勘探资料和设计文件存在的问题**

地质勘探主要存在勘探孔间距太大、孔深太浅、土工试验数量不足、土工取样和土工试验不规范、桩周摩阻力和桩端阻力不准等问题。设计文件主要存在对地质勘探资料没有认真消化、桩型选择不当、竣工地面标高不清等问题。因此，桩基础开始施工前，应针对这些问题对地质勘探资料和设计文件进行认真审查。另外，对桩基础持力层厚度变化较大的场地，应适当加密地质勘探孔，必要时进行补充勘探，防止桩端落在较薄的持力层上而发生桩端冲切破坏。场地有较厚的回填层和软土层时，设计者应认真校核桩基是否存在负摩擦现象。

**2. 孔口与钻孔存在的问题**

1）孔口高程的误差

孔口高程的误差主要有两方面：一是由于地质勘探完成后场地再次回填，计算孔口高程时由于疏忽而引起的误差；二是由于施工场地在施工过程中废渣的堆积，地面不断升高，孔口高程发生变化而造成的误差。其对策是认真校核原始水准点和各孔口的绝对高程，每根桩开孔前复测1次桩位孔口高程。

2）钻孔深度的误差

有些工程在场地回填平整前，就勘探地面高程较低。当工程地质勘探采用相对高程时，施工应把高程换算一致，避免出现钻孔深度的误差。另外，孔深测量应采用丈量钻杆的方法，取钻头的2/3长度处作为孔底终孔界面，不宜采用测绳测定孔深。钻孔的终孔标准应以桩端进入持力层的深度为准，不宜以固定孔深的方式终孔。因此，钻孔到达桩端持力层后应及时取样鉴定，确定钻孔是否进入桩端持力层。

3）孔径误差

孔径误差主要是由于工人疏忽，用错其他规格的钻头或因钻头陈旧，磨损后直径偏小所致。一般对于桩径800～1200mm的桩，钻头直径比设计桩径小30～50mm是合理的。每根桩开孔时，合同双方的技术人员应验证钻头规格，以减小孔径误差。

4）钻孔垂直度不符合规范要求

造成钻孔垂直度不符合规范要求的原因主要有：一是场地平整度和密实度差，钻机安装不平整或钻进过程中发生不均匀沉降，导致钻孔偏斜；二是钻杆弯曲、钻杆接头间隙太大，造成钻孔偏斜；三是钻头翼板磨损不一，钻头受力不均，造成钻头偏离方向；四是钻进遇软硬土层交界面或倾斜岩面时，钻压过高使钻头受力不均，造成钻头偏离方向。

控制钻孔垂直度的主要技术措施为：一是压实、平整施工场地；二是安装钻机时应严格检查钻进的平整度和主动钻杆的垂直度，钻进过程中应定时检查主动钻杆的垂直度，发现偏差应立即调整；三是定期检查钻头、钻杆、钻杆接头，发现问题及时维修或更换；四是在软硬土层交界面或倾斜岩面处钻进时，应低速低钻压钻进。发现钻孔偏斜，应及时回填黏土，冲平后再低速低钻压钻进；五是在复杂地层钻进，必要时在钻杆上加设扶整器[2]。

5）钻孔塌孔与缩径

钻（冲）孔灌注桩的塌孔与缩径从表面上看，是两个相反面，实际上产生的原因却基本相同。主要是地层复杂、钻进进尺过快、护壁泥浆性能差、成孔后放置时间过长、没有灌注混凝土等原因所造成。其对策为钻（冲）孔灌注桩穿过较厚的砂层、砾石层时，成孔速度应控制在2m/h以内，泥浆性能主要控制其密度为1.3～1.4g/cm$^3$、黏度为20～30s、含砂率≤6%。若孔内自然造浆不能满足以上要求时，可采用加黏土粉、烧碱、木质素的方法改善泥浆的性能。通过对泥浆的除砂处理，可控制泥浆的密度和含砂率。没有特殊原因，钢筋笼安装后应立即灌注混凝土。

**3. 桩端持力层判别错误**

持力层判别是钻孔桩成败的关键，现场施工必须给予足够的重视。对于非岩石类持力层，判断比较容易，可根据地质资料的深度，结合现场取样进行综合判定。对于桩端持力层为强风化岩或中风化岩的桩，判定岩层界面难度较大，可采用以地质资料的深度为基础，结合钻机的受力、主动钻杆的抖动情况和孔口选样综合判定，必要时进行原位取芯验证。

**4. 孔底沉渣过厚或开灌前孔内泥浆含砂量过大**

孔底沉渣过厚的原因除清孔泥浆质量差、清孔无法达到设计要求外，还有测量方法不当等。要准确测量孔底沉渣厚度，首先需准确测量桩的终孔深度，应采用丈量钻杆长度的方法测定，取孔内钻杆长度+钻头长度，钻头长度取至钻尖的2/3处。在含粗砂、砾砂和卵石的地层钻孔，有条件时应优先采用泵吸反循环清孔。当采用正循环清孔时，前阶段应采用高黏度浓浆清孔并加大泥浆泵的流量，使砂石粒能顺利地浮出孔口。孔底沉渣厚度符合设计要求后，应把孔内泥浆密度降至1.1～1.2g/cm$^3$。清孔整个过程中应专人负责孔口捞渣和测量孔底沉渣厚度，及时对孔内泥浆含砂率和孔底沉渣厚度的变化进行分析。若出现清孔前期孔口泥浆含砂量过低，捞不到粗砂粒，或后期把孔内泥浆密度降低后，孔底沉渣厚度增大较多，则说明前期清孔时泥浆的黏度和稠度偏小，砂粒悬浮在孔内泥浆里，没有真正达到清孔的目的，施工时应特别注意这种情况。

**5. 水下混凝土灌注和桩身混凝土质量问题**

混凝土配制质量关系到混凝土灌注过程是否顺利和桩身混凝土质量两大方面。要配制出高质量的混凝土，首先要设计好配合比和做好现场试配工作。采用高强度等级水泥时，应注意混凝土的初凝和终凝时间与单桩灌注时间的关系，必要时添加混凝土缓凝剂。施工现场应严格控制好配合比（特别是水灰比）和搅拌时间。掌握好混凝土的和易性及混凝土的坍落度，防止混凝土在灌注过程发生离析和堵管。

1）初灌时埋管深度达不到规范值

《建筑桩基技术规范》JGJ 94规范规定，灌注导管底端至孔底的距离应为300～500mm，初灌时导管埋深应不小于800mm。在计算混凝土的初灌量时，个别施工单位只计算了1.3m桩长所需的混凝土量，漏算导管内积存的混凝土量，使初灌量不足造成埋管深度达不到规范值。同时，施工单位准备的导管长度规格太少，安装导管时配管困难，有时导管至孔底的距离偏大，而导管安装人员没有及时把实际距离通知混凝土灌注班，形成初灌量不足，导致埋管深度达不到规范值。初灌混凝土量$V$应根据设计桩径、导管管径、导管安装长度、孔内泥浆密度进行计算，且$V \geqslant V_0+V_1$。$V_0$为1.3m桩长的混凝土量，$V_0=1.2\times 1.3\pi D^2/4$（单位：$m^3$）；1.2为桩的理论充盈系数；$D$为设计桩径（m）。$V_1$为初灌时导管内积存的混凝土量，$V_1=(h\pi d^2/4)(\rho+0.55\pi d)/2.4$（单位：$m^3$）；$h$为导管安装长度（m）；$d$为导管直径（m）；$\rho$为孔内泥浆密度（$t/m^3$）；0.55为导管内壁的摩阻力系数；2.4为混凝土的密度（$t/m^3$）。

2）灌注混凝土时堵管

灌注混凝土时发生堵管，主要由灌注导管破漏、灌注导管底距孔底深度太小、完成二次清孔后灌注混凝土的准备时间太长、隔水栓不规范、混凝土配制质量差、灌注过程中灌注导管埋深过大等原因所引起。灌注导管在安装前，应有专人负责检查，可采用肉眼观察和敲打听声相结合的方法进行检查。检查项目主要有灌注导管是否存在小孔洞和裂缝、灌注导管的接头是否密封、灌注导管的厚度是否合格。必要时，采用试拼装压水的方法检查导管是否破漏。灌注导管底部至孔底的距离应为300～500mm，在灌浆设备的初灌量足够的条件下，应尽可能取大值。隔水栓应认真、细致制作，其直径和圆度应符合使用要求，其长度应不大于200mm。完成第2次清孔后，应立即开始灌注混凝土。若因故推迟灌注混凝土，应重新进行清孔；否则，可能造成孔内泥浆悬浮的砂粒下沉而使孔底沉渣过厚，并导致隔水栓无法排出导管外，发生堵管事故。

3）灌注混凝土过程钢筋笼上浮

若发生钢筋笼上浮，应立即查明原因采取相应措施，防止事故重复出现。引起灌注混凝土过程中钢筋笼上浮的主要原因为：一是混凝土初凝和终凝时间太短，使孔内混凝土过早结块。当混凝土面上升至钢筋笼底时，混凝土结块托起钢筋笼；二是清孔时孔内泥浆悬浮的砂粒太多，混凝土灌注过程中砂粒回沉在混凝土面上，形成较密实的砂层并随孔内混凝土逐渐升高，当砂层上升至钢筋笼底部时便托起钢筋笼；三是混凝土灌注至钢筋笼底部时，灌注速度太快，造成钢筋笼上浮。

4）桩身混凝土强度低或混凝土离析

发生桩身混凝土强度低或混凝土离析的主要原因是施工现场混凝土配合比控制不严、搅拌时间不够和水泥质量差。因此，严格把好进库水泥的质量关，控制好施工现场混凝土配合比，掌握好搅拌时间和混凝土的和易性，是防止桩身混凝土离析和强度偏低的有效措施。

5）桩身混凝土夹渣或断桩

引起桩身混凝土夹泥或断桩的主要原因为：一是初灌混凝土量不够，造成初灌后埋管深度太小或导管根本就没有入混凝土内；二是混凝土灌注过程拔管长度控制不准，导管拔出混凝土面；三是混凝土初凝和终凝时间太短，或灌注时间太长，使混凝土上部结块，造成桩身混凝土夹渣；四是清孔时孔内泥浆悬浮的砂粒太多，混凝土灌注过程中砂粒回沉在混凝土面上，形成沉积砂层，阻碍混凝土的正常上升。当混凝土冲破沉积砂层时，部分砂粒及浮渣被包入混凝土内。严重时可能造成堵管事故，导致混凝土灌注中断。导管的埋管深度宜控制在 2～6m。若灌注顺利，孔口泥浆返出正常，则可适当增大埋管深度，以提高灌注速度，缩短单桩混凝土的灌注时间。混凝土灌注过程中拔管应有专人负责指挥，并分别采用理论灌入量计算孔内混凝土面和重锤实测孔内混凝土面，取两者的低值来控制拔管长度，确保导管的埋管深度不小于 2m。单桩混凝土灌注时间宜控制在混凝土初凝时间的 1.5 倍以内。

6）桩顶混凝土不密实或强度达不到设计要求

桩顶混凝土不密实或强度达不到设计要求，其主要原因是超灌高度不够、混凝土浮浆太多、孔内混凝土面测定不准。对于桩径不大于 1m 的桩，超灌高度不小于桩长的 4%；对于桩径大于 1m 的桩，超灌高度不小于桩长的 5%。对于大体积混凝土的桩，桩顶 10m 内的混凝土应适当调整配合比，增大碎石含量，减少桩顶浮浆。在灌注最后阶段，孔内混凝土面测定应采用硬杆筒式取样法测定。

**6. 混凝土灌注过程因故中断的处理办法**

混凝土灌注过程中断的原因较多，在采取抢救措施后仍无法恢复正常灌注的情况下，可采用如下方法进行处理：一是若刚开灌不久，孔内混凝土较少，可拔起导管和吊起钢筋笼，重新钻孔至原孔底，安装钢筋笼和清孔后再开始灌注混凝土；二是迅速拔出导管，清理导管内积存混凝土和检查导管后，重新安装导管和隔水栓，然后按初灌的方法灌注混凝土，待隔水栓完全排出导管后，立即将导管插入原混凝土内，此后便可按正常的灌注方法继续灌注混凝土。此法的处理过程必须在混凝土的初凝时间内完成；三是混凝土灌注过程因故中断后拔除钢筋笼，待已灌混凝土强度达到C15后，先用同级钻头重新钻孔，并钻除原灌混凝土的浮浆，再用$\Phi$500钻头在桩中心钻进300～500mm深，这样就完成了接口的处理工作。然后，便可按新桩的灌注程序灌注混凝土。

综上所述，引起钻孔灌注桩质量事故的原因较多，各个环节都可能会出现重大质量事故。因此，桩基工程开工前应做好各项准备工作，认真审查地质勘探资料和设计文件，实行会审和技术交底制度，做好现场试桩工作。施工过程中抓好泥浆和混凝土质量，详细做好各项施工记录，牢牢把好钻孔、清孔和混凝土灌注等关键工序的质量关，这是防止质量事故发生的行之有效的措施。

## 1.8 怎样控制水泥稳定碎石基层的施工质量?

用水泥作为胶结材料稳定碎石是一种半刚性基层，这是由于其稳定性好且强度也高，同时具有抗冲刷能力强及工程造价较低的特点，被广泛应用在高速公路及一些民用建筑中。但是，水泥稳定碎石的可靠度必须通过用料的合理组合和高素质的施工过程工艺控制来实现。另外，还要重视其他不利因素的影响：如性脆、抗变形能力差，在环境温湿度变化及车辆重压及振动作用下易产生裂缝，容易造成路面及地面的早期损坏，降低基层使用的耐久性能。

**1. 原材料的组成要求**

1）水泥

水泥是最关键的胶凝材料，水泥的选择关系到碎石稳定基层的最终质量，因此宜选择初凝时间 3h 以上和终凝时间在 6h 以上的水泥。不允许使用快凝、早强及存放时间长且受潮、变质的水泥，由于在稳定碎石中起重要作用的水泥，其使用量的多少不仅对基层的强度，更对基层的干缩性有很大的影响。若水泥用量偏少，水泥稳定碎石基层强度不满足结构承载力需要；既不经济，还会使基层裂缝增多、增宽，引起面层的连续开裂。所以，严格控制水泥用量的经济、合理，确保水泥稳定碎石基层强度满足要求，安定性合格是必须的。抗压强度 3d 不小于 21MPa，28d 不小于 41MPa；抗折强度 3d 不小于 4.0MPa；28d 不小于 7.8MPa；细度 1.2%；标准稠度为 30.5 等。

2）碎石

使用石料的最大粒径在 40mm 内，集料压碎值应小于 25%；石料粒径中扁平及细长颗粒含量不得超过 10%，并不得掺有软质的杂物及杂质；石料按粒径可分为 9.5mm 及 9.5～40mm 两级，并与中粗砂配置，通过试验确定各级石料及砂的掺量比例。如有机质含量小于 2%；硫酸含量小于 0.25%；液限小于 25%；塑性指数小于 9%等。

3）天然砂

砂进场前要进行对其质量的选择，如细度、含杂质量经筛分和含泥量进行试验，在进料过程中还要进行颗粒分析和含泥量检测，当需要时对有机质及硫酸盐含量进行测试。

4）配合比设计

混合料中掺加部分天然砂可提高和易性、方便施工、减少混合料离析，使表面层下结构层具有良好的整体性强度。基层混合料的级配筛分 30～40mm 粒径应达 100%；0.6mm 以下的小于 8%。基层配合比设计为：碎石：石屑：中粗砂＝48：40：12；

水泥掺量 5%；最佳含水量 6.3%；最大干密度 2.32g/cm$^2$。

**2. 做好水泥稳定碎石试验段**

为了更好地掌握水泥稳定碎石基层施工的程序化、规范化和标准化，施工企业必须认真做好试验段的工作，以此为标准进行总结，掌握施工中存在的问题，找出解决办法，确定现场管理人员及机械设备、试验及检测的合理配置，由此推广大面积施工的方案。

**3. 混合料的拌制控制**

1）拌制含水率的控制

混合料采取集中拌合施工，拌和设备的工作能力、生产能力、计量准确性及配套协调是控制拌合料质量的关键环节，建设单位及工程监理必须对稳定碎石的拌合设备提出统一要求，除要求按投标文件承诺的拌合设备进场外，拌合设备应是强制式的，是新购置的或只能使用于一个建设项目，拌合能力不小于 60t/h 并配置电子计算装置；要加强设备的调试，拌合时必须配料准确，拌制均匀；拌合时，混合料的含水率控制在 5.8%～6.8%。由于气候干燥的原因，最大控制在大于 1%，以补偿施工过程中的水分蒸发损失。还应根据粗细集料的含水量大小、气温变化的实际情况、运输材料的运距情况，及时调整用水量，确保施工用水量处于最佳拌合压实状态。

2）水泥用量的控制

水泥用量是影响水泥稳定碎石基层强度和质量的关键因素，考虑到各种不利影响，尤其是施工过程及设备计量控制的影响，现场拌合的水泥用量比试验室配合比的用量应大一些，比设计配合比大 0.3%～0.5%，但总用量不要超过 5%，发现偏差时应及时纠偏。

**4. 混合材料的施工控制**

1）混合料的施工程序：现场放样→支侧模→混合料摊铺→稳压→找补/整形→碾压（自检验收）→洒水养护→交工验收。

2）混合料的运输：由于各施工段的施工长度不同，每个施工企业只能设立一个混合料搅拌站。如果混合料搅拌站的运距较长，就采用大型的自卸车辆运送，并加盖篷布保护。施工现场认真测试混合料的实际拌合情况，确保混合料从搅拌出到摊铺不超过 2h。超过 2h 的混合料不允许再摊铺使用。

3）混合料的摊铺控制：水泥稳定碎石的摊铺质量将直接影响到基层的质量，要求使用性能优越的摊铺机或者使用两台窄幅摊铺机梯级形摊铺。混合料的松铺系数可以通过试验压缩比确定。一般可控制在 1.28～1.35 的范围内，要保证水泥稳定碎石的施工质量，还必须注意以下几点。

（1）摊铺前对底层基面标高进行测量检查，每 10m 长检查一个断面，每个断面检查 5 个控制点，对不合格的点进行局部处理，并把底基层表面的灰尘、杂物清理干净，洒水保湿。

（2）测量放样也是保证施工质量的一个重要环节，应保证测量工作的及早进行，对平面位置、标高及回填厚度进行有效控制。摊铺机就位后要重新校核钢丝绳的标高，加密并稳固钢丝绳固定架将绳拉紧，固定架用直径 16～18mm 普通钢筋加工制作，长度只有 700mm 左右；钢丝绳直径 3mm，固定架应固定在铺设边缘 300mm 处，桩钉间距以 5m 为宜，曲线段可按半径大小适当加密。

（3）摊铺过程中，摊铺机的材料输送器要配套，螺旋输送器的宽度应比摊铺宽度小 500mm 左右，如过宽则浪费混合料；过窄会造成两侧边缘处 500mm 范围内的混合料摊铺密度过小，影响效果，需要时可人工微型夯实边缘处 500mm 范围内的混合料。因采取全幅摊铺，螺旋输送器传送到边缘部位的混合料容易产生离析现象，应及时采取料的补充处治。摊铺时应采取人工对松铺层边缘进行修整，并对摊铺机摊铺不到位或摊铺不均匀的地方用人工补料，确保基层密度均匀、平整。

（4）使用两台窄幅摊铺机梯级形摊铺时，两台摊铺机的作业距离应控制在 15m 以上，并注意两次摊铺结合面的保温处理。当进行第二层水泥稳定碎石摊铺时，为了使两层有更好的结合，可以采取在第一层水泥稳定碎石层表面均匀撒布一层水泥素浆。摊铺作业过程中还要兼顾拌合机的出料速度，根据出料速度调整摊铺速度，尽量避免停机待料情况的产生，在摊铺机后配设专人清除粗集料离析的现象，如料过干或过湿不合格时，要在碾压前添加合格的拌合料填补找平。

（5）对施工临时作业缝的处理：因施工作业段或机械故障等原因留下的作业缝，在进行下次施工前必须将基层端部 2～3m 段挖掉除去。当新断面满足要求时，再用切割机进行切割，确保切割断面顺直和清除彻底，并尽可能在接槎处洒素水泥浆，以使新、旧混合料更好地结合。

**5. 混合料的碾压施工**

（1）摊铺完成后应立即碾压，上机碾压的作业长度应以 25～30m 为宜。若作业段过长，摊铺完成的混合料表面水分散失过快，影响压实效果；如果作业段过短，因两个碾压段结合处碾压机碾压遍数不相同，会产生波浪状。

（2）碾压机的配置及碾压遍数由水泥稳定碎石试验结果来确定，机具的配置以双光轮压路机与胶轮压路机相配合更优，并按照光轮稳压—胶轮提浆稳压的工艺进行。稳压应不少于两遍，碾压不少于四遍，胶轮提浆不少于两遍，压路机碾压时可少量喷水，压实度达到重型击实标准的 99%以上。

（3）碾压时应按照先轻后重、由低位到高位、由边到中、先稳压后振动的工序要求进行。碾压时，严格控制混合料的含水率十分关键。错轴时应重叠二分之一，相邻两作业段的接头处按 45°的阶梯形错轮碾压，稳压速度应控制在 25m/min；振动碾压速度应控制在 30m/min；严禁压路机在已完成或正在碾压的水泥稳定碎石上进行急刹车及调头。

（4）在光轮稳压时，若发现有混合料离析或表面不平，应由人工更换离析混合料或者补充找平处理。进行第二遍水泥稳定碎石摊铺时，为了能够更好地使两层结合，应在第一层水泥稳定碎石表面洒一层薄水泥浆。

（5）水泥稳定碎石基层进行压实度检测，要求全部受检面积都应达到规范规定的压实度要求为止。施工表明，碾压6～8遍，再用14～16t压路机进行光面处理，可确保基层表面密实、平整、无轮迹等。

**6. 成品保护及交通处治**

当每一碾压段碾压完成并经压实度检测合格后，应立即进行养护处理，严禁新成型的基层受太阳暴晒。宜采取覆盖保护措施并洒水养护，具体做法是：提前准备好覆盖材料并预湿，人工覆盖在碾压合格的表面洒水养护，洒水养护时间不少于7昼夜，7d内白天、夜晚都保持湿润，条件具备时可养护至28d，用洒水车根据气候情况采取定时及不定时的洒水保湿，用喷头雾化。不用管子直接冲击表面，防止损伤面层。洒水养护时间不允许车辆通行，保证强度正常增长。

**7. 水泥稳定碎石基层质量控制的重点**

（1）要严格按配合比配料控制水泥用量，水泥的用量控制在5.5%左右为宜。这是由于如果水泥用量过多，强度是可以保证的，但是抗干缩性困难较大；如果水泥用量太少，强度是不能保证的，这将会影响到基层的质量及耐久性，问题更加严重，因此控制好水泥用量最为关键。

（2）基层混合料的级配应有连续性互相填补的作用，40mm以上颗粒的含量应低于65%；集料应尽可能不含有塑性细土壤，0.6mm以下粒径的含量小于6%左右，为的是减少水泥稳定材料的收缩量，提高基层的抗冲击能力。混合料摊铺时，应尽量减少拌合材料的离析现象，必须均匀、基本一致。

（3）为减少干缩产生的裂缝影响到质量，应采取一些有效措施进行控制。首先，选择合适的基层用料和现场实地进行配合比设计，并尽量不使用含泥量多的集料；其次，在保证满足基层强度要求的前提下，可以减少水泥用量；最后，要严格控制混合料碾压时的含水率处于最佳状态，还要减少稳定层的暴晒时间。养护环节很重要，要保证足够的保湿时间。当养护时间结束后，应立即铺筑罩面层。

（4）还可以考虑在混合料中掺入一定量的微膨胀剂，可以对早期开裂产生一定的抑制作用，并在一定程度上提高水泥稳定碎石基层的抗拉弯强度。另外，水泥稳定碎石的养护不少于7d，使水泥能充分水化，有效解决其干燥收缩及温差收缩产生的开裂现象。

综上浅述可知，水泥稳定碎石基层由于整体性、稳定性、强度及刚度较可靠，要保证其质量应做好配合比设计，施工质量也要严格控制并做好抽查验收及检测工作。工艺过程中任一环节都很重要，要加强保护及养护，实行交通管制，全面提升工序质量，所施工碎石基层的质量应符合设计及规范要求。

## 1.9 黄土地基工程质量问题如何处理?

纯天然黄土是不能直接用于建筑物底层地基土的，如果不采取一定厚度的地基黄土的置换，就要对黄土进行处理。在大量工程地基土的处理中，按一定比例在黄土中掺入熟石灰粉（氢氧化钙）均匀拌合，在接近最合适含水量时夯实或碾压实，熟石灰粉遇水后，和土壤中的二氧化硅或三氧化二铝、三氧化二铁等物质结合，生成硅酸钙、铝酸钙及铁酸钙，将土壤颗粒胶结起来并逐渐硬化后，形成具有较高强度、水稳定性和抗渗性的人工合成土。黄土多数为粉土或粉质黏土，颗粒细、塑性指数较大，石灰同黄土的拌合料优于砂性土，可就地取材、易压实且造价低。灰土按石灰和黄土虚方体积比例分为 3∶7 和 2∶8 两种做法，广泛应用于湿陷性黄土地区，包括建筑物的地基处理，现有建筑地基的加固，多层建（构）筑物的基础或垫层，灰土挤密桩和孔内深层夯扩挤密桩及灰土井桩的填充料，道路地基土置换，地下室、水池的防潮防水填料等，可以达到提高地基承载力和防水、防渗的目的，但是灰土的抗冻性和耐水性不好，在地下水位以下或寒冷潮湿的环境中不宜大量采用。

石灰土工程受设计、施工和环境的影响较多，容易产生各种质量问题。同时，还要加强过程控制和检查验收环节，在工程应用及实践中总结出一些预防和控制质量措施，分析及探讨供使用者借鉴。

**1. 勘察设计中存在的问题**

1）岩土勘察等级及地基基础设计等级人为降低

在建筑物勘察设计前，应根据《岩土工程勘察规范》GB 50021—2001（2009年版）第3.1条确定工程的重要性、等级、场地及地基的复杂程度后，再确定岩土勘察等级，按现行《建筑地基基础设计规范》GB 50007—2011来确定地基基础设计等级。地处湿陷性黄土地区的一些中小型勘察设计企业，错误地认为湿陷性黄土地基只要土层均匀、湿陷等级不高，都可以作为简单场地和地基，甚至忽视挖土、填沟存在的不均匀性，而造成一些高低层建筑的岩土勘察等级及地基基础设计等级人为降低一个级别的现象，使勘察点的数量和勘察钻孔的深度不到位，设计时勘察报告依据不准确，地基变形控制、地基基础的监测要求降低，给灰土地基处理留下质量隐患。

2）建筑类别划分存在的问题

现行《湿陷性黄土地区建筑规范》GB 50025—2004第3.0.1条是根据拟建在湿陷性黄土场地上的建筑物的重要性、地基受水浸渍可能性大小和在使用期间对地基不均匀沉降限制的严格程度，将建筑物分为甲、乙、丙、丁四个类型，附录B给出了各类建构筑物的分类实例。一些勘察设计单位在勘察设计中，对建筑物类别不作划分或仅从建筑物高度来确定，忽视了建筑物的重要性及对湿陷沉降敏感性的影响，从而无形中降低了建筑类别；一些设计人员将建筑物抗震设防类别混同于湿陷性黄土地区的建筑类别，可能造成建筑类别的提高。有些虽然正确划分了建筑类别，但此类建筑的地基处理措施、结构形式及防水构造未能达到规范要求。例如，基础长度超长的多高层建筑物，在湿陷性黄土场地上甚至采取了整体性差、对湿陷沉降敏感的砖条形基础或独立基础，用砖砌筑的各种管沟等。

3）石灰土工程设计常见的问题

岩土勘察等级及地基基础设计等级、建筑类别的合理正确确定，是石灰土工程设计质量的依据和前提，并应在设计文件中提出湿陷性黄土地区建筑物施工、使用和维护的防水措施具体要求，达到确保结构安全的目的。

石灰土垫层法处理地基中常遇到的设计问题是垫层土的厚度达不到需求，地基处理后的剩余湿陷量不能满足要求。灰土垫层的平面处理范围也达不到规范规定，灰土垫层的承载力取值较高而又未验算下卧软弱素土垫层的承载力，石灰土垫层厚度超过 5m 后的深基坑未进行支护设计处置，造成基坑边坡塌方；设计要求的地基承载力试验点数不够等。

石灰土挤密桩、孔内深层夯扩挤密桩和灰土井桩法处理地基，常见的设计问题是地基处理深度不够，剩余湿陷量超过规范规定，处理平面范围超出基础外边缘尺寸过小，造成防水隐患，桩孔直径确定未考虑夯实设备和方式，设计与施工现场实际情况有误；按正三角形布孔计算桩孔间距时，依据土的最大干密度不具有代表性，又未提出施工前试桩调整设计参数的考虑，造成桩孔间距过大或过小，基坑底及桩顶标高控制不标准；复合地基承载力特征值过高或过低，设计要求的现场单桩或多桩复合地基荷载试验点数不够；未要求荷载试验提供变形模量来验证设计地基的变形等。

应当通过初步设计的评审、设计单位施工图三级校审制度及施工图审查来解决灰土的勘察设计问题，设计审查答复意见及修改的图纸应作为设计文件的一部分，及时交给建筑各有关方面使用；对施工过程中出现的异常状况要通过设计单位处理，设计变更资料文件必须及时归档。

**2. 施工方面存在的问题**

1）石灰土的配合比

黄土和熟石灰的体积比例不准确，未进行过筛拌匀或将石灰粉均匀撒布在土体表面，造成石灰含量的偏差较大，局部粗细颗粒离析，导致松散、起包或地基软硬差别大，灰土地基的承载力、稳定性和抗渗能力降低，压实系数离散而评定为不合格。塑性指数高的土遇到水会膨胀，而失水后会收缩。石灰土对水更敏感，土的比例大则灰土越易出现裂缝，欠火石灰的碳酸钙由于分解不彻底而缺乏粘结力，过火石灰则在灰土成型后才能逐渐消解熟化，膨胀会引起灰土如蘑菇状隆起而开裂。

黄土可采取就地开挖或外运至施工现场，最大颗粒不应超过15mm，塑性指数一般控制在12～20，使用前要先过筛并清除大颗粒及杂质；石灰可使用充分消解的质量等级为Ⅱ级的消石灰粉，不允许含有5mm以上的生石灰硬块，控制欠火石灰和过火石灰含量，活性氧化物含量不少于60%，存放应采取大棚防风避雨措施，石灰遇到雨淋失效或放置时间过久而降低了活性时，使用前必须复检，重新审核配合比。对于符合要求的土及石灰，要按虚方体积比例干拌两三遍，使混合料色泽一致，分层铺设后在24h内碾压，以防止石灰内钙、镁含量的流失衰减。对于黏粒含量大于60%、塑性指数大于25的重黏土，可以分两次加石灰，第一次加一半生石灰，闷2d以上时间。降低含水量后，土中胶浆颗粒能更好地结合，再补充剩余一半石灰进行拌合。

2）石灰及土的适合含水量

要根据施工时气候及时调整混合土的含水量，在最优含水量的±2%范围内变化并碾压，否则会出现干湿不匀、压不实的现象。过湿时碾压出现颤动、扒缝及橡皮泥现象。碾压时如果表层土过湿，石灰土会被压路机轮子粘离；而表面过干不用振动碾压机时，压实度无法达到设计要求，振动碾压时又会出现推移、起皮，碾压完成型后洒水又不能使水分渗透到土层中，造成干缩开裂。

石灰土混合料接近最优含水率时，可以人手握成团而落地散开。碾压前土料水分过多或受到雨淋要进行晾晒，掺入生石灰后可以降低含水量约3%～5%。当含水量过少时，应洒水湿润，避开高温时段施工，随拌随摊铺碾压。当碾压遍数够且成型后，如不连续摊铺上层灰土，应不间断地洒水保湿，加速灰土的结硬、增强。另外，要进行样板试验施工。在试验段施工，可以确定压实机械型号、碾压程序和过程控制，分层摊铺虚厚度及压实后厚度，测定最佳含水率。试验中发现质量问题后及时分析处理，查明原因并调整配合比及工序过程，试验成功后作为样板再开始大面积施工。

3）石灰土常见质量问题

当灰土施工段过长时，不能在有效时间内碾压成型，如突然降雨使施工停顿，部分勉强成型的灰土可能会出现结壳和龟裂。石灰土拌合机性能不稳，机械手操作不熟练、水平差，下承层顶面不平整等因素，会引起基层下部存在夹层；碾压方式不当，易产生涌包现象，施工场地狭小，将分段开挖或其他基坑内开挖的土方大量堆积在已压实的灰土地基上，超载引起灰土表面大面积较深的锅底状沉降裂缝；基坑下部可能存在未探明的孔洞、枯井、古墓等，地基在受力后塌陷开裂，渗水沉降；成型后的灰土养护不及时、不到位，1d 以上时间内灰土水化反应后失水，则体积缩小，出现干缩；降温时体积也收缩，灰土表面易产生较多裂缝，高温时更为明显。这种开裂如果不与土质互相影响，则开裂程度轻微且缝较浅，否则会产生较深而宽、面积较大的龟裂缝。

灰土碾压时，要根据投入的压实机械数量和气候条件，合理安排作业区域长度，碾压时遵循先轻后重、先边后中、先慢后快的措施，在直线段采取先两边、后中间，曲线超高段则采取先内后外的程序，连续碾压密实；避免在压实的地基上超载堆积土方；基坑底探孔布置应 1m 见方，中间再加一点，深度应不少于 4m，探孔用三七灰，振捣挤实，以防漏水。地基受力层内探明的孔洞、枯井、古墓等，必须彻底开挖，遇到孤石或旧建筑物基础必须清除，再用灰土分层夯实。灰土成型后及时回填基坑、覆盖养护，不少于 7d。

4）灰土表面不平整

灰土的铺设是分层进行的，可能由于标高点太少、控制不严且厚度不足，用50mm以下的灰土贴补碾压时，易出现起皮现象；灰土表面平整偏差较大，又未进行最后一次刮补平夯实，造成地面混凝土垫层厚薄不匀，使得空鼓、开裂。

灰土摊铺虚厚度应留有余量，整平时加密标高控制点间距，技术人员随时检查复核，避免不均匀并在薄处进行补贴，对明显的凸凹不平部位及时填补均匀，达到最终碾压夯实后的基本平整。

5）灰土接槎处理不当

如果基坑过长，在分段碾压基础时未按要求分层留槎或接槎处灰土搭接不到位，不能严格进行分层夯实，会造成接槎处不密实且强度低，防水性更差。积水浸泡，地基沉降，上部建筑物则逐渐开裂。

石灰土水平分段施工时不得在墙角、桩基和承重窗间墙部位留槎，接槎时每层虚土应从留槎处向前延伸500mm以上；当灰土地基高度不相同时要做成阶梯形，每阶宽度不少于500mm；铺填石灰混合土应分层夯实；如果是结构辅助防渗层的灰土，要将水位以下包围封闭，接缝表面扒毛并适当洒水湿润，达到紧密结合部不产生渗水，立面灰土先支设侧模压打灰土，再回填外侧土方。

6）石灰土早期浸渍软化

基坑回填前或基础施工中遭遇下雨，基坑排水不利且积水，灰土表面未覆盖防护，受到水的浸泡，松软、无强度，抗渗性能大幅降低。

施工企业应制定雨期施工预案，遇雨前抢铺设灰土，保护上层、封闭下层，用防水布覆盖已压实合格的灰土，下雨中不允许进行碾压，及早准备排水和抽水，防止基坑积存水。灰土碾压检查合格后，及早进行基础施工和基坑回填。如长时间不进行下道工序，则要采取临时保护措施，保证压实后7d内不受水浸泡。尚未夯实或者刚夯打完的灰土，如果遭受雨淋浸泡，应将积水和松软灰土清除干净并夯实基层。略为受潮湿的灰土晾干后，再夯打密实。

7）受冻胀后引起的疏松和开裂

进入冬季及开春温度较低时施工，在完全未化冻的基层上铺设有少量含冻块的石灰土料，或者夯实后未及时覆盖保温，灰土受冻后自表面开始在一定厚度范围内疏松或皴裂，石灰土间的粘结力降低，承载力下降严重以至丧失。

当气温不超过−10℃时，冻结历时在6h以内，灰土含泥量不大于13%时，压实灰土不会受到冻结的影响。冻结会造成土中水逐渐结成冰，使土体冻结。冰的强度远高于石灰土体，抵消了部分压实功能，使压实度质量降低。石灰土冻结时间越长，孔隙水冻结越充分，大孔隙中水先冻结，会将大颗粒凸起。随着小孔隙水冻结，将大颗粒凸起抬高，引起热筛效应，影响灰土的压实效果。而且，当温度越低，冻结时间越长，影响越大。

在入冬前及早春的施工现场，平均温度不应低于5℃，极端最低温度也不要低于−2℃，此时的拌合料必须进行保温处理。夹杂冻块的土料不得使用，已经熟化的石灰应在第二天用完，以充分利用石灰熟化时的热量；灰和土要随拌随用，已受冻胀而变松散的灰土要铲除，再补填新拌合料夯实，压实合格的土体应立即用草帘等材料覆盖，防止冻结。越冬时，要覆盖足够厚度保温。

8）拌合土含水量异常

用垫层法处理地基时，基坑底土层局部含水量过多时，应全部挖除晾晒或换土处理，也可以用洛阳铲挖坑，用生石灰吸水挤密处理；基坑表面过湿，可撒生石灰收水等。

采用灰土挤密桩时，地基土的含水量应在12%～22%。当拌合土中水分小于12%时，桩管打拔都比较困难，挤密效果也差，可以采取表层水畦（高300～500mm）和深层浸水法（即每隔2m左右用洛阳铲探直径80mm孔，孔深0.75倍桩长，填入小石子后浸水）相结合的方法处理，使土的含水量基本达到合格。浸水量需通过计算确定，浸水后1d以上再施工。当土的含水量大于22%或饱和度大于65%时易缩孔，这时可回灌碎石砖块与生石灰和砂的混合料，以吸水，降低土中含水量，待停几个小时后再打桩。遇到斜坡一边开挖一边回填的情况，因基础软硬不一，较硬地基部位桩可采用钻孔挤密桩，要考虑复合地基的不均匀变形，对基础上部采取另行的处理措施。桩顶压灰土垫层施工时，会遇到桩间土层含水量较大的现象，可以采取上述基坑含水量过多时的方法处理，以确保拌合土的密实均匀性。

**3. 石灰拌合土的质量检测**

根据现行的《建筑地基处理技术规范》JGJ 79—2012和《建筑地基基础工程施工质量验收规范》GB 50202—2002的规定要求，结合黄土的地基承载力、压缩系数、灰土配合比作为对其质量验收的主控项目。但是，在具体应用中灰土比例3∶7或2∶8的适用范围和承载力，目前的规范均未区分和具体化，也就是由设计人员来确定其配合比例。工程应用经验表明，这两种灰土比例在确保施工质量条件下的承载力均可以达到设计和规范要求，压实系数受击实试验、施工工艺、取样深度和位置的多因素影响，会出现灰土的压实度系数大于1或达不到要求、灰土中石灰含量降低的现象。

现在，工程中灰土击实还没有专用标准，主要还是依据《土工试验方法标准》GB/T 50123—1999，该标准中压实系数规定为轻型击实试验、轻重击实试验最大干密度换算系数为1.1，击实试验报告对试验依据及试验方法可能未做说明，会导致压实指标的差异，石灰土配合比测定难度大；在公路工程中，有灰土击实试验方法和配合比检验标准，即《公路工程无机结合料稳定材料试验规程》JTG E51—2009，击实试验可以使用新、旧标准引起压实度指标和灰土配合比检测差异，石灰的比例增加时最佳含水量略微降低，最大干表观密度明显降低；施工中，3∶7灰土含水量如果低于最佳含水量较大时，拌合土不易压实，一些施工企业考虑到配合比更合理，反而会因压实系数达不到标准而不能验收，会常采用降低灰土比例为2∶8来解决这个问题，因试验室提供的是3∶7灰土的最大干密度作为压实质量的控制指标，施工中石灰比例减少，其干密度就会变大，压实性就容易达到。设计规范中对两种灰土的模糊规定及压实后灰土配合比检测手段的限制，掩盖了灰土比例少的不足。拌合土含水量控制不严格而造成灰土压实质量的不达标，为施工企业随意性大而减少石灰使用量提供了便利。

根据这种实际情况，需要尽快制定出可操作的建筑工程灰土的土工试验标准。在规范中，要根据工程重要程度对3∶7和2∶8比例设计适用、承载力、扩散角等均有一些区别；试验室提供灰土击实报告时，必须注明依据的试验标准和试验方法，如区分轻重型击实仪和击数，最大干密度指标应和现场压实灰土对应。土样、石灰材料，必须要在施工现场见证取样；当需要有外运土方时，必须重新取样进行击实试验；石灰土拌合时，对虚方体积比和含水量必须加强检测，借鉴公路工程标准，用石灰干重量占土干重量的质量百分比来控制灰土的配合比，严格对石灰加以计量，避免随意减少而达不到强度要求；要严格按照规范及试验室配合比的数量比例，对检测位置的规定取每层压实灰土的干密度，试验报告中一定要注明土料来源和品种、配合比、试验时间、层数及结论，并要求试验人员签字齐全；对试验段密实度未达到设计要求的点位，要有处理方法和复检结果。

灰土工程施工完成后要进行承载力检测或者破桩试验时，必须确保设计及施工验收规范的试验数量，使试验结果具有广泛的代表性，降低离散性，真正能反映出施工质量以验证设计条件。不满足设计要求或超出设计要求较多时，一定要修改设计来保证基础安全和降低成本。

综上浅述可知，影响黄土中石灰掺量的地基基础工程的设计施工因素较多，关键还是人、材料、设备、方法及环境因素；其中，人的因素是关键中的主要因素。只要参与建设的各主体方及工程技术人员认真负责，具有较强的质量意识和职业道德，严格按照现行的相关规范和标准，进行设计现场试验配合比和施工、检查与验收；做到事前、事中及事后的三个环节控制，发现问题及时处理，就一定可以确保黄土和石灰地基基础的工程质量，保证建筑物的安全，减少质量隐患的存在。

## 1.10 如何对条形基础及基础托换进行处理?

多层砌体房屋多数采用条形基础，如设计时对细节考虑不周，会引起建筑物产生裂缝；条形基础根据所选择材料，可分为刚性条形基础和墙下钢筋混凝土条形基础。刚性条形基础一般用毛石砌筑，在现阶段这种基础已很少采用。目前，一般都会采用钢筋混凝土条形基础。而建筑房屋基础托换就是把原来直接的、固定的竖向传力体系从适当位置断开，重新衔接一个可动的传力系统。具体的处理措施有多种，对断开位置的选择、传力体系的置换形式，也有多种选择。尤其是基础托换中涉及一些技术问题分析比较，以下就设计过程中存在的一些常见问题结合工程实践分析探讨，并提出具体的处理对策。

**1. 条形基础的最小配筋率不满足需要**

按照现行《混凝土结构设计规范》GB 50010—2010 的规定：对卧置于地基上的混凝土板，板中受拉钢筋的最小配筋率可以适当降低，但不应小于 0.15%，如图 1 所示是一张施工图上的例子，其纵向钢筋明显达不到最小配筋率的要求。此种情况可以用另外一种方法处理：若是基础宽度在虚线范围以内，也就是满足刚性基础的要求时，可以不要满足最小配筋率；如果基础宽度超过虚线所示的范围，就可以满足最小配筋率的要求。

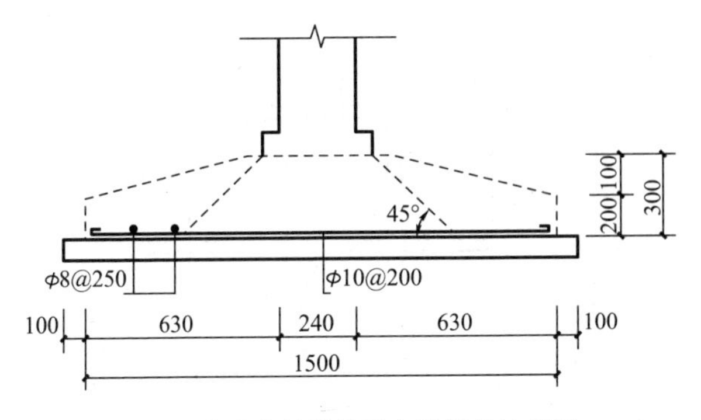


图 1　基础底板满足最小配筋率的范围

**2. 基础宽度可不调整**

在纵横墙承重的砌体建筑房屋中，横墙承受楼板荷载与自身重量，外纵墙也承受楼板荷载与自身重量，但外纵墙承受的楼板荷载要小很多。当有阳台时，外纵墙还承受阳台的重量。按墙体各自的荷载计算的基础宽度相差太大，还存在两个问题：一是没有考虑横墙的共同工作；在垂直荷载作用下，荷载由横墙向纵墙延伸，纵横墙之间存在着竖向应力相扩散传递的问题；二是在纵横墙相交处有基础面积重叠的情况。如果不调整纵横墙的基础宽度，总的基础面积肯定会减少，在基础宽度较大时尤其突出。由于存在这两个问题，墙体应按各自的荷载计算出的基础宽度调整。

具体设计中，要考虑按下述方法来确定基础宽度的调整系数。将纵横墙相交处定为节点，每个节点的范围为相邻开间中至中距离 $b_1$ 乘相邻进深中至中距离 $b_2$。每个节点减少的面积设为分配面积 $A$，分配此面积的分担长度为 $L$，按各自墙体所承受的荷载计算基础宽度为 $b$，增加的基础宽度为 $\triangle b$，增加后的基础宽度为 $B$。以图 2 节点 1 为例浅述：

$$L = 1/2(3.6 + 3.0) - 1/1b_1 + 1/2 \times 5.1 - 1/2b_2 \qquad \triangle b = A/L$$

基础宽度调整系数 $k = B/b$

按地基承载力标准值 $f_{ak} = 180\text{kPa}$ 计算图 1 中各节点的 $k$ 值，墙体厚度为 240mm，结果见表 1。

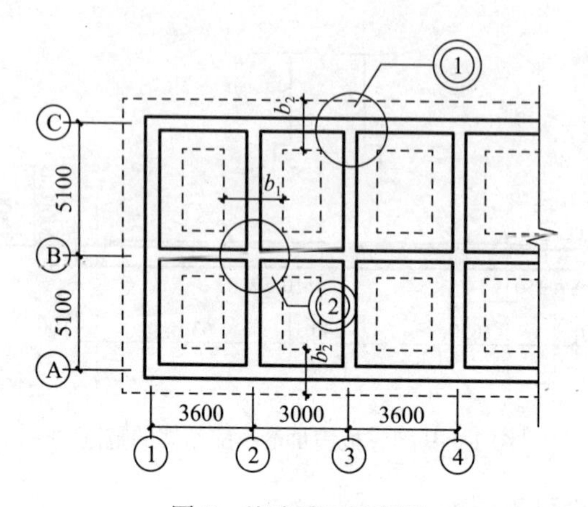


图 2　基础平面示意图

**节点 1、节点 2 的 $k$ 值计算结果**　　　　**表 1**

| 节点 | 墙 | $q$ (kN/m) | $B$ (m) | $A$ ($m^2$) | $L$ (m) | $\triangle b$ (m) | $B$ (m) | $k$ |
|---|---|---|---|---|---|---|---|---|
| 1 | 纵 | 150 | 0.89 | 0.507 | 4.625 | 0.11 | 1.0 | 1.124 |
| | 横 | 261 | 1.56 | | | | 1.67 | 1.071 |
| 2 | 纵 | 150 | 0.89 | 1.108 | 6.23 | 0.18 | 1.07 | 1.203 |
| | 横 | 261 | 1.56 | | | | 1.75 | 1.116 |
| | 横 | 310 | 1.85 | | | | 2.02 | 1.097 |

根据表 1 的计算数值，在设计砖混建筑条形基础时，采用表 2 进行基础宽度的修正。

**条形基础宽度调整系数（6 层）**　　　　**表 2**

| 地基承载力特征值 $f_{ak}$ (kPa) | 横墙 | 外纵墙 | 有阳台外纵墙 | 楼梯间内纵墙 | 内纵墙 |
|---|---|---|---|---|---|
| 300 | 0.95 | 1.05 | 1.14 | 1.25 | 1.35 |
| 250 | 1.00 | 1.05 | 1.12 | 1.18 | 1.24 |
| 200 | 1.00 | 1.10 | 1.20 | 1.13 | 1.55 |
| 180 | 1.05 | 1.05 | 1.17/1.19 | 1.28 | 1.35 |
| 150 | 1.10 | 1.10 | 1.22/1.25 | 1.40 | 1.42 |

表 2 中有阳台的外纵墙一栏中，斜线上为一开间阳台、二开间纵墙承担的基础宽度调整系数，斜线下为一开间阳台、一

开间半纵墙承担的基础宽度调整系数。根据荷载大小及承载力实际情况调整后，使地基压应力尽可能分布均衡，使基础沉降量相近，不会产生不均匀沉降。

**3. 未严格执行规范而取消底圈梁**

现在一些住宅建筑为了压低工程造价，达到开发商的要求而取消了基础圈梁。这样的设计不符合规范规定，更存在安全隐患。基础设置圈梁的目的是增强建筑物的整体性和刚度，尤其是对于地基土为软弱土层、土质不均匀或者底层开设较大洞口的住宅房屋，设置底圈梁并加大圈梁内配筋量是非常必要的，正常的圈梁高度不小于 200mm，纵向钢筋不应少于 4 Φ 14，混凝土强度不低于 C25。

**4. 全地下室仍然是条形基础**

当多层住宅建筑全部带地下室时，建筑基础要做柔性防水层。如果采取条形基础，在实际防水作业时有很大困难。实际工程中对条形基础进行防水施工，见图 3。在其表面还要抹一层不低于 C20 的细石混凝土保护层，浪费材料及人工。对于此种情况，可以改为筏形基础，如图 4 所示。而筏形基础不需要很厚的混凝土，一般在 400mm 左右即可满足受力要求。两种基础形式相比，筏形基础的整体受力状态更好，降低造价且方便施工。从多方面考虑，筏形基础的优势更明显。

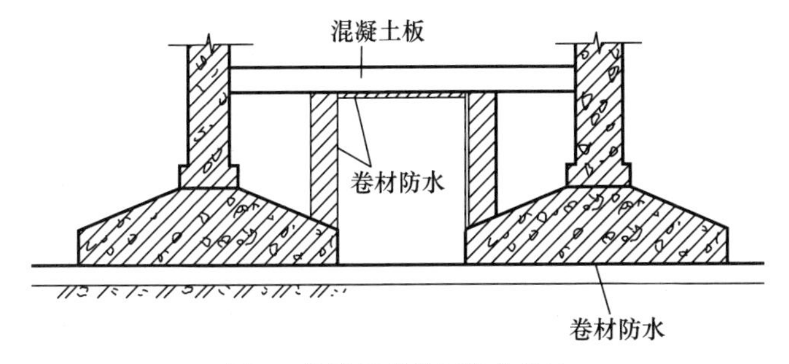


图 3　条形基础卷材防水做法

**5. 基础局部未做处理**

在多层住宅建筑中两户阳台中间的分隔墙落地，如图 5 所示。图中的⑥轴线Ⓐ轴下方的墙体即为阳台中间的落地墙体，其端部有阳台梁传来的集中荷载，一般会采取图5的方法进行施工，基础自墙端外出放大1.0m，外出部分的基础受力类似独立基础，7-7基础的分布筋仅为$\phi$10@250；如果没有按特殊要求处理，还是采用此分布筋，则此处的受力状况不符，而应根据地基实际反力大小增大分布筋，才能符合此处的实际受力情况。

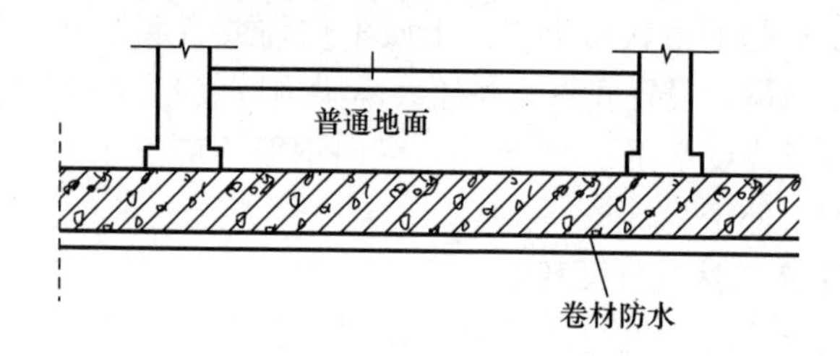


图4　筏形基础卷材防水做法

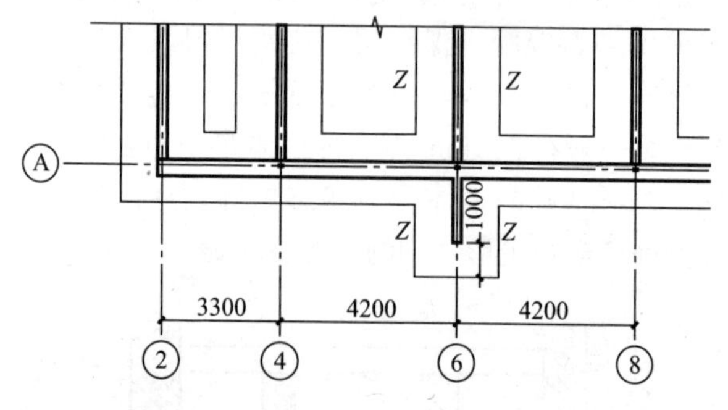


图5　条形基础局部处理平面示意图

**6. 基础未认真归纳整理**

现在设计多数采用软件进行，微机出图加快设计进度。如果房屋建筑直接用软件程序形成图，不做调整处理，则会给施工造成一定难度。如某工程实例（图6），同一纵墙上的基础类型多，显示较乱，给现场施工人员带来很大麻烦。对此种情况要适当归纳并整理，给施工以便利条件。

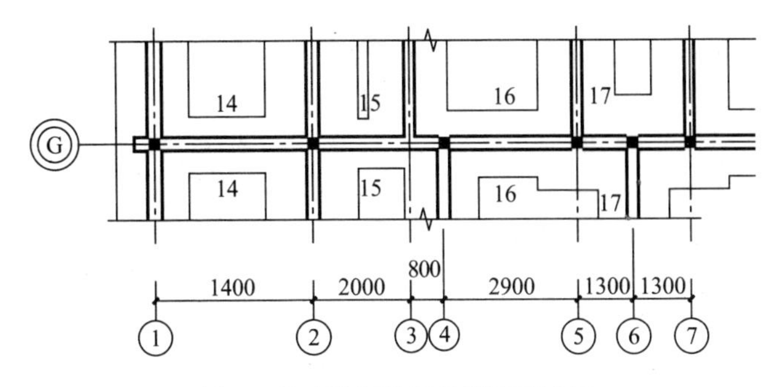


图 6　基础需归纳调整平面示意图

上述几种情况在施工图上会出现，条形基础虽然最直观、简单，但是还要按照现行规范、规程要求进行设计，以保证设计质量，才能确保施工质量不留安全隐患。

**7. 土木（砖石）结构基础托换**

土木（砖石）结构多见于需要保护的古老建筑，由于一般的古老建筑整体性及刚度比较低，采取的技术措施为整体托换。置换包括基础及部分基础土，着手于地基土的扰动施工，减轻对原结构的影响。具体方法：预制方形空心箱梁，分次分批（盾构）进入基础下部，置换基础土见图 7。注浆加固盾构管件与地基土的间隙，箱梁空心部位铺设钢筋并浇筑混凝土，使盾构管件连成整体，形成一个有足够刚度和承载力的混凝土大托盘。再在其下部划分区域开挖土方，浇筑混凝土上下轨道梁，安装移动辊轴，完成托换施工，如图 8 所示。

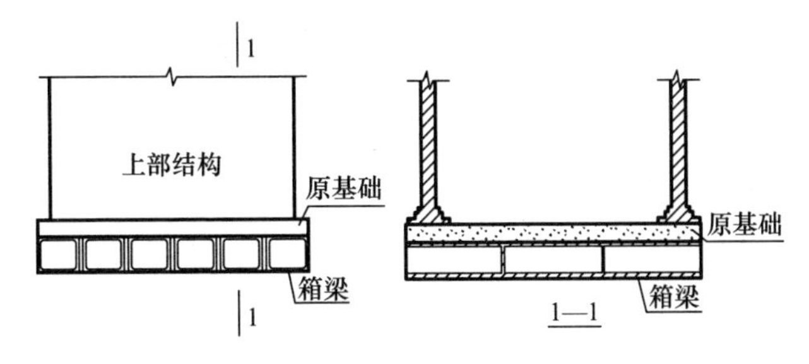


图 7　土木结构箱梁置换地基土示意图

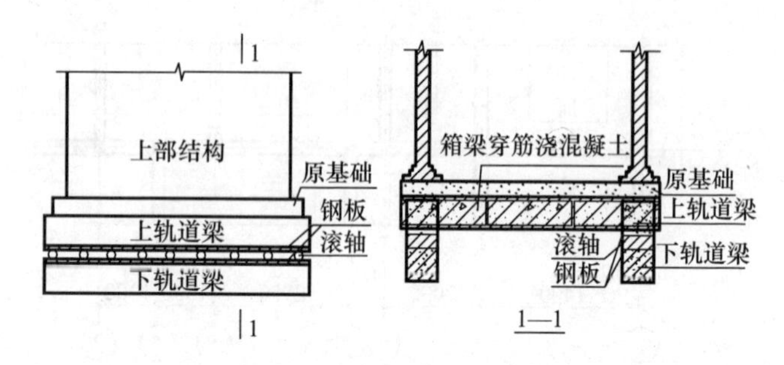


图 8　土木结构基础托换示意图

**8. 木结构托换**

由于木结构整体质量要小，方便抬升提起，一般采用与基础（毛石、砖与木柱）相连部位作为分割点，利用型钢环箍木柱或墙，保证可靠统一连接后，在型钢处设置千斤顶，上部木结构被顶离开后，焊制型钢上下轨道梁，安装平移滚轴，完成托换托架，如图 9 所示。

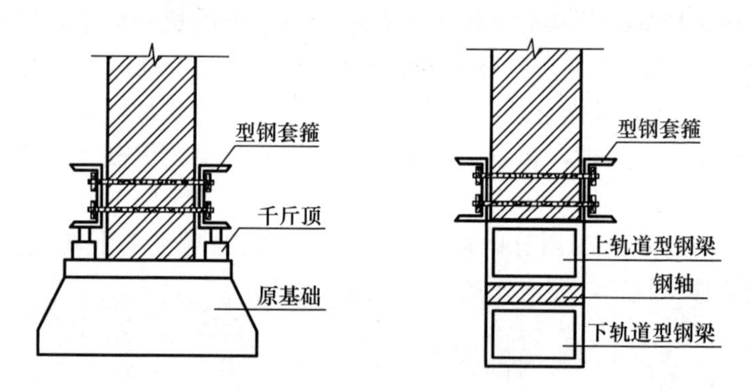


图 9　木结构型钢托换示意图

**9. 砖混结构基础托换**

1）单托梁式基础托换：重点考虑原来结构基础的安全性系数，分段剔除砖基础，在空出基础部位浇筑混凝土上下轨道梁，进行基础更新置换，施工中需要完成新基础的钢筋焊接，按预定程序流水作业，完成托换基础，如图 10 所示。

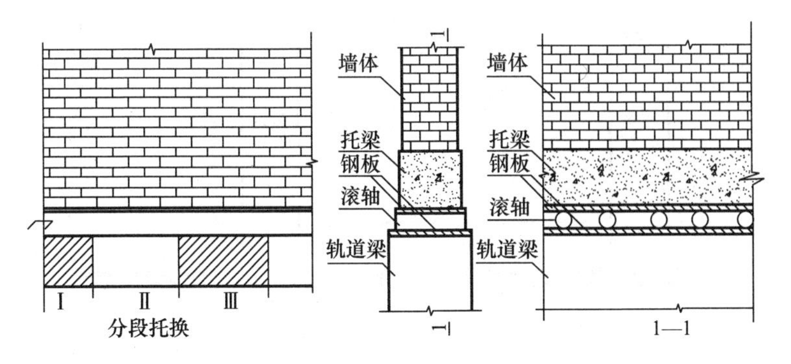

图 10　单托梁式基础托换方法示意图

2）双夹梁式墙体托换：确定承重墙断开位置，在墙体两侧浇筑混凝土下部轨道梁安装平移辊轴，上部浇筑混凝土夹梁，混凝土夹梁通过加连接梁及局部墙体剔除的方法与原墙体有效牢固结合；然后，在中间断开墙体，完成托换工作，如图 11 所示。

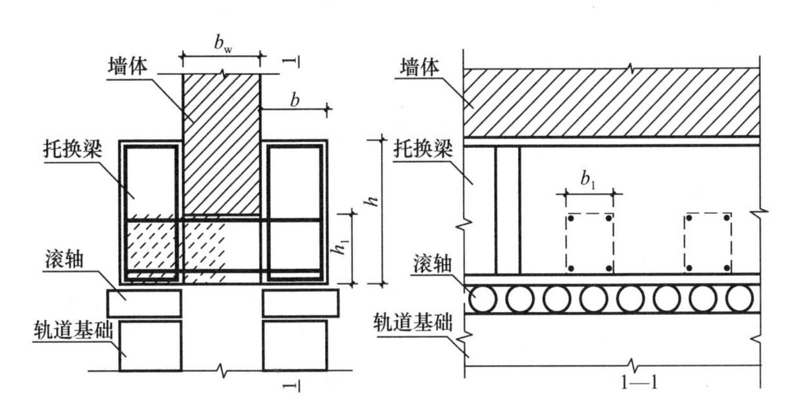

图 11　双夹梁式墙体托换方法示意图

## 10. 框架结构托换

1）单梁式托换：将柱两侧混凝土夹梁设置于柱的另两侧，利用原有基础梁作为下轨道梁，切割框架梁时应注意梁底面标高的一致性，如图 12 所示。

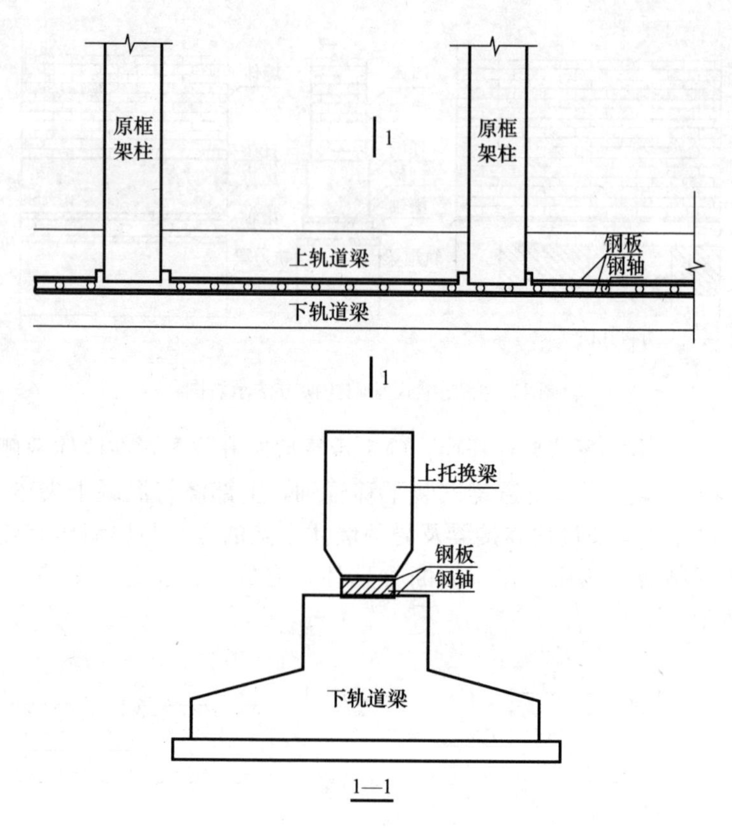


图 12　框架柱单梁式托换方法示意图

2）双梁式托换：施工方法类似于砖混结构设置的夹梁，于框架柱两侧分割面下部浇筑混凝土下部轨道梁，安装滚轴后于上部框架柱两侧设置混凝土夹梁，通过凿毛、植筋及后加预应力等措施，使框架柱传力通过夹梁（也称转换梁）分担，再切割框架梁而完成托换，如图 13 所示。

**11. 框架-剪力墙结构托换**

利用柱梁结合与原有结构进行组合托换，即把上部托换夹梁以柱、梁、剪力墙组合的形式，与原结构进行可靠连接，完成托换，如图 14 所示。

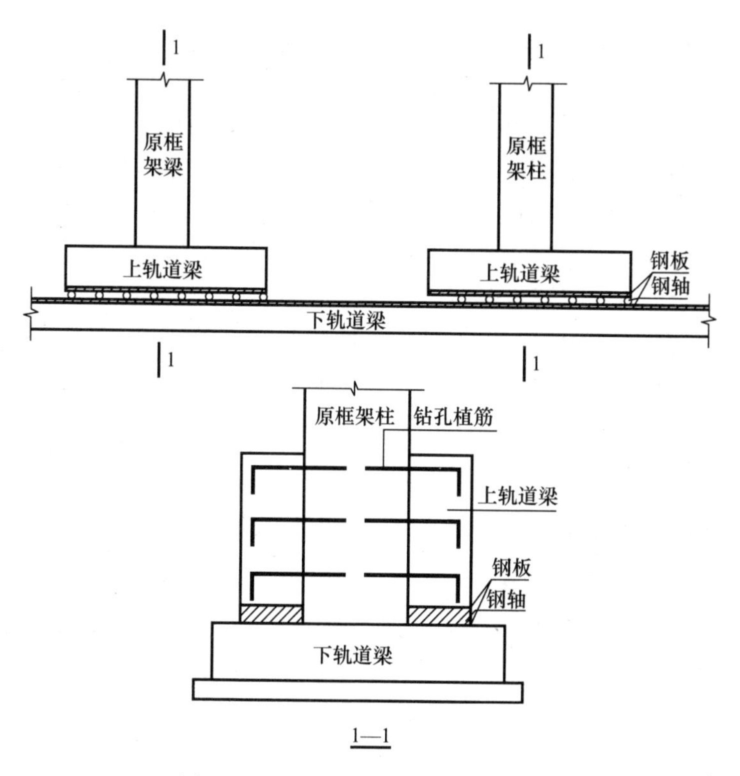


图 13　框架柱双梁式托换方法示意图

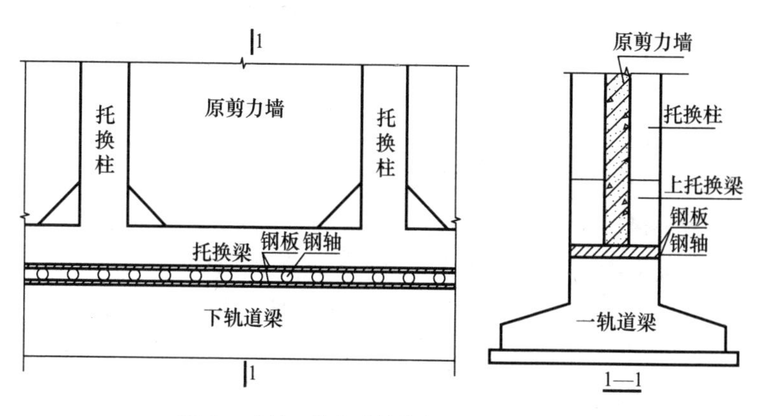


图 14　框架-剪力墙结构托换方法示意图

### 12. 小体积混凝土结构托换

对小体积混凝土结构进行移位时，针对其体积小、重量轻的特点，在采取加强结构整体性后，再采取整体提升，下部铺设移动轨道，用整体移位的方法完成托换和平移至需要部位。

建筑物的基础托换工程包含着3个步骤，即建筑主体结构勘察和检测、制定平移托换方案、施工控制和现场检测。如果要安全、可靠且经济地完成平移托换，这3个步骤缺一不可。另外，在实施中还要根据具体条件及人员、气候及环境因素优化施工过程。无论采取哪种方法，都要确保托换过程中结构上部的安全，采取合理的工作程序及监测控制，高质量地完成结构的顺利托换。

## 1.11 如何对建筑物不良地基进行处治?

### 1. 常见不良地基土及其特点

1）软黏土

软黏土也叫软土，是软弱黏土的简称。它形成于第四纪晚期，属于海相、泻湖相、河谷相、湖沼相及三角洲相的黏性沉积物及河流冲积物。多分布于沿海，河流中下游或湖泊附近地区。软土的物理力学性质包括以下三个方面。

首先，其物理性质主要是黏粒含量较多，塑性指数 $I_p$ 一般要大于17，属黏性土。软黏土多呈深灰及暗绿色，有臭味；含有机质及水量较高，一般高达40%，而淤泥也有大于80%的现象。孔隙比一般为1.0～2.0，其中孔隙比为1.0～1.5的称为淤泥质黏土，孔隙比大于1.5时称作为淤泥。由于其高黏粒含量和高含水量、大孔隙比，因而其力学性质也呈现与之对应的特点——低强度、高压缩性、低渗透性和高灵敏性。

其次，力学性质。软黏土的强度极低，含水时强度通常只有5～30kPa，表现在承载力基本值很低，一般低于70kPa，有的甚至只有20kPa。软黏土尤其是淤泥的灵敏度较高，这也是区别一般黏土的重要指标。而软黏土的压缩性却很大，压缩系数大于 0.5$MPa^{-1}$，最大可达 45$MPa^{-1}$，压缩指数约为 0.35～0.75。正常情况下，软黏土层属于正常固结土或微超固结土，但有些土层特别是新近沉积的土层有可能属于欠固结土。渗透系数很小是软黏土的又一个重要特征，一般在 $10^{-5}$～$10^{-8}$cm/s，渗透系数小则固结速率就会慢，有效应力增长缓慢，从而使沉降稳定时间长，地基强度增长也十分缓慢。这些特点是严重制约地基处理方法和效果的重要方面。

最后是工程特点。软黏土地基因承载力低，强度增长缓慢；加载后易引起变形更是不均匀；变形速率大且需要的稳定时间长；具有渗透性小而触变性及流变性大的特点。常采用的地基处理方法有预压法、置换法及搅拌法等。

2）杂填土

杂填土主要存在一些老的居住区和工厂矿区内，是人类生活和生产活动所废弃及遗留的垃圾土。这类垃圾土一般可分为三类，即建筑垃圾土、生活垃圾土和工业废弃垃圾土。不同类型和不同时间的垃圾土，很难用统一的强度标准、压缩指标、渗透性指标来采用。杂填土的主要特点是无规划、乱堆积、成分复杂且性质各异、厚度不同、无规律性。因此，在同一场地表现出压缩性和强度的明显差别，容易引起不均匀沉降，要对地基认真勘察评估并进行地基处理。

3）冲填土

冲填土一般是由人工用水力冲填方式而沉积的场地。近年来，多在沿海滩开发及在河滩造地。西北地区常见的水坠土坝即是冲填土堆筑的坝。冲填土形成的地基可作为天然地基的一种，它的工程地质主要取决于冲填土的性质。冲填土地基一般具有一些自身的特点：

首先，颗粒沉积分选性明显，在入泥口附近，粗颗粒较先沉积而远离入泥口处，所沉积的颗粒变细；同时，在深度方向上存在明显的层理性。其次，是冲填土的含水率较高，一般大于液限，呈流动状态。当停止冲填后表面自然蒸发，会呈现龟裂状，含水量会明显降低，但下部冲填土当排水条件较差时，仍呈流动状态。冲填土颗粒越细，这种现象越明显。最后，冲填土地基早期的强度是很低的，但压缩性却高，这是因为冲填土处于未固结状态。冲填土地基随着静置时间的增长，会逐渐达到正常固结状态。其工程性质取决于颗粒的组成、均匀程度和排水条件、冲填静置时间等。

4）饱和松散砂土

粉砂和细砂地基在静荷载作用下常具有较高的强度，但是当出现有振动荷载作用时，饱和松散砂土地基则有可能产生液化或大量塌陷变形，严重的失去承载力。这是由于土颗粒松散排列并在外动力作用下使颗粒位置产生错位，以达到新的平衡，因瞬间出现较高的超静孔隙水压力，有效应力迅速降低。对于这种地基进行处理的目的是使其变得更密实，消除在动荷载作用时不产生液化的可能性。最常见的处理方法是挤出法和振冲法等。

5）湿陷性黄土

在上覆土层自重应力作用下，或是在自重应力和附加应力共同作用下，因浸水后土的结构破坏而发生显著附加变形的土，称作湿陷性土，属于特殊土。现行国家标准《湿陷性黄土地区建筑规范》GB 50025中，对湿陷性黄土从工程的应用角度作了明确划分，将湿陷系数$\delta_s \geqslant 0.15$的黄土定义为湿陷性黄土。同时，将实测或计算自重湿陷量大于7cm的湿陷性黄土定义为自重湿陷性黄土；将实测或计算自重湿陷量小于或等于7cm的湿陷性黄土定义为非自重湿陷性黄土，并把黄土的湿陷等级划分为轻微、中等、严重和很严重4个级别。国内黄土按地质形成年代和工程特性，划分为4个地层。

早更新世黄土：简称为$Q_1$黄土，形成距今约70万～120万年之间，粉粒和黏粒含量比后期黄土要高，质地均匀且致密、坚硬、低压缩、无湿陷性。

中更新世黄土：简称为$Q_2$黄土，形成距今约10万～70万年之间。同样，具有粉粒和黏粒含量比后期黄土要高，质地均匀且致密、坚硬、低压缩性的特点。但是，最上部已表现出轻微的湿陷性，是西北地区黄土地层的主体。

晚更新世黄土：简称为 $Q_3$ 黄土，形成距今约 0.5 万～10 万年之间，质地均匀但较疏松，肉眼可见大孔，具湿陷性或强湿陷性。

全新世黄土：简称为 $Q_4$ 黄土，形成距今约 5000 年。一般土质疏松，肉眼可见大孔，具湿陷性或强湿陷性。通常，将早期和中期形成的 $Q_1$ 黄土和 $Q_2$ 黄土统称为老黄土，将其后形成的 $Q_3$ 和 $Q_4$ 黄土称为新黄土。通常所说的湿陷性黄土指的是新黄土，例如新疆地区分布的黄土以非自重湿陷类为重，少数为自重湿陷类。

6）膨胀土

膨胀土的矿物成分主要是蒙脱石，它具有很强的亲水性，吸水后体积膨胀，失水时体积收缩。这种胀缩变形量很大，极易对建筑物造成危害。膨胀土在国内的分布范围极其广泛，该土质是特殊土的一种。常用的地基处理方法是换土、土性改良、预浸水及防止地基土含水量变化等技术措施。

7）含有机质土和泥炭土

当土中含有不同的有机质时，会形成不同的有机质土。当有机质含量超过一定含量时，就形成泥炭土。泥炭土具有不同的工程特性，有机质含量越高，对土质的影响越大。表现为强度低、压缩大，对工程造成不利影响。

8）山区地基土

山区地基土的地质条件比较复杂，主要表现在地基的不均匀性和场地稳定性两个方面。因自然环境和地基土的形成条件影响，场地中可能存在孤石，场地环境也可能存在滑坡、泥石流、边坡崩塌等不良地质现象。这些会给建筑物造成直接或潜在的威胁，使用时应尤其引起足够重视。另外，岩溶（喀斯特）地区会存在溶洞或土洞、溶沟、溶隙及洼地等。地下水的冲蚀或潜蚀使得其形成和发展，这对建筑物的影响极大。会使地基产生不均匀沉降，必须勘察探明，认真处理。

**2. 地基土的处理与加强措施**

对不良地基土的处理与加强通常有以下几种方法，对不同处理方法及措施分析探讨。

1）置换法

（1）置换法：就是将表面不良地基土挖除掉，再回填有较好压密特性的土进行压实夯实，形成所需的持力层，从而提高地基的承载力，形成抗变形和稳定性。施工重点是将欲换的土层清除干净，关注边坡稳定，确保回填土的自身质量并掌握一定的含水率分层夯实。

（2）振冲置换法：利用专门振冲机械设备，在高压水射流下边振边冲，在地基中成孔后在孔中分批填入碎石或卵石的粗颗粒形成桩体。该桩体与原地基土组成复合地基，达到提高地基承载力、减小压缩性的目的。在施工中，碎石桩的承载力和沉降量很大程度上取决于原地基土对它的侧向约束作用，如果约束作用越弱，碎石桩的作用效果越差，因而此方法用在强度较低的软黏土地基时要认真对待。

（3）夯（挤）置换法：利用沉管或夯锤的方法把管或锤置入土中，使土体向侧边挤压，并在管中或夯坑放入碎石或其他填料。该桩体与原地基土组成复合地基。由于挤压夯实，使土体侧向隆起，土体超静孔隙水压力提高。当超静孔隙水压力消散后，土体强度也有一定提高。施工中，当填料为透水性良好砂及碎石料时，也是良好的竖向排水通道。

2）预压法

（1）堆载预压法：建造地基前，用临时堆石、土料及建材货物、砌块提早对地基施加荷载，给一定的预压时间。将地基预先压缩，完成大部分沉降并使地基承载力得到提高，卸载后再进行建筑施工。施工工艺重点：预压荷载一般要等于或大于设计荷载；大面积堆载用自卸车与装载机联合作业；堆载顶面积宽度应小于建筑物底面放大宽度；作用于地基上的荷载不要超过地基极限荷载。

（2）真空预压法：在软黏土地基表面铺上砂垫层，用土工薄膜覆盖且周围密封。用真空泵对砂垫层抽气，使薄膜下的地基形成负压。随着地基中气和水的抽出，地基土得到固结。为了加快固结，也可以采用打砂井或插塑料排水板的方法，即在铺设砂垫层和土工薄膜前打砂井或插塑料排水板，达到缩短排水距离的目的。施工要点是：先设置竖向排水设施，水平分布的滤管埋设宜采用条形或鱼刺形，砂垫层上的密封聚乙烯膜要铺两三层，按先后顺序同时铺设。当面积大时宜分区预压，达到真空度，地面沉降量、深层沉降、水平位移要观测；预压结束后，要清除砂槽和腐殖土，还要注意周边环境。

（3）降水法：降低地下水位可以减少地基的孔隙水压力，增加上覆土自重应力，使有效应力增加，从而使地基得到预压。这种做法实际上是通过降低地下水位，靠地基土的自重达到实现预压的目的。施工要点是：多采取轻型井点、喷射井点或深井点；当土层为饱和黏土、粉土或淤泥和淤泥质黏性土时，宜辅以电极相结合。

（4）电渗法：在地基中插入金属电极并通上直流电，在直流电场作用下，土中水将从阳极流向阴极形成电渗。不让水在阳极补充而从阴极的井点用真空抽水，这样会使地下水位降低，土中含水量降低。从而使地基得到固结压密，提高强度。电渗法还可以配合堆载预压，用以加速饱和黏性土地基的固结。

3）压实与夯实法

（1）表层压实法：利用人工夯、打夯机及碾压或振动机械对比较疏松的表层土进行压实。一般工程是采取分层填土夯实方法施工。当表层土含水量较高或填筑土含水量较高时，要分层铺干石灰、水泥等夯实，使土体得到加强。

（2）重锤夯实法：重锤夯实就是利用锤重自由下落产生的较大冲击力达到夯实浅层地基，使表面形成一层比较均匀的硬壳层，获得一定厚度的持力层。施工重点是要试夯并确定相关技术参数，如锤重量、底面直径及落距、最终下沉量及夯遍数和总沉降量；夯实前的槽坑底面标高要有设计标高；夯实时，地基土的含水量要控制在最佳含水量范围内；大面积夯实按顺序进行；基底标高不同时应先深后浅；还要考虑冬期施工的影响等。

（3）强夯法：是将很重的锤从高处自由下落，对地基土施加很强的冲击能，反复多次冲击地面，地基土中的颗粒结构产生变化，土体达到密实，从而可以最大限度地提高地基强度并降低压缩比。施工流程一般是：平整场地→铺级配垫层碎石→强夯置换设置碎石墩→平整并填级配碎石层→满夯一遍→找平铺土工布→回填碎石渣垫层，并用振动碾碾压八遍。一般在大型强夯施工前，要选择面积 400m$^2$ 的场地进行试验，以便取得经验数据指导施工。

4）挤密法

（1）振冲密实法：用专门振冲机械产生的重复水平振动和侧向挤压作用，使土体结构逐渐破坏，孔隙水压力迅速增大。由于结构遭到破坏，土颗粒可能向低势位置移动，这样土体由松变密。施工工艺程序为：首先，场地平整，布置桩位；施工机械到位，振冲器对准桩位；再启动振冲器，使其沉入土层，提升及重复，使孔中泥浆变稀；然后，向孔内倒填料并重复这个步骤，至深度电流达到密实电流为止，记录填料量。再把振冲器提出孔口，施工上节桩段；要使制桩过程各段桩体符合密实电流、填料量及留振时间三个要求；再者，在现场要提前开挖排泥水沟系，产生泥水统一处置；最后，挖去桩顶 1m 厚桩体，对整个场地夯实整平。

（2）沉管砂石（碎石、灰土、OG、低强度）桩：利用沉管制桩机械在地基中锤击，振动沉管成孔或静压成孔后，在管中投料，边振动上提边投料使管体密实，与原地基复合成一体。

（3）夯击碎石桩：利用重锤夯击或者强夯把碎石夯入地基，

在夯坑内逐渐填入碎块石，反复夯击，以形成碎石桩或块石墩。

5）拌合法

（1）高压喷射注浆法：以高压力使水泥浆体通过管道从管孔喷出，直接切割破坏土体。同时，与土拌合并起部分置换作用。凝固后成为拌合桩或柱体，与地基土形成复合地基，用这种方法可以形成挡土结构或防渗结构。

（2）深层搅拌法：深层搅拌主要用于加固饱和软黏土。利用水泥浆体作为主固剂，使用特制深层搅拌机械将固化剂送入地基土中强制搅拌，形成水泥土的桩柱体，与原地基组成复合地基。水泥土桩柱体的物理力学性质取决于固化剂与土体之间的各种物理化学反应。同时，固化剂的掺量及搅拌程度与土质影响及复合地基强度和压缩性等因素。

6）加筋法

（1）土工合成材料：合成材料是一种新型的岩土工程材料，是人工合成聚合物，如化纤塑料及合成橡胶等。制成各种产品置于土体内，发挥加强及保护作用。

（2）土钉墙技术：土钉一般是要通过钻孔、插筋和注浆来设置，但也可以直接打入粗钢筋或型材，形成土钉。土钉竖向与周围土体紧密接触，依靠接触面上的粘结摩阻力，与周围土体形成复合体。当土钉在土体发生变形时，被动受力。

（3）加筋土：加筋土是将抗拉能力很强的拉筋埋置于土层中，利用土颗粒位移及拉筋产生的摩阻力使土与加筋材料形成整体，减少整体变形和增加整体稳定性。拉筋是一种水平向增强体，多数使用抗拉能力强、摩阻系数大且耐腐蚀的条带状、网状及丝状材料，如镀锌钢管、铝合金及合成材料。

7）灌浆法

灌浆法是利用气压、液压或电化学原理，将可以固化的一些浆液注入地基介质中，或者建筑物与地基的缝隙处。灌浆的浆液可以是水泥浆、水泥砂浆、黏土水泥浆、石灰浆及各种化学浆材料，如聚氨酯类、木质素类、硅酸盐类等。根据灌浆的目的，可以分为防渗灌浆、堵漏灌浆、加固灌浆和结构纠偏灌浆等。按照灌浆的方法，可以分为压密灌浆、渗入灌浆、劈裂灌浆和化学灌浆。灌浆法在水利工程、建筑及桥梁工程领域中应用极其广泛，效果也非常好。

## 1.12　如何监测建筑基坑的安全?

虽然人们在基坑开挖和基坑支护结构设计过程中，为了保证基坑的安全，通常都会采用一系列的技术措施，但依然有很多基坑事故发生。当基坑工程事故发生时，就会给国家和人民的生命财产安全带来巨大的损失，而且还会产生不良的社会影响。只有及时、准确地进行监测，才能验证支护结构设计，为施工提供实时反馈，从而指导基坑开挖和支护结构施工，切实保障施工安全。以下对建筑工程中基坑工程的监测方法作浅要的分析介绍。

**1. 监测目的**

在深基坑开挖施工过程中，对建筑物、土体、道路、构筑物、地下管线等周围环境和支护结构的位移、应力、沉降、倾斜、开裂和对地下水位的动态变化、土层孔隙水压力变化等，借助仪器设备或其他一些手段进行综合监测，就是深基坑开挖监测。

开挖前期，对土体变位动态等各种行为表现进行监测。通过大量岩土信息的提取，及时比较勘察出的监测结果和预期设计的性状差别，分析评价原设计成果，对现行施工方案的合理性进行判断，有效预测下阶段施工中可能出现的新情况。此时，可以借助修正岩土力学参数和反分析方法计算来完成预测。为了能为后期开挖方案和步骤提出有用的建议，就需要合理优化组织施工，提供可靠信息，从而能够及时预报施工过程中可能会出现的险情；当有异常情况发生时，应及时采取一定的工程措施，防止问题事故的发生，以确保工程安全。

## 2. 监测内容

1）周围环境监测

周围环境监测主要包括：邻近构筑物、地下管网、道路等设施的变形监测，邻近建筑物的倾斜、裂缝和沉降发生时间、过程的监测，表层和深层土体水平位移、沉降的监测，坑底隆起监测，桩侧土压力测试，土层孔隙水压力测试，地下水位监测。具体监测项目的选定需要综合考虑工程地质和水文地质条件、周围建筑物及地下管线、施工和基坑工程安全等级情况。

2）支护体系监测

支护体系监测主要包括：支护结构沉降监测，支护结构倾斜监测，支护体系应力监测，支护结构顶部水平位移监测，支护体系受力监测，支护体系完整性及强度监测。

## 3. 监测仪器

通常情况下，基坑的监测需要借助一些设备。一般使用的仪器主要包含以下几种：

（1）测斜仪：该仪器主要用在支护结构、土体水平位移的观测。

（2）水准仪和经纬仪：该设备主要用在测量地下管线、支护结构、周围环境等方面的沉降和变位。

（3）深层沉降标：用于量测支护结构后土体位移的变化，以判断支护结构的稳定状态。

（4）土压力计：用于量测支护结构后土体的压力状态是主动、被动还是静止的，或测量支护结构后土体的压力的大小、变化情况等，来检验设计中的判断支护结构的位移情况和计算精确度。

（5）孔隙水压力计：为了能够较为准确地判断坑外土体的移动，可用该仪器来观测支护结构后孔隙水压力的变化情况。

（6）水位计：为了检验降水效果就可以采用该仪器来量测支护结构后地下水位的变化情况。

（7）钢筋应力计：为了判断支撑结构是否稳定，使用该设备来量测支撑结构的弯矩、轴力等。

(8) 温度计：温度对基坑有较大影响，为了能计算由温度变化引起的应力，则需要将温度计和钢筋应力计一起埋设在钢筋混凝土支撑中。

(9) 混凝土应变计：要计算相应支撑断面内的轴力，则需要采用混凝土应变计，以测定支撑混凝土结构的应变。

(10) 低应变动测仪和超声波无损检测仪：用来检测支护结构的完整性和强度。

无论是哪种类型的监测仪器，埋设前都应从外观检验、防水性检验、压力率定和温度率定等方面进行检验和率定。应变计、应力计、孔隙水压力计、土压力盒等各类传感器在埋设安装前都应进行重复标定；水准仪、经纬仪、测斜仪等除须满足设计要求外，应每年由国家法定计量单位进行检验、校正，并出具合格证。由于监测仪器设备的工作环境大多在室外甚至地下，而且埋设好的元件不能置换，因此，选用时还应考虑其可靠性、坚固性、经济性以及测量原理和方法、精度与量程等方面的因素。

**4. 监测方法**

施工前，应对周围建筑物和有关设施的现状、裂缝开展情况等进行调查，并作详细记录；也可拍照、摄像作为施工前的档案资料。对于同一工程，监测工作应固定观测人员和仪器，采用相同的观测方法和观测线路，在基本相同的情况下施测。

基准点应在施工前埋设，经观测确定其已稳定时方可投入使用；基准点一般不少于两个并设在施工影响范围外，监测期间应定期联测，以检验其稳定性。为了能有效确保其在整个施工期间都能够正常使用，在整个施工期内都应采取一定的保护措施。

施工前，应进行不少于两次的初始观测。开挖期间，每天一般观测一次，在观测值相对稳定后，则可适当降低观测频率。当出现报警指标、观测值变化速率加快或者出现危险事故征兆时，则应增加观测次数。布置观测点时，要充分考虑深埋测点，其不能影响结构的正常受力的同时，也不能削弱结构的变形刚度和强度。通常情况下，为了便于开始监测工作，测量元件已进入稳定的工作状态时，深埋测点埋设的提前量一般不少于30d。

**5. 支护结构顶部水平位移监测**

观测点沿基坑周边布置，一般埋设于支护结构圈梁顶部，支撑顶部宜适当选择布点，观测点精度为2mm。在监测过程中，测点的布置和观测间隔需要遵循一些原则，通常原则如下：

（1）一般间隔10～15m时则可布设一个监测点；而在距周围建筑物较近处、基坑转折处等重要位置都应适当加密布点。

（2）基坑开挖初，只需每隔2～3d监测一次。然而，随着开挖过程的不断加深，应适当增加观测次数，最好1d观测一次。在发生较大位移时，则需要每天1～2次的观测。考虑到基坑开挖时施工现场狭窄、测点常被阻挡等实际情况，在有条件的场地采用视准线法比较方便。

**6. 支护结构倾斜监测**

在监测支护结构倾斜时，通常采用测斜仪进行监测。由于支护结构受力特点、周围环境等因素的影响，需要在关键地方钻孔布设测斜管，并采用高精度测斜仪进行监测。根据支护结构在各开挖施工阶段倾斜变化情况，应及时提供支护结构沿深度方向水平位移随时间变化的曲线，测量精度为1mm。

设置在支护结构的测斜点间距一般为20～30m，每边不宜少于两个。测斜管埋置深度一般为基坑开挖深度的两倍。当埋设在支护墙内时，则应与支护墙深度相同；当埋设在土内时，宜大于支护墙埋深5～10m。埋入的测斜管应保持竖直，并使一对定向槽垂直于基坑边。在测斜管放置于支护结构后，一般用中细砂回填支护结构与孔壁之间的孔隙，最好用膨胀土、水泥、水按1∶1∶6.25的比例混合回填。目前，工程中使用最多的是滑移式测斜仪，其一般测点间距是探头本身的长度相同，因而通常认为沿整个测斜孔量测结果是连续的，或者在基坑开挖过程中，及时在支护结构侧面布设测点，并采用光学经纬仪观测支护结构倾斜。

# 二、地下室及地下工程

## 2.1 地下室与基础的设计应注意哪些问题?

地下工程由于其位置的特殊性，在设计时必须重点考虑以下的一些问题：

（1）地基承载力特征值与地质报告之间的矛盾；

（2）地下工程防水混凝土底板混凝土垫层应按《地下工程防水技术规范》GB 50108 要求，不应小于 C15，厚度不应小于 100mm，在软弱土层中的厚度不应小于 150mm，防水混凝土结构厚度不应小于 250mm；

（3）地下工程防水混凝土迎水面钢筋保护层厚度按《地下工程防水技术规范》GB 50108 的要求，不应小于 50mm 并应进行裂缝宽度的计算。裂缝宽度不得大于 0.2mm，并不得贯通。设计中，许多设计人员将地下室防水结构构件的计算弯矩调幅、有的下端按铰接、有的未考虑荷载分项系数、多层时未按多跨连续计算等，也不进行裂缝计算，导致违背强制性条文的规定；

（4）地下室外墙与底板连接构造不合理；外墙钢筋的搭接不符合《混凝土结构设计规范》GB 50010 根据纵向钢筋搭接接头面积百分率修正搭接长度的要求；

（5）地下室外墙设计中应考虑楼梯间、电梯基础及车道等支承条件不同的外墙计算与设计，不能与一般外墙相同。当顶板不在同一标高时，应注意外墙上部支座水平力的传递问题；

（6）地下水位较高时，应特别注意只有地下室部分和地面上楼层不多时的抗浮计算；采用桩基时，应计算桩的抗拔承载力；

（7）高层地下室采用独立柱基或条基加抗水底板时，应在抗水板下设褥垫，以保证实际受力与设计计算模型相同；

（8）地基基础设计等级为甲级、乙级的建筑物应按《建筑地基基础设计规范》GB 50007 进行地基变形设计；

（9）核对建筑物桩基应进行沉降验算（强制性条文）：

A. 地基基础设计等级为甲级的建筑物桩基；

B. 体形复杂、荷载不均匀或桩端以下存在软弱土层的设计等级为乙级的建筑物桩基；

C. 摩擦型桩基。桩基础的沉降不得超过建筑物的沉降允许值，并应符合《建筑地基基础设计规范》GB 50007 的规定；

（10）对建筑在施工期间及使用期间的变形观测要求，设计人普遍不够重视。变形观测工程范围根据《建筑地基基础设计规范》GB 50007（强制性条文），下列建筑物应在施工期间及使用期间进行变形观测：

A. 地基基础设计等级为甲级的建筑物；

B. 复合地基或软弱地基上的设计等级为乙级的建筑物；

C. 加层、扩建建筑物；

D. 受邻近深基坑开挖施工影响或受场地地下水等环境因素变化影响的建筑物；

E. 需要积累建筑经验或进行设计反分析的工程。

观测的方法和要求，应符合国家行业标准《建筑变形测量规范》JGJ 8—2016 的规定；

（11）沉降缝基础与偏心基础：

砌体结构的沉降缝基础设计依据：根据力的平衡原理，大部分基础存在零压力区，所设计的基础不能提供设计所需的地基承载力。许多柱边与基础对齐的偏心柱基也同样存在问题。零应力区不能满足《建筑抗震设计规范》GB 50011 的要求；

（12）防潮层以下墙体采用水泥砂浆时应注意其强度（因水泥砂浆对强度应折减）；

（13）一些工程的柱基高度不满足柱纵向钢筋的锚固长度要求，柱基的抗冲切、抗剪性能不够；

（14）墙下条形基础相交处，不应重复计入基础面积；

(15) 砌体结构的地下室问题；

(16) 地基承载力应为特征值：地基基础设计时，所采用的荷载效应最不利组合与相应的抗力限值应按下列规定（《建筑地基处理技术规范》JGJ 79）：

A. 按地基承载力确定基础底面积及埋深或按单桩承载力确定桩数时，传至基础或承台底面上的荷载效应应按正常使用极限其对应荷载效应的标准组合。相应的抗力应采用地基承载力特征值或单桩承载力特征值；

B. 计算地基变形时，传至基础底面上的荷载效应应按正常使用极限状态下荷载效应的准永久组合，不应计入风荷载和地震作用。相应的限值应为地基变形允许值；

C. 计算挡土墙土压力、基础或斜坡稳定及滑坡推力时，荷载效应应按承载能力极限状态下荷载效应的基本组合，但其分项系数均为 1.0；

D. 在确定基础或桩台高度、支挡结构截面、计算基础或支挡结构内力、确定配筋和验算材料强度时，上部结构传来的荷载效应和相应的基地反力，应按承载力极限状态下荷载效应的基本组合，采用相应的分项系数。

(17) 地下一层墙体能否作为筏板的支座问题。这个问题在砖混及混凝土结构中都存在；地下室顶板作为钢筋混凝土结构房屋上部的嵌固部位时，不能采用无梁楼盖的结构形式。

(18) 地下室墙的门（窗）洞口应按计算设置基础梁；

(19) 基础零应力区的面积问题：高宽比大于 4 的高层建筑，在地震作用下基础底面不宜出现拉应力；其他建筑，基础底面与地基土之间零应力区面积不应超过基础底面面积的 15%。在设计轻钢结构时，应特别注意；

(20) 位于地下室的框支层，是否计入规范的框支层数的问题：若地下室顶板作为上部结构的嵌固部位，则位于地下室的框支层，不计入规范允许的框支层数之内；

(21) 确定建筑的抗震等级时，如果地下室顶板不作为上部建筑物的嵌固点，建筑物的高度该如何确定；是从室外地面算起还是从基础算起；确定建筑的抗震等级时，建筑物的高度是从室外地面算起；

（22）场地采用桩基（包括搅拌桩）不能改变场地的类别；

（23）地下室底板钢筋及基础梁钢筋的搭接问题；

（24）地下室外墙受弯及受剪计算时，土压力引起的效应应为永久荷载效应，当考虑由可变荷载效应控制的组合时，土压力的荷载分项系数取 1.2；当考虑由永久荷载效应控制的组合时，其荷载分项系数取 1.35；地下室外墙的土压力应为静止土压力。对于地面活荷载，同样应乘侧压力系数，许多设计在设计中计算不对；

（25）地下室底板的强度计算时（水位较高、总竖向荷载往上，桩基时不同），板、覆土自重的荷载分项系数取 1.2，这是不对的。根据《建筑结构荷载规范》GB 50009，荷载分项系数应取 1.0；抗漂浮计算时，板、覆土的自重的荷载分项系数应取 0.9。

## 2.2 高层建筑地下室如何进行设计处理?

建筑地下室工程的设计是一个综合性很强的问题，涉及内容繁杂，有些问题至今尚未得到很好的解决，因此无论是从技术还是经济的角度来看，都需要更深入地研究地下室设计的技术问题，提高设计水平，真正做到技术与经济同步、安全与适用协调。以下就针对地下室设计的技术问题，从根本上阐述地下室外墙计算模型、抗浮、裂缝控制及不均匀沉降，供同行在应用时参考。

### 1. 地下室外墙计算模型

1）地下室外墙配筋的计算

有的工程外墙配筋计算中，凡外墙带扶壁柱的，不区别扶壁柱尺寸大小，一律按双向板计算配筋，而扶壁柱按地下室结构整体电算分析结果配筋，又未按外墙双向板传递荷载验算扶壁柱配筋。按外墙与扶壁柱变形协调的原理，其外墙竖向受力筋配筋不足、扶壁柱配筋偏少、外墙的水平分布筋有富余量。建议除了垂直于外墙方向有钢筋混凝土内隔墙相连的外墙板块或外墙扶壁柱截面尺寸较大（如高层建筑外框架柱之间），外墙板块按双向板计算配筋外，其余的外墙宜按竖向单向板计算配筋为妥。竖向荷载（轴力）较小的外墙扶壁桩，其内外侧主筋也应予以适当加强。外墙的水平分布筋要根据扶壁柱截面尺寸大小，可适当另配外侧附加短水平负筋予以加强，外墙转角处也同此予以适当加强。

2）地下室外墙计算

底部为固定支座（即底板作为外墙的嵌固端），侧壁底部弯矩与相邻的底板弯矩大小一样，底板的抗弯能力不应小于侧壁，其厚度和配筋量应匹配，这方面的问题在地下车道中最为典型，车道侧壁为悬臂构件，底板的抗弯能力不应小于侧壁底部。地下室底板标高变化处也经常发现类似问题：标高变化处仅设一梁，梁宽甚至小于底板厚度，梁内仅靠两侧箍筋传递板的支座弯矩难以满足要求。地面层开洞位置（如楼梯间）外墙顶部无楼板支撑，计算模型和配筋构造均应与实际相符。车道紧靠地下室外墙时，车道底板位于外墙中部，应注意外墙承受车道底板传来的水平集中力作用，该荷载经常遗漏。

**2. 地下室抗浮设计**

当地下室埋藏较深或地下水位较浅时，裙房及纯地下室部分可能会有抗浮不满足要求的问题。针对此种情况，应采取以下措施：

1）在设计允许的情况下，尽可能提高基坑坑底的设计标高，间接降低抗浮设防水位

高层建筑的基础底板多采用平板式筏形基础和梁板式筏形基础。一般而言，平板式筏形基础与梁板式筏形基础上填覆土的质量基本相当，但后者的基础高度一般要比前者高。在保证基顶标高不变的情况下，后者的基础埋深要大于前者。从而相

对提高了抗浮水位，故采用平板式筏形基础，更有利于降低抗浮水位。

2）楼盖提倡使用宽扁梁或无梁楼盖

一般宽扁梁的截面高度为跨度的1/22～1/16，宽扁梁的使用将有效地降低地下结构的层高，从而相对降低了抗浮设防水位。

3）增加地下室的层高来增加地下室的质量，是解决地下室抗浮问题的一个直接、有效的方法

但这种方法还应结合地基土的承载力而定。在对主体结构的地基承载力进行深度修正时，增加地下室的层高可以提高主体结构的有效埋置深度，从而提高了主体结构修正后的地基承载力特征值。

(1) 增加基础配重。此种方法大致有以下3种情况：增加基础底板的厚度、增加基础顶面覆土厚度、基础顶面采用表观密度大且价格低廉的填料。这三种方法的共同特点是：在增加基础配重以解决抗浮问题的同时，又不可避免地增加了基础的埋置深度，从而相对提高了地下室抗浮设防水位的高度，因此它不是一种效率最高的方法。

(2) 增加地下室顶板的厚度。这种方法的优点是：在不增加基坑坑底标高的前提下，增加了地下室的重量，而且使用厚板后，地下室顶板的大板块之间可以不再设置次梁。但此种方法的缺点是会略增加地下室顶板框架梁的负荷，而且由于板厚有限，这种方法解决抗浮问题的效果也是有限的。

4）设置抗浮桩

仅从表面上看，这是一种解决抗浮问题行之有效的方法，但仔细分析，这种方法也有一定的局限性。从结构受力方面讲，由于地下室的抗浮设防水位是根据拟建场地历年最高水位，结合近几年的水位变化情况提出来的，即使是经过重新评估后确定的抗浮设防水位，也是按一定的统计规律得出的结论。很显然，这种方法确定的地下水位在一般情况下是很难达到的。加

之，设计计算的不精确性也使得抗浮桩具有一定的安全储备，因此，“抗浮桩”实际上长期起着“抗压桩”的作用。这种“反作用”将阻碍有抗浮要求的地下室的合理沉降，而这种变化将会使无沉降缝的大底盘地下室在主体结构和裙房之间产生更大的不均匀沉降差；同时，设置抗浮桩后，计算基础底板内力及配筋时应考虑地下水压力，这样也会增加基础底板的荷载。另一方面，如果地下水位长期处于一种较高的水平之上，设置抗浮桩也未尝不是一种有效的方式。因此，抗浮桩是一把双刃剑，使用时需仔细考虑。

**3. 裂缝及控制方法**

地下室外墙混凝土易出现收缩，受到结构本身和基坑边壁等的约束，产生较大的拉应力，直至出现收缩裂缝，地下室外墙裂缝宽度控制在0.2mm之内，其配筋量往往由裂缝宽度验算控制。

工程中，许多设计将地下室防水结构构件的计算弯矩调幅，有的下端按铰接，有的未考虑荷载分项系数，多层时未按多跨连续计算，地下室外墙在计算中漏掉抗裂性验算（违反《地下工程防水技术规范》GB 50108），地下室外墙与底板连接构造不合理，建筑物超长未设缝或留置后浇带（违反《混凝土结构设计规范》GB 50010），后浇带的位置设置不当，外墙施工缝或后浇带详图未交代，室外出入口与主体结构相连处未设沉降缝等，导致违反设计规范，产生渗漏现象。某工程地下室设计成一个大底盘，而该大底盘下的基础形式同时有天然地基、桩基、刚性桩复合地基（违反《建筑抗震设计规范》GB 50011），此类基础即使设置后浇带，也仅适合施工阶段。

地下室整体超长，应采取相应措施防止裂缝开展，采取的主要措施为：

（1）补偿收缩混凝土。即在混凝土中掺入UEA、HEA等微膨胀剂。以混凝土的膨胀值减去混凝土的最终收缩值的差值大于或等于混凝土的极限拉伸即可控制裂缝。

（2）膨胀带。由于混凝土中膨胀剂的膨胀变形不会与混凝土的早期收缩变形完全补偿，为了实现混凝土连续浇筑、无缝施工而设置的补偿收缩混凝土带。根据一些工程实践，一般超过 60m 需设置膨胀加强带。

（3）后浇带。作为混凝土早期短时期释放约束力的一种技术措施，较长久性变形缝已有很大的改进并广泛使用。

（4）提高钢筋混凝土的抗拉能力。混凝土应考虑增加抗变形钢筋；对于侧壁，增加水平温度筋，在混凝土面层起强化作用。侧壁受底板和顶板的约束，混凝土胀缩不一致，可在墙体中部设一道水平暗梁抵抗拉力。

**4. 地下室不均匀沉降**

解决不均匀沉降问题一般有以下几种方法：

1）裙房和高层建筑之间设沉降缝

让各部分自由沉降，互不影响，避免由于不均匀沉降产生的内力，这是所谓“放”的方法。但实际上这样做，给建筑的立面处理、地下室的防渗漏、基础的埋置深度和整体稳定等带来很多困难。

2）裙房和高层建筑之间不设沉降缝

采用端承桩，将桩端置于坚硬的基岩或砂卵石层上。这样，既满足了地基承载力要求，又避免了明显的沉降差。这是所谓的“抗”的方法。但这种方法基础材料用量多、不经济，一般用于超高层建筑或地基持力层较差的情况。

3）在设计中不设沉降缝

采取一定的措施调整地基反力，尽量减少不同部分的地基反力差，从而减少沉降差。这是所谓“调”的方法。如：裙房部分采用天然地基，主楼部分采用复合地基或桩基。裙房和主楼部分采用不同的基础形式，主楼采用筏形基础或箱形基础，裙房采用独立基础或条形基础。

4）在主裙楼之间设置沉降后浇带

钢筋不断，先施工主楼，待主楼封顶、完成大部分沉降后，再施工裙房。两部分沉降基本稳定后，再浇筑后浇带。这样，用调时间差的办法解决了沉降差；同时，又避免了设置沉降缝带来的麻烦。这也是一种“调”的方法。

目前，城市建设中建造了大量的地下室及地下车库，由于涉及工期和投入的建设费用，设计中与地下室相关的不少问题也逐渐变得突出起来。因此，如何协调好技术与经济在建设工程中的相互关系，是每个设计人员应认真考虑的。

## 2.3 如何控制地下大体积混凝土产生的裂缝?

预拌混凝土除了必须满足强度、刚度、整体性和耐久性的要求外，还应满足现场实际施工的要求。由于预拌混凝土在施工中应满足从预拌站到工地现场的运输和现场泵送浇筑工艺的要求，其需要的坍落度比现场自拌混凝土传统施工工艺大得多，因而在基础大体积混凝土和地下室外墙混凝土施工中，如何有效防止与控制混凝土变形裂缝的出现和开展，显得非常重要。

地下室大体积混凝土有如下特点：

（1）混凝土强度高，水泥用量大，因而收缩变形大；

（2）几何尺寸大，内部热量积聚迅速，温升快，而外部却散热快，易形成高温差；

（3）工程量大，施工连续性强，不易控制。

混凝土结构裂缝产生的原因有三种：

一是由外荷载引起，即按照常规计算的主要应力引起；

二是结构次应力引起，即由实际工作状态与假设模型不符所致；

三是由变形应力引起，这是由于温度、收缩、膨胀、不均匀沉降等因素引起的结构变形。地下室大体积混凝土裂缝产生的主要原因属于第三种。

### 1. 产生裂缝的原因及影响

1）温差的形成及其影响

在混凝土结构中，引起温度变化的热量主要源于水泥的水化热。地下室大体积混凝土基础的混凝土强度级别较高（一般都高于C30），水泥用量大，因此混凝土在初凝过程中会有大量水化热产生。混凝土是热的不良导体，又由于地下室底板几何尺寸巨大，这些热量不易及时排出而积聚，导致了其内部温度迅速升高（最高时可达70～80℃）；相反，在构件表面，则由于散热条件良好，温度保持较低水平，这样就出现了内外温差。这种相对的“内胀外缩”使混凝土表面产生拉应力，当它超过混凝土拉伸极限（1～1.5）$\times10^{-4}$，裂缝就产生了。

2）混凝土收缩变形及其影响

（1）化学收缩：混凝土硬化过程中，水泥要发生一系列化学变化，称之为水化，但水化生成物体积比反应前物质总体积要小，这种收缩称为化学收缩。

（2）混凝土的干收缩：干收缩是由于混凝土内部吸附水蒸发引起凝胶体失水产生紧缩，混凝土的干收缩取决于周围环境的湿度变化。在大体积混凝土中，当这种收缩由于内外环境不一致而使混凝土构件表面拉应力超过其拉伸极限时，就导致了裂缝的产生。

3）地基的不均匀沉降及其影响

基础设计的主要依据是工程地质勘察报告。任何一个地质勘察，其结果都是近似的。当设计假设模型与地质实际不符等情况出现时，都很可能出现不均匀沉降。同时，由于上部建筑物荷载不同，也产生不均匀沉降。这种不均匀沉降使混凝土产生拉应力。当应力超过混凝土极限拉伸值时，导致裂缝产生。这种裂缝一旦出现则比较严重，可能危及安全和使用等功能。

**2. 混凝土质量的控制**

（1）控制混凝土选材和配合比，掺加外加剂，减少水泥用量和用水量，降低水化热和收缩变形。普通硅酸盐水泥早期强度高，但水化热大；矿渣水泥虽然比普通水泥比热低，但泌水、干缩现象严重，而且后期硬化收缩也大；火山灰质水泥后期收缩较大，经济效益也不合算。通过比较，我们选择了粉煤灰水泥。

粉煤灰水泥特性如下：

成分：在硅酸盐水泥中掺入占水泥重量20%～40%的粉煤灰组合而成。

特性：早期强度较低，后期强度增长较快；水化热较小；耐冻性差；耐硫酸盐腐蚀及耐水性较好；抗炭化能力差；抗渗性较好；干缩性较小；抗裂性较好。选择粉煤灰水泥在技术上有两点好处：一是减少内部水化热的产生（因为减少了水泥用量）；二是减少混凝土的“干缩”量，这样从整体上对裂缝的产生和扩展起到了预防与抑制作用。

粗、细骨料：石子选择了级配良好的碎石，针、片状颗粒含量＜8%；含泥量＜0.5%；含硫杂质＜0.5%；砂为中砂，细度模数为3.5，含泥量＜5%；含硫杂质＜0.5%。

另外，还采用了外加剂LN-800N和膨胀剂HEA，这在相当程度上降低水灰比和减少水泥用量，降低了水化热，也使混凝土得到补偿收缩。

（2）调整钢筋配置方案，增设温度传递分布筋，将混凝土内部热量及时传递出来，防止内部热量积蓄。在配筋设计上，建议设计院在配筋率不变的情况下，采用上下皮配筋差异方案，即底皮钢筋在无柱板带上无论纵、横都采用Φ25@150，在有柱板带处上下皮筋均采用Φ25@130。由于混凝土有1m厚，考虑到散热速度，在底皮钢筋和顶皮钢筋之间设置了Φ25，温度分布筋每$1m^2$一根，上下采用搭接焊，将原来Φ28@200配筋方案彻底放弃了。这种上下错位分布、减小钢筋直径、加密钢筋间距，在一定程度上缓和了混凝土收缩，上下搭接的连通钢筋能快速地将中间热量传递出来，减小裂缝产生的比例。

（3）合理设置后浇带，减少早期不均匀沉降，放松约束程度。不均匀沉降主要由地基地质和上部建筑荷载不一引起，由于地下室面积大，在主楼与辅楼相交接的位置设置了3条后浇带。同时，由于主楼地下室沿边狭长，在相应位置设置了后浇带。这样，有效地减少了工程早期可能不均匀沉降所产生的裂缝，也对整个底板放松了约束；同时，还减少混凝土浇筑长度引起的蓄热量，减少温度应力，对裂缝的预防和控制扩展起到了相当的作用。

（4）采取措施加强养护，对温度进行严密监控，防止出现较大温差。施工（底板混凝土浇筑）控制在4月底完成，避开了暴晒和炎热天气。在养护上，从浇筑完开始，配四人专门养护、轮流值班。为了保证已浇好混凝土的表面散热速度不至于过快，在其表面铺盖了草袋，并在草袋上再盖上尼龙薄膜，保持混凝土表面湿润，使其缓缓降温，将养护期延长至15d。

## 2.4 高层建筑地下室施工应注意哪些问题?

随着我国国民经济持续、稳定、高速发展，在城市建设中，大型公共高层建筑越来越普遍。高层、超高层建筑在全国各大城市拔地而起，特别是经济相对发达的地区、繁华的商业地段，其地下空间的开发已成为热点。大型高层建筑的地下室建设会越来越普遍。根据相应规范要求，结合现实工程实例，对高层建筑地下室施工提出几点要求。

**1. 混凝土施工控制方面**

高层建筑地下室都会采用钢筋混凝土结构，因建筑本身体积较大，所以混凝土量比较多，在高层、超高层建筑中会出现大体积混凝土的施工，因此混凝土施工中应注意的是：

1）混凝土的运输、输送

（1）混凝土应用最短的时间，从搅拌地点运至浇筑地点，混凝土从搅拌机中卸出到浇筑完毕的时间一般应控制在60min以内；

（2）混凝土在运输中应保持匀质性，做到不分层、不离析、不漏浆，运到浇灌地点时，应具有要求的坍落度；

（3）泵送混凝土应保证输送混凝土泵能连续工作，当间歇时间超过45min或混凝土出现离析现象时，应立即用压力水或其他方法冲洗管内残留的混凝土。输送管线宜直、转弯宜缓。当管道向下倾斜时，应防止混入空气，产生阻塞。在泵送过程中，受料斗内应具有足够的混凝土，以防止吸入空气，产生阻塞。

2）混凝土的浇筑

（1）混凝土浇筑前：

A. 应复核轴线、标高模板是否与图纸相符；

B. 在地基或基土上浇筑混凝土时，应清除淤泥和杂物，并且应有排水和防水措施；

C. 在干燥的非黏性土上浇筑应用水湿润，对未风化岩石应用水清洗，但表面不得有积水现象；

D. 对模板及其支架、钢筋和预埋件必须进行检查，并做好记录，确保符合设计要求后方能浇筑混凝土；

E. 对模板内杂物、钢筋上的油污等应清理干净，模板缝隙和孔洞应堵严，模板内应浇水湿润，但不得积水；

F. 钢筋隐蔽工程已验收合格，保护层垫块准确、均匀放置；各种预埋件配齐，安装牢固，油污已清除干净；

G. 做好技术交底，准备好混凝土浇筑厚度标志。道路畅通，机具准备完毕，安全装置可靠，模板拼缝已堵好，夜间施工照明已准备好；

H. 强度检验试件的模具及坍落度筒已准备好。

（2）混凝土浇筑时：

A. 混凝土自由倾落高度不宜超过 2m，否则宜产生离析现象。

B. 浇筑竖向结构前应先在底部填以 50～100mm 厚与混凝土砂浆成分相同的水泥浆，浇筑中不得发生离析现象。当浇筑高度超过 3m 时，应用串筒、溜管等使混凝土落下。

C. 降雨、雪天气不宜露天浇筑混凝土；否则应采取有效措施，以确保混凝土质量。

D. 大体积混凝土浇筑应合理分段分层进行，使混凝土沿高度均匀上升，并便于水化热的散发。浇筑应在室外气温较低时进行，浇筑温度不宜超过 28℃。

（3）施工缝的留置：

A. 施工缝的位置应在混凝土浇筑前确定，并宜留在结构受剪力较小且便于施工的部位。

B. 继续浇筑时，已浇筑的混凝土抗压强度应不小于 12N/mm。

C. 在已硬化的混凝土表面上应清除水泥薄膜和松动石子，并加以充分湿润和冲洗干净，且不得积水。

D. 浇筑前，应先在施工缝处铺一层与混凝土成分相同的水泥浆。

E. 混凝土应细致捣实，使新旧混凝土紧密结合。

F. 承受动力作用的设备基础不应留置施工缝，当必须留置时应征得设计单位同意，而且还应注意标高不同的两个水平施工缝，其高低接合处应留成台阶形，台阶高宽比不能大于 1.0。水平施工缝上继续浇筑前应对地脚螺栓进行一次观测核准。垂直施工缝处应加钢筋，其直径为 12～16mm，长度为 500～600mm，间距为 500mm，施工缝的混凝土表面应凿毛，并用水冲洗干净，湿润后在表面抹 10～15mm 厚的与混凝土内成分相同的一层水泥砂浆。

（4）混凝土的养护

混凝土浇筑完成后应进行养护，使水泥充分水化，加速混凝土硬化，防止混凝土成型后因暴晒、风吹、干燥、寒冷等因素的影响而出现不正常的收缩、裂缝、破坏等现象。目前，主要使用湿润养护、积水养护、覆盖养护等方法。

**2. 高层建筑人防地下室防护门的施工**

高层建筑人防地下室出入口一般采用防护密闭门、防护门，此类门一般比较厚重，施工时门框应预先埋置于混凝土中。为此，施工前应提前确定门的种类、型号、生产厂家，门框须提前进场。高层建筑人防地下室防护门施工要点如下：

(1) 材料：防护门必须采用定点生产厂家的产品，型号必须与图纸设计相符，再对组合杆、附件、外形及平整度检查校正合格后方可安装，因运输和堆放造成的挠曲变形，需在安装前修复。

(2) 吊运时表面应用衬垫保护，选择牢靠、平稳的着力点，以免表面擦伤。

(3) 门框一般应与现浇混凝土连成一体，因此在支模板前应先安装好门框，支模的同时对门框进行加固校正。尺寸较大的门框还应在门框内进行纵横方向的支撑加固，以保证浇筑混凝土时产生的压力不致使门框变形。

(4) 框扇四角、铰链、焊接处应牢固，不得有假焊、断裂、松动等缺陷。零配件安装后应平整、牢固、开启顺畅。

**3. 高层建筑地下室建筑做法的建议**

对于人流量较大的地下空间，应注意以下几点：

(1) 高层建筑地下室顶棚不宜抹灰，墙面要做到整洁、牢固。

(2) 人流量较大时，应考虑安全疏散通道和人员快速流动的特点，完善人员通道。

(3) 目前，安全疏散主要依靠灯光指示系统、应急照明系统和听觉指示系统。规范中对灯光疏散指示系统有消防安全要求的配置数量，具体设计时有可能存在不合理的设置，施工时必须考虑到最易出现事故的点以及最不利疏散的位置。同时，由于不同厂家生产的指示灯差别较大，为避免出现误导，应在同一建筑内采用配置同种颜色的应急指示灯。灯光指示系统、应急照明系统应做到安装高度正确，平面位置合理、牢固。

(4) 以往设计中对人员流动通道一般考虑较少，施工时主要应在地面面层设置色带作为补充，如在人员需等待处地面设置醒目的警戒带、在主要通道地面处设置方向指示带等，这样在平时可加速人员流动速度。

(5) 高层建筑地下室所涉及系统较多，在结构施工中预留孔洞较多，在采暖、通风、空调、给水排水、供电、照明等工程施工完毕，试运行达到设计要求后，应及时将预留孔洞封堵。

**4. 高层建筑地下室的特点及要求**

（1）高层建筑地下室墙面抹灰里不能掺可能霉烂的材料，避免因材料选用不当而影响工程质量。

（2）作为封闭的地下空间，施工时应重视减振、减噪。

（3）对有防酸、防碱要求的房间，其地面、墙裙应采用防腐材料，墙面和顶面可刷防腐涂料，并选用相应的防酸、防碱建筑配件。

总之，在高层建筑地下室的施工过程中，应本着严格按照设计进行施工的原则，不能擅自更改设计。其施工与普通的地下室施工整体上所遵循的原则基本相同，但在混凝土施工、防护门安装、建筑做法及系统安装等方面，有着自己独特的一面，在实际工作时必须加以重视。

## 2.5 如何对地下室混凝土施工常见问题进行控制?

**1. 地下室混凝土强度偏高，容易使结构产生严重的收缩裂缝**

在设计方面，高层建筑设计时，一般柱混凝土强度设计值较大，考虑到施工等因素，往往地下室板墙混凝土强度等同于柱混凝土强度。一般板墙混凝土强度不宜大于C40，在施工方面，原设计因混凝土强度较高，而施工时其配合比不易控制，其实际浇筑的混凝土强度往往比设计强度要高得多。这样就很容易导致因混凝土强度偏高而产生收缩裂缝。

**2. 后浇带浇筑时间控制不足而引起结构性沉降裂缝**

一般常规后浇带分为两种：一种是因结构超长而设置的伸缩性后浇带；另一种是防止沉降不均而设置的沉降性后浇带。实际工程中，有些设计人员未予明确，而施工人员不引起注意，将沉降后浇带与伸缩后浇带混淆在一起浇筑施工。这样，很有可能产生结构性沉降裂缝。一般来说，伸缩后浇带浇筑时间约为两个月，沉降后浇带浇筑时间为主体结构封顶后，根据沉降观测资料确定。

**3. 后浇带未采取加强和保护措施，存在较大质量和安全隐患**

1）后浇带部位的梁板钢筋未加强和保护：

后浇带为后期二次浇筑，浇筑成型后该部位容易产生应力集中。如果对构件钢筋不采取加强措施，会使该部位混凝土内部产生较大的拉应力，造成混凝土后期裂缝。另外，一些施工企业及人员不注意保护，使得后浇带内钢筋长期暴露在湿气中或浸泡在水中，造成钢筋锈蚀，影响其粘结度和有效截面。

2）过早拆除后浇带部位的底部模板支撑：

有些施工单位把后浇带部位的构件当作悬臂梁那样放置，其强度达不到100%后就将其底部模板支撑拆除了。甚至还在其上部搭设模板支撑或堆放材料，这种做法是非常危险的，容易造成构件上部出现裂缝乃至坍塌。后浇带梁板并非悬挑构件，其底部模板支撑必须待后浇带混凝土浇筑完成并达到规定强度后方可拆除。为安全可靠计，应将后浇带部位的模板支撑搭设为与周边脱开的独立支撑体系。

**4. 地下室混凝土侧壁与顶板相交处未设置暗梁或框架梁，使混凝土变形不协调而引起内角裂缝**

地下室外墙受到侧面土、底板和顶板变形约束作用，而外墙较底板和顶板刚度差异较大，使混凝土产生变形。如果外墙与顶板相交处未设置暗梁或框架梁，该部位顶板厚度范围内则没有抗扭筋来抵抗和约束其变形，使得该处内角混凝土产生较大的拉应力，直至出现收缩裂缝。

**5. 侧壁钢筋保护层或钢筋间距偏大，易造成混凝土裂缝**

外墙钢筋的配筋量往往由裂缝宽度控制（外墙裂缝宽度控制在0.2mm内）。如果外墙设计时漏掉抗裂性验算、配筋率不够，则容易造成混凝土出现裂缝。钢筋的弹性模量比混凝土的弹性模量大7～15倍，在相同的配筋率下应选择细筋密布的办法。还有，施工时对钢筋保护层或钢筋间距控制不好，也容易造成侧壁裂缝。另外，混凝土应考虑增加抗变形钢筋，对于侧壁应增加双向温度筋。

**6. 顶板、侧壁开洞过大或私自预留安装洞而未采取加强措施，造成出现应力集中裂缝**

有些施工单位为了安装方便，在顶板和侧壁上任意开洞，而且未采取任何加强措施，使得该部位产生裂缝。对于开口洞，应采取钢筋加强或增设暗梁等措施，以抵抗该部位引起的集中应力。

**7. 地下室顶板施工荷载或堆载过大，造成挠曲变形甚至裂缝**

为了能够缩短工期，一些施工企业在地下室顶板上过早或过多的堆放建筑材料，甚至行驶重型机械设备（如混凝土搅拌车等），施工荷载远远大于顶板设计荷载，造成顶板挠曲变形甚至裂缝。

**8. 混凝土施工的操作程序不当，出现孔洞渗漏水现象**

在地下室混凝土浇筑时，经常因操作程序不当，比如施工缝处基层处理不好，较高板墙混凝土浇筑振捣不充分、不密实等，而出现孔洞空隙渗漏水的现象。

**9. 不注意混凝土温度的控制，造成混凝土膨胀或干缩裂缝**

对大体积混凝土切不可忽略温度的影响，应合理分段分层浇筑，使混凝土温度均匀上升。浇筑应在室外气温较低时进行，混凝土浇筑温度不宜超过28℃。混凝土浇筑以后，因水泥水化热升温而达到的最高温度主要由混凝土入模温度与水化热所引起，温度升幅不宜超过25℃。浇筑后的养护是防止地下室混凝土产生裂缝的一个重要环节，目的是控制温差，防止产生表面裂缝，可充分发挥混凝土的早期强度，防止产生贯穿裂缝。潮湿的环境可防止混凝土表面因脱水而产生的干缩裂缝，浇水养护不少于14d。

总之，地下室混凝土工程质量的控制是一个综合性的措施，要通过设计、施工、材料优选等环节进行全面控制，才能减少裂缝等问题的产生。

## 2.6 高层地下室防水工程质量如何控制?

近年来，随着国家建设的需要，高层建筑的地下室工程正迅猛发展。但由于地下室基本采用钢筋混凝土结构，如地下混凝土结构长期渗水，其不仅会使混凝土中的钙大量流失；同时，还会使混凝土中的钢筋锈蚀，从而破坏了地下混凝土结构的整体性，进而影响了主体结构的稳定性和使用寿命。因此，为了提高高层建筑物结构主体的使用寿命，以下浅谈高层建筑地下室防水施工技术措施的控制。

**1. 防水混凝土的施工**

1）严格把好混凝土原材料质量关，保证原材料质量

如选用水化热较低的水泥—矿渣硅酸盐水泥；应严格控制砂石料的含泥量，坚持对施工中每一批砂石料进行含泥量、级配和水泥的细度模数取样测定，即砂含泥量不大于2%且不得呈块状；石料含泥量不大于1%，石子最大颗粒粒径不大于40mm，以保证混凝土配比原材料符合质量要求。

2）混凝土连续拌制，保证混凝土连续浇筑

为缩短混凝土浇灌时间，混凝土应集中拌制，如配备多台搅拌机、连续拌制作业、不停浇灌、快速施工、保证混凝土整体性。

3）混凝土配合比优化

为了减少混凝土收缩、增强混凝土本身抵抗收缩应力的能力，试验室应根据混凝土的设计强度和抗渗等级要求，结合材料的品种，进行混凝土配合比优化，混凝土的水灰比不得大于0.55。如尽可能地降低水灰比，在混凝土中掺入适量的粉煤灰、高效减水剂及水泥用量8%的UHA复合膨胀防水剂等，并减少混凝土的拌合用水量，以提高混凝土的抗渗和抗压能力，使试验结果混凝土强度合格率达100%，抗渗等级达到P12标准。采用混凝土泵运输时，混凝土坍落度宜控制在140～180mm，并合理选择泵送剂或高效减水剂。

4）混凝土浇筑工艺

混凝土的浇筑一般有三个选择：一是全面分层，二是分段分层，三是斜向分层。而且，由于采用的是泵送混凝土，坍落度较大，流动性较好，因此在施工时应严格振捣，避免出现振捣不密实和漏振的现象。

5）墙体浇筑方面的控制重点

（1）底板混凝土浇筑：针对底板混凝土量大，厚度尺寸大，浇灌时易形成施工缝，因此应从底板一端两侧同时浇筑；浇筑间隔时间应严格控制在水泥初凝时间内；为减少面层混凝土的收缩量，应采用二次振捣工艺；在混凝土振捣密实后，应对底板表面进行找平、抹实、压光三次抹压；初凝后铺上塑料薄膜、盖上草袋，进行不少于14d的保温养护，防水混凝土不宜过早拆模，拆模时混凝土表面温度与周围外界温度不得超过15℃左右，以防混凝土干缩和温差引起裂缝；

（2）外墙混凝土浇筑：地下室墙体分层浇筑500～600mm为一步，各层间隔时间不超过水泥的初凝时间；所有的钢筋均按设计要求设置高强度等级砂浆垫块，保证钢筋的保护层；为了防止外墙混凝土干缩和温差引起裂缝，混凝土初凝后墙顶覆盖草袋加强养护，养护14d后将外墙模板拆除。

**2. SBS改性沥青防水卷材的施工**

1）铺贴前的准备工作

铺贴卷材前，将混凝土垫层表面和永久保护墙表面的渣土、浮浆、杂物清理干净，特别是凹凸不平处要抹平，使其表面平整；测试垫层混凝土的干燥率，控制在小于10%时再施工，确保垫层不得潮湿；含水率较大时，采用液化气喷枪吹火烘干。不得潮湿；一般现场检查方法可用1$m^2$的卷材平铺基层上，2h后检查接触面，无结露即可。

2）涂刷基层处理剂（胶粘剂）

涂刷胶粘剂时要均匀一致，不能反复涂刷，不能空白，其厚度在2mm左右。

3）防水卷材铺贴要求

防水卷材施工随混凝土垫层施工流水段进行，且遵循先附加层、后立面、再平面的施工工序；平、立面处应交叉接缝，接缝应在底平面距立面不小于600mm处；所有平、立面交界的阴阳角处均应铺贴附加层，附加层应按加固处的形状仔细粘贴紧密；底板垫层混凝土平面部位的卷材宜采用空铺法或点粘法；立面应采用满粘法铺贴；遇沉降缝处，要留出沉降量并采用点粘法铺贴，阴阳角处要保持合理的弧度；卷材保护层施工时，谨防防水层受损害，卷材应错槎接缝，上层卷材应盖过下层卷材。而且，上下两层卷材不可相互垂直铺贴，并用盖缝条或密封材料将接缝处密封，以防渗漏隐患。

防水卷材铺贴结束后，应尽快抹25mm左右1∶3水泥砂浆保护层；铺贴在永久性保护墙内侧的防水卷材，是外防内贴法；因此，也应在其内侧抹15mm左右的1∶3水泥砂浆保护层。

**3. 细部防水工程的施工**

1）施工缝处理

施工缝也称冷接缝，是防水薄弱环节之一。如施工缝处理不好，不仅会影响结构的强度和耐久性，还会造成混凝土裂缝及漏水，严重影响工程的正常使用，因此，防水混凝土底板必须连续浇筑，不得留置施工缝或人为造成施工缝；地下室外墙施工缝一般只允许留置水平施工缝，留置位置应高于底板不小于200mm的外墙上。施工缝浇筑时，应钢丝板刷将接缝刷毛，清除浮浆，扫刷干净，冲洗湿润；然后，在其表面铺设30～50mm厚的1∶1水泥浆或涂刷混凝土界面处理剂；最后，应及时浇筑混凝土并振捣密实。若地下室施工中如果必须留置垂直施工缝时，垂直施工缝应留置在变形缝或后浇带处。

2）穿墙螺栓止水处理

混凝土墙板结构施工时，需要用对拉螺栓固定模板；地下室墙板施工时，为了解决墙体穿墙螺栓遗留的渗水隐患，避免破坏混凝土结构自防水的效果，地下室外墙模板宜用一次性的防水螺栓。止水环采用4mm厚的钢板，直径80mm，要求与螺栓满焊牢固，外墙螺栓在拆除模板后，在外螺栓的根部剔凿40mm深的缺口，用气焊烧断螺栓，用防水砂浆将缺口堵抹压实，消除漏点，达到防水目的。

3）穿墙管道处理

高层建筑地下穿墙管道较多且多位于地下水位以下，因此，施工中均应进行防水处理。首先，在浇筑混凝土结构前应在穿墙管道处预埋套管，并在套管上加焊止水环；穿墙管道与内墙角、凹凸部位的距离应大于250mm；当止水环数量按设计规定安装穿管时，先将管道穿过预埋管件并将位置找准，作临时固定，然后一端穿墙管的封口钢板应与墙上的预埋角钢满焊严密；最后，从钢板上预留的浇筑孔注入改性沥青软性密封材料或细石混凝土处理，而且套管周围浇筑的混凝土要振捣密实。

4）变形缝处理

变形缝是伸缩缝和沉降缝的总称，它的作用是为了适应工程结构的不断伸缩、沉降、位移和变形，以避免结构物的损坏。如变形缝一旦渗水，不仅会降低混凝土的耐久性，还会导致工程环境恶化，影响地下室的使用功能。因此，应严格控制变形缝处的混凝土浇筑、止水带的安装与固定、宽度的控制、填缝与封缝的处理等施工工序，以确保工程不再渗水。其具体措施为：应清除变形缝内杂物，排干明水；将缝内两侧基面打凿宽约80～100mm；选用特种水泥加氰凝材料搅拌细石混凝土，作基层封堵，在其上铺设注浆层，即干铺石子一层，然后再于其上作与基层同样的封堵；注浆顺序为先底板后侧墙，每根管注浆要求达到相邻管内向上涌浆为止；注浆管底伸到干铺石子注浆层底，在上层封堵材料凝固强度达到前，起导排渗水、消除水头压力的作用；上层封堵材料强度已经达到，则从此预埋管口高压注氰凝封堵漏浆；最后，按设计要求在变形缝上部槽内做柔性材料处理，完工后确认不再从管口渗水时，用气焊烧平注浆管。

综上所述，高层建筑地下室防水工程是关系着建筑物结构主体自身的稳定性和使用寿命，因此，具体施工时应控制好每一环节，如防水混凝土的施工、SBS改性沥青卷材的施工及细部防水工程的施工等环节，都应精心施工，以期能达到最佳的施工质量，从而保证高层建筑地下室的防水功能。

## 2.7 如何做好地下工程防水的施工质量?

随着高层建筑、大型公共建筑的增多和向地下要空间的要求，地下室和地下工程越来越多，地下防水工程越来越引起人们的重视。地下防水的成功与否，不仅是建筑物（或构筑物）使用功能的基本要求，而且在一定程度上影响建筑物的结构安全和使用寿命。同时，还可以节约投资，降低工程成本，减少维修。现就地下工程渗漏水病害原因进行分析，对地下防水工程施工中应遵循的原则和外墙施工缝、后浇带以及变形缝的构造处理及施工注意事项进行分析探讨，供地下工程防水施工借鉴参考。

**1. 地下工程渗漏水病害分析**

1）设计因素

（1）由于对地下水的运动规律认识不足，工程防水标高确定不合理，再加上忽视了上层滞水的危害，该设防的未予设防，从而造成工程渗漏；

（2）选用的防水方案没有考虑到当时的使用条件，如果与本工程的结构特点不相适应，也将造成工程渗漏水。如地下通廊的设计中，一般只取通廊的横断面计算，纵向均为构造配筋。因此，长达几十米的通廊刚度较小，虽然设置了变形缝，但混凝土仍出现环向裂缝而漏水；

（3）结构细部防水设计不详细。如变形缝、后浇带等细部构造不当，以及选材不妥，使其成为地下工程渗漏水的主要隐患；

（4）周围环境变化造成渗漏。勘察时地下水位较低，因而没有考虑防水措施，工程建成后由于某些原因导致地下水位升高，从而造成渗漏；

（5）对地下水的浮力作用认识不足，施工中没有采取足够的抗浮措施，造成地下工程整个或部分浮起断裂，造成渗漏。

2）施工因素

地基产生不均匀沉降，造成结构断裂。防水卷材粘结不牢，拐角、留槎、接槎处理不好或防水层碰伤等而造成渗漏。变形缝或穿墙管等部位的施工，未认真将橡胶止水带、塑料止水带部位进行定位；浇筑两侧混凝土时任意碰撞，形成止水带偏斜、搭接不良而造成渗漏。回填土质量的好坏对地下工程的防水性能有很大的影响。当回填土不密实时，由于大气降水和周围地表水的补给，回填土层就会形成含水量大的上层滞水层。这层滞水对工程产生静水压力，如遇防水薄弱环节，则易造成工程渗漏。

**2. 地下防水工程施工中应遵循的原则**

1）自防为主的原则

混凝土结构自防水，是以工程结构本身的密实度实现防水功能的一种防水做法。这类工程工序简单，工期较短，造价较低且能改善工人劳动条件。高层建筑地下防水，基本采用三道设防，即混凝土结构防水（自防）+外包柔性防水层+灰土辅助防水层。而结构自防水是抗渗漏的关键。工程自防水结构通常采用C30防水混凝土，在外加剂方面一般选用PNC混凝土早强膨胀剂。PNC属于硫铝酸钙混凝土膨胀剂，除具有膨胀功能外，对混凝土还有显著的早强、增强、低温硬化、抗渗、防冻害、抗硫酸盐等性能。混凝土配合比的设计与普通混凝土相同，水泥用量应不小于300kg/m$^3$，要优先选用不低于42.5级普通硅酸盐水泥或32.5级矿渣硅盐水泥。加料程序与普通混凝土相同。PNC的掺量要制作专用工具，专人负责，误差要小于0.5%。搅拌时间，用强制式搅拌机时比普通水泥混凝土延长30s以上；用自落式搅拌机时，要延长1min以上。搅拌时间的长短，以搅拌均匀为准。混凝土的运输、振捣，与普通混凝土施工一样。但是，对于自防水混凝土更要注意振捣密实，不能漏振。浇筑完后的混凝土应加以养护，及时用草帘覆盖。混凝土硬化后要有专人负责养护，养护时间不少于14d。如出现蜂窝、孔洞，可将松散的地方剔除。精心处理后，再用掺PNC的砂浆或细石混凝土修补好。

2）多道设防、刚柔相济的原则

目前，较为普遍的做法就是，在工程围护结构的迎水面上粘贴防水卷材或涂刷涂料防水层，然后做保护层，再做好回填土和地面防水，达到多道设防、刚柔相济的目的。施工中，我们主要把握以下两个关键点：

（1）严把材料关。俗话说“材料是基础”，对材料要保证材料的品种符合设计要求，材料的质量抽检合格，并且有出厂合格证和准用证。

（2）精心施工。施工包括管理和操作两个方面。施工在管理方面应做好交底，跟踪检查要旁站监督，及时抽查，发现问题及时纠正和返工。在操作方面，要按交底的要求和施工顺序进行，注意找平层要清刷干净，基层处理剂应涂刷均匀，使用的防水卷材的道数、厚度应符合标准，铺贴卷材应平整、顺直，搭接尺寸不应小于100mm。相邻两幅应错开1/3幅宽，不得有扭曲和褶皱。收口和细部处理应符合要求。完工后检查合格，应及时做保护层和回填土。

**3. 地下工程细部构造处理及注意事项**

1）地下工程外墙施工缝的构造处理

地下工程施工中，顶板、底板不宜留施工缝，墙体水平施工缝不应留在底板与侧墙的交接处，应留在高出底板表面不小于200mm的墙体上。在施工缝处必须加强防水措施，常采用凹缝、凸缝、阶梯缝、止水钢板带等，延长其渗水路线。在施工中应注意以下几点：

（1）在施工缝上浇灌混凝土前，应将施工缝内的杂物清理干净，表面的浮浆要去掉并凿毛，用水冲洗干净。

（2）对拉螺栓上的防水圈的焊接质量要严格检查，焊渣要全部除掉，不符合要求的拒绝使用。

（3）要注意模板的拆除时间，如果模板拆得过早，在拆除时很容易引起对拉螺栓的松动，这样易造成工程渗漏水。

（4）模板拆除后，要在对拉螺栓周围的混凝土上凿出一个直径为50mm、深20mm的小坑，然后在根部割掉对拉螺栓，最后用水泥砂浆将小坑修补平整。

2）地下工程后浇带的构造处理

高层建筑地下室的平面尺寸一般比较大，目前在设计中一般都不设置沉降缝和伸缩缝，而是采用设置后浇带的方法来解决混凝土的早期干缩和结构不同部位的沉降差问题。后浇带的混凝土属于二期混凝土，与一期混凝土的交接处是地下室防水的薄弱部位，非常容易引起渗漏。留置后浇带的目的是防止大体积混凝土的收缩、温度裂缝的产生，但目前在施工中对后浇带的认识有误区，从而带来了很多施工上的处理不当。

（1）后浇带的保留时间没有考虑。一般认为，后浇带的施工在两边的混凝土浇筑完1个月后即可进行。其实不然，沉降施工缝主要是防止基础沉降时结构产生不良影响而设置的，它应保留至主体结构完成1个月后再施工；伸缩后浇带主要是防止混凝土后期的各类收缩以及温度变形而设置的，它应保留到两边混凝土浇筑完2个月后再施工；

（2）后浇带的钢筋处理不妥。目前，施工后浇带的钢筋一般采用直通加弯的形式。这种钢筋能消除混凝土因温度胀缩、干缩等引起的变形影响，但对于沉降后浇带，则不利于其沉降变形。针对这种情况，沉降后浇带的钢筋可先留出搭接焊接位置，待结构沉降基本稳定后，再进行后浇带钢筋的焊接；

（3）后浇带处是防水的薄弱环节，一般在后浇带处设置橡胶止水带，以延长渗水路线，增加防水的可靠性，但这种做法不利于混凝土的振捣密实。针对这种情况，建议采用以下方法：

后浇带下层增设卷材防水层，其设置位置宜选在受力和变形较小的部位，而且要防止杂物掉入钢筋内。

3）地下工程变形缝的构造处理

（1）合理确定变形缝的间距：地下工程防水混凝土施工和使用时，对控制裂缝开展有严格的要求。合理地选择变形缝的间距，可使结构在施工过程和使用时避免或减少产生超出允许宽度的裂缝。

（2）变形缝施工必须满足的要求：

A. 在受水压的地下工程中，当温度经常处于50℃以下且不受强氧化作用时，结构的变形缝宜采用橡胶或塑料止水带；当有油类侵蚀时，应选用相应的耐油橡胶或塑料止水带。止水带应采用整条的。如需接长时，其接缝应焊接或胶结；

B. 在受高温和水压的地下工程中，结构变形缝宜采用1～2mm厚的紫铜板或不锈钢板制成的金属止水带。金属止水带应是整条的。如需接长时，接缝应用焊接，焊缝应严密、平整，并且经检验合格后方可安装；

C. 采用埋入式橡胶或塑料止水带的变形缝施工时，止水带的位置应准确，圆环中心应在变形缝的中心线上。止水带应固定，浇筑混凝土前必须清洗干净，不得留有泥土、杂物，以免影响与混凝土的粘结；

D. 止水带的接头应尽可能设置在变形缝的水平部位，不得设置在变形缝的转角处。转角处的金属止水带应做成圆弧形。

## 2.8 如何防治地下室墙体裂缝?

近年来，城市建筑发展很快，中高层、高层住宅数量在住宅比例中越来越大，为了更好地利用资源，高层建筑都相应地设有地下室。但是，在建造过程中，地下室墙体出现的裂缝大家尤其关注。在实际工作中，总结出以下一些防治裂缝的方法和措施。

**1. 墙体裂缝**

主要有混凝土收缩裂缝；砖砌体因温度应力引起的裂缝；外力作用的裂缝。

1）混凝土收缩的三种情况

（1）干缩：这种裂缝产生的原因是混凝土拌合物在浇捣完毕后，混凝土拌合物内部的水分一部分泌出流失，一部分被水泥水化所用，另外一部分被蒸发，尤其是在干热、风较大的季节以及在空中的薄壁结构板混凝土拌合物，则更容易出现失水干缩而发生裂缝。混凝土在制备过程中，水泥和掺合料与水拌合后体积膨胀，但在入模成型后，随着混凝土水化作用的发生，混凝土中的部分水分被吸收、部分水分被蒸发，体积有一定的缩小。干缩量与水泥用量、水灰比的大小有关。水泥用量多、水灰比大的混凝土，其收缩亦大。同时，混凝土收缩量与气候有关，夏季气温高、气候干燥，混凝土中水分蒸发快，收缩也快。混凝土体积收缩，使混凝土产生内应力。当收缩快、收缩大时，混凝土就会产生裂缝。干缩裂缝一般都是表面的、不规则的和不连续的。

（2）热胀冷缩：膨胀系数 $\alpha=1.0\times10^{-5}$。假如，同样两个20m长的混凝土墙在酷夏40℃与严冬－6℃时施工，在无任何约束的情况下，混凝土墙收缩量为9.2mm。若墙两头有约束，即会导致裂缝。裂缝垂直平面，从上到下有规划地分布在墙体上，但裂缝出现时间均在一两个月后，未见混凝土早期裂缝。

（3）混凝土内部温度变化产生收缩裂缝：根据实际测定，混凝土从搅拌机出斗就有水化热产生，温度由低到高，到混凝土成型以后第3～4天，水化热到达高峰。其温度较自然温度升高30～40℃，以后逐步下降，半个月以后接近自然界温度。与地下室墙连体的部分框架柱，断面边长都大于1m，属大体积混凝土，水化热高，表面暴露在空气中，散热快。内部混凝土热量散发不出来，内外温差大。若采取措施不当，表面混凝土就会产生裂缝。对于框架柱与外墙连体的节间而言，大体积混凝土的框架柱可视为一个较大的热源体，而与其连体的墙体薄，并且与外界空气接触面较大，散热快。当框架柱混凝土内大量发热膨胀时，墙体已开始降温收缩。由于连接在一起的两个构件之间产生温差，变形不协调、不同步，在柱子附近和墙中间出现裂缝是符合规律的。

2）砖砌体因温度应力引起的墙体裂缝

产生墙体裂缝的原因很多，但混凝土内部水化热的变化所引起的墙体伸缩变形是产生裂缝的主要原因。墙体混凝土降温出现温差及混凝土收缩当量温差产生内应力，当水平拉应力$\sigma_{x(y)}$超过混凝土抗拉强度时便会引起竖向裂缝。混凝土初期抗拉强度很低，因此这种现象会经常发生。事实上，在竖直方向也有应力$\sigma_z$的作用，但因墙体高度不大，温度变形极小，且上部无约束作用，又配有竖钢筋抗拉，故不会出现水平裂缝。由于墙体两端与高层框架柱连接，高层框架柱是一个较强的约束体，当水化热降温墙体收缩时，约束了墙体沿水平方向的收缩变形，致使墙柱连接处及墙中出现裂缝。一般材料均有热胀冷缩性质，如果结构不受任何约束，在温度变化时能自由变形，那么结构中就不会产生附加应力。如果结构受到约束力而不能自由变形时，将在结构中产生附加应力或温度应力。在相同温差下，钢筋混凝土结构的伸长值要比砖砌体大一倍左右。所以在混合结构中，当自然界温度发生变化时，房屋各部分构件都会发生各自不同的变形。钢筋混凝土楼盖，圈梁等与砖墙伸缩不一，结果由于彼此间制约作用而产生应力，而混凝土和砖砌体又都是抗拉强度弱的材料，当构件中因制约作用产生的拉应力超过其极限抗拉强度时，不同形式的裂缝就会出现。

3）外力作用引起的墙体裂缝

地下室墙体所受外力主要有以下三个方面：

（1）地基基础产生不均匀沉降，造成墙体和梁板结构裂缝。

（2）墙两侧模板未同时拆除，先拆一边，未拆的一边模板支撑给新浇混凝土墙一个侧向压力。若模板支撑较紧，则混凝土墙产生裂缝。

（3）墙外侧填土过早，填土使墙外侧向内侧挤压，早期混凝土强度低，极易产生裂缝。

**2. 裂缝防治措施**

（1）混凝土的保湿养护对其强度增长和各类性能的提高十分重要，特别是早期的养护可避免表面脱水，减少混凝土初期伸缩裂缝的发生。施工中必须坚持覆盖麻袋或草包进行一周左右的养护，并建议采用喷洒养护液养护。为了防止墙体混凝土早期出现收缩裂缝，在墙体中设置适当数量的后浇带，后浇带设置间距为15～25m，留置宽度为800～1000mm，保留时间为42～60d。墙板留置后浇带就是减少约束，释放温度收缩应力，给墙体一定的伸缩自由度。

（2）采取“抗裂”的设计原则，控制裂缝发生。在墙板顶部和腰部设两道暗梁并适当增设暗柱，以起到“模箍作用”；适当增加墙板钢筋，尤其是水平构造筋的配筋率应适当提高。

（3）进行混凝土配合比的试配、试拌，采用水化热低、收缩性小、早期强度高的硅酸盐水泥作胶结料，粗骨料级配好，中粗砂含泥量小，掺早强缓凝型泵送剂，严格控制混凝土水灰比和搅拌时间，为墙体施工提供高质量的混凝土搅拌料。

（4）加强对混凝土的振捣，必须分层、分段振捣，有效排除混凝土内的泌水，消除混凝土内部孔隙，确保混凝土的高密度，增加混凝土与钢筋的粘结力，增加混凝土材质的连续性和整体性，提高混凝土的强度，尤其要提高混凝土的抗拉强度。

（5）混凝土分层浇筑振捣，有利于水化热的散发，浇灌完成和模板拆除后，墙柱两侧必须覆盖两层草袋，使柱、墙表面混凝土与内部的温差保持在25℃以下，防止混凝土柱墙内外温差过大、收缩不均匀，掺入混凝土膨胀剂，使其内部产生微量膨胀应力，抵消内部的收缩应力。

（6）加强混凝土养护。早期混凝土不得有外力作用，避免冲击、碰撞，使混凝土墙柱遭受早期伤害，并适当延长淋水养护时间，确保混凝土强度快速、健康增长。

综上所述，虽然产生墙体裂缝的因素很多，但是，只要严格执行有关砌体规范，从生产、设计、施工各方面层层把关，采取有效的控制措施，针对开裂原因进行整体设计、精心施工，就会消除墙体开裂的通病。

## 2.9 测量技术在城市地下管网中如何应用?

随着我国城市化水平的迅速发展，许多城市已形成了规模庞大、错综复杂的地下管网体系，地下管网的频繁变更，使得大量的资料需要管理和处理，传统低效率的手工管理方式很难适应这种快速发展的需要。从现代城市管理的需要出发，一个能快速提供真实、准确的地下管网数据，并能实现快速查询、综合分析等功能，为城市管理和决策部门的日常管理、设计施工、分析统计、发展预测、规划决策等提供多层次、多功能、各种综合服务的地下管网信息系统，已在许多城市建立起来了。并且，随着一些测绘新技术，比如GPS技术、数字地图测量技术、地下管线探测技术、内外业一体化野外数据采集等技术的广泛应用，极大地促进了地下管网信息系统的成熟和发展，以下对一个成熟的城市地下管网信息系统所具备的数据获取和数据分析进行一些技术上的探讨与回答。

**1. 城市地下管网包含的内容**

城市地下管网是一个极其复杂、庞大的系统，首先是管道类型复杂，比如说有给水、排水、煤气、电力、热力、电信及工业管道大致七种类型。另外，地下管网的埋深不一、材料不同、年代不同、归属不同，有些管网数据早已失去资料。要将这些数据准确地测量出来，绝非易事。

**2. 地下管网的测量精度要求**

按城市地下管线测量技术要求，管线探测精度如下：隐蔽管线点的探测精度，水平位置限差不大于 $(\pm 5+0.05)h$，埋深限差不大于 $(\pm 5+0.07)h$。$h$ 为地下管线的中心埋深，以 cm

为单位。按Ⅰ级精度要求。管线点的测量精度，管线点的解析坐标中误差（指测点相对邻近解析控制点）不大于±5cm，高程中误差（据测点相对于邻近高程控制点）不大于±2cm。地下管线图上测量点位中误差不得大于图上±0.5mm。

**3. 地下管网测量在技术上应注意的问题**

城市地下管网测量分为竣工前地下管线测量和竣工后地下管线测量两大类：

1）竣工前地下管线测量

首先，建立精度高、密度适宜、点位不易被施工破坏的平面和高程控制网，是提高效率、保证质量的重要前提。

竣工前地下管线测量主要是通过直接测量管线特征点来完成管线测量工作，这种测量往往是边施工边测量，管线分布杂乱，没有规律性和可预见性，施工后立即就将管线埋上，这时测量精度要求非常高且需要检核，以确保数据正确。同时，由于是在施工现场进行测量，控制点不易保存，这时管线测量的特点就是跟着施工走，施工一段测一段，没有规律，每天可能要测多种管线，但是每种管线只测几口井，这就要求要及时将所测的点位展绘于设计图等方式，比较是否一致。如果不一致就要及时验算，找出问题所在，防止出错。有的工程地下管线埋深达7～8m，如果漏测、测错，覆土后就无法补救，即使用物探的方法也很难准确地测出，所以测量这类管线就要求：测量后要及时复验，确保测量正确，没有丢、漏。另外，需要依据设计图将已测管线展绘、编号，防止编号错误。因为管线竣工前测量的特点是一天可能测多处，每种管线都测几点。如果不及时编号，很容易发生重号、错号的现象，出现质量事故。

2）竣工后地下管网测量

竣工后，管线特征点全部埋在地下，需要用工程测量和探测相结合的方法，将特征点的数据测定出来。首先，要尽可能地收集地下管线已有的资料，同时对地下管线区域进行调研也是必要的，因为有些地域地下管线可能无法查到资料。但是，一些熟悉地下管线的老同志对管线的情况比较了解。这种情况下，在测区进行广泛的调研显得尤为重要。

对于竣工后地下管线测量，首先可以采用一般工程测量的方法，比如采用全站仪、经纬仪、水准仪等布设测量控制网，然后对管线特征点定位。这些测量方法比较简单。但是，有些管线用常规的测量方法不可能确定其位置，这时就得用探测的方法，但是各种探测仪器反映的异常峰值处的直读深度，因受管线本身构成材料、埋深及相邻管线感应电磁信号的影响等，探测深度与实际深度有时会有很大的差异，正确地选择探测方法是提高探测质量的有效手段。在实际中，可以用直接法或夹钳法探测平行管线；特殊的不具备管线暴露点的平行管线可采用水平压线法或倾斜压线法；对于重叠较多的电力管线，可采用感应法进行探测；对于上下重叠管道，宜用电磁法对其定位且在管线分叉处定深，推算出重叠处管道的深度；对于燃气管道等，应采用感应法或被动源法进行探测，以保证安全。

**4. 地下管网测量的数据形式**

地下管网测量可以为地下管网信息系统的建立提供数据，而这种数据主要包括两类：一类是图形数据，指描述管线各种特征点的数据，比如管线埋深、管径、水平位置以及三通、弯头、变径、窨井、阀门等数据；另外就一类就是属性数据，比如描述管道的类型、制作材料、权属、敷设时间等数据，这些数据是成熟的地下管网信息系统所必备的，必须要准确地测量出来。

总之，以上对于地下管网测量的特点、精度要求以及对地下管网测量在技术上进行了一些简要的探讨，还有许多有关地下管网测量的问题没有探讨。城市地下管网测量将在现代城市发展中起到越来越重要的作用，是现代城市管理的必经之路。

## 2.10　如何进行地下连续墙工程的施工？

地下连续墙技术分类复杂，按成墙方式可分为桩排式、槽板式、组合式，按开挖情况可分为地下连续墙、地下防渗墙。地下连续墙具有很多优点，如刚度大、既挡土又挡水、施工时无振动、噪声低、可用于任何土质的施工，但施工成本高、技术复杂。以下主要介绍槽板式钢筋混凝土地下连续墙的施工难点，并提出解决对策。

地下连续墙的施工主要包括：导墙施工、钢筋笼制作、泥浆制作及控制、成槽、下锁口管、钢筋笼吊放和下钢筋笼、拔锁口管等过程。

**1. 导墙施工**

导墙施工是地下连续墙施工的第一步，它的作用是挡土墙，储存泥浆，对挖槽起重大作用。导墙施工一般存在以下问题。

1）导墙变形

出现这种情况的主要原因是导墙施工完毕后没有加纵向支撑，导墙侧向稳定不足，发生导墙变形；

解决对策：导墙拆模后，沿导墙纵向每隔 1m 设两道木支撑，将两片导墙支撑起来，在导墙混凝土没有达到设计强度以前，禁止重型机械在导墙侧面行驶，防止导墙变形。

2）导墙的内墙面与地下连续墙的轴线不平行

导墙的内墙面与地下连续墙的轴线不平行，会造成整个地下连续墙不符合设计要求；

解决对策：务必保证导墙中心线与地下连续墙轴重合，内外导墙面的净距应等于地下连续墙的设计宽度加 50mm，净距误差小于 5mm，导墙内外墙面垂直。

3）导墙回填土

回填土容易塌方，造成导墙背侧空洞，混凝土方量增多；

解决对策：使用小型挖基开挖导墙，使回填的土方量减少，然后用素土而非杂填土回填。

**2. 钢筋笼制作**

钢筋笼的制作是地下连续墙施工的一个重要环节，钢筋笼制作的快慢直接影响施工进度。钢筋笼制作一般存在以下问题。

1）进度问题

影响钢筋笼制作快慢的因素很多，比如受场地条件的限制，施工现场不允许设置两个钢筋制作平台，而且当进入梅雨天气时，电焊类的施工就只能停止；

解决对策：有条件施工现场可以设置两个施工平台来交替作业。以保证一天一幅的施工进度。当进入梅雨天时，可以用脚手架和彩钢板分段搭设棚子，在棚内进行电焊施工，待钢筋笼需要使用时，可直接用吊车将棚子吊离。

2）钢筋笼的焊接

由于工作量大以及工人注意力不集中等，会造成钢筋接头错位，而且许多接头在电焊完成后还处于高温软弱状态，在搬运或堆放时不注意，就会造成钢筋接头受力而出现弯曲变形；

解决对策：这类问题主要是人为原因造成的，因此加强技术管理，提高施工人员素质，问题就可彻底解决。

**3. 泥浆制作与控制**

泥浆制作是地下连续墙施工的关键。如果泥浆制作不好，则在槽壁表面不能形成一层固体颗粒状的胶结物（泥皮），失去粘结力。同时，还会造成泥浆液柱压力，不能平衡开挖槽段土壁内外的土压力和水压力，导致围护槽壁的不稳定，引起塌方。

解决对策：根据水文地质资料，采用膨润土、纯碱等原料，按一定比例配制泥浆。泥浆制作过程中，还应注意以下问题：

（1）按泥浆的使用状态及时进行泥浆指标的检验。对循环使用的泥浆若不及时测定试验，会造成泥浆质量恶化；

（2）泥浆制作与工程整体的衔接。新配制的泥浆应在池中放置 1d，充分发酵后才可投入使用；

（3）泥浆制作的具体方量一般以拌制理论方量的 1.5 倍比较合适。

**4. 成槽**

成槽是地下连续墙施工的重要环节。主要包括成槽机施工、泥浆液面控制、清底、刷壁等：

1）成槽机施工

成槽机施工中最主要的问题就是偏差问题。

2）泥浆液面控制及地下水升降

在成槽过程中及结束后，都要进行泥浆液面控制。当遇到降雨等使地下水位急速上升的情况时，需要控制地下水的升降；如果处理不好，则会影响槽壁质量甚至出现塌方。

3）清底工作

清底不及时，致使沉渣过多，会造成地下连续墙的混凝土强度降低，钢筋笼上浮，影响其截水防渗能力，易引起管涌；同时，沉渣过多，会影响钢筋笼的沉放。

4）刷壁

若刷壁不及时，可能造成两幅墙之间夹有泥土，会产生严重的渗漏，影响地下连续墙的整体性。

解决对策：地下水位急速上升时，可部分或全部降低地下水。或是提高泥浆液面，使其至少高出地下水位 0.5～1.0m，以保证槽壁的稳定。此外，还要做好技术交底工作，端正工人的施工态度，及时做好清底及刷壁工作。

**5. 下锁口管**

下锁口管一直比较复杂，至今没有得到合理解决，主要问题如下：

1）槽壁不垂直

由于机器和人工的原因，锁口管的位置常会发生偏移。

2）锁口管倾斜

锁口管的上下端都需要固定，下端主要通过吊机提起锁口管一段高度使其自由下落插入土中而固定。两种固定方法的最大缺点就是对工人要求高，易产生操作误差。

**6. 钢筋笼的起吊和放置**

1）钢筋笼的起吊

钢筋笼在吊放过程中，由于吊点中心与槽段中心不重合，会使钢筋笼发生变形。

2）钢筋笼下放

槽体垂直度不合要求或漏浆等原因，钢筋笼在下放时碰到混凝土块，导致钢筋笼倾斜，左右标高不一致或侧移；

解决对策：技术人员操作认真，以确保钢筋笼起吊的绝对安全。钢筋笼下放时，要使钢筋笼的中心线与槽段的纵向轴线尽量重合。此外，要确保回填土要密实，以防漏浆。

**7. 拔锁口管**

拔锁口管一定要掌握好时间。当混凝土没有凝固时就操作，会造成墙体底部漏浆。此时，如果锁口管后回填土不密实，混凝土会绕过锁口管，对下一幅连续墙的施工造成很大的障碍；解决对策：掌握好混凝土的初凝时间，在混凝土灌注完毕时，再使用液压顶升架拔锁口管。

总而言之，地下连续墙施工是一个复杂的施工过程，技术要求较高。在施工过程中要加强技术管理，提高工人素质，对于可能出现的质量问题要有充分的认识。采取相应的预防和处理措施，然后总结经验，加强对质量通病的防范，才能缩短工期、降低工程造价、保证工程质量。

## 2.11 如何控制地下混凝土工程裂缝?

随着城市化进程的加快，房屋建筑的地下也充分被利用，因此几乎所有的房屋都建造了地下室。住宅工程的地下室大量的作为居住者的附属用房和库房用，而大量公共及商业地下室则作为人防、车库、超市及仓库用房，充分发挥地下空间的高利用率。但是，地下室工程混凝土的裂缝现象比较普遍，严重的渗漏水不能正常使用，而且防止渗漏的修补效果及难度极大，不仅影响到房屋的美观，而且更影响到正常的使用功能。

一般来说，地下室结构混凝土裂缝主要分为两类：即结构性与非结构性两类。造成裂缝的原因多种多样，如在材料选择上未使用质量高的原材料，设计构造原因占的比例更大，施工工艺过程控制及自然环境因素影响也不容忽视。但是，经实践表明，地下室混凝土的裂缝是可以预防和修复的。以下就地下室混凝土的裂缝产生原因、控制措施及修复方法进行分析与探讨，使其使用功能不受影响并且与建筑物同寿命。

**1. 地下室混凝土裂缝原因及影响**

1）由温度引起的裂缝

在混凝土结构中因水泥的水化热所释放的热量带来同外界不同温度的变化，不同温度产生的温差对混凝土产生较大影响。在当代高层的地下室中，大多数基础部分的混凝土是属于大体积构造，在混凝土浇筑中需要采取技术措施降低升温。由于在大体积内部水化热升温很集中也很高，因外部混凝土的约束无法向外散出，导致结构内部混凝土的升温很高，而混凝土表面散热快，造成内外形成大的梯度。当此时内外温差大于25℃时，混凝土的约束应力就不可能承担温度应力，进而产生开裂。这种裂缝的蔓延程度会逐渐扩大，严重的还具有可贯穿性。

现在的结构设计中，用于地下室的混凝土强度等级比较高，大多数在C30以上；地下室的面积比较大，所用混凝土用量也多且强度高，大面积地使用混凝土肯定水泥用量也很多，从而造成混凝土在早期阶段产生大量的水化热。而混凝土对于热的传递能力很低，再加之地下室底板的面积一般都较大，热量不能排出而只能聚集在混凝土内部，引起内部温度急速上升，最高达到70℃以上；而结构表面温度与自然环境相似，由此产生的温差也就是内胀外缩的张力，对混凝土的表面产生很大的拉应力。当这种拉应力超过此时混凝土的极限抗拉值时，便产生开裂。

2）因混凝土的收缩变形引起的裂缝

首先，混凝土发生的化学收缩。在混凝土的凝结硬化过程中，水泥会发生一系列的化学反应，也就是水化反应。但通过这种水化化学反应，最终生成物的体积会比前的物质小，这种收缩形式即化学收缩；其次，混凝土还会发生干燥收缩现象。一般干燥收缩是混凝土内部吸附了大量的水蒸发，最后引起胶凝体失水而引起干燥收缩现象。混凝土干燥收缩的程度大多取决于周围环境中湿度的变化。同时，由于收缩变形引起的构件表面拉应力超过了其拉伸的极限，也会产生裂缝。干燥收缩的主要原因是混凝土硬化时表面水分蒸发过快，而无及时补充水分最终干燥收缩造成开裂。

现在城市的所有建筑工程，都是采用集中搅拌商品混凝土，商品混凝土为了保证其流动性和可泵性，一般会增加较多的水泥用量，同时商品混凝土的单位水泥用量及砂率也偏高，增加了混凝土干燥裂缝的概率，这种干燥裂缝相对较小，多以网状龟裂表现。

3）不均匀沉降收缩引起的裂缝

地下工程的设计主要依据是工程地质的勘察报告，在设计时依据地质勘察报告制作的模型与实际情况有误，就会出现地基的不均匀沉降．收缩引起的裂缝大大增加。这主要是由于地基的不均匀沉降引诱的裂缝。因为每个建筑物上部的合荷载分布不同，也会是不均匀沉降的一个原因。这种不均匀沉降对混凝土产生较大拉应力，当此应力超过了混凝土当时的极限拉伸时，就会有发生裂缝的危险性，这种由于地基不均匀沉降引发的裂缝较大且严重，会影响到建筑物的使用功能。

同时，还有因为沉降收缩造成的裂缝。这是混凝土在浇捣以后大颗粒逐渐下沉，水泥浆随之上升的现象，受到预埋件、钢筋或者大骨料阻拦，而造成混合料之间不再均匀而离析，造成组成混凝土材料不均匀沉降而开裂。这种裂缝呈中间宽、两端窄的形式，在截面变化大、钢筋密集部位产生。

**2. 地下室混凝土裂缝控制**

1）重视对温度裂缝的控制

为了有效地控制由于温差引起的裂缝，大体积混凝土浇筑工作对气候要有选择：

（1）避开中午高温时间段进行浇筑，优先选择水化热低的水泥，在确保强度不受影响的前提下，掺入一定比例缓凝剂，以减少水泥用量；同时，还要降低水灰比例，有效降低水化热。

掺入外掺合料最普遍的是粉煤灰，不仅可以替代部分水泥用量、减少用水量，更加有利的是提高混凝土的可泵性；

（2）控制混凝土的入模温度：例如，在浇筑混凝土时加入少量干净毛石，可以吸收一定热能且节省混凝土材料，但是必须注意掺入毛石的数量，以混凝土体积20%左右为宜。另外，还可以通过向骨料洒水降温，太阳不直接照射石子；也可以通过在拌合料中加入冰块，冷却原材料的方式控制降温；

（3）把后期工作抓紧做好，即收光压抹及覆盖保湿保温。由于模板在外，可以减缓混凝土降温速度，使浇筑后混凝土内外温度变化不大，有效控制混凝土因温差导致的裂缝，所以在浇筑混凝土后的一段时间再拆除模板较合适。

2）减少因沉降收缩产生的裂缝

在满足和易性达到泵送的前提下，要加强对单位混凝土用水量的控制，尽量降低其坍落度。商品混凝土中都掺入一定的外加剂改善其性能，而且延长搅拌时间，尽量达到均匀一致，使得前后相同。加强混凝土的振捣，防止漏振和过振；而且，入模高度要控制在2m以内，过高可能造成拌合料的离析，由于冲击力对侧模增加张力而变形；对于截面较大的结构，应先浇筑下部及厚的部分，停置2h，待自然沉降再连续浇筑上部。

另外，不均匀沉降多数原因是由地基与上部建筑结构荷载量不同引起的，由于地下室结构面积比较大，一般在主楼和裙房之间相交位置设置适当后浇带，再加上主楼地下室过道较长，所以在相应位置也设后浇带，这样就减少了由于结构早期不均匀沉降导致的裂缝产生，也就放松了对整个地基底板的约束，同时也有效地控制混凝土浇筑长度所引起的热量积累，减少温度应力，对预防控制裂缝起到明显效果。

3）干燥收缩裂缝的预控

为了预防由于裂缝造成的裂缝，尽可能选用中低热水泥或粉煤灰质水泥，收缩率小、干缩也小的原材料。由于水灰比对混凝土干缩的影响最大，总之是水灰比越大，干缩的程度就越严重，所以在设计混凝土配合比时，严格控制水灰比及掺加减水剂的措施而减少用水量，合理选择适应性好的外加剂及掺合料。

4）选择合适的水泥品种

通过对混凝土材料选择及配合比控制，在混凝土中加入外加剂和外掺合料，尽量减少水泥用量，减少水化热现象引起的收缩变形。普通的硅酸盐水泥虽然其早期的强度发展快也高，但是水化热的反应也大；矿渣硅酸盐水泥比普通水泥的水化热低，但是其干燥裂缝比较严重，而且后期会产生硬度收缩；火山灰质硅酸盐水泥后期收缩量较大，选择使用的工程较少。通过对水泥品种的分析，粉煤灰硅酸盐水泥可以降低裂缝的产生，同时再添加减水剂，达到降低水灰比的目的。有效控制水化热，这也可对混凝土起到补偿收缩效果。

5）提高混凝土的抗裂性

地下室混凝土结构裂缝与混凝土的极限拉伸强度密切相关，据一些资料介绍：混凝土的极限拉伸强度与其配筋有关。为此，在混凝土中必须考虑增加抗变形筋，也就是增加混凝土由于受到长期干燥及自然环境变化所引起的热胀冷缩抗变形能力。对于地下室的墙体要增加水平温度筋，可以在结构表面起加强作用。

同时，通过调整钢筋的配置形式，可用增设温度的分布筋，把混凝土内部的热量及时迁移出来，以减轻内部热量的峰值升高。采取布筋上下错列的布置形式，可使钢筋直径减小且间距更近，这样可减少混凝土的收缩量。上下错落布置方式能使中间的热量散发出来，对减少裂缝的产生效果极佳。

6）加强混凝土养护不要只在口头上

对混凝土的整个过程养护极其重要，不要只有要求却不落实检查。要严格监视混凝土表面温度变化，避免出现过大温差变化导致开裂。一般地下室底板混凝土的浇筑应在上半年之前完成，以避免炎热季节太阳直射的时间。混凝土养护工作都认为重要，但一些只是停留在口头要求上，落实和检查不可缺少。

当结构浇筑振完压实收光后，立即覆盖塑料薄膜保湿。当需要保温时再加盖其他材料，早期表面容易踩踏，应在覆盖过程中消除足迹。

为了确保已施工完的混凝土表面热量尽快散发，可以在表面盖上草袋，在其上再覆盖塑料薄膜，这样易保湿散热，加快降温速度。由于早期的混凝土养护十分关键，可以为提高强度及后期使用时避免混凝土裂缝现象提供保证，以减少不必要损失。为此，必须加强混凝土强度增长时期的养护，其时间不要少于 14d。

**3. 混凝土裂缝的修补方法**

经过大量工程的实践应用，其经验也在不断总结中，要对混凝土已经出现的裂缝进行处理，修补的方法有很多种，可以根据不同裂缝的严重程度采取不同的处理方法。

1）用化学灌浆法处理裂缝

化学灌浆法又叫聚合物浸入法，这种方法的粘结强度极高，而且具有一定的弹性恢复能力。根据裂缝的性质、宽度及其干燥情况选择灌浆材料。最常见的混凝土裂缝修补材料是环氧树脂，这种材料具有极高的强度和粘结力，操作方便，成本也低。修补作业时，首先密封裂缝表面，然后抽空内部空气，在大气压力作用下将纯环氧树脂注入混凝土裂缝表面，目前这种方法在地下室裂缝中的应用很普及和广泛。

2）涂层法处理裂缝

修补混凝土结构裂缝时，可以用表面浸渍密封剂及涂料进行涂层封闭处理。但是，对表面细密裂缝的处理，不要在低温环境下进行。如果混凝土裂缝已经停止发展，用表面涂层处理修补效果也较佳。

3）结构加固和柔性密封处理法

当裂缝已经影响到混凝土结构件的安全使用时，需要采取加固方法处理。现在常用的结构加固方法有：加大混凝土结构截面的面积，在混凝土构件的角部外包型钢，用在结构件表面粘贴钢板方法加固或增设支点加强等。

当活动裂缝已经发展为运动接缝，通常做法是用柔性密封法处理。具体的修补加强方式是沿着裂缝的边缘凿开一个凹槽，在凹槽内加入适量柔性材料，最后在裂缝的部位用隔离层分开。

综上浅述，经过分析探讨地下室结构混凝土产生裂缝的原因，可以知道混凝土裂缝的产生是可以控制和修复的，工程设计人员从构造措施上提高对裂缝的预防，在施工前慎重考虑比较，提出有针对性的解决对策。施工后要确实加强对混凝土的养护及保护工作。通过深入了解，掌握多种预防与处理措施，提高混凝土施工工艺技术，以减少地下室工程混凝土裂缝的形成和发展，确保建筑结构的安全性，满足设计耐久性年限的安全、正常使用。

## 2.12 地下人防洞口常见质量问题如何控制?

此处所讨论的孔洞口防护工程是地下人防工程的重要部位，它是同外界连接的第一个入口，也是工程最薄弱部位。孔洞口的防护主要是指人防工程出入口、通风口、水暖和电缆穿墙管道。由于对孔口防护工程在设计及施工过程中对规范、图纸和图集的要求并不完全理解，以及在施工过程中处理不当，会存在一些隐患。造成人防工程不能满足设定的防护密闭要求，也达不到一个合格的工程。因此，加强对人防工程质量的重视必须对孔洞口的质量放在重要位置，它是满足人防工程战时防护功能的重要部分，是保证战备效益和人员生命财产安全的关键环节。

### 1. 常见入口设计问题及处理措施

在人防工程审查设计图中经常发现，一些设计人员在对人防工程设计时对战时主要出入口不能满足规范要求。如战时主要出入口的地面段设置在地上建筑物的倒塌范围内，但是不设置防倒塌棚架；还有一些设计人员在设计甲类核六、核六B级人防地下室时，对于用室内出入口代替室外出入口时存在一定问题。如将战时出入口上的一层楼梯按战时设计；也有的人员对设计规范仅理解了一部分，只是将楼梯上部不大于 2.0m 处做局部完全脱开的防倒塌棚架；这些处理方法都是不符合人防规范要求的。其主要原因还是对现行规范理解不透彻，其正确做法是尽量将战时主要出入口的地面段设在地上，最好在可能倒塌建筑物范围之外，当条件限制无法满足要求时，应在战时主要出入口的出地面段上方，按人防规范要求设置防倒塌棚架；对于甲类核六、核六 B 级人防地下室，对于用室内出入口代替室外出入口时，应在一层楼梯间设置一个与地面上建筑物完全脱开的防倒塌棚架；也就是说，其棚架的梁、柱、板必须与地上建筑物要完全分开。只有这样做，才能使结构计算的受力更明确、更可靠。

**2. 常见出入口施工质量问题及处理**

在人防工程现场检查中有时会发现，门框墙在施工中总会存在这样或那样的一些问题，如门框处墙表面不平整、高低不平、有麻面，严重的还有露筋现象，不能满足建筑工程质量验收评定的要求。甚至个别严重的门框及墙垂直度偏差过大，门框上下铰链同心度差超过规范允许值，这会给人防门扇安装带来困难。产生这些质量缺陷的主要原因是因施工操作粗糙、不规范，并且对人防门框及墙的要求不清楚。这才是造成门框墙不合格的主要原因，对此必须返工处理，合格后再安人防门。

由于地下人防墙属于剪力墙，因此在门框洞口处墙留洞时钢筋布置得比较多，因钢筋多，洞口钢筋绑扎时要求先将防护设备的预埋钢门框架立就位准确，而预埋钢门框上固定用锚固筋又多，同时锚固筋又要求与门框墙钢筋点焊牢固，因此，在安装就位固定加强过程中还要对位置、垂直度及平整度控制好，更要求保证门框墙体结构尺寸的准确，表面平整、垂直、方正，支剪力墙外模时门洞内要加密支撑。并且，门洞四周角还要增加斜支撑，以保证浇筑混凝土时不产生变形。由于门框墙模板内空间尺寸较小，钢筋密集，预埋件的锚固加强筋又多，所以，在浇筑混凝土时必须注意门洞口两侧边浇筑高度保持一致，以防止门洞模板挤压移位变形。只有这样加强处理，才能确保门框墙洞口的施工质量。

**3. 常见通风口设计问题及处理**

地下人防通风口包括进风口、排风口和排烟口。为保证地下内部人员的正常工作和生活，地下人防内部需要进入大量的新鲜空气，并排出废气和设备的烟雾气。因此，通风口在战时也要坚持不停止通风，为此要求在通风口设置防护密闭门或防爆炸波活门及扩散室等。以便把冲击波阻挡和削弱至规范允许的压力值以下，使得不至于伤害内部人员和设备，达到防护的功能目标。在人防工程审图中会发现一些设计人员在进行人防工程备战用竖井时，设置在通风口竖井处的防护密闭门很少有嵌入墙内构造的，这种设计是不能满足人防工程规范要求的，也即是说在战时是非常危险的情况，可能会毁掉整个人防地下工程。规范要求其正确的构造处理是“当防护密闭门设置于竖井内时，其门扇的外表面不得突出竖井的内墙面”。如果不具备条件无法将其嵌入墙体内时，也可以在门洞上方300mm高度处设置一门楣，门楣长度为300＋门洞宽度＋300mm。门楣突出竖井内墙面为250mm；门楣高度也是250mm并配置相应钢筋，只有这样处理才能满足规范的要求，也就是满足战时的防御功能，发挥人防工程设置的作用。

**4. 常见通风口施工问题及处理**

通风口一般安装的是悬摆式防爆波活门，是保证战时在冲击波超压作用下能立即自动关闭，把冲击波挡在外面。防爆波活门施工的重点是控制钢门框与钢筋混凝土墙体的整体密实性，并保证活门嵌入墙内的深度。施工现场检查有时也会发现，活门的混凝土浇筑振捣得并不好，存在一些蜂窝、麻面，更加严重的存在活门嵌入墙内的深度相差较大。只有活门嵌入墙内的深度完全达到规范规定，才能保证战时冲击波作用时活门在要求的限时内立即关闭。如果活门嵌入墙内的深度太浅，达不到设计图纸规定的数值，那么当冲击波从侧向射入时，就会延误活门的关闭时间，严重时可能遭受破坏，达不到战时保护生命财产的要求。甚至对人防设施地下人员造成严重伤害，因此，施工单位技术人员必须对操作工人交代清楚，引起高度重视。

**5. 穿墙套管常见施工质量及处理**

为了保证人防工程在战时能保证人员和物资的安全，还需要在室外引进各种管道和电缆设施。这些管道和电缆有的要穿过防护外墙或临空墙，有的还要穿越密闭墙。这就要求施工中一定要按照施工图或指定的标准图集，做好防护密封处理。

规范规定，与人防无关的管道不得穿过人防围护结构，当用于人防的管道穿越人防围护结构，即人防外墙、临空墙、防护单元隔墙时，必须进行防护密封处理。人防的管道穿越人防密闭隔墙、密闭通道、防毒通道、滤毒室、简易洗消毒间的墙体时，也要进行密闭处理。但是，在实际工程中检查发现，并不是同规范要求的那样，一些与人防无关的管道任意穿越人防工程的围护结构，却不进行任何防护密封处理。或是有些人防工程的管道穿越人防工程的围护结构，虽然做了预埋套管的工作，但是也存在不密闭处理的问题。更为严重的是，由于在施工中漏设预留孔洞，施工方未征得设计同意采取一些加强措施，擅自在剪力墙上用冲击钻打孔，这样就比较严重地破坏了工程的防护和防毒整体性，完全达不到战时防护密闭的要求。

以下用几个图例来说明穿墙套管的正确施工做法，见图1 A、B、C、D做法示意图。

从A、B、C、D做法图例可以看出，管道从室外穿越外墙、临空墙和防护单元隔墙时，必须在墙体上预埋带有密闭翼环的钢套管。规范规定，预埋的钢套管壁厚为6mm，密闭翼环通常采用壁厚为5mm的钢板制作，翼高不小于50mm，密闭翼环与钢套管的接触部分必须满焊。同时，对于预埋钢套管与穿墙管道之间的缝隙，应采用密封材料填充密实。而且，为了阻隔战时冲击波进入人防地下室内，应在室外一侧的预埋钢套管上安装防护抗力片，还要求抗力片应采用厚度不大于6mm的钢板制作。另外，对于与工程外部相连接的管道，规范还要求在地下内部靠内侧防护墙近处200mm处，在管道上安装防爆波阀，也可以用抗力不小于1MPa的阀门代替。只有这样处理，才能保证战时冲击波或毒气剂不能进入，达到战时的防护密闭效果。

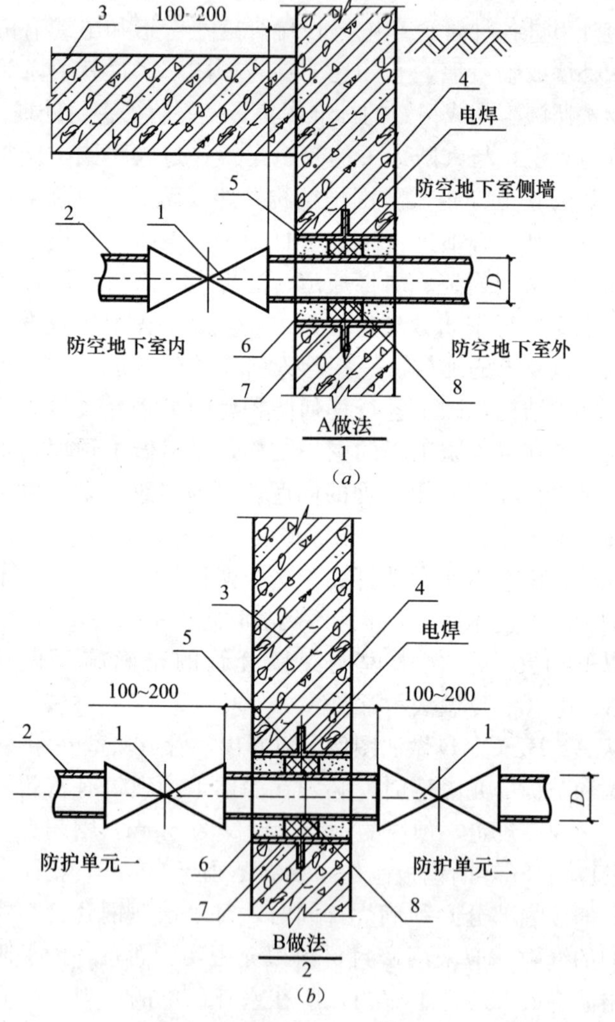


图1　穿墙套管施工方法（一）

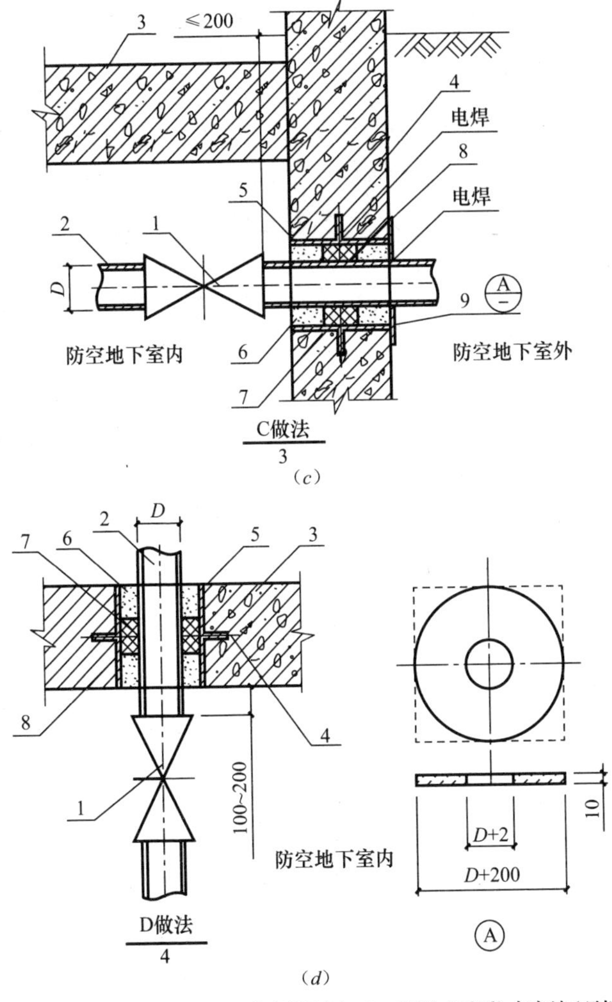


1—工作压力不小于1.0MPa的阀门或防爆波阀；2—空调（采暖）水穿墙（顶板）管道；3—防空地下室外墙、临空墙或密闭墙；4—翼环；5—预埋铜套管；6—石棉水泥；7—挡圈；8—油麻；9—防护抗力片

注：① 当穿入防空地下室空调（采暖）管道管径≤*DN*150时，阀门设置位置分别见做法A、B、D；

② 当穿入防空地下室空调（采暖）管道管径>*DN*150时，阀门设置位置见做法C。

图1　穿墙套管施工方法（二）

综上浅述可知，人防地下工程的设计一般是采取平战结合考虑的，要求人防工程既要有战时的防御功能，又要考虑平常兼用的双重功能。但是，人防工程建设的最主要目的仍然是以战时防御功能为主。因此，对于人防工程的建设不管是平时还是战时，如何才能有效地应用是最重要的事情，都应以防御功能更加重要，绝对不允许任意降低人防工程战时的防护标准。只有按照现行规范和标准设计、施工，按施工规范严把工序过程质量关，才能使人防工程在战时真正发挥防御作用，保证人员及财产免受损失。

# 三、砌体工程

## 3.1　砖砌体的砌筑工艺要求有哪些?

砖砌体的组砌要求必须是：上下错缝，内外搭接，以保证砌体的整体性；同时，组砌要有规律，少砍砖，以提高砌筑效率、节约材料。

**1. 砖墙的组砌形式要求**

砖墙的常见组砌形式见图1。

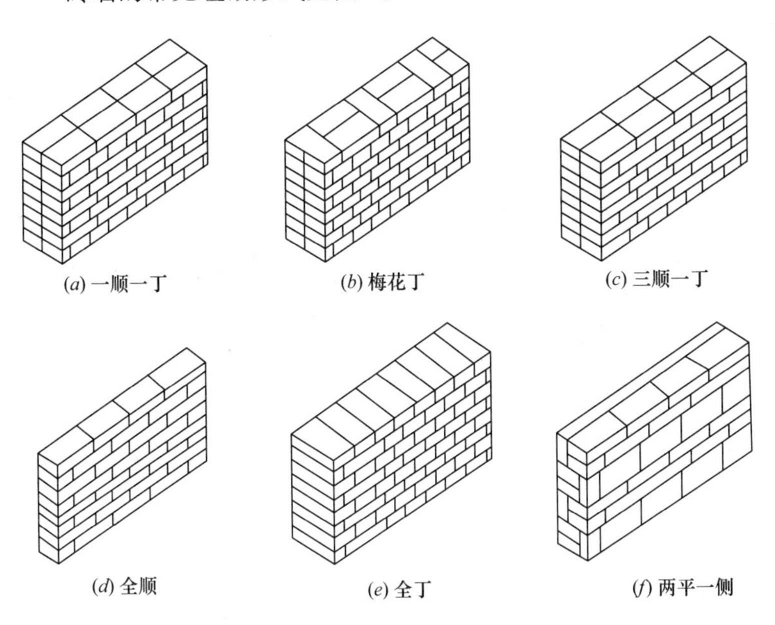


图1　砖墙的常见组砌形式

1）组砌形式：

(1）一顺一丁：一顺一丁砌法是一皮中全部顺砖与一皮中全部丁砖相互间隔砌筑，上下皮间的竖缝相互错开1/4砖长。这种砌法效率较高，但当砖的规格不一致时，竖缝就难以整齐。一顺一丁两种砌法见图2。一顺一丁大角砌法（二砖半墙）见图3。

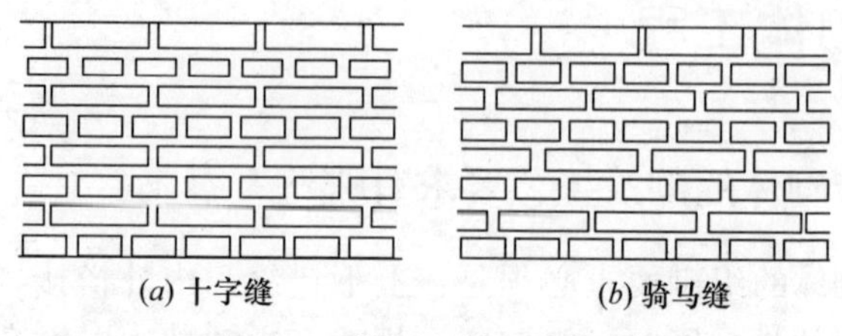


图2 一顺一丁墙两种砌法

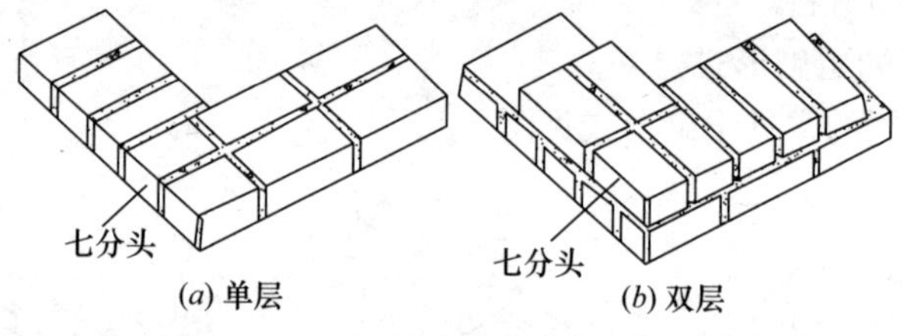


图3 一顺一丁大角砌法（一砖半墙）

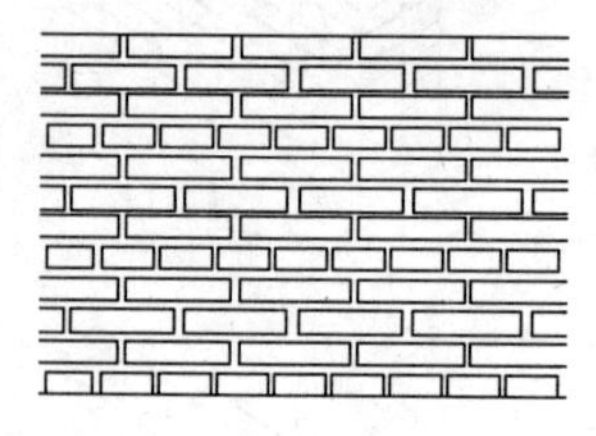

图4 三顺一丁墙面组砌形式

（2）三顺一丁：三顺一丁砌法是三皮中全部顺砖与一皮中全部丁砖间隔砌筑，上下皮顺砖间竖缝错开1/2砖长；上下皮顺砖与丁砖闸竖缝错开1/4砖长。这种砌筑方法由于顺砖较多，砌筑效率较高，适用于砌一砖和一砖以上的墙厚。三顺一丁墙面组砌形式见图4。三顺一丁大角砌法见图5。

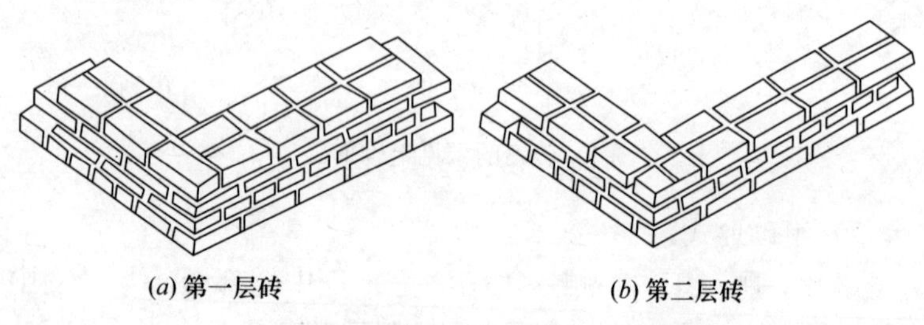


图5 三顺一丁大角砌法（一）

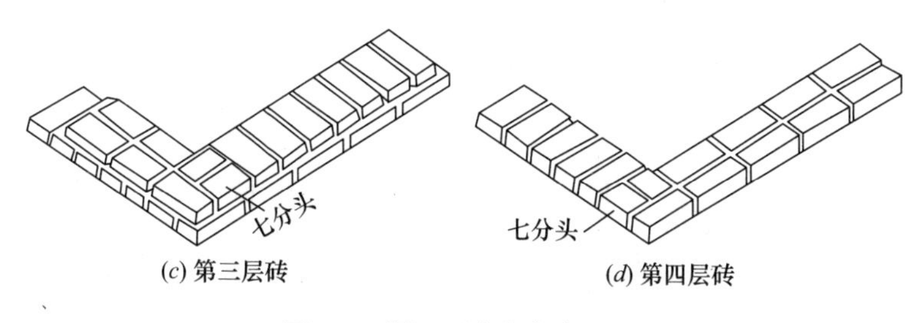

(c) 第三层砖　　(d) 第四层砖

图 5　三顺一丁大角砌法（二）

（3）梅花丁：梅花丁又称沙包式、十字式。梅花丁砌法是每皮中丁砖与顺砖相隔，上皮丁砖坐中于下皮顺砖，上下皮间竖缝相互错开 1/4 砖长。这种砌法内外竖缝每皮都能错开，故整体性较好，灰缝整齐，比较美观，但砌筑效率较低。砌筑清水墙或当砖规格不一致时，采用这种砌法较好。梅花丁墙面组砌形式见图 6。梅花丁大角砌法见图 7。

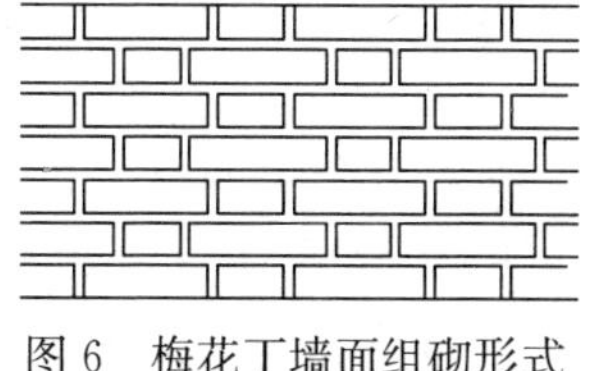

图 6　梅花丁墙面组砌形式

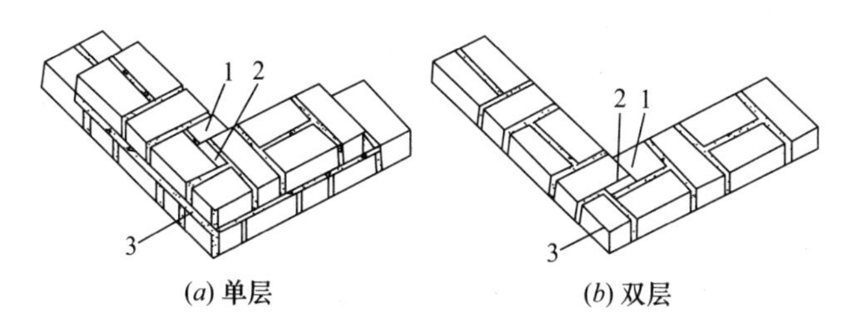

(a) 单层　　(b) 双层

图 7　梅花丁大角砌法

1—半砖；2—1/4 砖双层；3—七分头

为了使砖墙的转角处各皮间竖缝相互错开，必须在外角处砌七分头砖（即 3/4 砖长）。当采用一顺一丁组砌时，七分头的顺面方向依次砌顺砖，丁面方向依次砌丁砖。砖墙的丁字接头处应分皮相互砌通，内角相交处竖缝应错开 1/4 砖长，并在横墙端头处加砌七分头砖。砖墙的十字接头处，应分皮相互砌通，交角处的竖缝相互错开 1/4 砖长。

(4) 其他砌法：砖墙的砌筑还有全顺式、全丁式、两平一侧式等砌法。

2）砖柱组砌

砖柱组砌，应使柱面上下皮的竖缝相互错开 1/2 砖长或 1/4 砖长，在柱心无通天缝、少砍砖，并尽量利用二分头砖（即 1/4 砖）。严禁用包心组砌法。

3）空心砖墙组砌

规格为 190mm×190mm×90mm 的承重空心砖一般是整砖顺砌，上下皮竖缝相互错开 1/2（100mm）。如有半砖规格的，也可采用每皮中整砖与半砖相隔的梅花丁砌筑形式。规格为 240mm×115mm×90mm 的承重空心砖一般采用一顺一丁或梅花丁砌筑形式。规格为 240mm×180mm×115mm 的承重空心砖一般采用全顺或全丁砌筑形式。非承重空心砖一般是侧砌的，上下皮竖缝错开 1/2 砖长。

**2. 砖砌体的施工工艺要求**

1）找平、弹线

砌筑前，在基础防潮层或楼面上光用水泥砂浆找平，然后在龙门板上以定位钉为标志，弹出墙的轴线、边线，定出门窗洞口位置。二楼以上墙的轴线可以用经纬仪或垂球将轴线引上，并弹出各墙的宽度线，画出门洞口位置线。

2）摆砖

摆砖也称撂底，是指在放线的基面上按选定的组砌方式用干砖试摆。一般在房屋外纵墙方向摆顺砖，在山墙方向摆丁砖。摆砖的目的是为了校对所放出的墨线在门洞口、附墙垛等处是否符合砖的模数，以尽可能减少砍砖并使砌体灰缝均匀，组砌得当。摆砖结束后，用砂浆把干摆的砖砌好，砌筑时注意其平面位置不得移动。

3）立皮数杆、砌筑

皮数杆是指在其上画有每皮砖和砖缝厚度，以及门窗洞口、过梁、楼板、梁底、预埋件等标高位置的一种木制标志杆。它是砌筑时控制砌体竖向尺寸的标志，同时还可以保证砌体的垂直度。

皮数杆一般立于房屋的四大角、内外墙交接处、楼梯间以及洞口多的地方，大约每隔 10～15m 立一根。皮数杆的设立，应由两个方向斜撑或锚钉加以固定，以保证其牢固和垂直。一般来说，每次开始砌砖前应检查一遍皮数杆的垂直度和牢固度。

砌砖的操作方法很多，各地的习惯、使用工具也不尽相同。一般宜用“三一”砌砖法，即一铲灰、一块砖、一挤揉。砌砖时，先挂上通线，按所排的干砖位置把第一皮砖砌好，然后盘角，每次盘角不得超过六皮砖，在盘角过程中应随时用托线板检查墙角是否垂直平整，砖层灰缝是否符合皮数杆标志；然后，在墙角安装皮数杆，即可挂线砌第二皮以上的砖。砌筑过程中应三皮一吊、五皮一靠，在操作过程中严格控制砌筑误差，以保证墙面垂直、平整。砌一砖半厚以上的砖墙必须双面挂线。

每层承重墙的最上一皮砖、梁或梁垫下面的砖，应用丁砖砌筑；隔墙与填充墙的顶面与上层结构的接触处，宜用侧砖或立砖斜砌挤紧。

4）勾缝、清理

勾缝是清水砖墙的最后一道工序，具有保护墙面和增加墙面美观的作用。内墙面可采用砌筑砂浆随砌随勾缝，称为原浆勾缝；外墙面应采用加浆勾缝，即在砌筑几皮砖以后，先在灰缝处划出 10mm 深的灰槽。待砌完整个墙体以后，再用细砂拌制 1∶1.5 水泥砂浆勾缝。当一层砖砌体砌筑完毕后，应进行墙面、柱面和落地灰的清理。

5）各层标高的控制

各层标高除立皮数杆控制外，还可弹出室内水平线进行控制。底层砌到一定高度后，在各层的里墙角，用水准仪根据龙门板上的±0.000 标高，引出统一标高的测量点（一般比室内地坪高出 200～500mm），然后在墙角两点弹出水平线，依次控制底层过梁、圈梁和楼板板底标高。当第二层墙身砌到一定高度后，先从底层水平线用钢尺往上量第二层水平线的第一个标志。然后，以此标志为准，用水准仪定出各墙面的水平线，以此控制第二层标高。

6）临时洞口及构造柱

施工时，需在砖墙中留置的临时洞口，其侧边离交接处的墙面不应小于500mm；洞口顶部宜设置过梁。抗震烈度为9度的建筑物，临时洞口的留置应会同设计单位研究决定。

设有钢筋混凝土构造柱的抗震多层砖混房屋，应先绑扎钢筋，而后砌砖墙，最后浇构造柱混凝土。墙与柱应沿高度方向每500mm设2$\phi$6钢筋，每边伸入墙内不应少于1m；构造柱应与圈梁连接；砖墙应砌成马牙槎，每一马牙槎沿高度方向的尺寸不超过300mm，马牙槎从每层柱脚开始，应先退后进；该层构造柱混凝土浇完后，才能进行上一层的施工。

7）空心砖墙

承重空心砖的空洞应呈垂直方向砌筑，非承重空心砖的空洞应呈水平方向砌筑。非承重空心砖墙的底部应至少砌三皮实心砖，在门洞两侧一砖长范围内，也应用实心砖砌筑。

操作者应了解砖墙组砌形式，不单纯是为了清水墙的美观，同时也为了满足传递荷载的需要。因此，不论清水墙还是混水墙，墙体中砖缝的搭接不得少于1/4砖长；为了节约，允许使用半砖头，但也应满足1/4砖长的搭接要求，半砖头应分散砌于混水墙中。砖柱的组砌方法应根据砖柱断面和实际使用情况统一考虑，但不得采用包心砌法。墙体组砌形式的选用，应根据所砌部位的受力性质和砖的规格尺寸误差而定。

## 3.2 砖砌体施工应注意的重点有哪些?

（1）基础墙与上部墙错台：基础砖摞底正确，收退大放角两边要相等，退到墙身之前要检查轴线和边线是否正确。如偏差较小，可在基础部位纠正，不得在防潮层以上退台或出沿。

（2）清水墙游丁走缝：排砖时必须把立缝排匀，砌完一步架高度，每隔2m间距在丁砖立楞处用托线板吊直弹线，二步架往上继续吊直弹粉线，由底往上所有七分头的长度应保持一致。上层分窗口位置时，必须与下窗口保持垂直。

（3）灰缝大小不匀：立皮数杆要保证标高一致，盘角时灰缝要掌握均匀，砌砖时小线要拉紧，防止一层线松、一层线紧。

（4）窗口上方立缝变活：清水墙排砖时，为了使窗间墙、垛排成好活儿，将破活儿排在中间或不明显位置。在砌过梁上第一行砖时，不得随意变活。

（5）砖墙鼓胀：外砖内模墙体砌筑时，在窗间墙上、抗震柱两边分上、中、下留出6cm×12cm通孔，在抗震柱外墙面上垫木模板，用花篮螺栓与大模板连接牢固。混凝土要分层浇筑，振捣棒不可直接触及外墙。楼层圈梁外三皮12cm砖墙也应认真加固。如在振捣时发现砖墙已鼓胀，则应及时拆掉重砌。

（6）混水墙粗糙：舌头灰未刮尽，半头砖集中使用，造成通缝；一砖厚墙背面偏差较大；砖墙错层造成螺丝墙。半头砖应分散使用在墙体较大的面上。首层或楼层的第一皮砖要查对皮数杆的标高及层高，防止到顶砌成螺丝墙。一砖厚墙应外手挂线。

（7）构造柱处砌筑不符合要求：构造柱墙应砌成大马牙槎，设置好拉结筋，从柱脚开始两侧都应先退后进。当凿深12cm时，宜上口一皮进6cm，再上一皮进12cm，以保证混凝土浇筑时上角密实。构造柱内的落地灰、砖渣、杂物必须清理干净，防止混凝土内夹渣。

砌体施工前，应将基础面或楼层结构面按标高找平，依据砌筑图放出第一皮砖块的轴线、砌体边线和洞口线。工艺流程为：墙体放线→制备砂浆→砌体排列→铺砂浆→砌体就位→校正→砌筑镶砖→勒缝。

1）砌体用砖

必须在砌筑前一天浇水湿润，一般以水浸入砖四边1.5cm为宜，含水率为10%～15%，常温施工不得用干砖上墙；雨期不得使用含水率达饱和状态的砖砌墙：冬季不得浇水，可适当增大砂浆稠度。

2）选砖

外墙砖要棱角整齐，无弯曲、裂纹，颜色均匀，规格基本一致。敲击时声音响亮、焙烧过火、变色、变形的砖，可用在基础或不影响外观的内墙上。

3）组砌方法

砌体一般采用一顺一丁砌法。砖柱不得采用先砌四周后填心的包心砌法。

4）排砖撂底

一般外墙第一层砖撂底时，两山墙排丁砖，前后檐纵墙排条砖。根据弹好的门窗口位置线及构造柱的尺寸，认真核对窗间墙、垛尺寸，其长度是否符合排砖模数。如不符合模数时，可将门窗口的位置左右移动。移动门窗口位置时，应注意暖、卫立管及门窗开启时不受影响。

5）水平灰缝

水平灰缝不饱满，易使砖块折断，所以实心砖砌体水平灰缝的砂浆饱满度不得低于80%，以满足抗压强度的要求。竖向灰缝的饱满程度可明显提高砌体的抗剪强度。砖砌体的水平灰缝厚度和竖向灰缝宽度一般规定为10mm，不应小于8mm，也不应大于12mm。过厚的水平灰缝容易使砖块浮滑，墙身侧倾；过薄的水平灰缝会影响砌体之间的粘结能力。

6）挂线

砌筑37墙必须挂双线，如果长墙几个人共用一根通线，中间应设几个支点，小线要拉紧，每层砖都要穿线看平，使水平缝均匀一致，平直、通顺；砌24墙时，可采用挂外手单线（视砖外观质量要求情况，如果质量好、要求高，也可挂双线，提高砌砖质量）可照顾砖墙两面平整，为下道工序控制抹灰厚度奠定基础。

7）砌砖

砌砖采用一铲灰、一块砖、一挤揉的“三一”砌砖法。砌砖时砖要放平。里手高，墙面就要张；里手低，墙面就要背。

砌砖一定要跟线，“上跟线，下跟棱，左右相邻要对平”。

8）留槎

砖混结构施工缝一般留在构造柱处。一般情况下，砖墙上不留直槎。如果不能留斜槎时可留直槎，但必须砌成凸槎并加设拉结筋。拉结筋的数量为每 120mm 墙厚设一根 $\phi 6$ 的钢筋，间距沿墙高不得超过 500mm。其埋入长度从墙的留槎处算起，一般每边均不小于 500mm，末端加 90°弯钩。

9）构造柱做法

在构造柱连接处必须砌成马牙槎。每一个马牙槎高度方向为五皮砖，并且先退后进。拉结筋按设计要求放置，设计无要求按构造要求放置。

## 3.3 混凝土多孔砖及其施工如何控制?

混凝土多孔砖的特点：多孔砖是以水泥为胶结材料，以砂、石等为主要集料，加水搅拌、成型、养护制成的一种有多排小孔的混凝土砖，主要规格尺寸为 204mm×115mm×90mm，并有适当的配砖。混凝土多孔砖外形特征类似烧结多孔砖，而材料性能应归于普通混凝土小型空心砌块。用混凝土多孔砖具有生产能耗低、节土利废、施工方便和体轻、强度高、保温效果好、耐久、收缩变形小、外观规整等特点。它不毁坏农田，不用燃煤，生产消耗能源不足烧结黏土砖的一半，符合国家经济、节能发展战略；抗冻性能好，尺寸规整，有利于砌体平整度的控制，施工适应性强，质量轻，砌筑方便，节约砂浆，降低施工强度及地基荷载，增加使用面积而不增加工程造价。但对产品质量和砌体施工质量控制不当时，也容易出现“裂”、“渗”、“热”、“冷”等问题，特别是开裂问题。

### 1. 生产混凝土多孔砖的原材料

为了保证混凝土多孔砖的质量，标准中规定了所采用原材料的要求。水泥应采用符合《通用硅酸盐水泥》GB 175 的硅酸盐水泥或普通硅酸盐水泥，以获得较高的早期强度与相应的强度等级，减少干燥收缩。采用矿渣硅酸盐水泥，早期强度较低，尤其目前在各企业主要采用自然养护情况下更为明显。不宜采用火山灰质硅酸盐水泥，因其干燥收缩率较大，养护施工不当会造成产品开裂，影响建筑物的安全使用。采用粉煤灰硅酸水泥，尤其在掺量较大的情况下，抗冻性较差，干燥收缩率较大，控制不好会使砖产生裂纹，导致结构破坏。因此，标准中规定应采用符合《通用硅酸盐水泥》GB 175 的硅酸盐水泥与普通硅酸水泥。细集料应符合《建设用砂》GB/T 14684、《建设用卵石、碎石》GB/T 14685 的规定。重矿渣应符合《混凝土用高炉重矿渣碎石技术条件》YBJ 20584 的要求，其最大粒径不大于10mm。掺入适量石屑，可以提高砖的密实性与强度。

**2. 静力设计时的构造措施**

1）一般构造措施

（1）跨度大于 6m 的屋架和跨度大于 4.8m 的梁，其支承面下应设置混凝土和钢筋混凝土垫块；当墙中设有圈梁时，垫块与圈梁应浇成整体。

（2）大梁跨度不小于 6m 时，其支承处宜加设壁柱或构造柱或采取其他措施。

（3）填充墙、隔墙应分别采取措施，与周边构件可靠连接。

2）墙体保温隔热措施

（1）混凝土多孔砖墙体保温隔热设计应符合《夏热冬冷地区居住建筑节能设计标准》JGJ 134 及相关标准、规范的规定。

（2）混凝土多孔砖墙体的外墙宜采用外保温。保温材料厚度应根据保温隔热计算确定。

（3）混凝土多孔砖墙体采用外墙内保温做法时，应对冷、热桥部位进行处理。

（4）外墙外表面宜用浅色。

**3. 砌筑施工方面的质量要求**

1）一般规定

进入施工现场的混凝土多孔砖应具有产品合格证，且必须满足 28d 以上的厂内养护龄期。进入施工现场的混凝土多孔砖每批 5 万块，若对质量有异议，应按混凝土多孔砖产品标准的规定进行抽检复试；堆放混凝土多孔砖的场地应平整，周边应设置排水设施，顶部应采取适当的遮雨（雪）措施；搬运、装卸混凝土多孔砖时，严禁碰撞、扔摔或翻车倾卸；垂直吊运应采用带有网罩或围栅的吊盘；混凝土多孔砖墙体施工应采用双排外脚手架施工，严禁在墙体上留设脚手架孔洞；混凝土多孔砖砌体施工质量控制等级不应低于 B 级；混凝土多孔砖砌筑砂浆的稠度宜为 50～70mm；当使用掺外加剂的砌筑砂浆时，必须采用机械搅拌，搅拌时间自投料完成起宜大于 5min；采用预拌砂浆或干粉砂浆砌筑墙体时，应分别按照预拌砂浆和干粉砂浆相关规程的规定施工。

2）安全措施

砌完基础后，应及时回填。回填土的施工应符合现行国家标准《建筑地基基础工程施工质量验收规范》GB 50202 的有关规定；砌体相邻工作段的高度差，不得超过 3m 且不得超过一层楼的高度。工作段的分段位置，宜设在伸缩缝、沉降缝、防震缝、构造柱或门窗洞口处；雨天施工时，砂浆的稠度应适当减小。每日砌筑的高度不应超过 1.2m；收工时，应覆盖砌体表面；施工中在混凝土多孔砖墙中留的临时洞口，其侧边离交接处的墙面不应小于 0.5m；洞口顶部宜设置钢筋混凝土过梁，以确保结构安全。

**4. 应用中的问题和质量通病**

随着混凝土多孔砖的广泛使用，出现了许多问题和质量通病，主要有以下几类：

1）砌体强度原因分析

（1）混凝土多孔砖产品强度低，不符合设计要求，多孔砖有断裂或缺棱掉角现象。砂浆配合比不当，和易性差，砌体冬期受冻，造成砂浆强度不够。混凝土多孔砖排列不合理，组砌混乱，上下皮搭接长度不够，纵横墙没有有效搭接。墙体随意留洞剔槽，严重削弱墙体受力面积，增大偏心距，影响墙体承载能力。砌体灰缝不饱满。

（2）预防措施：加强多孔砖质量检查，不符合要求的不得用于承重部位。对于裂纹延伸累计长度大于20mm的多孔砖，严禁用于承重砌体；砂浆配合比严格按重量计量，随拌随用；施工前应对多孔砖进行预排，绘制多孔砖砌块排列图，制作皮数杆并做好交底和过程检查，保证合理组砌和正确留置洞槽及预埋件；对墙体平整度和垂直度、灰缝厚度和饱满度随砌随查，并及时复核砌体轴线及标高偏差；严格按照冬期施工方案落实冬期施工措施。

2）墙面开裂原因分析

（1）多孔砖比实心黏土砖大，相应灰缝少，砌体抗剪能力差，受水平力或其他因素影响容易产生水平裂缝、阶梯裂缝、砌体周边裂缝；多孔砖吸水率低，砂浆硬化慢，在其强度不足时过早立模及混凝土浇筑产生早期砌体位移、松动、开裂；多孔砖为混凝土制品，干燥收缩是其特性，其收缩率为0.35～0.45mm/m，比黏土砖的温度线膨胀系数大，混凝土收缩在180d后才趋于稳定，混凝土的干缩加大了混凝土的内力，这是多孔砖墙面开裂的原因之一；多孔砖砖热工性能差，屋面的热胀冷缩对砌体产生很大的推力，易产生“八”字裂缝；砌体的不合理组砌，如上下皮未有效搭接、不同墙体材料混砌等，造成窗口在竖向灰缝产生裂缝。

（2）预防措施：严格控制多孔砖的生产日期，进场后架空堆放并有防雨措施，严防砌块雨淋水浸，控制多孔砖相对含水率在45%以内，严格控制干缩率在0.45mm/m以内，并加强对砖的外观质量检验；正确控制组砌；严格按《混凝土多孔砖砌体工程施工及验收规程》DB34/T 465—2004第5.5节采取防裂加强措施；严格控制工艺间歇，在砂浆未达到预定强度前不固定模板、浇筑混凝土，严防砌体硬化早期的扰动开裂。

3）墙体热工性能差的主要原因

（1）混凝土多孔砖导热系数为1.51W/(m·K)，是实心黏土砖的两倍，虽然其孔洞率大，有利于保温，但是其有一定宽度的混凝土肋，在接缝处、转角处的混凝土构造柱或芯柱有薄弱点，易形成热桥，影响外墙保温性能，造成能源损耗大，甚至出现局部墙面结露现象。

（2）预防措施：恰当选择合理厚度的混凝土多孔砖；在建筑设计上对于一些薄弱部位采取保温隔热措施，改善建筑的热工性能，如采用保温砂浆、外墙采用抗渗防裂纤维砂浆等。

混凝土多孔砖是一种新型墙体材料，它的推广应用将有助于减少实心砖和多孔黏土砖的生产与使用，有助于节约能源，保护有限的土地资源。作为工程技术人员，要不断地学习各种新材料、新工艺并努力适应。

## 3.4 怎样控制砖混结构房屋的施工质量？

砖混结构是指建筑物中竖向承重结构的墙、附壁柱等采用砖或砌块砌筑，柱、梁、楼板、屋面板、桁架等采用钢筋混凝土结构。通俗地讲，砖混结构是以小部分钢筋混凝土及大部分砖墙承重的结构，又称钢筋混凝土混合结构。砖混结构的设计计算性不是很强，主要是概念设计和构造设计，因为砖混结构的主要承重结构是砖砌墙体，所以砖和砂浆的强度就决定了房屋的强度。构造柱作为多层砖混结构提高抗震能力的一种有效手段，已被普遍采用，但由于一些管理人员对构造柱的作用原理认识不清，施工中出现了许多方面的质量问题，使有些部位的构造柱不仅达不到抗震目的，而且影响了结构安全，必须引起高度重视，施工质量对工程质量有着重要的影响。

### 1. 砖混结构的优点

由于砖是最小的标准化构件，对施工场地和施工技术要求低，可砌成各种形状的墙体，各地都可生产。它具有很好的耐久性、化学稳定性和大气稳定性。可节省水泥、钢材和木材，不需模板，造价较低。施工工艺与施工设备简单。砖的隔声性和保温隔热性要优于混凝土和其他墙体材料，因而砖混结构是在低层住宅建设中广泛采用的结构形式。

**2. 主要的施工质量问题**

1）钢筋施工中的问题

纵向钢筋上下错位。由于柱筋定位放线时偏离设计位置或砖砌体预留柱位时上下楼层位置偏差，造成柱筋上下错位，以致不得不采取弯折措施以“归位”。其结果是构造柱上下轴心不对位，违反了规范要求，严重影响了抗震功能。

钢筋搭接不规范。纵向钢筋的下料长度通常以楼层高度为依据，即层高＋$35d$，并通常将搭接位置设在每一楼层的楼面上。但很多工程的柱筋搭接随意，搭接长度也未满足 $35d$ 的要求，甚至还出现了 HPB300 级钢筋单端弯钩或两端都不弯钩的情况。在同一截面的接头数量不符合要求。

箍筋松散、歪斜且数量不足。箍筋施工存在问题较多，未按设计要求进行施工，如绑扎间距过大或大小间距不等。在砌体施工期间，由于成品保护不好，造成严重滑移、歪斜、松散，合模板前也未修整。

不按规定加密箍筋。按规范要求，柱与圈梁相交时，节点处一定范围内应加密箍筋。加密范围在圈梁上下均不应小于 1/6 层高或 45cm，间距不宜大于 10cm，在纵筋搭接区段内的箍筋间距不应大于 20cm。但实际施工中，上述两项要求未向操作人员交底，从而造成了质量隐患。

箍筋弯钩长度及角度不规范。规范中对构造柱箍筋的弯钩角度及长度虽未作明确规定，但提出“对于有关模板、钢筋和混凝土的一般要求，应按照《混凝土结构工程施工及验收规范》GB 50204—2015 执行”。基于这一点，经查该规范第 3.3.4 条规定：对有抗震要求的结构（弯钩平直部分的长度），不应小于箍筋直径的 10 倍，并指出了对有抗震要求和受扭的结构，弯钩的角度为 135°/135°。这一点在施工中往往未引起注意，经查基本上采用 90°/90°弯钩，长度有的也不足 $10d$。

拉结筋的摆放问题。规范规定，240mm 厚墙与构造柱应沿墙高每500mm设置2根6mm（墙体每增加120mm厚增加1根6mm）水平拉结钢筋连接，每边伸入墙内不应小于1m。但实际施工中，拉结筋经常漏放或错放，拉结筋锚固长度不足及端头未作弯钩等。

2）混凝土施工存在的问题

骨料级配问题。构造柱的截面尺寸一般为240mm×240mm，混凝土浇筑高度一般都超过2.6m。对于这样较小的断面尺寸，为保证混凝土浇筑顺畅、密实，不出现卡壳、断条情况，规范提出骨料粒径不宜大于20mm，但许多施工现场对骨料选配很不认真，往往由于骨料过大而出现不密实和断条情况。

3）坍落度问题

规范要求构造柱混凝土的坍落度控制在50～70mm，以利于混凝土通过振捣充分流入马牙槎洞内，从而有效地与砌体结合。但实际施工中，因混凝土坍落度过小，流动性不好，加之振捣不密实，造成混凝土内部出现孔洞，表面出现蜂窝、麻面，特别是根部易出现烂根现象。柱根部清理不彻底。规范要求构造柱根部应预留清扫口，以便清除砌筑时的落地灰、碎砖块等杂物。但很多施工现场不留清扫口或清理不净，结果是层层柱根隔层，整个构造柱实质是一个多处断条的钢筋连体柱，且断点又均在楼面上钢筋搭接处，这样柱子不但无法起抗震作用，反而破坏了墙体节点处的整体性。

新旧混凝土结合不良。规范规定，混凝土施工缝必须用水冲洗、润湿，再铺10～20mm厚水泥砂浆后方可继续浇筑混凝土，而实际施工时这道工序往往被取消，致使新老混凝土界面结合不良，形成暗缝内伤。

4）砌体施工存在的问题

砌筑方法不当，墙体砌筑前不立杆摆样，存在有竖向通缝现象，影响砌体的整体性。砌筑用砖、砂浆强度不符合设计要求，有的在施工中为力求施工方便，添加影响砂浆强度的外加剂。

马牙槎留设不规范：留设马牙槎的主要目的是加强混凝土

构造柱与砖砌体的有效结合，形成整体。增强抗震效果，同时还可以通过露出砌体的混凝土面来检查混凝土的浇筑质量。在这方面的问题有：先进后退（应是先退后进），槎口高度、深度不一，遇内外墙丁字砌体节点时，内墙只留直槎，个别工程干脆取消马牙槎。

砌体砂浆不清理：砌体施工时，挤揉出的砂浆挂在砖口上，往往不清理。由于每行砖或多或少都有砂浆挤出，相当于减小了构造柱的有效断面尺寸。另外，由于砂浆的阻碍，浇筑混凝土时易出现表面蜂窝、孔洞，甚至柱筋外露。

**3. 有效的控制措施**

1）钢筋施工质量控制措施

控制垂直度。为保证构造柱在施工过程中保持垂直，各层施工前均应首先定准柱子的轴线位置。砌筑中严格控制砌体垂直度。以砖为模会直接影响柱子的垂直度，故砌筑过程中应随时调整已绑扎的钢筋笼，可用柱与砌体的拉结筋来固定。

钢筋下料应准确：纵筋下料长度是以一个楼层高度加上搭接长度及弯钩长度为准的。箍筋的弯钩角度应按抗震要求为135°/135°计算。箍筋制作时，应计入加密部位的增加数量。拉结筋：应按楼层所需数量事先制作拉结筋并放在砌筑操作现场，保证随用随拿，防止漏放。拉结筋不宜在构造柱中部穿过，应靠在柱子纵筋边，以免浇筑混凝土时受阻。

2）混凝土质量控制措施

粗骨料粒径不应大于 2cm，现场可备筛子进行筛选或直接选购合适骨料。多数现场施工构造柱采取一个楼层高度（2.6～3.0m）一次性浇筑混凝土的方法，因此必须对混凝土的级配、坍落度和振捣方式严格控制，认真按规范要求操作。

混凝土浇筑前，应认真清扫柱根施工垃圾。为方便清扫口内垃圾清理，每层柱混凝土浇筑时都应超过楼面板高度 5cm 左右。清扫口宜在楼层砌筑时分两三次清理。混凝土正式浇筑前用清水冲洗柱根，然后按规范要求先浇筑 1～2cm 厚水泥砂浆。

3）砌筑质量控制措施

在每道工序施工前进行施工技术、安全交底，落实责任制，加强质量管理。随时抽查砂浆的强度和饱满度，外加剂严格按有关规范使用。应保证构造柱的轴线与墙体轴线一致，结构应对位。严格控制垂直度。马牙槎应符合规范要求，先退后进。马牙槎处的砌筑砂浆应饱满、密实。保持砖模的表面清洁，对挤揉出来的砂浆应用工具随手清除，防止凸出的砂浆被“吃”进构造柱内。

## 3.5 混凝土小型空心砌块房屋变形裂缝如何防治？

为了加速墙材革新、推广节能建筑的步伐，节约土地，节约能源，推动建筑产业现代化，在全国墙材革新工作会议上，国家墙改办确定了“九五”期间承重新型墙体材料以混凝土小型空心砌块为主攻方向。从以前砌块建筑的实践情况看，砌块建筑存在的主要问题在三个方面：①建筑外墙隔热保温差；②室内二次装修不便；③建筑墙体容易产生裂缝。在这三个问题中，最让人们产生忧虑的是墙体的裂缝问题。由于裂缝问题在砌块建筑中存在着普遍性，使人们对砌块能否真正代替黏土砖产生了疑虑，以致在拆迁安置建房中推广使用砌块时，不少人产生了抵触情绪。根据多年的建筑施工经验，混凝土小型空心砌块墙体开裂的原因是多方面的，也是很复杂的，以下对混凝土小型空心砌块建筑墙体的开裂进行分析探讨，并提出防止空心砌块建筑墙体开裂的措施。

### 1. 砌块材料裂缝的综合分析

1）砌块材料本身的原因

混凝土小型空心砌块由混凝土组成。混凝土是一种复合型材料，由骨料、水泥石、气体、水分等所组成的非均质材料胶结而成，在温度、湿度变化条件下，混凝土逐步硬化的同时产生体积变形，这种变形是不均匀的；水泥收缩越大，骨料收缩很小。不同类型骨料的混凝土的热传导系数亦不同，它们之间的变形不是自由的，产生相互的约束应力。当水泥砂浆的热膨胀系数大于骨料热膨胀系数时，界面上将产生拉应力，由此会造成开裂损伤。

混凝土中的自由水蒸发会引起混凝土的干缩，从而引起砌块自身开裂。混凝土中胶凝物质在大气中二氧化碳的作用下，会引起碳化收缩，导致混凝土自身开裂。砌块上墙后，由于自身的收缩，会引起墙内部产生一定的应力。当这种应力大于墙体的抗拉与抗剪强度时，墙体就会产生开裂。混凝土自身材料的原因，混凝土砌块需要成型养护28d，此时砌块的变形约完成60%，砌块变形要完全稳定需要长达3～5年。而生产到施工过程中，有时砌块龄期不到即已出厂且龄期很难检查控制，加之当前砌块生产厂家所用设备的质量良莠不齐，许多小厂家的生产设备质量不过关，生产出的砌块强度低、密实度低。这也是造成墙体开裂的原因之一。

2）地基不均匀沉降、施工方面和设计方面的原因

房屋全部荷载最终通过基础传给地基，而地基在荷载作用下，其应力随深度而扩散，深度大，扩散越大，应力越小。如果房屋设计的长高比较大，整体刚度差，而对地基又未进行加固处理，那么墙体就可能出现严重的裂缝。这种裂缝必然是地基附加应力作用，使地基产生不均匀沉降而形成的。空心砌块墙体是由人工砌筑的，由于空心砌块块体较高和孔洞的存在，使竖缝砂浆不易饱满，水平缝接触面积小，不便铺砌，导致水平及竖向灰缝砂浆饱满度达不到要求，从而减弱了墙体抗剪、抗拉和抗变形能力，引起墙体开裂。

由于设计人员对砌块墙材料的性质不够了解，在设计过程中往往采用传统的设计方法，而且在构造上不采取防裂、抗裂措施，形成“穿新鞋，走老路”的现象，这样难免使砌块墙体出现开裂。

3）砌块房屋的收缩变形分析

烧结黏土砖是烧结而成的，成品干缩性极小，所以砖砌体

房屋的收缩问题一般不予考虑。

空心砌块则是混凝土拌合物经浇筑、振捣养生而成的。混凝土在硬化过程中逐渐失水而干缩，其干缩量因材料和成型质量而异，并随时间增长而逐渐减小，以普通混凝土砌块为例，在自然养护条件下，成型 28d 后收缩趋于稳定，其干缩率为 0.03%～0.035%，含水率 50%～60%左右。砌成砌体后，在正常使用条件下，含水率继续下降，可达 10%左右，其干缩率为 0.018%～0.07%左右。干缩率的大小与砌块上墙时含水率有关，也与温度有关。砌块上墙后的干缩，引起砌体干缩，而在砌块内部产生一定的收缩应力，当砌体的抗拉、抗剪强度不足以抵抗收缩应力时，加之砌筑砂浆的强度等级不高、灰缝不饱满，干缩引起的裂缝往往呈发丝状而分散在灰缝缝隙中。当有粉刷抹面时便显露出来，极易产生裂缝。干缩引起的裂缝宽度不大，而且裂缝宽度较均匀。

4）砌块房屋的温度变形分析

混凝土小型砌块砌体的线胀系数为 $10\times10^{-6}℃^{-1}$，比砖砌体的大一倍。因此，小型砌块砌体对温度的敏感性砖砌体高，更容易因温度变形引起裂缝。由于温度变形引起的墙体裂缝的形状和部位，砌块房屋和砖砌体房屋是相类似的，只是带有砌块的特点。多层砌块房屋的顶层墙体和砖砌体房屋一样，是最容易出现温度裂缝的。尽管混凝土砌体墙体的线胀系数与顶盖混凝土板的线胀系数没有差别，但在夏季阳光照射下两者之间还是存在一定的温差。夏季在阳光照射下，屋面上表面最高温度可达 40～50℃，而顶层外墙平均最高温度约为 30～35℃。在寒冷地区，屋盖结构上面依次设有隔气层、保温层、找平层和防水层，屋盖结构有保温层的保护，它与外墙的温差按理应有所减少。但是，如果保温层不够厚或防水层渗漏，保温层浸水，降低了保温隔热效果，这时两者温差还是有可能引起墙体的开裂。

**2. 砌块材料裂缝的防治**

砌块墙体的裂缝控制是一个复杂的系统工程，长期以来人们一直在寻找控制砌体结构裂缝的实用方法，并且根据裂缝的性质及影响因素，有针对性地提出了一些预防和控制裂缝的措施，从防止裂缝的概念上形象地引出“防”、“放”、“抗”相结合的构想及实际应用。

1）砌块生产和施工环节

在砌块生产环节要加大管理力度。目前，在生产领域存在生产设备质量不过关、质量体系不健全等问题，导致产出的砌块存在密实度达不到要求、几何尺寸差、缺棱掉角、含水率高、龄期达不到要求等一系列问题。要想解决这些问题，首先引进高质量的生产设备，保证砌块生产质量；其次，把好材料出厂关，砌块龄期必须达到 28d 以上，砌块的规格、强度等级、含水率等应严格检验，符合要求的方可进入施工现场使用。

在砌块施工环节中应严格保证墙砌材料质量，同时保证砌筑用砂浆强度和饱满度，增加砌体灰缝接触面，才能保证墙体的刚度。严格按照砌筑方法，上下错缝要注意水平方向互相衔接，增加结构的强度和刚度。严格控制砌块的搬运及堆放环节，砌块搬运过程中必须轻拿轻放，严禁野蛮装卸。防止因砌块内伤而产生一时释放不了的应力，并要求堆放整齐，加盖防水物品，做好施工工人的培训工作，以提高砌筑质量。

2）设计环节

为防止或减轻房屋墙体裂缝，在设计时可根据情况采取下列构造措施：

① 增大基础圈梁刚度。

② 为防止地基不均匀沉降引起墙体开裂，首先应处理好软土地基和不均匀地基，但在编写地基加固和处理方案时，又应将地基处理和上部结构处理结合起来考虑，使其能共同工作。

③ 住宅建筑的平面宜规则，避免平面形状突变；除规范规定外，房屋长度大于 40m 时宜设置变形缝；变形缝应贯通女儿

墙或天沟。

④ 砌体结构房屋顶层砌筑砂浆强度等级不应低于 M7.5。

⑤ 墙体转角处和纵横墙交接处宜每隔 400～500mm 设拉结筋，其数量为每 120mm 墙厚不少于 1$\phi$6.5 或焊接钢筋网片。埋入长度从墙的转角处或交接处算起，每边不小于 600mm。

3）抹灰环节的防裂措施

对于砌块墙体，按照普通墙面进行抹灰，很容易造成墙体开裂，所以要改变传统的抹面做法，按照“逐层渐变、柔性抗裂”的原理进行抹灰。其基本原理是，各构造层满足允许变形与限制变形相统一的原则，各层材料的性能满足随时分散和消解变形应力，各层弹性模量变化指标相匹配逐层渐变，外层的柔韧变形量高于内层的变形量；按照这一原理建立的柔性渐变抗裂体系，能够有效地吸收和消纳应力变形，能够解决外墙表面易出现有害裂缝的技术难题。外墙抹灰宜待房屋结构封顶 15d 后进行，以使墙体有一个干缩稳定的过程，避免日后粉刷开裂；顶层内抹灰应待屋面保温、隔热架空板施工完成后再进行，以减少温差效应；外墙抹灰宜从次顶层开始往下，最后抹顶层，这对防止干缩裂缝的产生有很好的效果。实践证明，采用这种抹灰工艺，对于防止墙体开裂有非常好的效果。

砌块工业要在我国健康、快速地发展，成为跨世纪的主导墙体材料，除了各级领导重视和政策支持外，我们的生产企业必须严把产品质量关，生产达标产品；施工企业必须严守施工规程，革除陈旧的操作习惯，依靠科技进步提高我们的生产与施工水平。我们相信，砌块建筑在设计、科研、施工、生产、政府监督管理部门各方面相互支持和共同努力下，一定能克服墙体裂缝、渗漏及其他弊病。

## 3.6 多孔砖砌筑施工中有哪些问题？如何处理？

砌体结构在我国应用渐趋广泛。随着节能、节土、利废、改善建筑功能的深入发展，砖混建筑中的普通烧结砖逐步被多孔砖或其他新型材料所替代。为适应多孔砖逐步推广应用的需要，必须采取措施提高多孔砖砌体的施工质量，对施工中的常见质量问题加以控制。

**1. 推广和应用多孔砖可提升建筑的经济性**

烧结黏土砖是建筑工程中应用广、数量大的墙体材料。但黏土砖制砖毁地、耗能，而且用烧结黏土砖砌筑的房屋存在着自重大、隔热性差的缺点。以普通的民用房屋为例，墙体自重占房屋总重量的40%～65%，由于自重大就会加大基础，增加工程造价，是很不经济的。

多孔砖的墙体具有自重轻、隔热保温性好等优点。多孔砖的密度比烧结黏土砖低30%左右，由于砖本身有很多孔洞，因而减少了砖的导热性。190mm厚的多孔砖墙的保温性能，相当于240mm厚的烧结黏土砖墙。多孔砖墙的厚度减少了1/5，约等于增加建筑面积2%～3%，节约制砖用土20%。多孔砖比烧结黏土砖厚，就相应地减少了灰缝的数量，从而可提高砌筑效率30%，节约砂浆20%～30%。同时，增强了砖的抗折强度，弥补了孔洞率对于砖的强度影响。多孔砖的强度能够满足房屋墙体结构受力要求。

因此，推广和应用多孔砖，在一定范围内将烧结黏土砖改为多孔砖砌筑墙体，具有很高的经济性。对于节能、节土、改善建筑功能，意义重大。

**2. 多孔砖砌体施工技术要求**

1）施工准备

（1）砖：在常温状态下，多孔砖应提前1～2d浇水湿润，砌筑时砖的含水率宜控制在10%～15%；冬期施工应清除表面冰霜。

（2）多孔砖在运输、装卸过程中，严禁倾倒和抛掷。经验收的砖应分类堆放整齐，堆置高度不宜超过2m。

（3）皮数杆：用40mm×50mm木料制作皮数杆上注明门窗洞口、木砖、拉结筋、圈梁、过梁的尺寸标高。特别注意在窗的上角应是七分砖。皮数杆间距 15m，一般距墙皮或墙角 50mm、转角处均应设立。皮数杆应垂直、牢固、标高一致。

2）操作工艺

根据设计图纸各部位尺寸，排砖撂底。排砖撂底是砌筑的第一步，根据门窗洞口等尺寸先排好砖，然后再进行砌筑施工，使组砌方法合理，便于操作。砌筑前，应先将楼面清扫干净，洒水湿润。基础应采用实心砖砌筑。根据最下面第一皮砖的标高，拉通线检查。若水平灰缝厚度超过 20mm，用细石混凝土找平，不得用砂浆找平。

（1）拌制砂浆，砂浆配合比应用重量比，计量精度为：水泥±2%，砂及掺合料±5%。比例为水泥：砂：增稠粉＝1：6.5：0.007。砌筑砂浆应采用机械搅拌，投料顺序为：砂→水泥→掺合料→水，搅拌时间自投料完算起不少于 3min。砂浆应随拌随用，水泥或水泥混合砂浆一般在拌合后 2～4h 内用完，严禁用过夜砂浆。

（2）多孔砖墙体砌筑，宜先从转角或定位处开始砌筑，内外墙同时进行，纵横墙交错搭接砌筑。多孔砖的孔洞应垂直于受压面砌筑，能提高砌体的抗剪强度和砌体的整体性。

每层的轴线位置由经纬仪进行定位，砌筑墙面的垂直度由线坠控制，平整度由两个转角之间的控制线控制。为确保质量，每道墙两面均设置控制线进行控制。组砌时，宜采用一顺一丁或梅花丁砌筑形式。砌筑方法采用“三一”砌砖法，上下错缝，交接处咬槎搭砌，严禁使用掉角严重的多孔砖。水平灰缝采用坐浆法，按规范要求厚度为 8～12mm。因此，可以根据门窗口的高度，调整各水平灰缝的大小并严格控制在规范范围内。竖向灰缝宽度宜为 8～12mm，应在砖侧面打浆，才能保证砂浆饱满度要求在 90%以上，平直、通顺，立缝上部用砂浆填实、填满，严禁出现瞎缝和亮缝，随砌随用小工具将缝中多余的砂浆清除。

多孔砖墙按图纸设置构造柱，在构造柱处应留置马牙槎，即三进三退。各种预留洞、预埋件等，应按设计要求设置，避免砌筑后剔凿。对电线盒预留洞口，应由电工先定好管线位置和高度，瓦工在砌筑时用切割机切出槽口，线管安放后及时用C15细石混凝土填满灌实并与墙面抹平。为保证工程质量，掺加微膨胀剂能有效减少封堵线管槽产生的裂缝。墙体严禁穿行水平暗管和预留水平沟槽。无法避免吋，将暗管居中埋于局部现浇的混凝土水平构件中。如需要穿墙时（如水管等），在预留位置采用预制好带套管的混凝土块代替多孔砖。混凝土块预先在现场制作，大小和多孔砖相同，强度在C15以上，以确保工程质量。

因为要安装防盗门和塑钢窗，所以多孔砖墙门窗框两侧应预埋混凝土块，每侧至少3块，窗框视大小而定，超过1.8m的埋4块。混凝土块和上述做法相同，随砖一起砌筑，不允许事后剔凿放置，有效保证了安装防盗门和塑钢窗的牢固性以及墙体的整体稳定性。

转角及两墙交接处同时砌筑，不得留直槎。对不能同时砌筑而又必须留置的临时间断处，应砌成斜槎，斜槎高度不大于1.2m。接槎时，必须将接槎处的表面清理干净，浇水湿润并填实砂浆，保持灰缝平直。每天砌筑的高度不超过1.8m。在内外墙接槎处及外墙转角处及构造柱处设置拉结钢筋，沿墙体高度每500mm设置两根$\phi6$钢筋，钢筋伸入每侧墙体1m。

**3. 多孔砖砌体施工中的几个常见问题与控制**

1）圈梁下面一层多孔砖孔洞的封堵

多孔砖由于存在孔洞，为避免浇筑圈梁混凝土时，水泥浆流入孔洞造成蜂窝缺陷，故必须对圈梁下面一层的多孔砖事先用砌筑墙体砂浆堵抹。当墙体不足以砌一层多孔砖时，可改砌普通砖，防止圈梁混凝土漏浆。

2）砌筑时宜拉反手线

鉴于多孔砖的应用在许多地方刚刚起步，砖的尺寸偏差较大，为使墙体两面都有较好的平整度，砌筑时可采取拉反手线的方法。这样，瓦工在砌筑时，正手墙可用肉眼控制，而反手墙则以拉线来控制，达到正、反手墙面都能照顾到的效果。这样做，对下一道抹灰工序也是有利的。

3）管线凿槽问题

当前，暗设管线已很普遍，墙面凿槽埋设管线是一个突出的控制问题。多孔砖由于有孔洞存在，控制凿槽尺寸的难度比普通砖大。水平管线应考虑通过楼板孔洞或在混凝土圈梁内留管来解决，垂直管线则仍然只能进行打凿。为保证墙体的强度不被削弱，一方面应尽量控制好凿槽的尺寸；另一方面，应做好事后的修补工作。对于一般较小的凿槽，可采用1∶3水泥砂浆进行修补，而对于管线集中布置较大的凿槽，则应采用细石混凝土浇灌密实。需要注意的是，目前开凿砖墙槽孔有小型电动工具，但仍有必要作进一步改进，以适应施工的需要。

**4. 施工时砌筑技术问题**

由于多孔砖在许多地区起步较早，但砖的规格尺寸偏差相对普通砖也略微大些，目前从事砌筑的多为技术并不熟练的工人操作，因而必然有一个较长的锻炼培养过程。工程施工中，一些多孔砖房屋的砌筑随着楼层的增加，砌筑质量逐渐有所提高，以上质量缺陷有所改善。

以上所述说明，施工操作人员的技术问题已引起足够的重视。因此，有必要对施工人员进行必要的培训，特别是关于多孔砖砌筑的特点和应特别注意的问题；同时，要在实际施工中进行锻炼提高。对于未砌筑过多孔砖的施工者，应在较熟练掌握施工技术的施工者指导下操作并加强检查，避免造成返工浪费。

## 3.7 砌筑房屋墙体裂缝产生的原因及防治措施有哪些?

房屋建筑墙体裂缝产生的原因复杂多样、影响因素多、控制难度较大，只要采取全过程控制的方法，从设计到选材和施工都加强管理，严格遵守相关规范和操作规程，就能大大减少墙体裂缝产生的可能性。

**1. 产生裂缝的一般原因**

1）设计不合理

设计时没有认真按规范、规程要求进行防裂缝设计。在许多工程中，设计虽有防裂缝措施，但与规程要求不完全相符，致使墙体防裂缝得不到有效保障或保质年限大大缩短。还有一个较为重要的方面就是，墙砌体材料强度偏低、不同砌体混合砌筑、砌体强度与砌筑砂浆强度相差过大或外墙砂浆强度与墙体强度差距过大等设计方面的不当，都会导致墙体开裂。

2）地基沉降引起的裂缝

（1）斜裂缝主要发生在软土地基上，由于地基不均匀下沉，使墙体承受较大的剪切力，当结构刚度较差、施工质量和材料强度不能满足要求时，导致墙体开裂。

（2）窗间墙水平裂缝产生的原因是在沉降单元上部受到阻力，使窗间墙受到较大的水平剪力而发生上下位置的水平裂缝。

（3）房屋低层窗台下竖直裂缝是由于窗间墙承受荷载后，窗台墙起着反梁作用，特别是较宽大的窗口或窗间墙承受较大的集中荷载情况下（如礼堂、厂房等工程），窗台墙因反向变形过大而开裂，严重时还会挤坏窗口，影响窗扇开启。另外，地基如建在冻土层上，由于冻胀作用，也会在窗台发生裂缝。

3）温度应力造成的裂缝

温度应力引起的墙体裂缝主要是由于建筑物各部分温度差异引起温度变形不协调，从而导致的墙体开裂。这类裂缝主要发生在钢筋混凝土平屋盖的砖混住宅中，裂缝形式有八字缝、45°斜裂缝、水平缝、垂直缝等。

4）施工质量标准不合格

（1）砌体强度低。施工过程中未认真做好材料质量的控制，砖砌体材料强度较设计要求低，或是抗压强度虽达到要求，但因砌体长度较长，砌筑施工完成后，砌体从中间部位自行断裂。

（2）不同强度的砌体混合砌筑施工过程中，使用不同砌体材料作为配套砌块，致使各种砌体组合砌筑，因不同砌体材料强度、热胀冷缩、吸水率等不同而引起墙体开裂。

（3）砌筑砂浆强度偏低（偏高）。砂浆搅拌过程中，砂浆搅拌不均匀导致有的砂浆强度偏高、有的强度偏低，有的甚至因为粘结材料量太少而强度特低。配料方面砂配多了砂浆强度偏低，水泥配多了砂浆强度偏高；水多了，砂浆稠度低，影响砂浆强度且砂浆干缩量增大，引起灰缝位置开裂。

（4）砌筑用砂浆没有按要求做到随拌随用。砂浆一次性搅拌量过多，存放时间过长，致使砂浆还没有砌筑前就开始初凝结块，使用时砂浆强度已大打折扣，严重影响墙体质量，引起裂缝。

**2. 防治建筑墙体裂缝的措施**

1）做好工程设计

强化墙体防裂缝设计的要领与理论，严格按规范要求进行墙体设计，确保墙体质量。

（1）墙体抹灰砂浆中掺一定量的纤维，增强抗裂能力；在不同材料界面增设钢丝网，管线预埋位置增设抗钢丝网。

（2）外墙装修有条件的全部增设钢丝网；

（3）砌体墙有窗台的，全部改用混凝土窗台；

（4）墙体砌筑用的材料尽可能使用一种，避免多种材料混合使用；

（5）尽可能保证墙体所用砌块、砌筑砂浆、抹灰砂浆的强度、吸水率、热胀冷缩等统一协调，基本一致。

2）地基是关键

（1）合理设置沉降缝。使其各自沉降，以减少或防止裂缝产生。

（2）加强上部结构的刚度，提高墙体抗剪强度。可在基础（±0.000）处及各楼层门窗口上部设置圈梁，砌体操作过程中严格执行规范规定，如采取砖浇水润湿，改善砂浆和易性，提高砂浆强度、饱满度，增加砖层之间的粘结，施工临时间断处严禁留直槎等措施，都可大大提高墙体的抗剪强度。

（3）加强地基探槽工作。对于复杂的地基，在基槽开挖后应进行普遍钎探，对探出的软弱部位加固处理后，方可进行基础施工。

（4）大窗口下部应考虑设混凝土梁或反砖碹，以适应窗台的变形，防止窗台处产生竖直裂缝。为避免多层房屋底层窗台下出现裂缝，除了加强基础整体性外，也可采取通长配筋的方法。另外，窗台部位砌筑时不宜使用过多的半砖。在窗洞下增设厚40mm钢筋混凝土带，使山墙两侧1～2房间与山墙形成U形钢筋混凝土带，以解决窗下角裂缝问题，并提高结构的整体性。

（5）砌块结构的芯柱通常采用“暗芯柱”做法，混凝土浇筑时无法使用机械振捣，芯柱质量难以保证。为克服这一弊端，改用明构造柱240mm×240mm或240mm×190mm代替“暗芯柱”，并按要求留置马牙槎和拉结筋，以提高抗震能力，也便于检查质量。

3）减少温度应力

屋盖上设置保温层或隔热层；在屋盖的适当部位设置控制缝，其间距为30mm；当采用现浇混凝土，挑檐的长度大于12m时，宜设置分隔缝，其宽度大于20mm；缝内用弹性油膏嵌缝；合理设置灰缝钢筋，其要求主要是：

（1）在墙洞口上、下的第一道和第三道灰缝设置钢筋，钢筋伸入洞口每侧长度应不小于600mm；

（2）在楼盖标高以上、屋盖标高以下的第二或第三道灰缝及靠近墙顶的部位设置钢筋；

（3）灰缝钢筋的间距不大于600mm；

（4）灰缝钢筋距楼、屋盖混凝土圈梁或配筋带的距离应不小于600mm；

（5）灰缝钢筋宜通长设置，当不便通长设置时允许搭接，搭接长度大于300mm；

（6）灰缝钢筋两端应锚入相交墙或转角墙中，锚固长度大于 300mm；

(7) 灰缝钢筋应埋入砂浆中，其保护层上下应不小于 3mm，外侧小于 15mm；

(8) 配筋时含钢率不小于 0.05%；局部截面配筋时含钢率不小于 0.3%；

(9) 设置灰缝钢筋的房屋的控制缝的间距应不大于 30mm；

(10) 在顶层圈梁上设置宽 40～50mm 的遮阳板，防止太阳直接照射钢筋混凝土圈梁，减小因温差产生的应力；

(11) 对于已经产生温度裂缝的砌体，裂缝稳定后应及时采取处理措施：对于数量较少且裂缝宽度不大的墙体裂缝，可在消除裂缝表面灰尘、白灰、浮渣及松散层等污物后，采取压力灌浆的办法进行修补；对于数量较多、宽度较大的墙体裂缝，宜先将墙面抹灰全部剔除，并在墙面横竖灰缝剔除深度不小于 10mm 的砂浆，清扫墙面灰尘并浇水湿润裂缝，用水泥稠浆封堵裂缝，在砖墙两面分别挂双向 $\phi$6@200 钢筋网片，用 $\phi$6 穿墙筋钩住两钢筋网片，然后用高强度砂浆抹面。

4) 规范施工

(1) 砌体施工过程中，应严格做好各种原材料的质量控制，砂浆搅拌应严格按要求进行操作和配料。应提高墙体砌筑砂浆强度等级，以增加砌体的抗拉强度；

(2) 砌体施工每日砌筑的高度不能超过 1.8m 的规范要求；

(3) 认真做好墙体装修施工方案，做好找平层、面层及各分项施工的技术交底工作；

(4) 批灰应按要求分层进行。水泥砂浆和水泥混合砂浆的抹灰层应待前一层凝结后，方可涂抹后一层；石灰砂浆的抹灰层，应待前一层七八成干后，方可涂抹后一层；

(5) 采取有效措施加强基层的施工质量管理；砌体在砌筑过程中严禁打凿，特别是轻质砌体。砌体质量要严格控制好，砂浆要饱满，拉结筋应按规范要求留设；

(6) 对局部墙体太厚要采用加钢丝网来加强；墙体抹灰层

采用加钢丝网抗裂时，应采取有效措施确保钢丝网处于批灰层的中间位置，以利钢丝网能充分发挥抗裂作用；

（7）预留施工孔洞应按要求留设和封堵。

## 3.8 砖混结构墙体裂缝的原因是什么？如何防治？

建筑工程中，多层建筑基本上采用砖混结构较多，而砖混结构易出现窗台八字裂缝、混凝土楼面裂缝及顶层墙体裂缝等现象，既影响美观又造成墙面渗漏影响使用，以下主要针对砖混结构墙体、楼面裂缝原因进行分析，并提出防治措施。砖混结构通常出现窗台八字裂缝、楼面裂缝及顶层墙体裂缝等现象。下面分述有关质量通病及防治处理。

**1. 斜裂缝及现浇混凝土楼面的裂缝**

1）原因分析

引起窗台下墙体斜裂缝及现浇混凝土楼面裂缝的原因，可归结以下几个方面：

（1）由于混凝土本身收缩引起裂缝：因为混凝土在空气中凝结硬化时体积缩小，当其四周固结不能自由收缩时，会产生拉应力而引起裂缝。

（2）由于墙体厚度相对较大，而楼层现浇面厚度一般在80～110mm，尽管强度满足要求，但楼面对于墙体的刚度减小，因此一些薄弱部位，如截面突变处、施工缝处、穿线管处往往首先表现出来，在那里发生裂缝。

（3）窗台下墙体斜裂缝的主要原因是地基不均匀沉降，其次由于纵墙门窗洞口开洞较大（有的工程洞口超过2m以上也不设过梁，基础也未做相应处理），该部位刚度明显削弱，在窗洞口四角产生应力集中，引起墙体开裂。另外，窗台下八字裂缝往往是朝阳面（南墙）多于背阴面（北墙），因此，也不能排除温度变化应力的影响。

（4）由于目前住宅楼结构形式基本一致，没有太大的变化，设计人员往往只重视强度而忽视了变形，在该设伸缩缝的地方不设缝，地基处理也不细致，往往使住宅工程沉降变形过大，引起墙体及楼面开裂。

(5) 因为施工周期太短，在地基、主体结构尚未沉实的情况下工程就交付使用，在使用过程中地基、主体继续变形，致使一些工程在交付时无裂缝；而使用一段时间后，裂缝就出现了。这种现象常发生在地基经过人工处理的工程中。

(6) 有些施工单位为赶工期，在混凝土未达到强度要求时就拆模，施工荷载也加得过早、过大，使混凝土在硬化过程中就发生内部裂缝，这也是造成楼面裂缝不可忽视的原因之一。

2) 防治措施

(1) 设计人员在进行住宅工程设计时，尽可能减少因地基不均匀沉降而引起的上部主体开裂；

(2) 外墙窗台下可以考虑增加一道腰梁，梁截面高 120mm，宽同墙厚，内配 4$\phi$12 纵筋，$\phi$6@250 箍筋；

(3) 对超过 5 层的砖混结构（含跃层不超过 7 层），2 层以下墙厚改为 370mm。外墙及楼地面外形设计应尽量减少突变，在突变处应适当加强；

(4) 伸缩缝长度可适当缩短，规范规定 50m 设一道伸缩缝，能否改为 40～45m；

(5) 构造柱及圈梁的设置应严格按规范；墙宽、墙高厚比及窗间墙宽度应按规范要求进行计算；

(6) 现浇楼面施工缝应留设在分户墙上，不设置于房间跨中 1/3 处；

(7) 合理安排施工工期，不能盲目求快，尤其经人工处理过的地基，必须严格控制施工进度，以防上部主体结构完成后出现因地基不均匀沉降引起的裂缝；

(8) 主体工程施工时应精心组织、合理安排，尤其现浇楼面在施工时混凝土必须达到规定强度后才能拆模，上部施工荷载也不能加得过早、过大和过于集中，并严禁吊装物件的冲击；浇筑混凝土时，管线预埋应深浅适当；当板厚不大于 80mm 时，管径应不小于25mm；

（9）可在板底及板面加一层宽500mm、与管同长的钢丝网。

**2. 顶层墙体裂缝**

1）墙体裂缝的原因

（1）温度影响：屋面由于受太阳长时间的照射，与墙体获得的热量相差较大，而且在相同温度的情况下，混凝土的线膨胀系数比砖墙大1倍，屋盖变形比砖墙大得多，因此，墙体与屋盖的接触面处便产生了剪力。当温度应力与荷载应力组成的主拉应力大于砖砌体的抗拉强度时，墙体就会出现裂缝。剪应力沿建筑物墙体的分布情况是两端大于中部，故在墙体端部有最大剪应力，引起墙体水平裂缝和竖向裂缝。

（2）施工方面的问题：砖砌体的砖、砂浆强度等级低于设计规定，砌体灰浆不饱满，混凝土圈梁在丁字墙处接槎较差，圈梁与砖墙的整体约束大大削弱，墙体的拉结筋漏放或少放，构造柱伸入墙体的钢筋不按规定埋放，使墙体抗剪力减小，屋面保温层不按设计要求施工，厚度不足或湿度过大，直接影响保温隔热的效果。

（3）设计方面的问题：屋顶混凝土挑檐过去多为预制，目前多为现浇，与顶层屋面圈梁组成L形刚度很大的梁，而现浇挑檐板上无保温层，易受温度变化影响产生变形，屋面保温层厚度较薄，而且有时用保温层找坡，故难以抵抗较大的剪力，易在此处产生裂缝。

2）墙体裂缝的防治

（1）屋顶以设女儿墙为宜，如顶层为外挑檐，应尽可能采用预制。如为现浇，应沿纵墙长度方向每隔一单元在挑檐板上设温度缝。顶层如为连续现浇板，也应每隔一单元设温度缝，缝内嵌入防水油膏或沥青麻丝。

（2）混凝土顶圈梁，如有条件四周应做成暗圈梁，如370mm墙，圈梁可设计为240mm宽，外120mm砖，这样可使圈梁免受阳光的直射。

（3）为使屋面保温层厚度均匀，一般应采用石灰焦渣找坡，在找坡层再做保温层，保温层宜适当加厚。

（4）建议顶层墙体采用的砖强度等级不低于MU7.5，砂浆不低于M5。

（5）内外纵横墙交接处加设构造柱，可有效控制山墙内第一间墙体的裂缝。

3）墙体裂缝的处理

对于顶层墙体裂缝，首先要查清原因。有些裂缝经过一段时间可逐渐趋于稳定，在不影响结构安全的情况下，只需嵌缝即可。小缝可刮腻子，重新刷浆；对于较大的裂缝和影响结构安全的裂缝，应采取适当的加固措施。

（1）在墙体裂缝范围内，根据裂缝严重程度，采取在墙内外侧加双面钢筋网片，用高强度等级水泥砂浆分层抹实。

（2）将墙体裂缝两侧的砖进行部分拆除，用高强度等级水泥砂浆和砖补齐或灌以细石混凝土。为使混凝土与砖砌体结合密实，以采用膨胀混凝土为宜。

（3）采用高强度等级水泥压力灌浆。

**3. 施工过程存在的主要问题**

1）水平灰缝砂浆不饱满

砖砌体的水平灰缝砂浆饱满度是影响砌体强度的一个很重要的因素，不饱满即会使砖局部受压或受弯，降低砌体的抗压强度。因此，《砌体结构工程施工质量验收规范》（以下简称“规范”）中，规定了实心砖砌体的水平灰缝砂浆饱满度不得低于80%；而现行的“验评标准”中，也把水平灰缝砂浆饱满度列入砌砖工程的主要检验项目。

水平灰缝砂浆的饱满度很大程度上取决于砌筑方法。从这次抽检的结果来看，使用大铲的北方就比使用瓦刀的南方要好。这是因为北方地区多采用“三一”砌砖法（一铲灰、一块砖、一挤揉），这种砌筑方法只要砂浆稠度适当，一般能使砂浆饱满度达到80%以上，而且竖缝也能挤进砂浆。南方的一些地区在砌砖时，仍采用先铺灰再摆砖的铺灰摆砌法。有的将灰还铺得很长。由于砂浆中的水分被砖吸去，使铺的砂浆失去可塑性，此时摆上的砖想挤揉也挤揉不动，致使砂浆饱满度不能达到标准规定值的要求。在这次抽检南方的一些地区中，竟发现砖墙砌体的水平灰缝砂浆饱满度非常低，有的只有20%～40%，全数平均值也比规定值差得较大。

2）留槎、接槎不符合要求

砖混结构房屋建筑的墙体，纵横墙同时砌筑可使交接处衔接牢固。但实际中有时要在交接处临时间断，这在“规范”里也是允许的。但也提出一些要求：“砌体临时间断处的高度差，不得超过一步脚手架的高度”；“对不能同时砌筑而又必须留置的临时间断处，应砌成斜槎”；“留斜槎确有困难时，除转角处外也可留直槎，但必须做成阳槎并加设拉结筋”。

在抽检的砌砖中，却发现有的砖墙不是同时砌筑，而是先砌完施工这一层的外墙，再砌内横墙及内纵墙，临时间断处的高度差有的接近3m，有的大于8m。纵横墙的交接处很少砌成斜槎，而都是砌成直槎，并还多是阴槎。有些直槎虽加设了拉结筋，但规格、数量、长度不符合设计和“规范”要求。有的拉结筋使用$\phi4$的钢丝。长度有的仅120mm，上下间距也大大超出“规范”要求，“有的十多皮或二十多皮砖才放一道拉结筋，少数竟然通层没有一道拉结筋”，致使交接处不能衔接牢固。砖砌体交接处的牢固程度将直接影响建筑物的整体性及抗震性，这种影响所造成的危害后果在正常情况下有时潜伏着。当遇有地震等外荷载作用时，就会毁于一旦。因此，砖混结构房屋建筑中，纵横墙交接处的质量是非常关键的，对上述留槎、接槎问题是亟待认真注意的突出问题。

3）组砌形式错误

实心砖砌体的组砌形式在“规范”中也是提出要求的，如墙体宜采用一顺一丁、梅花丁或三顺一丁；砖柱不得采用包心砌法。这个问题过去很少被人重视，近几年有的工程组砌形式错误，而使砌体的承载能力削弱，造成隐患或倒塌。其中，尤以砖柱的包心砌筑而造成的倒塌事故更为突出。在这次质量抽检中，仍可看到有的工程砌砖随意组砌，许多砖柱仍然采用包心砌法，并且内心还填以碎砖。昆明市某建筑公司在砌筑砖墙时，一层的墙体只有一皮丁砖，其余全是顺砖，这样的组砌就把墙体分割为“两层皮”。由于随意组砌，碎砖又集中使用，因此在很多工程的墙体中出现多皮通缝，最多的达十多皮。

砖砌体一般多是受压的，因此要考虑砌体的整体性与稳定性。砌体中的丁砖数量多，就能增强横向拉结力。错误的组砌形式、包心砌筑砖柱、多皮通缝等，都会影响砌体的质量。

4）砖和砂浆的强度不能保证

影响砖砌体的强度除有操作的因素外，主要取决于砖和砂浆的强度，只要其中之一的强度降低一级，就会使砌体的强度降低 15%～20%。如果两者都降低一级，就会更大地影响砌体强度。近几年，有的工程在砖砌体施工前，对砖的强度不进行检验，砂浆不试配、不按配合比配制。而在发生事故后，经核查才知道砖与砂浆的强度达不到设计要求。例如，20 世纪 80 年代，某厂车间的砖柱突然破坏。导致倒塌事故的主要原因是使用了强度等级不明的砖和强度严重不足的砂浆。这个车间的砖柱设计要求使用 MU10 砖、M5 砂浆，但实际砂浆的强度仅达到 M4。如果使用的砖强度达到，仅砂浆强度的降低就会使砌体的强度至少降低 40%以上。如果砖的强度达不到 MU10，那就会降低得更多。砌体强度被削弱得这么多，怎么能不出事故呢！

5）砌体的水平灰缝厚度失控

砌体的水平灰缝厚度与砌体的抗压强度紧密相关。砌体本身是非匀质体，砌体受压后产生变形，这主要是因水平灰缝被压缩而引起的。砌体的破坏往往是由于灰缝的变形造成的，水平灰缝厚度越大，砂浆的横向变形也越大，从而增大了砖的附加拉应力，使砌体的抗压强度降低。据有关试验数据表明：砖砌体的水平灰缝厚度若从 10mm 增厚为 12mm 时，即可使砌体强度降低25%。

如何控制砌体水平灰缝的厚度，多年来是在砌体施工时设置皮数杆，既控制砌体水平灰缝的厚度，又标明竖向构造变化的部位。但近几年在一些地区，却在砌体施工时不再设置皮数杆，水平灰缝厚度全依操作者掌握。由于操作者的技术水平有高低，因此在有的工程中出现失控情况，内外甚至交不了圈，既影响砌体强度又不美观。

6）构造柱夹层、断开

在7度抗震设防地区的多层砖混结构房屋建筑中，纵横墙交接处需设置钢筋混凝土构造柱。以增强建筑物的抗震能力。在构造柱周围的砖砌体需砌成马牙槎，使砖砌体能与构造柱衔接牢固，形成整体。但现在却有不少基层施工人员不认识它的重要性，他们在浇筑构造柱混凝土前，不清理砌砖时落入构造柱中的砂浆或垃圾，致使构造柱出现夹层甚至断开的情况。有的工程构造柱不对正贯通，层与层之间相互错位；构造柱与砌体没有加设拉结筋；砌体与构造柱的交接处也没有留马牙槎；致使设置的构造柱不仅不能起着增强建筑物的抗震能力，反而起着削弱作用。这种潜在的危险在遇有地震等作用时，就会首先因此而使建筑物毁坏。

**4. 改进提高技术措施**

1）要组织基层施工人员学“规范”

要保证砖砌体的施工质量，就一定要严格地按“规范”的要求办。但据调查，有些基层施工人员并不掌握和了解“规范”，以致有时片面或错误地去理解。如“规范”对砌体施工首先要求是同时砌筑，如不能同时砌筑而必须临时间断时，就应砌成斜槎。当留斜槎确有困难时，才可留直槎。按上述要求就是在“确有困难”时，方允许留直槎。而不少基层施工人员却片面地认为，“规范”是允许留直槎的，致使在没有困难的情况下也不砌成斜槎，更谈不上同时砌筑了。一些地区先砌外墙、后砌内横墙、再砌内纵墙的“三步”砌筑法，就是没有真正掌握“规范”的要领。因此，要组织广大基层施工人员学习“规范”，使他们能够熟悉“规范”并准确应用。在学“规范”条文中，最好将“规范”修订组编制的“规范”培训讲义和修订说明也认真地学习一下，这对掌握、应用“规范”很有益处。

2）改进操作工艺

砌砖的操作工艺虽不强调全国一致，但从多年的实践来看，“三一”砌砖法是比较好的操作工艺，而某些南方地区采用先铺长灰再摆砖的方法应改革，要制止这种操作方法。要求习惯用瓦刀的工人改用大铲也不一定很现实，但瓦刀也是能砌好砖的，这就要通过制订标准的操作工艺来保证砌筑质量。

3）一些传统的措施不能丢

为了保证砌筑质量，多年来曾采取一些有效措施，如设置皮数杆、随时吊靠墙体的垂直度和平整度、37cm 砖墙两面挂线、当天搅拌砂浆当天用完、干砖不上墙等。已经丢掉上述措施的，应恢复继续采用。

4）重点监督砖混结构的墙体质量

各地的质量监督机构要以砖混结构墙体作为重点监督检查的项目。主要监督砌体使用的砖是否符合要求，砂浆是否经过试配和按配合比配合；砌体临时间断处是否衔接牢固，构造柱是否有夹层与断柱情况；是否与砌体衔接牢固；组砌形式是否有严重缺陷（如包心砌筑砖柱）。对地震设防区的砖砌体更要严格要求，一般情况下不允许临时间断处留直槎。对砌筑质量差、不能保证砌体整体性与稳定性的，一定要进行处理。

5）将砌筑质量作为砖混建筑技术改造的主要内容

砖混建筑要进行技术改造的内容很多，如改善其技术性能及提高工业化程度。但是，我们一定要把如何保证砌筑质量作为技术改造的主要内容。质量上不去，性能再好的房子也没人住。要在墙体材料、操作工艺、施工机具、砌体临时间断处衔接形式以及构造柱的施工方法等方面，花些力气去改造，以促使消灭在砌筑工程中长期存在的质量通病。

6）迅速修订现行的质量验评标准

现行质量验评标准只对影响砌筑质量的一般项目，如组砌方法、临时交接处的处理均以定性要求，致使一些基层的施工人员错误地认为可以忽略而不认真对待，甚至在砌体的质量评定中对这一项目不评定。其实，这所谓的“一般项目”并不一般，对砌体的质量有较大影响。因此，对这一般项目的质量要求，能够定量的应尽量由定性改为定量。

砖混结构房屋建筑的砌筑质量有时也涉及设计质量，因此设计单位对砖混结构也不要视为简单而不认真进行结构计算。近几年因结构设计错误、安全系数严重不足而造成的重大倒塌事故也有多起，有的安全系数欠缺不严重，但由于施工质量低，两方面的因素结合在一起也造成了倒塌事故。我国砌体结构规范规定的安全系数并没有很大的富余，我国的施工技术与材料的匀质性并不均衡，因此对砖混结构房屋建筑中的砌体设计，一定要保证达到要求的安全系数，不要欠缺。一些砖混结构建筑倒塌事故的教训应引起重视。

## 3.9 多层砖混结构房屋施工质量如何控制?

砖混结构是指建筑物中竖向承重结构的墙、附壁柱等采用砖或砌块砌筑，柱、梁、楼板、屋面板、桁架等采用钢筋混凝土结构。通俗地讲，砖混结构是以小部分钢筋混凝土及大部分砖墙承重的结构，又称钢筋混凝土混合结构。砖混结构的设计计算并不是很强，重要的是概念设计和构造设计，因为砖混结构的主要承重结构是砖砌墙体，所以砖和砂浆的强度就决定了房屋的强度。构造柱作为多层砖混结构提高抗震能力的一种有效手段，已被普遍采用，但由于一些管理人员对构造柱的作用原理认识不清，施工中出现多方面的质量问题，使有些部位的构造柱不仅达不到抗震目的，而且影响了结构安全，必须引起高度重视，施工质量对工程质量有重要影响。

砖混结构的优点主要表现在：由于砖是最小的标准化构件，

对施工场地和施工技术要求低，可砌成各种形状的墙体，各地都可生产。它具有很好的耐久性、化学稳定性和大气稳定性。可节省水泥、钢材和木材，不需模板，造价较低。施工工艺与施工设备简单。砖的隔声性和保温隔热性要优于混凝土和其他墙体材料，因而砖混结构是在低层住宅建设中广泛采用的结构形式。

**1. 施工质量的主要问题**

1）钢筋施工中的问题

（1）纵向钢筋上下错位。由于柱筋定位放线时偏离设计位置或砖砌体预留柱位时上下楼层位置偏差，造成柱筋上下错位，以致不得不采取弯折措施以“归位”。其结果是构造柱上下轴心不对位，违反了规范要求，严重影响了抗震功能。

（2）钢筋搭接不规范。纵向钢筋的下料长度通常以楼层高度为依据，即层高$+35d$，并通常将搭接位置设在每一楼层的楼面上。但很多工程的柱筋搭接随意，搭接长度也未满足$35d$的要求，甚至还出现了HPB300级钢筋单端弯钩或两端都不弯钩的情况。在同一截面的接头数量不符合要求。

（3）箍筋松散、歪斜且数量不足。箍筋施工存在问题较多，未按设计要求进行施工，如绑扎间距过大或大小间距不等。在砌体施工期间，由于成品保护不好，造成严重滑移、歪斜、松散，合模板前也未修整。

（4）不按规定加密箍筋。按规范要求，柱与圈梁相交时，节点处一定范围内应加密箍筋。加密范围在圈梁上下均不应小于1/6层高或45cm，间距不宜大于10cm，在纵筋搭接区段内的箍筋间距不应大于20m。但实际施工中，上述两项要求未向操作人员交底而造成了质量隐患。

（5）箍筋弯钩长度及角度不规范。规范中对构造柱箍筋的弯钩角度及长度虽未作明确规定，但提出“对于有关模板、钢筋和混凝土的一般要求，应按照《混凝土结构工程施工质量验收规范》GB 50204执行”。基于这一点，该规范中规定：对有抗震要求的结构（弯钩平直部分的长度），不应小于箍筋直径的10倍，并指出了对有抗震要求和受扭的结构，弯钩的角度为135°/135°。这一点在施工中往往未引起注意，经查基本上采用90°/135°弯钩，长度有的也不足10$d$。

（6）拉结筋的摆放问题。规范规定，240mm厚墙与构造柱应沿墙高每500mm设置2$\phi$6（墙体每增加120mm厚增加1$\phi$6）水平拉结钢筋连接，每边伸入墙内不应小于1m。但实际施工中，拉结筋经常漏放或错放，拉结筋锚固长度不足及端头未做弯钩。按照现行施工规范要求，在要求部位必须放置焊接钢筋网片。

2）混凝土施工存在的问题

（1）骨料级配问题。构造柱的截面尺寸一般为240mm×240mm，混凝土浇筑高度一般都超过2.6m。对于这样较小的断面尺寸，为保证混凝土浇筑顺畅、密实，不出现卡壳、断条情况，规范提出骨料粒径不宜大于20mm，但许多施工现场对骨料选配很不认真，往往由于骨料过大而出现不密实和断条的情况。

（2）坍落度问题。规范要求构造柱混凝土的坍落度控制在50～70mm，以利于混凝土通过振捣充分流入马牙槎洞内，从而有效地与砌体结合。但实际施工中因混凝土坍落度过小，流动性不好，加之振捣不密实，造成混凝土内部出现孔洞，表面出现蜂窝、麻面，特别是根部易出现烂根现象。柱根部清理不彻底。规范要求，构造柱根部应预留清扫口，以便清除砌筑时的落地灰、碎砖块等杂物。但很多施工现场不留清扫口或清理不净，结果是层层柱根隔层，整个构造柱实质是一个多处断条的钢筋连体柱，且断点又均在楼面上钢筋搭接处，这样柱子不但无法起抗震作用，反而破坏了墙体节点处的整体性。

（3）新旧混凝土结合不良。规范规定，混凝土施工缝必须用水冲洗、润湿，再铺1～2cm厚水泥砂浆后方可继续浇筑混凝土，而实际施工时这道工序往往被取消，致使新旧混凝土界面结合不良，形成暗缝内伤。

3）砌体施工存在的问题

（1）砌筑方法不当，墙体砌筑前不立杆摆样，存在有竖向通缝现象，影响砌体的整体性。砌筑用砖、砂浆强度不符合设计要求，有的在施工中为力求施工方便，添加影响砂浆强度的外加剂。

（2）马牙槎留设不规范。留设马牙槎的主要目的是加强混凝土构造柱与砖砌体的有效结合，形成整体，增强抗震效果。同时，还可以通过露出砌体的混凝土面来检查混凝土的浇筑质量。在这方面的问题有：先进后退（应是先退后进），槎口高度、深度不一，遇内外墙丁字砌体节点时，内墙只留直槎，个别工程干脆取消马牙槎。

（3）砌体砂浆不清理。砌体施工时，挤揉出的砂浆挂在砖口上，往往不清理。由于每行砖或大或小都有砂浆挤出，相当于减小了构造柱的有效断面尺寸。另外，由于砂浆的阻碍，浇筑混凝土时表面易出现蜂窝、孔洞，甚至柱筋外露。

**2. 采取有效的控制措施**

1）钢筋施工质量控制措施

（1）控制垂直度。为保证构造柱在施工过程中保持垂直，各层施工前均应首先定准柱子的轴线位置。砌筑中严格控制砌体垂直度。以砖为模会直接影响柱子的垂直度，故砌筑过程中应随时调整已绑扎的钢筋笼，可用柱与砌体的拉结筋来固定。

（2）钢筋下料应准确。纵筋下料长度是以一个楼层高度加上搭接长度及弯钩长度为准的。箍筋的弯钩角度应按抗震要求为 135°/135°计算。箍筋制作时，应计入加密部位的增加数量。

（3）拉结筋。应按楼层所需数量事先制作拉结筋并放在砌筑操作现场，保证随用随拿，防止漏放。拉结筋不宜在构造柱中部穿过，应靠在柱子纵筋边，以免浇筑混凝土时受阻。

2）混凝土质量控制措施

粗骨料粒径不应大于 20mm，现场可备筛子进行筛选或直接选购合适骨料。多数现场施工构造柱采取一个楼层高度（2.6～

3.0m）一次性浇筑混凝土的方法，因此必须对混凝土的级配、坍落度、振捣方式严格控制，认真按规范要求操作。混凝土浇筑前，应认真清扫柱根施工垃圾。为方便清扫口内垃圾清理，每层柱混凝土浇筑时都应超过楼面板高度5cm左右。清扫口宜在楼层砌筑时分二三次清理。混凝土正式浇筑前，用清水冲洗柱根，然后按规范要求，先浇筑10～20mm厚水泥砂浆。

3）砌筑质量控制措施

在每道工序施工前进行施工技术、安全交底，落实责任制，加强质量管理。随时抽查砂浆的强度和饱满度，外加剂严格按有关规范规定使用。应保证构造柱的轴线与墙体轴线一致，结构应对位。严格控制垂直度。马牙槎应符合规范要求，先退后进。马牙槎处的砌筑砂浆应饱满、密实。保持砖模表面清洁，对挤揉出来的砂浆应用工具随手清除，防止凸出的砂浆被“吃”进构造柱内。

## 3.10 填充墙砌体裂缝如何防治及处理?

填充墙体裂缝虽然细小，但仍然会影响墙面装饰的整体效果，对消费者的心理造成不良影响。因此，如何处理好填充墙产生的微小裂缝，是建筑施工企业急需解决的问题。在填充墙体开裂的维修治理中，发现三个方面的问题较为突出：一是房屋顶层墙体开裂现象；二是加气混凝土砌块墙开裂现象；三是填充墙斜顶砖砌筑问题。

### 1. 房屋顶层墙体开裂现象及防治措施

这种裂缝一般在楼顶部二三层出现，具体表现为：梁底出现水平裂缝；柱边或填充墙中部出现竖直裂缝或八字形裂缝；裂缝早上不明显，晴天的午后变得明显；外墙多于内墙。

维修时先后采用两种方法：一是在抹灰基层上，用白乳胶将100mm宽无纺布粘贴于裂缝上，再刮腻子恢复面层；二是沿裂缝将抹灰层剥掉200mm宽，安装钢板网片后再抹灰恢复面层。但经过一段时间后，在钢板网或无纺布边缘往往又出现新的裂缝。对上述现象分析，可以得出结论：屋面框架结构，当午后暴晒后，屋面板上下温差加大，框架梁、柱出现温差变形，而填充墙为刚性结构，不能与框架结构协同变形，产生水平裂缝；另一方面，由于钢筋混凝土结构与砌体结构膨胀温度线系数的差异，当温度变化后出现变形差，产生竖向裂缝。对于已完工程，杜绝或减小钢筋混凝土结构的温差变形是不现实的，解决问题的关键在于使填充墙与框架结构形成整体，并具有一定的应变能力。具体操作做法如下：

（1）在填充墙面分别沿竖向及水平方向用手提切割机切槽，深度 20mm（至砌体表面），宽度 20mm，槽间距 400～600mm（具体视墙面裂缝大小而定）成网状，竖向槽从楼板底至地面，横向槽拉通墙面并覆盖两侧柱子表面；

（2）将槽内灰尘清理干净，并保持干燥；

（3）将市售环氧树脂与固化剂按说明调配后，把树脂用毛刷将槽内涂匀，同时将除锈后 $\phi6$ 钢筋通长涂匀。然后，将通长 $\phi6$ 钢筋压入槽内。同时，用预先拌好的 1∶1 干硬性水泥砂浆压入槽内，以固定 $\phi6$ 钢筋不致移动并用小于 15mm 的 PVC 管将砂浆压实，略低于大墙面，便于恢复面层。施工时应先粘竖向筋，再粘横向筋。

（4）待砂浆干燥，用小锤敲击检查是否空鼓后，再恢复墙面装饰层。对外墙面，尚应用水泥基防水涂膜做好防水措施。采用这种方法是利用环氧树脂的粘结作用，一方面使填充墙成配筋体，具备一定的应变能力，提高抗裂性；另一方面，通过钢筋网使框架与填充墙形成整体，将变形差均匀地分散于整个墙面，共同变形的能力增加，从而避免或减少裂缝的发生。另外，这种办法对墙体破坏小、工期快，易于恢复装饰层。

针对这种裂缝的普遍性，必须从设计及施工阶段采取一定的措施加以解决：

（1）重视并做好屋面保温隔热层，减小屋面板上下温差；

（2）由于屋面板四周（即外侧框架梁）以及女儿墙均为外

露面，难以完成保温隔热措施，应采取结构措施，在边跨增加结构柱，减小柱距梁跨（使其不大于 3m），从而减小边梁因上下温差而产生的变形，减少墙体水平裂缝的出现；

（3）设计应尽量减少屋面结构外露部分；

（4）将填充墙两侧拉结筋拉通，成为配筋砌体，以改善两种材料因变形差异而出现裂缝；

（5）墙面应满挂钢板网，再进行抹灰，钢板网与框架梁柱要可靠拉结（如利用环氧树脂粘结），使墙体与框架结构形成整体，共同变形能力增强，从而减少裂缝。

**2. 蒸压加气混凝土砌块墙开裂现象及防治**

墙体开裂中，以加气混凝土砌块所占比例最高，具体表现为柱侧以及墙体中部竖向或八字形裂缝。成因主要在两个方面：一是砌体材料收缩量大；二是墙体与混凝土框架结构，因温度线膨胀系数不同而存在温度变形差。在维修中，我们曾采用粘结无纺布或加钢板网抹灰的办法，但是效果不理想。经分析存在以下原因：一是水泥制品收缩期较长，一般到 3 年龄期，干缩才会基本完成；二是加气混凝土砌块气孔发达，毛细作用强，受空气湿度影响大。对此，我们同样采取了利用环氧树脂粘钢筋的方法进行处理，按前述方法在裂缝部位沿水平方向切槽粘结钢筋，钢筋间距 200mm，长度从裂缝处起每边宜超过 500mm。实践证明，这种修补方法具有成功率高、墙面破损小、工期短的优点。加气混凝土砌块更易于开裂，还存在下述原因：

（1）由于水泥砌块在 28d 龄期内收缩量很大，因此规范明文规定，施工时的砌块产品龄期不应小于 28d。而许多厂家忽视此项规定。生产紧张时，砌块往往提前出厂，而施工现场缺乏检测手段，在施工场地狭窄的情况下，基本是进多少用多少，直接造成墙体砌筑后收缩量大的问题。

（2）施工时忽视砌块含水率的问题，造成砌筑完成后失水，加大收缩量。

（3）由于使用水泥砂浆的要求，无法避免湿作业环境。

(4) 当墙面抹灰时，砌体本身的裂缝往往已存在或正在发展；当抹灰砂浆干燥收缩时，又加大了砌体的裂缝。

正是由于加气混凝土砌块本身的特点，以及对施工环境的特殊要求，使得加气砌块更容易开裂。因此，必须在设计、施工阶段采取一定的措施，才能减少、避免这种裂缝的发生。具体措施如下：

(1) 施工单位应选择当地具有准用证的合格生产商。签订合同时，要明确砌块进入施工现场时间，生产商必须保证龄期的问题并承担相应责任。

(2) 施工单位应对进场砌块加强检测。

(3) 砌块进场后，尽快运入已放好线的施工楼层，分散堆放至砌筑位置，并应事先做好防水措施，保证主体结构养护用水及雨水不流入楼层。为尽量增加砌块龄期，宜间隔一周后再砌筑，并且应采用电热法测定砌块含水率。当含水率低于 15% 时，方允许施工。

(4) 针对加气混凝土砌块的特点，砌筑前不应再提前浇水湿润，以避免因浇水不均匀造成砌块含水量增大。而应采取砌筑时铺砂浆前，在砌筑面上适量浇水的做法。

(5) 加强圈梁、构造柱的设置，墙长超过 4m 应设构造柱，墙高超过 3m 应设圈梁。墙长及层高较大且有门洞时，构造柱的设置应首先保证洞口两侧，以避免洞口角部收缩裂缝。当主体结构未留钢筋或位置有偏差时，必须植筋处理。

(6) 由于易受空气湿度影响，以及与框架结构存在变形差，宜将墙体两侧拉结筋拉通，提高抗裂能力。

(7) 严格按照操作规程施工，保证砂浆强度及灰缝饱满(尤其是竖缝)。

(8) 砌筑完成后，要坚持洒水养护，以减少砂浆的干燥收缩。

(9) 墙体抹灰前，要做好如下几个步骤：

A. 保证墙体完成 28d 以上；

B. 认真检查墙体有无裂缝，有裂缝部位要根据情况采取措施，如刻槽修补或加钉钢板网。对于切槽后预埋管线部位，需用干硬性细石混凝土将槽填塞密实，并钉大于槽宽 200mm 的钢板网；

C. 洒水适当湿润墙面，调制 1∶1 水泥砂浆。其中，108 胶掺量应占用水量 30%以上（砂浆稠度应适于使用滚筒）。用滚筒将砂浆在墙面反复滚涂两次，以封闭砌体气孔，并作为抹灰层基层；

D. 墙体与框架交接处应钉 200mm 宽钢板网（钢板网丝梗直径应大于 115mm，网眼宜大于 15mm），钢板网钉牢后，在钉网处宜用 1∶1 水泥砂浆抹 5mm 厚，覆盖网体，增大网体与墙面的粘结能力；

E. 对 C、D 两项养护 7d 后，再进行大面积抹灰施工；

F. 为减少抹灰层的收缩，一定要加强养护。

**3. 关于填充墙顶砖的改进**

维修处理中发现填充墙尤其是 200mm 厚墙体，顶砖易出现问题。其原因在于，市场缺少专用顶砖，而现场自行制作难度较大，往往采用烧结普通砖 180mm 墙的方法斜砌顶砖。对此，可改为使用干硬性细石混凝土塞缝法来解决墙顶收口问题。

1）墙体砌至梁（板）底 50mm，作为预留缝。

2）待墙体砌筑完成 28d 后，用 C20 干硬性细石混凝土塞缝，干硬性混凝土的标准为用手可捏成团。

3）填缝分三次进行，每天塞填一次，用手将混凝土塞紧。最后一次应压实抹平。

针对目前填充墙开裂现象多的情况，除了应严格按照规范施工，抓好施工管理，同时要从设计、施工阶段，针对结构和材料特点采取相应的构造措施，舍得投入。而造价管理部门，亦应适当提高相应的施工费用，才能真正解决墙体开裂问题。

## 3.11 如何设置砌体结构的圈梁和构造柱?

采用烧结普通砖与混合砂浆或水泥砂浆砌筑的墙体属脆性

材料，在抵御地震等水平作用、防止房屋倒塌等方面极为不利，在适当的部位增设构造柱并配置些构造钢筋，能达到增强结构整体稳定性的作用，从而增强了建筑物的抗震能力。因此，规范对砖混结构现浇钢筋混凝土圈梁、构造柱做了明确规定。

**1. 圈梁**

圈梁是沿建筑物外墙四周及部分或全部内墙设置的水平、连续、封闭的梁。

1）圈梁的作用

（1）增强砌体房屋整体刚度，承受墙体中由于地基不均匀沉降等因素引起的弯曲应力，在一定程度上防止和减轻墙体裂缝的出现，防止纵墙外闪倒塌。

（2）提高建筑物的整体性，圈梁和构造柱连接形成纵向和横向构造框架，加强纵、横墙的连系，限制墙体尤其是外纵墙山墙在平面外的变形，提高砌体结构的抗压和抗剪强度，抵抗振动荷载和传递水平荷载。

（3）起水平箍的作用，可减小墙、柱的压屈长度，提高墙、柱的稳定性，增强建筑物的水平刚度。

（4）在温差较大地区防止墙体开裂。

2）圈梁的设置

（1）外墙和内纵墙的设置：屋盖处及每层楼盖处均设。

（2）内纵墙的设置：地震烈度为 6、7 度地区屋盖及楼盖处设置，屋盖处间距不应大于 7m，楼盖处间距不应大于 15m，构造柱对应部位；8 度地区屋盖及楼盖处设置，屋盖处沿所有横墙且间距不应大于 7m，楼盖处间距不应大于 7m，构造柱对应部位；9 度地区，屋盖及每层楼盖处，各层所有横墙。

（3）空旷单层房屋的设置：砖砌体房屋，檐口标高为 5～8m 时，应在檐口标高处设置圈梁一道；檐口标高大于 8m 时，应增加圈梁数量。砌块机料石砌体房屋，檐口标高为 4～5m 时，应在檐口标高处设置圈梁一道；檐口标高大于 5m 时，应增加圈梁数量。对有吊车或较大振动设备的单层工业房屋，除在檐口和窗顶标高处设置现浇钢筋混凝土圈梁外，尚应增加设置数量。

（4）对建造在软弱地基或不均匀地基上的多层房屋，应在基础和顶层各设置一道圈梁，其他各层可隔层或每层设置。

（5）多层房屋基础处设置圈梁一道。

3）圈梁的构造

（1）圈梁应连续设置在墙的同一水平面上，并尽可能地形成封闭圈。当圈梁被门窗洞口截断时，应在洞口上部增设相同截面的附加圈梁，附加圈梁与截面圈梁的搭接长度不应小于其垂直间距的两倍，而且不得小于1m。

（2）纵横墙交接处的圈梁应有可靠的连接，刚弹性和弹性方案房屋，圈梁应与屋架、大梁等构件可靠连接。

（3）圈梁的宽度易与墙厚相同，当墙厚大于等于240mm时，圈梁的宽度不宜小于2/3墙厚；圈梁高度应为砌体厚度的倍数，并不小于120mm；设置在软弱黏性土、液化土、新近填土或严重不均匀土质上的基础内的圈梁，其截面高度不应小于180mm。

（4）现浇圈梁的混凝土强度等级不宜低于C15，钢筋级别一般为HPB300级钢，混凝土保护层厚度为20mm，并不得小于15mm，也不宜大于25mm。

（5）内走廊房屋沿横向设置的圈梁，均应穿过走廊拉通，并隔一定距离（7度时：15m；8度时：11m；9度时：7m）将穿过走廊部分的圈梁局部加强，其最小高度一般不小于300mm。

（6）圈梁的最小纵筋不应小于4$\phi$10，箍筋最大间距不应大于250mm。

**2. 构造柱**

1）构造柱的作用

（1）构造柱能够提高砌体的抗剪强度10%～30%左右，提高幅度与砌体高宽比、竖向压力和开洞情况有关。

（2）构造柱通过与圈梁的配合，形成空间构造框架体系，使其有较高的变形能力。当墙体开裂以后，以其塑性变形和滑移、摩擦来耗散地震能量，它在限制破碎墙体散落方面起着关键的作用。由于摩擦，墙体能够承担竖向压力和一定的水平地震作用，保证了房屋在罕遇地震作用下不至倒塌。

2）构造柱的设置

构造柱应当设置在地震时震害较重，连接构造比较薄弱和易于应力集中的部位。

3）构造柱的构造

（1）构造柱应与圈梁连接，构造柱的纵筋应穿过圈梁，保证构造柱的纵筋上下贯通。隔层设置圈梁的房屋，应在无圈梁的楼层设置配筋砖带。仅在外墙四角设置构造柱时，在外墙上应伸过一个开间，其他情况应在外纵墙和相应横墙上拉通，其截面高度不应小于四皮砖，砂浆强度不应低于M5。

（2）构造柱与墙连接处宜砌成马牙槎，并应沿墙高每隔500mm，设2$\phi$6拉结钢筋，每边伸入墙内不小于1m或伸至洞口边。

（3）构造柱的最小截面可采用240mm×180mm，房屋四角的构造柱可适当加大截面尺寸，施工时应先砌墙后浇柱，构造柱的混凝土强度等级不宜低于C15，钢筋级别一般为HPB300级，混凝土保护层厚度为20mm，并不得小于15mm，也不宜大于25mm。纵向钢筋应采用4$\phi$12，箍筋间距不宜大于250mm且在柱上、下端宜适当加密；7度时超过6层，8度时超过5层，9度时构造柱纵向钢筋宜采用4$\phi$14，箍筋间距不应大于200mm。圈梁和构造柱的交接处，圈梁钢筋应放在构造柱钢筋的内侧，即把构造柱当作圈梁的支座，这样对结构有利。

（4）构造柱可不单独设置基础，但应伸入地下500mm，宜在柱根设置120mm厚的混凝土座，将柱的竖向钢筋锚固在该座内，这样有利于抗震，方便施工。当有基础圈梁时，可将构造柱竖向钢筋锚固在低于室外地面下50mm的基础圈梁内。若遇基础圈梁高于室外地面（室内外高差较大），仍应将构造柱伸入室外地面下500mm，在柱根设置120mm厚的混凝土座。当墙体附有管沟时，构造柱埋置深度应大于沟的深度。

4）构造柱的配筋：构造柱纵筋不宜小于 4$\phi$12，对于边柱、角柱不宜少于 4$\phi$14。7 度时超过 6 层，8 度时超过 5 层，9 度时纵向钢筋宜采用 4$\phi$14。构造柱的竖向受力钢筋的直径也不宜小于 16mm。构造柱的竖向受力钢筋应在基础梁和楼层圈梁中锚固，并应符合受拉钢筋的锚固要求。构造柱箍筋最小直径采用 $\phi$6，间距不宜大于 250mm，柱上、下端大于等于 $h/6$（$h$ 为层高）及大于等于 450mm 范围内，箍筋间距加密至 100mm。

根据现行规范的规定，分别对砖砌体房屋圈梁和构造柱的作用、设置和配筋、做法、连接等进行了简述。在总结国内外历次地震灾害以及广泛、深入的科研基础上，我国在砌体结构抗震设计领域已取得了显著进步，获得了宝贵的设计经验。

## 3.12 如何解决框架结构填充墙的渗漏?

目前，大部分建筑物均为钢筋混凝土框架结构，而为了减轻钢筋混凝土框架、框架-剪力墙结构楼体的荷载，填充围护墙多采用轻质砌块、混凝土空心砌块等。这些材料具有表观密度小、隔热保温性能好、施工方便且能降低工程造价等优点。因此，在框架、框架-剪力墙结构填充墙中得到广泛应用。结合地区特点，框架多采用烧结空心砖作为填充墙材料。但在使用过程中由于各种原因所致，常出现外墙渗漏造成的质量通病。特别是当地处沿海地区，多受台风暴雨袭击且年降雨量较大，每当暴风雨或大雨过后，外墙面上出现一片片的湿印迹，使外墙面层脱落、开裂、空鼓，室内墙面变色、发霉，涂料起皮，面层起粉，地面木地板及地毯浸水、潮湿，严重地影响了建筑物的使用功能，造成了业主对开发商和施工单位产生的不满情绪，给业主生活带来了烦恼与不便。

框架填充墙的渗漏水问题，长期以来困扰着施工技术人员，成为工程质量的通病。多年来在现场施工管理工作中，结合实际，反复探讨、分析，从中摸索、积累了一些经验，并初步找出渗漏水原因及其产生的根源。通过学习和借鉴有关技术资料，根据长期以来的施工经验，对各方面原因造成的渗漏水通病阐述了相应的防治措施。只要满足必要的施工条件和技术要求，就能根除渗漏水通病，提高工程质量。

**1. 质量方面造成渗漏水原因分析及防治措施**

1）原因分析

（1）外墙选材不当，采用了吸水率大的轻质砌块，砌块几何尺寸不标准，砌筑不挂线的一侧凹凸不平，有的块体之间平整度差 20～40mm。这样，极易造成抹灰砂浆厚度不一。如厚度大于 25mm，则会形成自坠裂缝，墙体底层灰便会造成漏水隐患。

（2）砂浆强度如达不到设计要求，密实度就差，容易渗水。砂浆质量控制不严，用泥沙及建筑粉料代替中砂拌制砂浆，黏性大、和易性差、收缩大、强度低，砂浆的密实度更差。

（3）饰面砖质量达不到使用要求，存在外形歪斜、掉棱缺角、脱边、翘曲和裂缝现象，有的吸水率和干缩变形大，遇到风吹雨打和日晒，容易开裂。

2）防治措施

（1）设计时外填充墙应优先考虑采用低吸水率的轻质砌块材料，如烧结空心砖。

（2）轻质砌块的几何尺寸和质量等级，应符合现行规范要求。外填充墙应采用标准的规格砌块，砌筑前先清除砌块表面污物。

（3）砌筑砂浆应选用洁净的中砂，严格按配合比配制砂浆，严禁用泥沙、石粉砌墙。有条件的宜采用防水砂浆，确保砂浆强度，提高砂浆的抗渗性能。

（4）饰面砖应向有资质厂家采购，要上等级、质量优的产品，保证采用表面光洁、四角方正、厚度一致、颜色均匀、边缘整齐、低吸水率、干缩变形小的面料。

**2. 砌筑方面造成渗水原因的分析防治措施**

1）原因分析

（1）施工时贪方便，砌块未经挑选，将缺棱掉角、翘曲变形的砌块用于外填充墙，而且反手砌筑，使外墙平整度差，造成表面凹凸不平，使外粉刷厚薄不匀，产生干缩应力，使外粉刷面开裂，有的起壳，雨水极易渗入砌体。

（2）干砖砌墙，砌体质量较差。由于干砖易吸水，砂浆强度等级降低，造成砂浆与砖体粘结性差，从而在灰缝与砖之间有渗水缝隙且肉眼看不到，不易修复，造成长期渗水。

（3）砌体组砌方法不当，形成通缝。砌体的水平缝、头缝及竖缝中的砂浆不饱满，在砌体中形成许多空隙，渗水机会多，流向复杂，难以查找。

（4）抹灰前基层处理不当，砌墙脚手洞、模板挑担洞、穿管洞等未按规定嵌补密实；混凝土墙体与砌块搭接处没有处理好，造成外墙渗水。

2）防治措施

（1）应提前做好砌筑前的准备工作，包括选材，喷水湿润，砌块表面清污、盘角挂线工作，砌块应提前浇水，水应浸入块体内 10～15mm。

（2）应重视砌体质量，将干砖浸水、砂浆强度及砌体灰缝饱满度作为重点来抓。墙体砌好后，应经施工员及质检员检查，发现通缝、亮点应修补后，再进行外墙抹底灰。

（3）正确掌握组砌方法，注意砌筑的块型排列，不得产生通缝，以增强砌体的整体性和强度。砌体的灰缝砂浆饱满度应达到 90%。有条件的可在砂浆中掺入一定的外加剂，以增加砂浆的保水性及和易性，提高抗渗性能。

（4）除不允许留有脚手洞等的砌体外，原则上尺量少留洞。抹灰前提前检查外墙面的空头缝和孔、洞并做好记录，要专人负责清除缝、孔、洞的杂物和灰浆并冲洗干净。然后，按要求嵌缝、补洞、检查，把好外墙防水的第一关。

**3. 外抹灰不当造成渗水的原因分析及防治措施**

1）原因分析

（1）砌体浮灰清理不干净，没有浇水湿润，砌块界面没有“毛化处理”，造成粉刷层空鼓、出现裂缝、脱落。

（2）突出墙面的腰线、门窗、阳台的滴水线处理不当；外墙饰面分格条采用木制分格条，宽厚不一或分格条变形。起条时间不当、起条方法不对，使分格条边棱受损，缝底没有用水泥砂浆勾平抹光，造成渗水。

（3）穿外墙管道周围砂浆堵塞不严，造成渗水。

（4）外墙抹灰时，两步脚手架接槎处处理不当，赶压不实，亦会留下渗漏隐患。

（5）外墙打底砂浆不管厚薄均为一遍成活，造成开裂，砂浆强度太低，施工马虎。

2）防治措施

（1）在粉刷前应将砌体表面浮灰清理干净，提前浇水湿润，并做好砌块界面的“毛化处理”，有条件的可在抹灰前用胶质水泥浆向砌体上刷 1～2mm 厚，以增强砌体表面与外粉刷的粘结性，随即开始抹灰。

（2）突出墙面的窗台，腰线应预留足够的高度，使流水线的坡度正常；滴水槽嵌条必须拉通施工，深度、宽度不小于 10mm，距外墙面不小于 20mm。外饰面分格条的规格应为宽约 20mm，厚约 12mm，最好采用铝合金或不锈钢制品。采用木条时，要保持不变形、干净、湿润。掌握好起条时间，刮清分格条面的多余砂浆，用小锤轻打分格条，使其与抹灰层分离后取出，注意不要损坏缝口。清除缝内灰浆，清扫干净，灌柔性防水材料，防止沿缝渗水。

（3）穿外墙管道周边宜用干硬性砂浆分层堵实，外饰面做完后沿管周边注上玻璃胶或密封胶。

（4）外墙抹灰到一步脚手架甩槎时，应在槎端抹实压平，定浆后可用尺板压迫，再用铁抹子切成反槎。当下层接槎抹灰前，应向槎口充分洒水浸润，然后再泼一道素水泥浆，待浆液吸入墙体后再抹灰接槎。这样便于衔接，不易出现斑痕且接槎处密实，不会有缝隙。当墙体平整度差不小于30mm，应分两次或几次预先进行补抹，达到与墙面基本相平后再统一抹灰。

（5）外墙抹灰较厚部位应分2～3层施工，抹灰砂浆严格按照设计配合比调配成浆，不得偷工减料。

**4. 外墙饰面砖施工质量方面造成渗水原因分析及防治措施**

1）原因分析

（1）外墙面砖镶贴不牢，出现空鼓，形成储水囊；

（2）面砖勾缝砂浆强度等级太低或勾缝不认真，形成很多毛细孔或缝隙，遇到台风、暴雨会从毛细孔或缝隙渗入；

（3）面砖镶贴时压住门窗框，玻璃胶打得不严密，玻璃胶质量差，不到一年就老化，失去防水功效。

2）防治措施

（1）外墙面砖镶贴要牢固均匀、整齐，面层施工前应检查基层抹灰层，遇有裂缝和空鼓处必须铲除处理，并且修补后方可施工；

（2）面砖勾缝宜用1∶1干硬性水泥砂浆进行勾缝、压光。一般缝宜凹进3mm，形成嵌缝效果。拆架前应全部仔细检查。发现漏勾、压光不匀，立即修整，不留隐患；

（3）外墙面砖镶贴应离开门窗框5mm，缝隙内满打玻璃胶，严禁采用伪劣的玻璃胶。

**5. 温度裂缝和不均匀沉降造成渗水原因分析及防治措施**

1）原因分析

（1）框架、框架-剪力墙结构与填充墙交接处受温度影响收缩不匀，产生开裂而渗漏；

（2）外墙门窗框受温度变化而产生翘曲变形，使窗框与墙体间产生缝隙，造成渗水；

（3）框架、框架-剪力墙结构产生不均匀沉降或应力变化，在填充墙阴阳角或门窗洞口、窗下墙体及一些薄弱部位，产生水平或45°方向的裂缝而渗漏；

(4) 伸缩缝沉降缝未按要求处理，特别是水平缝和竖向缝交接处最易渗水。

2) 防治措施

(1) 混凝土框架、框架-剪力墙结构与填充外墙交接处，沿高度方向每600mm高度设2$\phi$6拉结筋，伸入砌体内不小于700mm。当砌块砌至最后一层时，可用填实的空心砌块或用90mm×190mm×190mm的砌块斜砌塞紧。有条件的可在交接处及一些薄弱部位贴一层不小于300mm宽的钢丝网片，以避免受温度影响，因收缩不均而产生开裂；

(2) 外门窗框的安装尽量采用先立框、后砌墙的方法，砌块与门窗框之间的间隙应保持在10～16mm，并用干硬性砂浆填实。如采用先砌墙后塞框的方法，则其缝隙应用掺入胶粘剂的水泥砂浆分层嵌实；

(3) 伸缩缝、沉降缝应认真处理，做到既伸缩、沉降自由，又能防水。

**6. 建筑构造不当造成的渗水原因分析和防治措施**

1) 原因分析

(1) 框架或框架-剪力墙屋面板与女儿墙交接处防水未处理好，屋面积水从墙板交接处渗入；

(2) 有些框架、框架-剪力墙结构主裙楼交接处，裙房屋面防水处理不当，裙房屋面积水渗入主楼内；

(3) 外墙立面装饰构件，如铝合金幕墙，不锈钢饰件等，与外墙面、女儿墙接触封闭不严造成渗水；

(4) 隐框玻璃幕墙玻璃之间打胶不严密，打得太薄，有气泡、针眼或胶老化，失去防水性能而渗漏。

2) 防治措施

(1) 屋面女儿墙采用砖混结构时，女儿墙与屋面的连接处宜做60°斜嵌混凝土；屋面防水卷材至挑檐下，做滴水槽；屋面女儿墙，当采用现浇混凝土时，施工缝宜留在屋面板向上

300mm。做屋面防水时，防水卷材应卷上女儿墙 300～500mm 处，使屋面积水渗不出女儿墙；

（2）施工裙房屋面时，防水卷材应卷上主楼外墙外皮 300～500mm，不让裙楼屋面积水渗入主楼室内；

（3）铝合多幕墙、不锈钢饰件等一些装饰构件，与外墙面、女儿墙压顶部位的连接，应充分考虑到变形的影响。凡接头及螺栓周边均应打上优质玻璃胶或密封胶，确保接缝的密封；

（4）隐框玻璃幕墙玻璃之间打胶应确保厚度，打胶要严密、顺直并应选用优质胶，确保使用年限。

**7. 其他因素造成的渗水原因及措施**

1）原因分析

（1）室内靠外墙的厨房，卫生间地面未作防水或防水不严，室内积水沿楼面与外墙交接处渗出；

（2）外墙脚手架连墙杆，悬挑脚手架拆架时只用氧乙炔割除，有一截留在墙内形成渗水通道；

（3）现浇混凝土外墙，固定模板用的螺杆孔未作处理或处理不当；

（4）外挑预制空调器洞与墙交接处处理不好，空调洞内泛水不明显；

（5）铝合金门窗框后塞口、窗洞留得太大，窗框四周塞缝不严，或塞缝时窗台清理不干净甚至未作塞缝处理，窗台未做泛水，窗顶滴水线不明显；

（6）铝合金推拉窗下滑出水口太少，遇到台风、暴雨时形成积水，渗入室内；

（7）建筑施工井架口、上人电梯口、塔式起重机附墙处预留施工洞封闭不严，留下渗水隐患；

（8）住户进行室内装饰时破坏了外墙面，形成渗漏。

2）防治措施

（1）室内厨房、卫生间应做好防水处理，室内地面防水应做至四周墙面 300～500mm；

（2）搭设外墙脚手架连墙杆、悬挑脚手架时，将墙内钢管全部割除，再按要求堵洞；

（3）现浇混凝土外墙拆模后，立即将固定模板用的螺栓孔凿成喇叭口，用掺入膨胀剂的砂浆堵好；

（4）挑出外墙的空调器洞应在抹灰前安装好，与墙交接处蒙上一层300mm宽钢丝网，与墙面同步抹灰，空调洞内按要求做好泛水；

（5）外门窗洞口位置留置应正确、大小适中，一般每边大20mm，窗框塞缝要求先定位，塞缝前应将杂物、浮灰清理干净，窗顶滴水、窗台泛水应明显；

（6）铝合金窗宜优先采用下滑挡水较高的70系列推拉窗或平开窗，推拉窗出水孔间距不宜大于300mm；

（7）建筑施工井架口、上人电梯口等施工洞口处理应严格按程序施工，不留施工隐患；

（8）住户装修应由专业单位施工，严禁在外墙上私自乱凿洞口。

综上所述，轻质填充外墙渗漏水通病，应着重从砌块材料、砌筑、粉刷、镶贴及构造处理等每一个环节消除外来水源浸湿外墙面而渗水的隐患，根据实际情况制定出相应的施工措施，加强现场全面质量监督管理，认真执行有关砌体的规范和技术操作规程，严格要求施工操作人员按工序道道把关、控制细节，就能杜绝框架、框架-剪力墙结构填充外墙渗漏通病的发生，从而达到提高工程质量的目的。

## 3.13 砖墙砌筑施工技术控制的内容有哪些？

砌筑工程是利用砌筑砂浆对砖、石和砌块的砌筑，因具有取材方便、技术成熟、造价低廉等优点，在工业与民用建筑和构筑物工程中被广泛采用。以下主要就砖墙砌筑施工工艺进行分析，应做到横平竖直、灰浆饱满、错缝搭砌、接槎可靠。砌体的质量应符合施工验收规范和操作规程的要求，并就施工质量控制要求提出了相应的控制措施。

**1. 砖墙砌体的组砌形式与材料要求**

1）组砌形式

普通砖墙常用的厚度有半砖、一砖、一砖半、二砖等。用普通砖砌筑的砖墙，依其墙面组砌形式不同，常有以下几种：一顺一丁、三顺一丁、梅花丁。

2）材料要求

砖的品种、规格、强度等级必须符合设计要求。规格应一致，并有出厂证明、试验报告单。水泥一般用32.5级矿渣硅酸盐水泥或42.5级普通硅酸盐水泥。砂宜用中砂，过5mm孔径筛子，配制Mb7.5砂浆，砂的含泥量不超过3%且不含草根等杂物；砂浆的强度、稠度、保水性等都有明显提高；水用自来水或不含有害杂质的洁净水，其他材料如拉结钢筋、预埋件等，提前做好防腐处理。

**2. 砖墙砌筑施工工艺**

1）砖浇水

烧结普通砖必须在砌筑前一天浇水湿润，一般以水浸入砖四边10mm为宜，含水率为10%～15%，常温施工不得用干砖上墙；雨季不得使用含水率达饱和状态的砖砌墙；冬期浇水有困难，必须适当增大砂浆稠度。

2）砂浆搅拌

砂浆配合比应采用质量比，计量精度水泥为±2%，砂、灰膏控制在±5%以内。宜用机械搅拌，搅拌时间不少于1.5min。

3）找平弹线

砌筑前，在基础防潮层或楼面上先用水泥砂浆找平。然后，以龙门板上定位钉为标志弹出墙的轴线、边线，定出门窗洞口的位置。

4）摆砖样

在弹好线的基面上按组砌方式先用砖试摆，以核对所弹出的墨线在门洞、窗口、墙垛等处是否符合模数，以便借助灰缝进行调整，使砖的排列和砖缝宽度均匀，提高砌砖效率。

5）立皮数杆

皮数杆是画有每皮砖和灰缝厚度，以及门窗洞口、过梁、楼板等的标高，用来控制墙体竖向尺寸以及各部件标高的方木标志杆。一般在墙体的转角处及纵横墙交接处设置。

6）砌筑、勾缝

砌筑时，为了保证灰缝的平直要挂线砌筑。一般砌一砖、一砖半墙的单面挂线，两砖墙以上则应双面挂线。砌墙时常用的是一铲灰、一块砖、一挤揉的“三一”砌筑法；勾缝是清水砖墙的最后一道工序，具有保护墙面和增加墙面美观的作用。内墙面可以采用砌筑砂浆随砌随勾缝，称为原浆勾缝；外墙面待砌体砌筑完毕后，再用水泥砂浆或加色浆勾缝，称为加浆勾缝；为了确保勾缝质量，勾缝前应清除墙面粘结的砂浆和杂物并洒水润湿；采用铺浆法砌筑时，铺浆长度不得超过50mm，以确保水平灰缝的砂浆饱满。

7）楼层轴线的引测

为了保证各层墙身轴线的重合和施工方便，在弹墙身线时，应根据龙门板上标注的轴线位置将轴线引测到房屋的外墙基上。二层以上各层墙的轴线，可用经纬仪或垂球引测到楼层上去。同时，还须根据图上轴线尺寸用钢尺进行校核。

8）各层标高的控制

各层标高除立皮数杆控制外，还可弹出室内水平线进行控制。底层砌到一定高度后，在各层的里墙角，用水准仪根据龙门板上的±0.000标高，引出统一标高的测量点（一般比室内地坪高出200～500mm）。然后，依墙角两点弹出水平线，依次控制底层过梁、圈梁和楼板标高。当第二层墙身砌到一定高度后，首先，从底层水平线用钢尺往上量第二层水平线的第一个标志；然后，以此标志为准，用水准仪定出各墙面的水平线，以此控制第二层标高。

9）冬期施工

在预计连续10d由平均气温低于+5℃或当日最低温度低于

−3℃时，即进入冬期施工。冬期使用的砖，要求在砌筑前清除冰霜。水泥宜用普通硅酸盐水泥，灰膏要防冻。如已受冻，要融化后方能使用。砂中不得含有大于1cm的冻块。材料加热时，水加热不超过80℃，砂加热不超过40℃。砖正温时适当浇水，负温即应停止。可适当增大砂浆稠度。冬期不应使用无水泥的砂浆。砂浆中掺盐时，应用波美比重计检查盐溶液浓度。但对绝缘、保温或装饰有特殊要求的工程不得掺盐，砂浆使用温度不应低于5℃，掺盐量应符合冬期施工方案的规定。采用掺盐砂浆砌筑时，砌体中的钢筋应预先做防腐处理，一般涂防锈漆两道。

**3. 砖墙砌体的质量要求及保证措施**

砌体的质量应符合施工验收规范和操作规程的要求，应做到横平竖直、灰浆饱满、错缝搭砌、接槎可靠。

1）横平竖直

砌体的水平灰缝应满足平直度的要求，砌筑时必须立皮数杆，挂线砌筑。竖向灰缝必须垂直对齐，对不齐而错位，称游丁走缝，影响墙体的外观质量。

2）灰浆饱满

砌体灰缝砂浆的饱满程度对砌体的传力均匀、砌体之间的连接和砌体强度影响很大。上层砌体的重量主要通过砌体之间的水平灰缝传递到下层，灰浆不饱满会使砖块折断。砂浆的饱满程度以砂浆饱满度来表示，砌体水平灰缝的砂浆饱满度要达到80%以上（用百格网检查），这样可以满足砌体抗压强度要求。砌体的水平灰缝厚度和竖向灰缝厚度一般规定为10mm，不应小于8mm，也不应大于12mm。

砂浆的和易性及保水性的好坏对砂浆饱满度有很大的影响。混合砂浆的和易性及保水性均较水泥砂浆好，砌筑时铺灰的厚度均匀，易达到砂浆饱满度的要求，虽然抗压强度低于水泥砂浆，但其砌体强度一般均高于用水泥砂浆砌筑的砌体强度。砌筑用砖必须用水湿润，使其含水率达到10%～15%左右。干砖上墙使灰缝砂浆的水分被砖吸收，影响砖与砂浆间的粘结力和砂浆的饱满度。

3）错缝搭砌

为了保证墙的牢固，砖块排列的方式应遵循内外搭接、上下错缝的原则。错缝是砌体相邻两层砖的竖缝错开，避免出现通缝。垂直荷载作用下砌体由于出现通缝影响其整体性，而使砌体强度降低。搭接是同层的里外砖块通过相邻上下层的砖块搭砌，使得砌体连接牢固。

4）接槎可靠

接槎是相邻砌体不能同时砌筑而又必须设置的临时间断，以便于前后砌筑的砌体之间的结合。

砖墙的转角处和交接处一般应同时砌筑，对不能同时砌筑而又必须留置的临时间断处应留成斜槎，实心墙的斜槎长度不应小于高度的 2/3；如临时间断处留斜槎确有困难时，除转角处外也可留直槎，但必须做成阳槎并加设拉结筋。拉结筋的数量为每 12cm 墙厚放置一根直径 6mm 的钢筋，间距沿墙高不得超过 50cm。埋入长度从墙的留槎处算起，每边均不得少于 50cm，末端应用 90°弯钩，抗震设防地区的临时间断处不得留直槎。另外，尚未安装楼板或屋面板的墙和柱，有可能遇到大风时，其允许自由高度不得超过规定要求；否则，应采取必要的临时加固措施。

## 3.14 墙体砌筑施工中如何留槎才符合要求？

砌筑施工过程中，作业人员随意留槎的现象很普遍、很严重，常常表现为留设直槎、阴槎现象，由于接槎塞砌的砂浆不饱满、灰缝不均匀、接槎灰缝不顺直、锚拉钢筋放置长度不够等原因，经常出现一些因砌体接槎、搭接处理质量不好造成的墙体裂缝，或者是在使用环境“因素”作用下被扩大的裂缝问题，致使接槎处的砌体质量得不到保障。

### 1. 施工过程中留槎处置不当的原因分析

1）砌筑工人长期不按照规范规定操作施工，习惯于错误的留槎操作方法，图方便、省事。

2）施工管理人员对正确留槎的重视程度不够，认为不会对结构安全造成影响，管理过程没有严格要求。

3）混淆L形转角，T形、十字形连接处有构造柱和没有构造柱处理的区别。

4）管理人员不能正确处理进度和质量的关系，或者是没有合理安排、规定正确的接槎处理方法。

5）施工安排不当，不能同时进行纵、横墙砌筑。

6）砌体施工，留斜槎工作量大，操作不方便。

以上操作和管理的原因，使留槎处置不当成为砌筑施工长期得不到解决的“质量通病”之一。

**2. 问题的解决与对策**

（1）必须加强对操作工人的工艺、工法知识的学习，强化规范、标准的教育培训，培养操作工人的执业能力。操作工人的技能学习应由地方政府劳务输出培训部门负责，或者由劳务资质企业委托培训，劳动行政主管部门或建设行政主管部门颁发操作者从业资格证书；由用人劳务资质企业负责对工人规范标准的培训和项目施工技术质量的管理，从源头抓住质量意识和知识培训关。

（2）劳务承包方（劳务资质企业）必须根据施工项目总承包管理者的要求，按照《施工组织设计》或《项目管理规划》规定，编制班组向操作工人的技术交底、作业指导书，让工人明白规范、标准要求和工艺、工法标准。

（3）施工过程中加强过程监督管理，记录施工部位并认真组织班组内部自检和操作工人之间的互检，施行用质量评定工程量完成情况、与工资收益挂钩、强制性推行质量控制收益的原则，革除操作“陋习”，强化留槎部位的监督、处理。

（4）总承包施工管理人员必须加强对班组的技术交底，正确处理进度与质量的关系，合理安排施工工艺和工法，保证合理的持续进展；必须结合计划安排，有目的地解决不同阶段施工过程“质量通病”的防治。

（5）经常组织开展群众性技术“比武”或“比赛”活动，组织工法质量管理现场会，针对留槎施工中存在的现象，结合操作实践，正确解读留槎处置方法，指出不合理留槎施工存在的问题，并结合以往工程出现的质量问题教训，讲解因果关系，帮助提高对接槎质量的认识，并适时地按照规范、标准规定，强制性推行留斜槎施工。

（6）对于因客观条件限制留斜槎却有困难的，可以按照管理程序，经技术负责人同意，制定保证质量措施后，留直（阳）槎施工，决不能因怕麻烦、图省事，没有原则地将留斜槎改为留直（阳）槎，并保证按照规定加设锚拉钢筋。

（7）不论任何种情况，都不准留阴槎。

（8）由于留直（阳）槎的后续施工是塞填砌筑，为保证连接处砌体施工质量，必须保证：

A. 阳直槎的皮数杆控制应与后砌墙体的皮数杆控制必须建立在同一控制 50 线上，避免出现后砌砌体施工后出现的水平灰缝不平整，导致出现搭接不好局部应力集中造成的破坏、搭接长度不够在极限使用状态下的破坏。

B. 后塞砌筑施工时，要将接槎处的浮浆处理干净，用水湿润；砌筑施工时，要按照已设皮数杆的要求，保证砂浆饱满、嵌砖平实；保证灰缝均匀、密实。

C. 保证按照规范要求，合理放置拉结钢筋，并保证钢筋的数量、直径、长度满足设计规定。

（9）必要时可与设计院联系，在满足《建筑抗震设计规范》GB 50011 要求的前提下，根据抗震设防烈度等级要求，通过增设构造柱的方法处理。

总之，由于接槎质量问题涉及结构纵、横墙间的拉结连系，涉及砌体的组砌质量，不按照规定留槎，必然导致砌体结构的整体质量受到严重削弱，给工程的使用安全和正常使用功能造成隐患。解决此类问题与其他建筑质量问题一样，都必须在认真分析造成原因的基础上进行，运用综合方法处理才能取得良好效果。

## 3.15 如何防治混凝土砌块墙体的裂缝？

从宏观上看，引起墙体裂缝的原因是材料吸湿膨胀、干燥收缩。同时，随着温度变化会产生很大的应力效应，导致结构变形。当变形受到某种约束时会产生较大的应力，甚至引起裂缝；从微观上是看，是因为加气混凝土砌块是一种高分散多孔结构的硅酸盐材料，内部孔隙率高，其孔结构内部大口径小，导湿性与解湿性差。这种特性使传统的抹灰砂浆容易开裂、空鼓。加气混凝土砌块比抹灰砂浆的线收缩大，加气混凝土的线收缩约为 0.8mm/m。

为了加速墙材革新、推广节能建筑的步伐，节约土地，节约能源，推动建筑产业现代化。国家墙改办确定了承重新型墙体材料以混凝土小型空心砌块为主攻方向。从以前砌块建筑的实践情况看，砌块建筑存在的主要问题在三个方面：①建筑外墙隔热保温差；②室内二次装修不便；③建筑墙体容易产生裂缝。在这三个问题中，最令人忧虑的问题是墙体的裂缝问题。由于裂缝问题在砌块建筑中普遍性存在，使人们对砌块能否真正代替烧结普通砖产生了疑虑。在安置建房中推广使用砌块时，不少人产生了抵触情绪。根据多年的建筑施工经验，总结混凝土小型空心砌块墙体开裂的原因，也是多方面的、复杂的。以下对混凝土小型空心砌块建筑墙体的开裂进行研究、分析，并提出防止混凝土小型空心砌块建筑墙体开裂的措施及方法。

**1. 砌块材料裂缝的综合分析**

1）砌块材料本身的原因

混凝土小型空心砌块是由混凝土组成的，混凝土是一种复合型材料，它是由骨料、水泥、气体、水分等所组成的非均质材料胶结而成的，在温度、湿度变化条件下，混凝土逐步硬化的同时产生体积变形，这种变形是不均匀的；水泥收缩很大，骨料收缩很小。不同类型骨料混凝土热传导系数亦不同，它们之间的变形不是自由的，产生相互的约束应力。当水泥砂浆的热膨胀系数大于骨料热膨胀系数时，界面上将产生拉应力，因此会造成开裂损伤。

混凝土中的自由水蒸发会引起混凝土的干缩，从而引起砌块自身开裂。混凝土中胶凝物质在大气中二氧化碳的作用下，会引起碳化收缩，导致混凝土自身开裂。砌块上墙后，由于自身的收缩，会引起墙内部产生一定的应力，当这种应力大于墙体的抗拉与抗剪强度时，墙体就会产生开裂。混凝土自身材料的原因，混凝土砌块需要成型养护 28d，此时砌块的变形约完成 60%，砌块变形要完全稳定需要长达 3～5 年，而生产到施工过程中，有时砌块龄期不到即已出厂，而且龄期很难检查控制。加之，当前砌块生产厂家所用设备的质量良莠不齐，许多小厂家的生产设备质量不过关，生产出的砌块强度低、密实度低。这也是造成墙体开裂的原因之一。

2）地基不均匀沉降的施工和设计方面的原因

房屋全部荷载最终通过基础传给地基，而地基在荷载作用下，其应力随深度而扩散，深度大，扩散越大，应力越小。如果房屋设计的长高比较大，整体刚度差，而对地基又未进行加固处理，那么墙体就可能出现严重的裂缝。这种裂缝，必然是地基附加应力作用使地基产生不均匀沉降而形成的。空心砌块墙体是由人工砌筑的，由于空心砌块块体较高和孔洞的存在，使竖缝砂浆不易饱满，水平缝接触面积小，不便铺砌，导致水平及竖向灰缝砂浆饱满度达不到要求，从而减弱了墙体抗剪、抗拉和抗变形能力，引起墙体开裂。

由于设计人员对砌块墙材料的性质不够了解，在设计过程中往往采用传统的设计方法，而且在构造上不采取防裂、抗裂措施，形成“穿新鞋走老路”的现象，这样难免使砌块墙体出现开裂。

3）砌块房屋的收缩变形分析

烧结普通砖是烧结而成的，成品干缩性极小，所以砖砌体房屋的收缩问题一般不予考虑。

小型空心砌块则是混凝土拌合物经浇筑、振捣、养护而成的。混凝土在硬化过程中逐渐失水而干缩，其干缩量因材料和成型质量而异，并随时间增长而逐渐减小。以普通混凝土砌块为例，在自然养护条件下成型 28d 后，收缩趋于稳定，其干缩率为 0.03%～0.035%，含水率 50%～60%左右。砌成砌体后，在正常使用条件下含水率继续下降，可达 10%左右，其干缩率为 0.018%～0.07%左右。干缩率的大小与砌块上墙时含水率有关，也与温度有关。

砌块上墙后的干缩，引起砌体干缩，而在砌块内部产生一定的收缩应力，当砌体的抗拉、抗剪强度不足以抵抗收缩应力时，加之砌筑砂浆的强度等级不高，灰缝不饱满，干缩引起的裂缝往往呈发丝状而分散在灰缝隙中，当有粉刷抹面时便显露出来，极易产生裂缝。干缩引起的裂缝宽度不大，而且裂缝宽度较均匀。

4）砌块房屋的温度变形分析

混凝土小型砌块砌体的线膨胀系数为 $10\times10^{-6}℃^{-1}$，比砖砌体的大一倍。因此，小型砌块砌体对温度的敏感性砖砌体高，更容易因温度变形而引起裂缝。由于温度变形引起的墙体裂缝的形状和部位与砌块房屋及砖砌体房屋是相类似的，只是带有砌块的特点而已。

多层砌块房屋的顶层墙体和砖砌体房屋一样，是最容易出现温度裂缝的。尽管混凝土砌体墙体的线膨胀系数与顶盖混凝土板的线膨胀系数没有差别，但在夏季阳光照射下两者之间仍存在一定的温差。夏季在阳光照射下，屋面上表面最高温度可达 40～50℃，而顶层外墙平均最高温度约为 30～35℃。在寒冷地区，屋盖结构上面依次设有隔汽层、保温层、找平层和防水层。屋盖结构有保温层的保护，它与外墙的温差按理应有所减少。但是，如果保温层不够厚或防水层渗漏、保温层浸水，降低了保温隔热效果。这时，两者温差还是有可能引起墙体开裂的。

**2. 砌块材料裂缝的防治**

砌块墙体的裂缝控制，是一个复杂的系统工程，长期以来人们一直在寻找控制砌体结构裂缝的实用方法，并且根据裂缝的性质及影响因素，有针对性地提出了一些预防和控制裂缝的措施。在防止裂缝的概念上，形象地引出“防”、“放”、“抗”相结合的构想。

1）砌块生产和施工环节

在砌块生产环节要加大管理力度。目前，在生产领域存在生产设备质量不过关、质量体系不健全等问题，导致产出的砌块出现密实度达不到要求、几何尺寸差、缺棱掉角、含水率高、龄期达不到要求等一系列问题。要想解决这些问题，首先引进高质量的生产设备，保证砌块生产质量；其次，把好材料出厂关，砌块龄期必须达到 28d 以上，砌块的规格、强度等级、含水率等应严格检验，符合要求的方可进入施工现场使用。砌块施工环节中应严格保证砌墙材料质量，同时保证砌筑用砂浆强度和饱满度，增加砌体灰缝接触面，才能保证墙体的刚度。严格按照砌筑方法，上下错缝要注意水平方向互相衔接，增加结构的强度和刚度。严格控制砌块的搬运及堆放环节，砌块的搬运过程必须轻拿轻放，严禁野蛮装卸。防止因砌块内伤而产生一时释放不了的应力，并要求堆放整齐，加盖防水物品，做好施工工人的培训工作，以提高砌筑质量。

2）设计环节

为防止或减轻房屋墙体裂缝，在设计时可根据情况采取下列构造措施：

（1）增大基础圈梁刚度。

（2）为防止地基不均匀沉降引起墙体开裂，首先应处理好软土地基和不均匀地基，但在编写地基加固和处理方案时，又应将地基处理和上部结构处理结合起来考虑，使其能共同工作。

（3）住宅建筑的平面宜规则，避免平面形状突变；除规范规定外，房屋长度大于 40m 时，宜设置变形缝；变形缝应贯通女儿墙或天沟。

(4) 砌体结构房屋顶层砌筑砂浆强度等级不应低于 M7.5。

(5) 墙体转角处和纵横墙交接处宜每隔 400～500mm 设拉结筋，其数量为每 120mm 墙厚不少于 1$\phi$6.5 或焊接钢筋网片，埋入长度从墙的转角处或交接处算起，每边不小于 600mm。

3) 抹灰环节的防裂措施

对于砌块墙体，按照普通墙面进行抹灰，很容易造成墙体开裂，所以要改变传统的抹面做法，按照“逐层渐变、柔性抗裂”的原理进行抹灰。其基本原理是，各构造层满足允许变形与限制变形相统一的原则，各层材料的性能满足随时分散和消解变形应力，各层弹性模量变化指标相匹配，逐层渐变，外层的柔韧变形量高于内层的变形量；按照这一原理建立的柔性渐变抗裂体系，能够有效地吸收和消纳应力变形，能够解决外墙表面易出现有害裂缝的技术难题。外墙抹灰宜待房屋结构封顶 15d 后进行，以使墙体有一个干缩稳定的过程，避免日后粉刷开裂；顶层内抹灰应待屋面保温隔热架空板施工完成后再进行，以减少温差效应；外墙抹灰宜从次顶层开始往下，最后抹顶层，这对防止干缩裂缝的产生很有益。实践证明，采用这种抹灰工艺，对于防止墙体开裂有非常好的效果。

砌块工业要在我国健康、快速地发展，除了各级领导重视和政策支持外，我们的生产企业必须严把产品质量关，生产达标的产品；施工企业必须严守施工规程，革除陈旧的操作习惯；依靠科技进步提高我们的生产与施工水平。相信砌块建筑在设计、科研、施工、生产、政府监督管理部门各方面的相互支持和共同努力下，是一定能够克服墙体裂缝、渗漏及其他弊病的。

## 3.16 砌筑配筋砌体的施工如何控制?

配筋砌块砌体施工前，应按设计要求，将所配置的钢筋加工成型，堆置于配筋部位的近旁。砌块的砌筑应与钢筋设置互相配合。砌块的砌筑应采用专用的小砌块砌筑砂浆和专用的小砌块灌孔混凝土。钢筋的设置应注意以下几点：

1）钢筋的接头

钢筋直径大于 22mm 时，宜采用机械连接接头；其他直径的钢筋可采用搭接接头，并应符合下列要求：

（1）钢筋的接头位置宜设置在受力较小处；

（2）受拉钢筋的搭接接头长度不应小于 $1.1l_a$，受压钢筋的搭接接头长度不应小于 $0.7l_a$（$l_a$ 为钢筋锚固长度），但不应小于 300mm；

（3）当相邻接头钢筋的间距不大于 75mm 时，其搭接长度应为 $1.2l_a$，当钢筋间的接头错开 $20d$ 时（$d$ 为钢筋直径），搭接长度可不增加。

2）水平受力钢筋（网片）的锚固和搭接长度

（1）在凹槽砌块混凝土带中钢筋的锚固长度不宜小于 $30d$，且其水平或垂直弯折段的长度不宜小于 $15d$ 和 200mm；钢筋的搭接长度不宜小于 $35d$；

（2）在砌体水平灰缝中，钢筋的锚固长度不宜小于 $50d$，且其水平或垂直弯折段的长度不宜小于 $20d$ 和 150mm；钢筋的搭接长度不宜小于 $55d$；

（3）在隔皮或错缝搭接的灰缝中为 $50d+2h$（$d$ 为灰缝受力钢筋直径，$h$ 为水平灰缝的间距）。

3）钢筋的最小保护层厚度

（1）灰缝中钢筋外露砂浆保护层不宜小于 15mm；

（2）位于砌块孔槽中的钢筋保护层，在室内正常环境不宜小于 20mm；在室外或潮湿环境中不宜小于 30mm；

（3）对安全等级为一级或设计使用年限大于 50 年的配筋砌体，钢筋保护层厚度应比上述规定至少增加 5mm。

4）钢筋的弯钩

钢筋骨架中的受力光圆钢筋，应在钢筋末端做弯钩；在焊接骨架、焊接网以及受压构件中，可不作弯钩；绑扎骨架中的受力带肋钢筋，在钢筋的末端可不作弯钩。弯钩应为180°弯钩。

5）钢筋的间距

（1）两平行钢筋间的净距不应小于25mm；

（2）柱和壁柱中的竖向钢筋的净距不宜小于40mm（包括接头处钢筋间的净距）。

6）地下室墙板采取的抗裂、防渗措施

按设计要求设置并处理好后浇带，以减小混凝土收缩应力；地下室外墙上按设计要求在高出底板500mm处设立水平施工缝，并按规定要求预埋－2×400mm钢板止水带。水平施工缝混凝土浇筑前，应将其表面浮浆及杂物清除干净，先铺净浆，再铺30～50mm的1：1水泥砂浆或涂刷混凝土界面剂，并及时浇筑混凝土；加强水平钢筋的配置。

（1）水平钢筋保护层应尽可能小些，当梁柱及地下室外墙的纵向钢筋混凝土保护层厚度大于40mm时，在保护层内设置$\phi$6@200防裂钢筋网或采取其他抗裂措施；

（2）防裂钢筋的间距不宜太大，可采用小直径钢筋小间距的配筋方式；

（3）考虑温度收缩应力的变化加强配筋，缩小外墙螺纹钢水平筋的间距，以增强钢筋抗收缩能力，适当增加水平钢筋根数，以求达到减少水平钢筋间距的目的，钢筋间距不宜超过100mm；在满足混凝土设计指标要求的前提下，严格控制水泥用量，水灰比及粗、细骨料的含泥量；根据图纸设计要求，混凝土中掺入适量的外加剂，减少混凝土自身的收缩变形；在征得设计同意后掺用粉煤灰替代部分水泥，以降低水泥水化热温升；模板选用：对外露面积较大的混凝土墙体、选用木模时，应充分湿润，以利保湿和散热；严格控制混凝土施工质量，尽量降低不均匀性。除控制混凝土制备和运输中的质量外，还要注意混凝土浇筑时防止离析，振捣密实，以免墙内出现薄弱面而产生裂缝；混凝土浇筑时，在振动界限（即混凝土经振捣后尚能恢复到塑性状态的时间）以前，给予二次振捣。此时，振动棒以其自身重力插入混凝土振捣，振动棒小心慢速拔出后混凝土能自身闭合。这样就能排除混凝土因泌水在细骨料、水平钢筋下部产生的水分和空隙，提高混凝土与钢筋的握裹力；地下室外墙的混凝土一次性浇筑，不留施工缝。墙板每次分层浇筑高度 600mm 左右，不得超过 1m，每层浇灌时间间隔不得超过混凝土初凝时间，上下层混凝土间不得出现冷缝；防水混凝土拌合物在运输后如出现离析，必须进行二次搅拌。当坍落度在 13～16cm 损失后不能满足施工要求时，应加入原水灰比的水泥浆或二次掺加减水剂进行搅拌，严禁直接加水搅拌；墙板混凝土的养护应安排专人负责，浇水养护的次数每天不得少于七八次，并保证混凝土表面保持湿润状态，而且墙板内侧应采取从墙板顶进行淋水养护的措施，养护时间不少于 14d；所有管道穿过地下室底板外墙时均应预埋刚性防水套管，并按设计及《地下工程防水技术规范》GB 50108 的要求施工；地下室外墙板防水施工完毕验收后及时进行基坑侧壁土方回填，减少暴露时间和裂缝产生。

7）施工缝

其位置应在混凝土浇筑之前确定，宜留置在结构受剪力和弯矩较小且便于施工的部位，并应按下列要求进行处理：

（1）应凿除处理层混凝土表面的水泥砂浆和松弱层，但凿除时，处理层混凝土须达到下列强度：

A. 用水冲洗凿毛时，须达到 0.5MPa；

B. 用人工凿除时，须达到 2.5MPa；

C. 用风动机凿毛时，须达到 10MPa；

（2）经凿毛处理的混凝土面，应用水冲洗干净，在浇筑次层混凝土前，对垂直施工缝宜刷一层水泥净浆，对水平缝宜铺一层厚 10～20mm 的 1∶2 的水泥砂浆；

（3）重要部位及有防震要求的混凝土结构或钢筋稀疏的钢筋混凝土结构，应在施工缝处补插锚固钢筋或石榫，有抗渗要求的施工缝宜做成凹形、凸形或设置止水带；

(4) 施工缝为斜面时，应浇筑或凿成台阶状；

(5) 施工缝处理后，须待处理层达到一定强度后才能继续浇筑混凝土，需要达到的强度一般最低为 1.2MPa。当结构物为钢筋混凝土时，不得低于 2.5MPa。

8) 混凝土的耐久性

混凝土除了应有适当的强度外，还应根据使用方面的特殊要求，具有一定的抗渗性、抗冻性、抗侵蚀性、耐热性等，统称为耐久性。

(1) 抗渗性：指混凝土抵抗液体和气体渗透的性能。由于混凝土内部存在着互相连通的孔隙和毛细管，以及因振捣欠密实而产生的蜂窝、孔洞，使液体和气体能够渗入混凝土内部，水分和空气的侵入会使钢筋锈蚀，有害液体和气体的侵入会使混凝土变质，结果都会影响混凝土的质量和长期的安全使用。混凝土的抗渗性用抗渗等级 P 表示。如 P4 表示在相应的 0.4N/mm$^2$ 水压作用下，用作抗渗试验的 6 个规定尺寸的圆柱体或圆锥体试块，仍保持 4 个试块不透水。混凝土的抗渗等级一般分为 P4、P4、P6、P8、P10、P12。

(2) 抗冻性：指混凝土抵抗冰冻的能力。混凝土在寒冷地区，特别是在既接触水又遭受冷冻的环境中，常常会被冻坏。这是由于渗透到混凝土中的水分受冻结冰后，体积膨胀 9%，使混凝土内部的孔隙和毛细管受到相当大的压力。如果气温升高，冰冻融化，这样反复地冻融，混凝土最终将遭到破坏。混凝土的抗冻性用抗冻等级 F 表示。如受冻融的试块强度与未受冻融的试块强度相比，降低不超过 25%，便认为抗冻性合格。抗冻等级以试块所能承受的最大反复冻融循环次数表示。根据冻融循环次数，混凝土抗冻等级一般分为 F15、F25、F50、F100、F150 和 F200。

(3) 抗侵蚀性：指混凝土在各种侵蚀性液体和气体中，抵抗侵蚀的性能。对混凝土起侵蚀作用的介质主要是硫酸盐溶液、酸性水、活动和或带水压的软水、海水、碱类的浓溶液等。

（4）耐热性：指混凝土在高温作用下，内部结构不遭受破坏，强度不显著丧失，具有一定化学稳定性的性能。

9）后浇带

主要针对整体式浇筑混凝土结构。在施工过程中，为了避免由于温度收缩而产生裂缝，需要设置一道变形缝，经过一定时间后，再完成后浇封闭工作，以形成整体性结构。在该结构中，主要利用后浇带形成整体，因此提高后浇带的施工质量，对提升整体结构的质量具有重要意义。但是，由于后浇带的断面较大、不利于模板支设，再加上钢筋较为密集，因此结构质量控制存在一定难度，需要在施工中加强注意。按照功能与作用，可以将后浇带划分为三种形式：

（1）为了避免高层建筑主体和低层建筑裙房之间差异沉降，设置后浇沉降带；

（2）为了避免钢筋混凝土的收缩变形，设置后浇收缩带；

（3）为了避免由于混凝土温度应力而产生裂缝，设置后浇温度带。

工程建设中，一般将高层建筑、裙房结构或者裙房基础设计为一个整体，但是在实际施工过程中，则需要利用后浇带将两部分分隔，等到主体工程施工完毕后，再浇筑连接部分的混凝土，将高层建筑与裙房结构连成整体。有关基础部分的设计，应充分考虑到不同阶段的受力状态有所不同，因此需要做好强度校核工作。当两部分连接成一个整体之后，应将后期沉降差值而产生的附加内力计算其中。通过应用这种方法，可在施工期间较好地控制房屋沉降问题，确保工程顺利完工。

## 3.17　多层住宅小型空心砌块墙体裂缝怎样控制?

国家保护耕地措施的实施，黏土砖的使用逐步得到控制，混凝土小型空心砌块在住宅工程中开始得到越来越多的应用。目前，从上海已完成的混凝土小型空心砌块多层住宅的整体情况看，大部分工程质量是好的，但也有一些多层住宅的墙体中有裂缝存在。为了让混凝土小型空心砌块住宅工程的质量能使更多的用户得到满意，减少裂缝对住宅质量的影响，必须对墙体裂缝进行有效的控制。

**1. 裂缝产生的部位及其特征**

在多层住宅中，最常看到的裂缝是顶层纵横墙交接处有阶梯形裂缝产生；在屋面与墙体交接处或梁底与墙体间有水平裂缝产生；在底层窗台下有竖向裂缝产生，各个楼层的窗台两角和顶层外墙窗口四角处有斜裂缝存在；在钢筋混凝土柱和混凝土小型空心砌块填充墙的相接处有竖向裂缝存在；在砌块周边产生裂缝。

**2. 裂缝产生的原因**

1）小砌块自身的因素

首先，混凝土小型空心砌块是由碎石或卵石为粗骨料制作的混凝土，它具有混凝土的脆性。同时，砌块存在着干缩的重要特性，在28d自然养护后，其干缩约完成60%，因而这样的混凝土小型空心砌块用在墙体中就难免发生裂缝；其次，用于混凝土小型空心砌块和砌筑砂浆中的水泥、石灰、砂石等材料来源很广，其性能不够稳定，因此也会影响砌块和砌筑砂浆的质量。

2）温度的影响

屋面与墙体之间的温差也会使顶层墙体产生裂缝，在夏季尤其明显。屋面的温度比墙体的温度高，则屋面的变形也比墙体的变形大，屋面的变形受到墙体的约束，导致在屋面和墙体的结合处产生剪拉力。在剪拉力和屋面荷载的共同作用下，墙体产生相应的主拉应力。当主拉应力超过墙体自身的抗剪、抗拉强度时，墙体势必会产生多种形状的裂缝。

3）设计方面存在的因素

砌块对地基不均匀沉降非常敏感，设计中如果对地基不均匀沉降估计不足，易在墙体中产生阶梯形裂缝及底层窗台墙体的竖向裂缝。此外，目前大部分屋面在檐口处没有隔热措施，导致顶层横墙产生阶梯性裂缝。对屋面保温材料的随意选择而不考虑减少温差的作用，也会导致裂缝的产生。在混凝土柱和混凝土小型空心砌块的相接处，缺乏相应控制裂缝产生的措施。

4）施工中存在的因素

砌筑工人之间技术水平的差别造成砌筑质量不稳定，是造成墙体质量问题的重要因素。在施工中，所用砂浆强度低、砌块表面浮灰等污物未处理干净、砌筑时铺灰过大，均会发生砂浆与砌块间粘结力差的现象，导致裂缝的产生；其次，砌块出厂存放期不够，在砌块体积收缩尚未完成就上墙砌筑，产生收缩裂缝。砌块排列不合理，上下二皮砌块竖缝搭砌小于砌块高的 1/3 或 150mm 的，没有在水平灰缝中按规定加拉结筋或钢筋网片，导致裂缝的产生。墙体、圈梁、楼板之间纵横墙相交处无可靠连接。施工现场对混凝土小型空心砌块的堆放场地、遮雨措施等未能按规范要求实施，上述这些因素都会造成墙体水平裂缝的产生。

**3. 砌块墙体裂缝控制的措施**

1）设计方面的控制措施

控制顶层墙体裂缝的关键是降低屋面与墙体之间的温度差。因此，必须同时采用保温层和隔热层，在檐口处的保温层厚度必须满足允许温差的要求。同时，隔热层应满铺，不得在檐口处出现空档。在屋盖适当部位应设置分隔缝。

顶层外墙交接处和纵横墙交接处的芯柱数由现在的 5 孔、4 孔增加为 8 孔，其中在横墙或山墙上设 5 孔，在外纵墙上设 3 孔，以减少横墙斜向裂缝的产生。在顶层门窗洞口两侧均设置 1 孔芯柱，芯柱必须锚固于上下层的圈梁内，以增强墙体的抗剪强度。顶层两端第一开间的房间隔墙厚度若为 190mm，则应与山墙同时砌筑，在 T 形接头处设置 4 孔芯柱和 $\phi 4$ 钢筋点焊网片，沿高度每 600mm 设置。后砌墙和填充墙用钢筋网片与山墙连接，墙顶离开屋面板底 20mm 并用弹性材料嵌缝。上述两种墙体须沿墙通长设置 $\phi 4$ 钢筋点焊网片，与芯柱网片、山墙拉结网片相连。

提高顶层墙体的小砌块和砌筑砂浆的强度等级，应不低于7.5级，并在外纵墙、内横墙沿高度每600mm设置$\phi$4钢筋点焊网片，用来增强顶层墙体的抗拉、抗剪强度；在各层窗台处均设置钢筋混凝土窗台梁，以减少由于压力差引起的裂缝。同时，提高底层窗台下砌筑砂浆的强度等级。若在不均匀地基的情况下，增加地圈梁的刚度，并在底层窗台墙体的第二与第四皮灰缝中各设置$\phi$4钢筋点焊网片，用以控制竖向裂缝的产生。

2）施工方面的控制措施

砌筑工人应持证上岗，无上岗证者不得上岗。上岗前应做好技术交底，要求每一层的同部位墙体应由同一人施工。

（1）墙体所使用混凝土小型空心砌块的生产厂家必须具有准用证。砌筑前，应将砌块表面的污物清除，不得使用28d龄期未到或潮湿的小砌块进行砌筑。断裂的小砌块或壁肋中有竖向凹形缝的小砌块不得在承重墙上砌筑；

（2）砌筑水平灰缝时用坐浆法铺浆，砌筑竖缝时先将小砌块端面朝上铺满砂浆，然后上墙挤紧，并用泥刀在竖缝中插捣密实，做到随砌随勒缝，用以保证墙体有足够的抗拉、抗剪强度。若需要移动已砌好砌体的小砌块或被撞动的小砌块时，应重新铺浆砌筑，控制砌块周围裂缝的产生；

（3）配制砂浆的原材料必须符合要求，设计配合比应有良好的和易性，砂浆稠度宜控制在50～70mm，施工配合比必须准确，保证砂浆强度达到设计要求；

（4）顶层的内部粉刷应在屋面保温层、隔热层施工完毕后进行，以降低温差的影响。外墙的粉刷宜在结构封顶后，并在墙体干缩基本稳定后施工，防止以后粉刷开裂。

综上所述，多层住宅的混凝土小型空心砌块墙体应设计到位，并且在施工中应严格按照有关规范和设计要求进行，所出现的裂缝是完全可以控制并解决的。

## 3.18 如何才能提高砖混结构房屋抗震的技术水平?

我国绝大多数人口不论城乡，现在仍然居住在多层砖混结构房屋中，砖混结构房屋抗震能力的高低，直接关系着人民的生命及财产安全。我国地震区域较多，建筑工程抗震防范技术措施，是长期以来我国建筑工程技术和设计人员一直不断努力探索及研究的课题，并在理论与实践抗震措施中取得显著成效。建筑结构特别是多层砖混结构，在强震中破坏情况历来严重，主要与抗震设计的技术措施缺失有关，难以确保和满足抗震规范对提高结构抗震的总体原则要求。采取有效的抗震技术措施，对烈度在8～9度区的房屋建筑，做到“大震不倒”是完全可能的。以下针对多层砖混房屋结构类型，介绍一种简单可行而有效的抗震方法，提供给广大工程技术和设计人员参考与借鉴。

**1. 震害状况及原因**

根据以往对地震震害的情况研究及2008年汶川8级特大地震震害情况分析，多层砖混结构房屋在地震作用下，主要有以下几方面破坏特征和产生原因：

（1）在水平往复地震作用下，层间特别是底层位移较大，纵、横墙企图阻止其侧移，但由于砖砌体的极限变形量较小，墙的斜向抗拉强度作用受墙体顶部与底部作用方式的影响，斜向拉伸破坏形成较陡的对角线齿缝破坏面。此外，由于多层砖混结构房屋中重力产生的墙中轴力较小，墙体特别是底层墙体所受水平地震剪力较大，在构造柱上、下柱脚和墙体中较易发生剪切破坏，构造柱脚纵筋受剪切和扭转影响而发生屈曲，震害严重时则发生倒塌。

（2）墙体门、窗洞口等薄弱处，由于在地震作用下丧失抗震能力，产生较大的应力集中或塑性变形集中，破坏严重，甚至倒塌。并且，由于楼层安装预制板，整体连接性差，墙体破坏后楼板塌落，致使房屋倒塌。

（3）附着于楼、屋面结构上的非结构构件及楼梯间的非承重墙体与主体结构无可靠连接或锚固，由于结构顶端“鞭梢效应”的作用，造成倒塌。

（4）同一结构单元的基础，设置在性质完全不同的地基上，导致基础下沉不均匀而破坏或倒塌。

（5）未按规定设防震缝，致使房屋发生破坏等原因。

**2. 抗震性能方法分析**

现在，多层砖混结构房屋的抗震构造措施，主要是在房屋结构竖向及水平规定部位设置构造柱和圈梁；建筑材料及砂浆强度等级适当提高。这一构造措施虽然对房屋整体抗震能力有所提高，但其整体结构抗震性能提高的幅值并不大，约为结构抗震能力的10％～20％；再由于当前抗震措施的局限性及受施工质量特别是柱脚施工缝等的影响，柱脚抗滑移剪切能力有限，对房屋结构抗扭转能力和两主轴方向的抗侧力提高不大。面对相应抗震设防烈度的特大地震，结构破坏和倒塌的可能性较大。针对上述普遍存在的震害情况及原因，较大程度地提高多层砖混结构房屋的抗震能力很有必要，继承和保留现行砖混结构抗震规范的局部优势，完善和提高现有抗震措施的不足，其方法应从以下几方面进行：

1）加强基础与构造柱的连接强度，提高柱节点和塑性区的抗弯刚度

竖向钢筋混凝土构件即构造柱的设置，按现行规范要求设置。其形状按墙体结构特点，充分考虑所受地震作用情况，应针对不同的墙体结构部位，习惯的设置类型有5种，如图1所示。

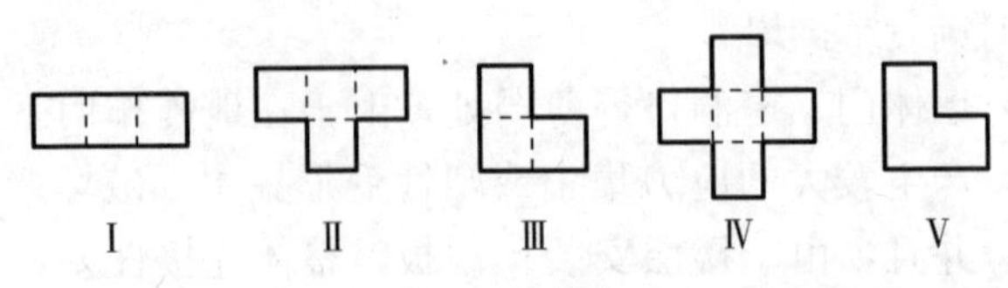


图1　构造柱类型图

一般使用时，如Ⅰ型用在纵横无交叉的墙体结构中；Ⅱ型用在有纵横交叉的墙体结构上；Ⅲ型用在内纵横墙体结构相交的转角处；Ⅳ型用在纵横墙体结构的交叉处；Ⅴ型用在房屋外墙阴阳角位置。根据以上5种类型，以首层Ⅰ型为例，其剖面图构造如图2所示。

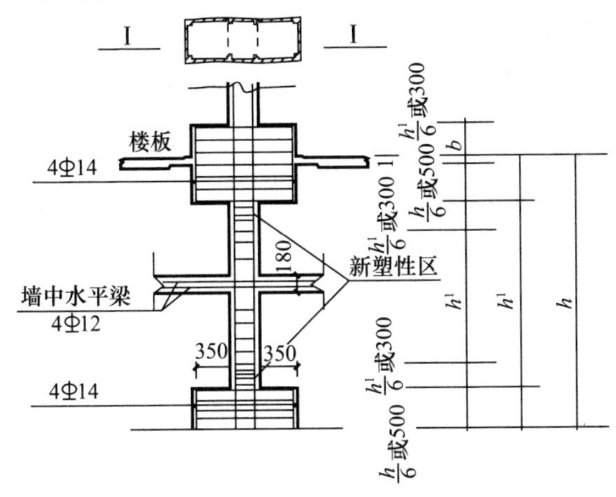


图2　Ⅰ型构造柱

以Ⅰ型构造柱为例，在构造柱上下塑性区各$h/6$或500mm高度范围之内，墙体纵向或横向每边加宽240mm或等于墙厚，加宽后该柱塑性区宽度约为750mm，其纵向配筋及横向配筋按设计或规范要求具体设置。新增加的塑性区高度的纵筋不应小于构造柱纵向钢筋的直径，而且不应小于14mm，其数量每边不少于两根。加宽后，构造柱上、下塑性区之间柱中部砌筑形状及砌体拉墙筋设置，均按规范要求设置。经加宽后，构造柱上、下两塑性区对高度墙体刚度、强度增大，并且在两塑性区之间形成新的塑性区且向柱中转移，仅靠原塑性区位置，其高度近似为$h/6$或300mm。通过以上有针对性的构造柱形状变化设置，使构造柱柱脚与基础地梁或地圈梁连接面积加大、连接强度提高，使柱节点强度和原塑性区抗弯刚度大大增加，理论上降低了层间控制计算高度。

2）增加墙体水平钢筋混凝土构件对墙体及柱的约束

为提高多层砖混房屋结构的抗震能力，现行规范对圈梁的设置要求，在现行抗震措施中已经承担了很重要的作用，但要使房屋结构做到“大震不倒”还存在明显的不足。墙体在水平地震作用下，上、下圈梁间的墙体和楼梯段等上、下端对应的墙体，特别是门窗及洞口等薄弱处破坏较为严重。提高多层砖混结构房屋抗震能力的原则是提高结构的整体强度和刚度；而提高砖混结构整体强度和刚度最直接有效的方法是，将层间墙体做到有效的分割、包围，对房屋中不同的结构部位情况，可按以下两种方法处理：

（1）对于整体墙片，在墙片中部位置增设墙中水平梁，其断面尺寸及配筋原则上按斜截面受剪承载力和墙片抗震承载力之和大于或等于相应设防抗震烈度产生的水平地震剪力，来确定该墙中水平梁的大小，但截面不应小于 240mm（宽）×120mm（高），纵筋不小于 4$\phi$10；底层墙中水平梁截面不应小于 240mm×180mm，纵筋不应小于 4$\phi$12；混凝土强度不应小于 C25；箍筋间距不大于 $\phi$8@200mm，其箍筋配筋率应满足斜截面受剪承载力要求。墙中水平梁纵、横交接并延伸至两侧构造柱中或门窗洞口边缘位置止，其墙中水平梁与门窗洞口上部经加强的抗震过梁等延伸段的错开搭接长度，按现行圈梁错开搭接长度规定执行；若窗间墙高宽比大于 1 或宽度小于 2m 的，在墙中部可以不设水平梁；若窗间墙较大，门窗洞口高度不一致时，可由具体情况而定。

（2）对于门窗洞口等薄弱部位，按现有抗震设计规范要求设计，在较大的水平地震作用下，较易产生过大应力集中或塑性变形集中。因此，在以上特殊部位，要克服过大应力集中或塑性变形集中发生或过早发生，要依据具体情况分开对待。

A. 对于门、落地窗等洞口较宽高的，要将其过梁按照在其墙片中具体位置，参与可能发生破坏的墙体截面抗震承载力一起抵抗该墙片分配的水平地震作用，确定其过梁截面、配筋大小及混凝土强度等级。过梁两端搭接在墙支座上，长度不小于1m；若与相邻洞口上部存在同标高过梁时，要尽量与其连接；若与相邻洞口上部过梁或墙中水平梁高度不一致时，按圈梁搭接封闭要求，形成规范性封闭。

B. 对窗及洞口等除在其上部设置规定过梁外，还应在窗台等一定高度位置增设一道水平梁，长度与上部过梁一致，该窗洞口等上部过梁在满足承重或构造要求外，与窗台及洞口下部水平梁及墙体截面抗震承载力一起抵抗该墙片分配所承受的水平地震作用，并确保结构在设防地震烈度下不被破坏，来确定窗及洞口等上部过梁及窗台、洞口下部水平梁断面尺寸、配筋大小和混凝土强度等级。对于以上门窗洞口等宽度为1m及以上的上部过梁，梁高不应小于180mm。第1层不应小于240mm。箍筋大小不小于$\phi8$，间距不应大于200mm，纵筋不应小于$4\phi12$；梁端箍筋按1.5$h$梁高长度范围加密且不小于$\phi8$@100。对上部过梁梁端伸入墙支座1m后，下部窗台、洞口水平梁纵筋及断面，可参照墙中水平梁设置。对于门窗、洞口等两侧有构造柱的，应伸入柱中；在较大洞口两侧，可按现行规范要求设置相应的钢筋混凝土边柱。

3）楼板结构构造措施

在我国大部分民用住宅、学校及公共建筑中，往往采用多层砖混结构，其楼板在1992年以前绝大部分采用装配式钢筋混凝土预应力空心楼板。这一楼板结构在相应地震烈度作用下，如果墙体结构发生一定的破坏，板端墙体支座发生错动或倒塌，使预制空心楼板塌落，直接造成严重的伤亡事故和巨大的经济损失。进入21世纪，随着国民经济快速增长，人们的生活水平不断提高，对于多层砖混结构的民用住宅、学校及公共建筑等重要民生工程，其楼板结构已要求不再使用预制空心楼板，均应采用整体现浇混凝土楼板结构、比较可靠的现浇结构和整体式钢筋混凝土楼板结构。该结构措施对提高整体结构抗震，预防或减少楼板直接塌落非常有利。现行《建筑抗震设计规范》

GB 50011—2010 中已对此措施有明确的强制性规定。

4）基础结构构造措施

建筑房屋的地基一般具有较好的抗震性能，极少发生由于地基承载力不够而产生的震害。因此，我国多数抗震设计规范，对一般性地基与基础均不做抗震验算。但值得注意的是，从2008 年汶川发生 8 级特大地震中可发现，由于震源的深浅直接影响地表产生地震烈度的大小，使地面产生激烈晃动的程度不同，局部地面产生地裂或震陷等。当穿越建筑基础时，由于地梁或地圈梁断面及配筋较小，强度较弱，房屋从基础底部开始断裂或破坏，将房屋分成几个部分，可直接导致地面建筑物破坏或倒塌。为预防或减轻此类破坏，应从理论上考虑使基础结构处于弹塑性工作状态来确定该地梁或地圈梁断面及配筋大小。但是，对房屋纵、横向特别是纵向，由于地裂或震陷等影响，要做到基础结构不发生断裂或破坏，事实上是不可能的。要预防和减小以上破坏，较好的方法是减小房屋纵向长度、在适当位置设防震缝、严格控制房屋高宽比等。但对不同的场地、岩土情况及基础类型等，其震害和预防措施有所不同，有待更深一步地采取构造处理。同时，对附着于楼、屋面结构上的非结构构件及楼梯间的非承重墙体与主体结构的连接等，必须按现行抗震规范要求处理。房屋平面设计应尽量规则，造型布置合理，按规定设置防震缝等构造措施。

**3. 抗震结构构造可靠性**

根据以上抗震构造方法，对构造柱形状进行改进并在砌体墙中设置水平梁后，多层砖混结构房屋在往复水平地震作用下的计算结果分析表明：房屋相关部位抗震能力均在满足原相应抗震设防烈度的基础上有一定提高，进一步验证了该抗震方法与原结构抗震的破坏机理和抗震性能等的差别。经以上抗震方法改进后，在设防烈度为 8 度时的水平地震作用下，结构未发生破坏，仍处于弹性工作状态。现行抗震构造房屋模型如图 3 所示。图 4 所示为经该方法改进后构造柱的荷载-位移滞回曲线，由于房屋刚度较大，可完全吸收水平地震作用。根据计算结果，可近似绘制出荷载-位移滞回曲线，荷载与位移关系近似于直线，滞回曲线包络面积非常小，刚度无明显下降，结构处于弹性工作状态。通过现在应用的这些构造方法，提高多层砖混结构房屋的抗震性能还体现在以下几方面：

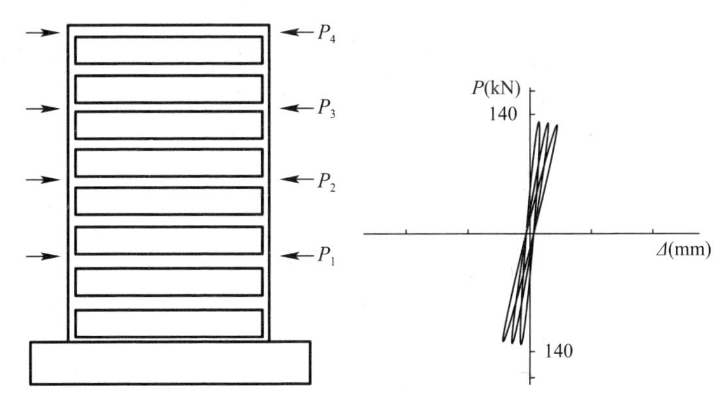


图 3　新抗震构造房屋模型图　　　　图 4　荷载-位移滞回曲线

（1）有效加大了竖向混凝土构件与基础的可靠性连接，其连接面积比原构造连接面积加大二三倍左右，并且避免了施工缝对塑性区抗震能力的影响，这对提高砌体结构，特别是不规则砌体结构的抗扭转能力和两主轴方向的抗侧力，效果非常明显。同时，提高了构造柱节点及塑性区的强度、刚度、抗弯性能及柱脚抗滑移剪切能力。由于水平地震作用对于房屋层间竖向构件的破坏，可能会发生在构造柱新塑性区位置，其层间原计算高度必须进行适当调整，调整系数取 0.75。由此，墙柔度 $\delta$ 比原来变小，而侧移刚度 $K$ 比原来增大，吸收的地震能量相应增大，能有效分担比原抗震构造方法更大的水平地震作用。由于增设的水平梁等延伸至柱中部连接，进一步约束了柱在整体结构中的稳定性，墙中水平梁和门窗洞口上部过梁参与墙体一起抵抗和吸收水平地震作用，有效约束构造柱在新塑性区过早发生变形或破坏，并在以上抗震方法作用下，形成很好的房屋水平及竖向结构相互约束的结构抗震体系。构造柱在以上抗震体系中，对结构的抗震贡献有较大幅度提高，由原来的10%～20%可提高到25%～35%左右。

（2）由于砌体结构的墙体受剪承载力验算，只考虑水平地震剪力，不考虑水平地震剪力与重力荷载内力的组合。而且，多层砖房墙体的受剪承载力与墙体1/2高度处的平均压应力$\delta_0$有关。通过以上水平梁等的设置，会使墙段1/2高度处平均压应力$\delta_0$有所增加。因此，墙体受剪承载力也相应提高。

（3）因为砌体的延性非常有限，其极限压应变小于钢筋混凝土的极限压应变，从而避免了砌体墙竖向劈裂破坏特征会使受压区的压力衰退非常迅速的不足。而理论上看，矩形砌体墙的延性随墙体的轴压力、含钢率、钢筋屈服应力及墙的形状比的增大而减小，但实际上会导致在极限状态下产生较小的曲率延性，必将增大弯曲受压区的面积，而作用于墙上的轴力仍较低，有利于结构抗震。

（4）通过在门窗洞口上加强抗震过梁和窗台、洞口处水平梁的设置，可有效避免由于窗间墙或墙体高宽比较大，特别是大于1.0时，形成在抗震薄弱处对整体结构造成抗震能力降低的影响，并在该部位墙体形成合理的刚度和承载力分布，避免结构局部削弱和突变形成薄弱部位，产生过大的应力集中和塑性变形集中，使该部位保留足够的强度和安全储备。同时，在抗震措施上满足相应设防烈度条件下，因内、外墙开洞率过高或门窗洞口宽度适当加大。通过改进以上方法后，构造柱、过梁、水平梁以及现行法规要求设置的圈梁等延性构件对砌体结构形成较小块体分割、包围，提高了砌体结构的整体强度和刚度，形成较好的结构抗侧力体系；增强了砌体墙的极限变形能力；提高了砌体墙抵抗初裂破坏并具有一定的极限承载能力；有效预防结构破坏和防倒塌能力，从根本上更好地改善了墙体结构抗震性能，并采取较为有效的抗震构造方法，达到了预期效果。

现行抗震规范及某些地方性建筑技术规程规定，在约束墙体的方法上均采用砌体配筋方式，与现在应用的方法采取抗震措施部位类似。配筋砌体在抗震能力上有一定提高，主要表现在结构变形能力增大，但在相应设防烈度地震作用下，未能确保所约束的墙体不被破坏或破坏后不会发生较大的变形和位移，甚至倒塌。因此，采用通过改进后的构造柱、过梁及墙中水平梁设置等的紧密配合作用，能有效约束砌体墙发生早期裂缝破坏，控制变形或位移，使墙体受剪承载力在满足控制设防烈度基础上有较大幅度的提高。

**4. 抗震验算方法**

经上述方法改进后的房屋结构，虽在某些部位增设了钢筋混凝土结构件，但对整体结构来讲，仍属多层砖混结构类型，按现行建筑抗震设计规范要求，对多层砖混结构房屋一般不考虑地震倾覆力矩对墙体受剪承载力的影响，只按不同基本烈度的抗震设防控制房屋高宽比。所以，该抗震计算方法仍需进行地震作用计算和抗震验算，其方法可归结为以下两个步骤：①按多质点体系水平地震作用近似计算法——底部剪力法，求得各纵横墙在不同结构楼盖条件下地震剪力的分配 $V_{jm}$；②验算层间墙中水平梁、门窗洞口上部过梁及窗台等部位水平梁，在水平地震作用下发生斜拉破坏时，水平梁受剪承载力 $V_{cs}$ 与黏土砖墙体截面抗震承载力 $f_{vE}A/r_{RE}$ 一起抵抗相应砖墙在不同结构楼盖条件下地震剪力的分配 $V_{jm}$。由于改进后的构造柱与原层间圈梁组成的抗震体系，对房屋整体结构抗震能力的贡献约为25%～35%。所以，当墙片两端有构造柱时，墙片承载力控制调整系数取0.75，即 $V_{cs}+f_{vE}A/0.75>V_{jm}$。

**5. 抗震计算与现行规范抗震能力比较实例**

例如，某4层砖混结构办公楼平面图如图5所示，楼盖和屋盖采用钢筋混凝土现浇板，横墙承重。窗洞尺寸为1.5m×1.8m，房间门洞尺寸1.0m×2.5m，走道门洞尺寸为1.5m×2.5m，墙厚均为240mm，窗下墙高度1.0m，窗上墙高度

0.8m，楼面恒载 3.10kN/m²，活载 1.5kN/m²，屋面恒载 5.35kN/m²。雪荷载 0.3kN/m²，外纵墙与横墙交接处设钢筋混凝土构造柱，砖的强度等级为 MU10，混合砂浆强度等级均为 M7.5，设防烈度为 8 度，场地为Ⅱ类场地。利用上述抗震验算方法，以 1 层横墙②轴交Ⓒ-Ⓓ轴墙片抗震能力的计算为例，进行抗震验算并进行比较。

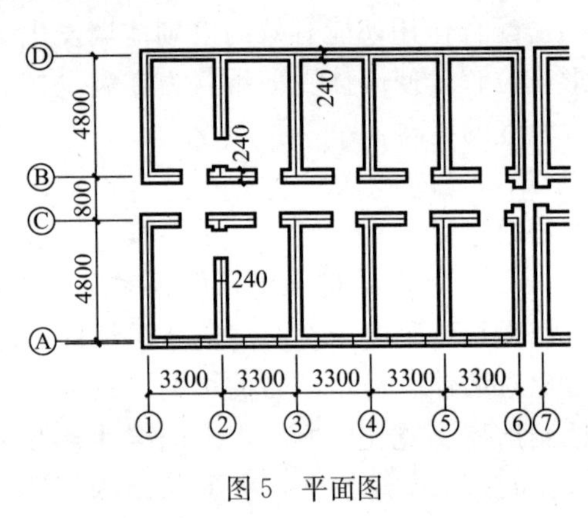


图 5　平面图

（1）按底部剪力法计算出 2 层横墙②轴交Ⓒ-Ⓓ轴墙片在现浇结构楼盖条件下地震剪力，经计算总水平地震剪力标准值 $F_{\mathrm{Ek}}=\alpha_{\max}G_{\mathrm{eq}}=1535\mathrm{kN}$。由于墙中水平梁的设置，墙体 1/2 高度处横截面上产生的平均压应力 $\delta_0$ 实际提高不大，可近似按原墙体 1/2 高度处产生的平均压应力 $\delta_0$ 计算，其 1 层总水平地震剪力标准值不变。经计算在单位力作用下有洞横墙总侧移刚度 $K$ 为 $0.46Et$，首层横墙总侧移刚度 $K$ 为 $6.711Et$。由于现浇结构楼板地震剪力 $V$ 按（$k/\sum k$）$F_{\mathrm{Ek}}$进行分配，即②轴交Ⓒ-Ⓓ墙片分担的地震剪力为 104.07kN。

（2）由于②轴交Ⓒ-Ⓓ轴墙体开有门洞，以靠近整体墙面一侧为界，将该墙片分成两个墙段，靠近走道的墙段门洞口上部按以上方法设置抗震过梁，其Ⓒ轴梁端伸入柱内，另一端伸入墙内支座小于 1.0m，在地震作用下，高宽比大于 4 的墙垛和门洞上抗震过梁组成一个抗震段，能抵抗部分地震作用，而现行规范对该段抗震能力却近似为零。无门洞墙段中部新设置水平梁，从门边到Ⓓ轴柱内组成一个抗震实体墙体。根据以上抗震验算方法，分别进行计算分析。

A. 对于有门的抗震墙段，1 层层高为 4.25m，门高为 2.50m，过梁高为 240mm。过梁偏离该层墙 1/2 高度处 400mm，该抗震过梁和所处位置对该层抗震有利，按照比例折减。在计算斜截面受剪承载力时，因上述构造柱塑性区位置出现变化，为更准确计算层间抗震高度要调整，可乘以抗震调整系数 0.75。还由于过梁受地震剪力破坏发生在梁端支座处，剪跨比 $\lambda$ 为 0，即 $V_{cs}=0.75\times(0.2/1.5\times f_c bh_0+1.25f_{yv}/S\times h_0)$ 为 0.75.1kN；门上 1.4m 高砖墙，墙中 1/2 高度位置与该层 1/2 高度位置高差相距约 1.4m，按门上实体墙中部高度位置偏离该层中部位置墙体抗震存在一定折减规律，应乘以调整系数 0.3。即墙体截面抗震承载力为 $0.3f_{vE}A/\gamma_{RE}$。由于在两端设构造柱，$\gamma_{RE}$为 0.75 的计算结果为 18.06kN，即含门洞墙段抗震承载力为 93.16kN，这是抗震过梁设置前该段墙所无法承担的。

B. 对于对实体墙段：按上式对 1/2 高度处水平梁斜截面受剪承载力计算，其结果为 52.92kN。而现行规范在墙中要配置 3$\phi$8 钢筋砖带，当受到大于 21kN 外力作用时，钢筋开始屈服被拉伸，其对墙体抗震耗能比较好，而对抵抗裂缝发生的破坏作用很小。而无门洞墙段的抗震承载力经计算为 236.7kN，大于底层该墙片所分配的地震作用 135.29kN。所以，该墙片②轴交Ⓒ-Ⓓ轴抗震承载力为 382.78kN，约是现行规范该墙抗震承载力 206.08kN 的 1.8 倍。经过上述计算分析，不考虑基础结构抗震方法的设置对整体抗震能力的影响，仅对构造柱构造形式的改进，墙中窗台、洞口处水平抗震梁的设置及门窗洞口上过梁的加强等措施，对房屋整体抗震能力的提高效果非常明显。

**6. 简要小结**

通过上述浅要分析探讨可知，这些应用多年的方法弥补了多层砖混结构抗震性不足的问题，确保房屋在强烈地震作用下，建筑物有足够的抵抗地震能量，尽可能使结构在弹性范围内抗震，避免和减轻对建筑物的破坏和倒塌。上述采用的方法简单、方便，抗震效果明显且容易施工，经济、节省且安全、可靠，可以实现“小震不坏、中震可修、大震不倒”的抗震目标。同时，经过实例比较和分析计算，找出有针对性地克服多层砖混结构房屋在地震作用下容易发生破坏薄弱部位的有效措施，在使用方法和理论上较有效地解决了造成震害发生的根本原因所在。完善现行抗震规范提出的提高结构抗震性的措施和目标，可以有效地保护人们的生命财产安全，具有重要的社会现实意义。

## 3.19　砌体结构裂缝控制的措施有哪些？

### 1. 裂缝的性质

引起砌体结构墙体裂缝的因素很多，既有地基、温度、干缩，也有设计上的疏忽、施工质量、材料不合格及缺乏经验等。根据工程实践和统计资料，这类裂缝几乎占全部可遇裂缝的80%以上。而最为常见的裂缝有两大类：一是温度裂缝；二是干燥收缩裂缝，简称干缩裂缝，以及由温度和干缩共同产生的裂缝。

1）温度裂缝

温度的变化会引起材料的热胀、冷缩，当约束条件下温度变形引起的温度应力足够大时，墙体就会产生温度裂缝。最常见的裂缝是在混凝土平屋盖房屋顶层两端的墙体上，如在门窗洞边的正八字斜裂缝、平屋顶下或屋顶圈梁下沿砖（块）灰缝的水平裂缝，以及水平包角裂缝（包括女儿墙）。导致平屋顶温度裂缝的原因，是顶板的温度比其下的墙体高得多，而混凝土顶板的线膨胀系数又比砖砌体大得多，故顶板和墙体间的变形差，在墙体中产生很大的拉力和剪力。剪应力在墙体内的分布为两端附近较大、中间渐小，顶层大、下部小。温度裂缝是造成墙体早期裂缝的主要原因。这些裂缝一般经过一个冬夏之后才逐渐稳定，不再继续发展，裂缝的宽度随温度变化而略有变化。

2）干缩裂缝

烧结普通砖，包括其他材料的烧结制品，其干缩变形很小且变形完成较快。只要不使用新出窑的砖，一般不考虑砌体本身的干缩变形引起的附加应力。但对这类砌体在潮湿情况下会产生较大的湿胀，而且这种湿胀是不可逆的变形。对于砌块、灰砂砖、粉煤灰砖等砌体，随着含水量的降低，材料会产生较大的干缩变形。如混凝土砌块的干缩率为0.3～0.45mm/m，它相当于25～40℃的温度变形，可见干缩变形的影响很大。轻集料块体砌体的干缩变形更大。干缩变形的特征是早期发展比较快，如砌块出窑后放置28d能完成50％左右的干缩变形，以后逐步变慢，几年后材料才能停止干缩。但是，干缩后的材料受湿后仍会发生膨胀，脱水后材料会再次发生干缩变形，但其干缩率有所减小，约为第一次的80％。这类干缩变形引起的裂缝在建筑上分布广、数量多，裂缝的程度也比较严重。如房屋内外纵墙中间对称分布的倒八字裂缝；在建筑底部一至二层窗台边出现的斜裂缝或竖向裂缝；在屋顶圈梁下出现的水平缝和水平包角裂缝；在大片墙面上出现的底部重、上部较轻的竖向裂缝。另外，不同材料和构件的差异变形也会导致墙体开裂。如楼板错层处或高低层连接处常出现的裂缝，框架填充墙或柱间墙因不同材料的差异变形出现的裂缝；空腔墙内外叶墙用不同材料或温度、湿度变化引起的墙体裂缝，这种情况一般外叶墙裂缝较内叶墙严重。

3）温度、干缩及其他裂缝

对于烧结类块材砌体，最常见的为温度裂缝；而对非烧结类块体，如砌块、灰砂砖、粉煤灰砖等砌体，也同时存在温度和干缩共同作用下的裂缝。其在建筑物墙体上的分布一般可为这两种裂缝的组合，或因具体条件不同而呈现出不同的裂缝现象，而其裂缝的后果往往较单一因素更严重。另外，设计上的疏忽、无针对性防裂措施、材料质量不合格、施工质量差、违反设计施工规程、砌体强度达不到设计要求，以及缺乏经验也是造成墙体裂缝的重要原因之一。如对混凝土砌块、灰砂砖等新型墙体材料，没有针对材料的特殊性，采用适合的砌筑砂浆、注芯材料和相应的构造措施，仍沿用黏土砖使用的砂浆和相应的抗裂措施，必然造成墙体出现较严重的裂缝。

**2. 砌体裂缝的控制**

1）裂缝的危害和防裂的迫切性

砌体属于脆性材料，裂缝的存在降低了墙体的质量，如整体性、耐久性和抗震性能，同时墙体的裂缝给居住者在感观和心理上造成不良影响。特别是随着我国墙改、住房商品化的进展，人们对居住环境和建筑质量的要求不断提高，对建筑物墙体裂缝控制的要求更为严格。由于建筑物的质量低劣，如墙体裂缝、渗漏等涉及的纠纷或官司也越来越多，建筑物的裂缝已成为住户评判建筑物安全的一个非常直观、敏感和首要的质量标准。因此，加强砌体结构，特别是新材料砌体结构的抗裂措施，已成为工程界、国家行政主管部门，以及房屋开发商共同关注的课题，因为这涉及新型墙体材料的顺利推广问题。

2）裂缝宽度的标准问题

实际上，建筑物的裂缝是不可避免的。此处提到的墙体裂缝宽度的标准（限值），是一个宏观的标准，即肉眼明显可见的裂缝，砌体结构尚无这种标准。但对钢筋混凝土结构，其最大裂缝宽度限值主要是考虑结构的耐久性，如裂缝宽度对钢筋腐蚀，以及外部构件在湿度和抗冻融方面的耐久性影响。我国到现在为止，对外部构件（墙体）最危险的裂缝宽度尚未作过调查和评定。但根据德国资料，当裂缝宽度不大于0.2mm时，对外部构件（墙体）的耐久性是不危险的。

对砌体结构来说，墙体的裂缝宽度多大是无害呢？这是个比较复杂的问题。因为它还涉及可接受的美学方面的问题。它直接取决于观察人的目的和观察的距离。对钢筋混凝土结构，裂缝宽度大于0.3mm，通常在美学上是不能接受的，这个概念也可用于配筋砌体。而对无筋砌体，似乎应比配筋砌体的裂缝宽度标准放宽些。但是对于客户来讲，两者完全一样。这实际上是直观判别裂缝宽度的安全标准。

**3. 现有控制裂缝的原则和措施**

长期以来，人们一直在寻求控制砌体结构裂缝的实用方法，并根据裂缝的性质及影响因素有针对性地提出一些预防和控制裂缝的措施。从防止裂缝的概念上，形象地引出“防”、“放”、“抗”相结合的构想。这些构想、措施有的已运用到工程实践中，一些措施也引入到《砌体结构工程施工质量验收规范》中，也收到了一定的效果。但总的来说，我国砌体结构裂缝仍较严重，究其原因有以下几种。

1）设计者重视强度设计而忽略抗裂构造措施

长期以来住房公有制，人们对砌体结构的各种裂缝习以为常，设计者一般认为多层砌体房屋比较简单，在强度方面作必要的计算后，针对构造措施，绝大部分引用国家标准或标准图集，很少单独提出有关防裂要求和措施，更没有对这些措施的可行性进行调查或总结。因为裂缝的危险仅为潜在的，尚无结构安全问题，不涉及责任问题。

2）我国《砌体结构工程施工质量验收规范》抗裂措施的局限性

这是最为重要的原因。《砌体结构工程施工质量验收规范》GB 50204 的抗裂措施主要有两条：一是对钢混凝土屋盖的温度变化和砌体的干缩变形引起的墙体开裂，可采取设置保温层或隔热层；采用有檩屋盖或瓦材屋盖；控制硅酸盐砖和砌块出厂到砌筑的时间及防止雨淋。未考虑我国幅员辽阔，不同地区的气候、温度、湿度的巨大差异和相同措施的适应性；二是防止房屋在正常使用条件下，由温差和墙体干缩引起的墙体竖向裂缝，应在墙体中设置伸缩缝。从规范的温度伸缩缝的最大间距可见，它主要取决于屋盖或楼盖的类别和有无保温层，而与砌体的种类、材料和收缩性能等无直接关系。可见，我国伸缩缝的作用主要是防止因建筑过长在结构中出现竖向裂缝，它一般不能防止由于钢混凝土屋盖的温度变形和砌体的干缩变形引起的墙体裂缝。

由此可见，《砌体结构工程施工质量验收规范》的抗裂措施，如温度区段限值，主要是针对干缩小、块体小的烧结普通砖砌体结构的，而对干缩大、块体尺寸比烧结普通砖大得多的混凝土砌块和硅酸盐砌体房屋，基本是不适用的。因为如果按照混凝土砌块、硅酸盐块体砌体的干缩率0.2～0.4mm/m，无筋砌体的温度区段不能越过10m；对配筋砌体也不能大于30m。在这方面，国外已有比较成熟的预防和控制墙体开裂的经验，值得借鉴：一是在较长的墙上设置控制缝（变形缝），这种控制缝与我国的双墙伸缩缝不同，是在单墙上设置的缝。该缝的构造既能允许建筑物墙体的伸缩变形，又能隔声和防风雨。当需要承受平面外水平力时，可通过设置附加钢筋达到。这种控制缝的间距要比我国规范的伸缩缝区段小得多。如英国规范对黏土砖为10～15m，对混凝土砌块及硅酸盐砖一般不应大于6m；美国混凝土协会ACI规定，无筋砌体的最大控制缝间距为12～18m，配筋砌体控制缝间距不超过30m。二是在砌体中根据材料的干缩性能，配置一定数量的抗裂钢筋，其配筋率各国不尽相同，为0.03%～0.2%；或将砌体设计成配筋砌体，如美国配筋砌体的最小含钢率为0.07%。该配筋率既抗裂，又能保证砌体具有一定的延性。关于在砌体内配置抗裂钢筋的数量（含钢率）和效果，是普遍比较关注的问题。因为它涉及用钢量和造价的增幅问题。

**4. 防止墙体开裂的具体构造措施**

以下为在综合了国内外砌体结构抗裂研究成果的基础上，结合我国当前的具体情况，提出的更具体的抗裂构造措施。它是对“防”、“放”、“抗”的具体体现。笔者认为，这些措施可根据具体条件选择或综合应用。

1）防止混凝土屋盖的温度变化与砌体的干缩变形引起的墙体开裂宜采取的措施

（1）屋盖上设置保温层或隔热层；

（2）在屋盖的适当部位设置控制缝，控制缝的间距不大于30m；

（3）当采用现浇混凝土挑檐的长度大于12m时，宜设置分隔缝，分隔缝的宽度不应小于20mm，缝内用弹性油膏嵌缝；

（4）建筑物温度伸缩缝的间距除应满足《砌体结构设计规范》GB 50003的规定外，宜在建筑物墙体的适当部位设置控制缝，控制缝的间距不宜大于30m。

2）防止主要由墙体材料的干缩引起的裂缝可采用的措施

（1）设置控制缝

A. 控制缝的设置位置

① 在墙的高度突然变化处设置竖向控制缝；

② 在墙的厚度突然变化处设置竖向控制缝；

③ 在不大于离相交墙或转角墙允许接缝距离之半设置竖向控制缝；

④ 在门、窗洞口的一侧或两侧设置竖向控制缝；

⑤ 竖向控制缝，对3层以下的房屋，应沿房屋墙体的全高设置；对大于3层的房屋，可仅在建筑物一二层和顶层墙体的上述位置设置；

⑥ 控制缝在楼盖、屋盖处可不贯通，但在该部位宜做成假缝，以控制可预料的裂缝；

⑦ 控制缝做成隐式，与墙体的灰缝相一致，控制缝的宽度不大于12mm，控制缝内应用弹性密封材料，如聚硫化物、聚氨酯或硅树脂等填缝。

B. 控制缝的间距

① 对有规则洞口外墙不大于6mm；

② 对无洞墙体，不大于8m及墙高的3倍；

③ 在转角部位，控制缝至墙转角的距离不大于4.5m。

（2）设置灰缝钢筋

① 在墙洞口上、下的第一道和第二道灰缝，钢筋伸入洞口

每侧长度不应小于 600mm；

② 在楼盖标高以上，屋盖标高以下的第二或第三道灰缝和靠近墙顶的部位；

③ 灰缝钢筋的间距不大于 600mm；

④ 灰缝钢筋距楼盖、屋盖混凝土圈梁或配筋带的距离不小于 600mm；

⑤ 灰缝钢筋宜采用小带肋钢筋焊接网片，网片的纵向钢筋不小于 25mm，横筋间距不宜大于 200mm；

⑥ 对均匀配筋时含钢率不少于 0.05%；局部截面配筋，如底层、顶层窗洞上下不小于 38mm；

⑦ 灰缝钢筋宜通长设置。当不便通长设置时允许搭接，搭接长度不应小于 300mm；灰缝钢筋两端应锚入相交墙或转角墙中，锚固长度不应小于 300mm；灰缝钢筋应埋入砂浆中，灰缝钢筋砂浆保护层，上下不小于 3mm，外侧小于 15mm，灰缝钢筋宜进行防腐处理；设置灰缝钢筋的房屋的控制缝的间距不宜大于 30m。

⑧ 当利用灰缝钢筋作砌体抗剪钢筋时，其配筋量应按计算确定，其搭接和锚固长度尚不应小于 $75d$ 和 300mm；

⑨ 不配筋的外叶墙应设控制缝，控制缝间距不宜大于 6m。

（3）在建筑物墙体中设置配筋带

① 在楼盖处和屋盖处；

② 墙体的顶部；

③ 窗台的下部；

④ 配筋带的间距不应大于 2400mm，也不宜小于 800mm；

⑤ 配筋带的钢筋，对 190mm 厚墙，不应小于 $2\phi12$；对 250～300mm 厚墙，不应小于 $2\phi16$；当配筋带作为过梁时，其配筋应按计算确定；

⑥ 配筋带钢筋宜通长设置。当不能通长设置时允许搭接，搭接长度不应小于 $45d$ 和 600mm；

⑦ 配筋带钢筋应弯入转角墙处锚固，锚固长度不应小于

35$d$ 和 400mm；当配筋带仅用于控制墙体裂缝时，宜在控制缝处断开，当设计考虑需要通过控制缝时，宜在该处的配筋带表面做成虚缝，以控制可预料的裂缝位置；

⑧ 对地震设防烈度不小于 7 度的地区，配筋带的截面不应小于 190mm×200mm，配筋不应小于 410mm；设置配筋带的房屋的控制缝间距不宜大于 30m；

3）综合采用

也可根据建筑物的具体情况，如场地土及地震设防烈度、基础结构布置形式、建筑物平面及外形等，综合采用上述抗裂措施。

# 四、门窗与外墙防渗漏工程

## 4.1 门窗的施工安装质量如何控制?

### 1. 铝合金门窗的安装施工要求

1）施工工艺

铝合金门窗的档次比较高，应按设计标高和平面位置校正，先弹线找规矩，用经纬仪打出外面边线，并在各层窗口做好标识，使上下层垂直。并用射钉枪将门窗框上铁片与砖墙、柱或梁面钉牢，安装牢固，开启灵活，缝隙均匀。用低碱性防水水泥砂浆将门窗框与砖墙四周的缝隙填实。固定铝窗临时用的木楔，填缝时应及时拔出，以免造成空鼓现象。安装窗框时不得打开铝合金塑料包装，必须待窗口腻子完成后再打开，保证水泥浆不与铝合金外框接触，以免腐蚀。门窗开关要灵活，螺钉牢固，小五金安装位置正确。铝合金内外侧缝隙均满打密封胶，以此实现铝合金的水密性和气密性，以及隔声和保温性能。铝门窗玻璃胶应顺直、美观、不渗水、不漏水。

2）质量标准

铝合金门窗的品种、规格、尺寸、开启方式及型材壁厚应符合设计要求。

检验方法：观察；尺量检查；检查产品合格证、性能检测报告、进场检验记录。

门窗的安装位置、连接方式、防腐处理及填嵌、密封处理，应符合设计要求。

检验方法：检查隐蔽工程检查记录。

门窗框和副框的安装必须牢固。预埋件和锚固件的数量、位置、埋设方式、与框和墙体的连接方式，必须符合设计要求，固定点应距窗角、中横框、中竖框 150～200mm，固定点间距应小于 500mm。

检验方法：手扳检查；尺量检查；检查隐蔽工程检查记录。

门窗窗扇必须安装稳定并应开关灵活，关闭严密，无倒翘。推拉门窗扇必须有可靠的防脱落措施。

检验方法：观察；开启和关闭检查。

门窗配件的型号、规格、数量应符合设计要求，安装应牢固，位置应正确，功能应满足使用要求。

检验方法：观察；开启和关闭检查，手扳检查。

**2. 木门安装施工工艺要求**

1）材料产品要求

木门：由木材加工厂供应的木门框和门扇必须是经检验合格的产品，并具有出厂合格证，进场前应对型号、数量及门扇的加工质量进行全面检查（其中，包括缝的大小、接缝平整、几何尺寸正确及门的平整度等）。门框制作前的木材含水率不得超过 12%，生产厂家应严格控制。防腐剂：氟硅酸钠，其纯度不应小于 95%，含水率不大于 1%；细度要求：应全部通过 1600 孔/$cm^2$ 的筛或稀释的冷底子油涂刷木材与墙体接触部位进行防腐处理；钉子、木螺钉、合页、拉手、门脚止、门锁等按门图表所列的小五金型号、种类及其配件准备；对于不同轻质墙体预埋设的木砖及预埋件等，应符合设计要求。

2）作业条件

门框和门扇安装前应先检查有无窜角、翘扭、弯曲、劈裂，如有以上情况应先进行修理；门框靠砖墙、靠地的一面应刷防腐涂料，其他各面及扇括均应涂刷清油一道。刷油后分类码放平整，底层应垫平、垫高。每层框与框、扇与扇间垫木板条通风，如露天堆放时，需用苫布盖好，不准日晒雨淋；门框的安装应依据图纸尺寸核实后进行安装，并按图纸开启方向要求，安装时注意裁口方向。安装高度按室内 50cm 平线控制；门框安装应在抹灰前进行。门扇的安装宜在抹灰完成后进行。

3）操作工艺流程

找规矩弹线，找出门框安装位置→门框安装→门扇安装；结构工程经过核验合格后，即可从顶层开始用大线坠吊垂直，检查门口位置的准确度并在墙上弹出墨线，门洞口结构凸出窗框线时进行剔凿处理。室外内门框应根据图纸位置和标高安装，并根据门的高度合理设置木砖数量，每块木砖应钉两个80～100mm长的钉子并应将钉帽砸扁钉入木砖内，使门框安装牢固。轻质隔墙应预设带木砖的混凝土块，以保证门安装的牢固性。

4）门框安装

木门框安装：应在地面工程施工前完成，门框安装应保证牢固，门框应用钉子与木砖钉牢，一般每边不少于两点固定，间距不大于1.2m。若隔墙为加气混凝土条板时，应按要求间距预留45mm的孔，孔深7～10cm并在孔内预埋木橛粘界面剂、泥浆加入孔中（木橛直径应大于孔径1mm，以使其打入牢固）。待其凝固后，再安装门框。

5）木门扇的安装

（1）先确定门的开启方向及小五金型号和安装位置，对开门扇扇口的裁口位置开启方向，一般右扇为盖口扇；

（2）检查门口是否尺寸正确，边角是否方正，有无窜角；检查门口高度应量门的两侧；检查门口宽度应量门口的上、中、下三点，并在扇的相应部位定点画线；

（3）将门扇靠在框上画出相应的尺寸线，如果扇大，则应根据框的尺寸将大出部分刨去；若扇小应帮木条，用胶和钉子钉牢，钉帽要砸扁，并钉入木材内1～2mm；

（4）第一修刨后的门扇应以能塞入口内为宜，塞好后用木楔顶住临时固定。按门扇与口边缝宽合适尺寸，画第二次修刨线，标上合页槽的位置（距门扇的上、下端1/10，且避开上、下冒头）。同时，应注意口与扇安装的平整；

（5）门扇二次修刨，缝隙尺寸合适后即安装合页。应先用线勒子勒出合页的宽度，根据上、下冒头 1/10 的要求，钉出合页安装边线，分别从上、下边线往里量出合页长度，剔合页槽时应留线，不应剔得过大、过深；

（6）合页槽剔好后，即安装上、下合页，安装时应先拧一个螺钉，然后关上门检查缝隙是否合适，口与扇是否平整，无问题后方可将螺钉全部拧上、拧紧。木螺钉应钉入全长的 1/3，拧入 2/3。如门窗为黄花松或其他硬木时，安装前应先打眼。眼的孔径为木螺钉的 0.9 倍，眼深为螺线长的 2/3，打眼后再拧螺钉，以防安装劈裂或螺钉拧断；

（7）安装对开扇：应将门扇的宽度用尺量好再确定中间对口缝的裁口深度。如采用企口榫时，对口缝的裁口深度及裁口方向应满足装锁的要求，然后对四周修刨到准确尺寸；

（8）五金安装应按设计图纸要求，不得遗漏。一般门锁、碰珠、拉手等距地高度 95～100cm，插销应在拉手下面；对开门扇装暗插销时，安装工艺同自由门。不宜在中冒头与立梃的结合处安装门锁；

（9）安装玻璃门时，一般玻璃裁口在走廊内，厨房、厕所玻璃裁口在室内；

（10）门扇开启后易碰墙，为固定门扇位置应安装定门器。对有特殊要求的门应安装门扇开启器，其安装方法参照产品安装说明书。

**3. 成品保护**

无论何种材料的门窗，进入现场及安装后都必须要进行保护，铝合金及木门窗更应采取保护措施。

对铝合金及木门框安装后应进行保护，其高度以手推车轴为中心为准，如门框安装与结构同时进行，应采取措施防止门框碰撞或移位变形。对于高级硬木门框，宜用 10mm 厚木板条钉设保护，防止砸碰，破坏裁口，影响安装；修刨门窗时应用木卡具将垫起卡牢，以免损坏门边；门窗框扇进场后应妥善保管，入库存放，垫起离开地面 20～40cm 并垫平，按使用先后顺序将其码放整齐，露天临时存放时上面应用苫布盖好，防止雨淋；进场的门窗框靠墙的一面应刷木材防腐剂进行处理，钢门窗应及时刷好防锈漆，防止生锈；安装门扇时应轻拿轻放，防止损坏成品，整修门窗时不得硬撬，以免损坏扇料和五金；安装门扇时，注意防止碰撞抹灰角和其他装饰好的成品；已安装好的门扇如不能及时安装五金件，应派专人负责管理，防止刮风时损坏门及玻璃；五金安装应符合图纸要求，安装后应注意成品的保护，喷浆时应遮盖保护，以防污染；门扇安好后，不得在室内再使用手推车，防止砸、碰。

**4. 应注意的质量问题**

（1）有贴脸的门框安装后与抹灰面不平：主要原因是立口时没掌握好抹灰层的厚度。

（2）门窗洞口预留尺寸不准：安装门窗框后四周的缝子过大或过小；砌筑时门窗洞口尺寸不准，所留余量大小不均；砌筑上下左右，拉线找规矩，偏位较多。一般情况下，安装门窗框上皮应低于窗过梁 10～15mm，窗框下皮应比窗台上皮高 5mm。

（3）门框安装不牢：预埋的木砖数量少或木砖不牢；砌半砖墙没设置带木砖的预制混凝土块，而是直接使用木砖，干燥收缩松动，预制混凝土隔板应在预制时埋设木砖使其牢固，以保证门框的安装牢固。木砖的设置一定要满足数量和间距的要求。

（4）合页不平，螺钉松动，螺帽斜露，缺少螺钉，合页槽深浅不一：安装时螺钉拧入太长或倾斜拧入。要求安装时螺钉应钉入 1/3，拧入 2/3，拧时不能倾斜。安装时如遇木节，应在木节处钻眼，重新塞入木塞后再拧螺钉，同时应注意不要遗漏螺钉。

## 4.2 塑钢窗制作及安装需重视哪些问题?

塑钢门窗是继木、铁、铝门窗之后，在 20 世纪 90 年代后期被国家积极推广的一种门窗形式，由于其价格较低、性价比较好，应用极其广泛且用量多。但由于塑钢门窗制作、安装以中小型企业偏多，在塑钢门窗的制作安装中尚存在一定的问题。因此，以下将对塑钢门窗制作、安装中的几个问题进行探讨。因为塑钢门和窗的制作很相似，为了叙述方便，此处只介绍塑钢窗。

**1. 塑钢窗的搭接量控制**

塑钢窗框与窗扇采用搭接方式密封，扇与框的搭接部分称为搭接量。行业标准对搭接量没做规定。对于平开窗，搭接量一般为 8～10mm。如条件允许，搭接量尽量选大些。这样，在安装和使用中，即使框扇搭接位置少许错位，也能保证框扇之间的密封。采用不同的五金件，也是影响搭接量的因素。若采用普通执手，框扇搭接量可选择大些；若采用传动执手，框扇之间需要一定的间隙安装传动器，所以搭接量就得小些；否则，安装在扇上的传动器易与窗框相碰，影响窗扇的开关。因此，即使采用同一种型材，搭接量也应分别确定。如采用大连实德集团生产的 60 系列塑料型材生产平开窗，不带传动器的平开窗的搭接量定为 8mm，这是有些企业所忽视的。对于推拉窗，以常用的扇包框的欧式型材为例，搭接量由窗框凸筋、窗扇凹槽和滑轮尺寸所决定。通常凸筋、凹槽尺寸相同（也有凸筋尺寸大于凹槽尺寸的），为 20～22mm。扇凹槽尺寸减去滑轮高度，就是扇与下框的搭接量，滑轮高度一般为 12mm，则搭接量为 8～10mm。行业标准要求框扇之间搭接量均匀，那么扇与上框的搭接量也是 8～10mm。推拉窗搭接量的大小影响窗的密封、安全、安装、日常使用等方面。以槽深 20mm 的型材为例，当采用 12mm 高的滑轮时，扇与框的凸筋（即滑道）根部的间隙为 12mm（20－8＝12mm），这个间隙供窗扇安装和摘取用。安装窗时，窗扇与下框凸筋顶部仅有 4mm 的安装间隙。由于窗框和窗扇制作的尺寸偏差，窗框安装的直线度偏差，以及所采用的滑轮的高度变化，都会使框扇的实际搭接量和安装间隙发生变化。当扇与上框搭接量增大时，安装间隙减小，严重时会使窗扇安装困难，窗与上部密封块摩擦力增大，造成窗扇开启费力；上部搭界搭接量减小时，会使密封性能下降。搭接量太小时，还会增加推拉窗脱落的危险。因此，在搭接量确定时要注意所采用的塑钢型材框凸筋、扇槽深的尺寸变化以及所选用的滑轮、密封块的尺寸的配套性。门窗框、扇尺寸公差的制定和生产工艺规程的制定，要有效地控制搭接量。

**2. 推拉窗中间滑道排水孔的处理**

对常用的带纱扇滑道的推拉窗（即三滑道推拉窗），中间滑道是否开排水孔，产品的行业标准没有提及；但就北方而言，由于室内外温差较大，加上塑钢窗密封性能较好，所以玻璃（指单层玻璃窗）表面常凝有水雾，使中间滑道与纱窗之间积水。为及时将水排除，要在中间滑道加工排水孔。中间滑道加工排水孔比外滑道加工排水孔困难，有在焊框前用长钻头从窗框端部成一定角度在选定的位置上钻孔，也有用T形铣刀直接在端部铣口，后一种方法比前一种美观且排水效果也好。

**3. 中空玻璃厚度的确定**

中空玻璃因其良好的隔热、隔声性能而越来越多地被采用，其厚度主要由玻璃和中间隔条的厚度所决定。隔条生产厚度一般有6mm、9mm和12mm三种规格（指中空玻璃制成后中间隔条的尺寸）。玻璃一般采用5mm和4mm的，中空玻璃厚度的选择是由塑料框（固定框）、扇主型材及玻璃压条和玻璃密封胶条三者决定的。中空玻璃选择厚了，无法安装玻璃压条；中空玻璃选择薄了，则密封不严、容易透水，玻璃也容易窜动。仍然以实德集团生产的60系列固定窗和80系列的推拉窗为例加以分析，实德60系列固定窗安装5mm平玻时，其玻璃压条的厚度为34mm；若安装中空玻璃，用双玻压条的厚度为19mm，其安装玻璃间隙增加15mm，则中空玻璃厚度应为20mm（5＋15＝20mm），此时可采用5mm＋9mm＋5mm（玻璃＋隔条＋玻璃）或4mm＋12mm＋4mm的中空玻璃。必要时，可采用相应厚度的玻璃密封胶条补偿尺寸的变化。80系列推拉窗，安装单层玻璃时，其单层玻璃压条厚度为20.5mm；而安装双层玻璃压条厚度为 7.5mm，采用双层玻璃压条其间隙增加 13mm，则中空玻璃总厚度可选用 4＋9＋5＝18mm，近似也可以采用 4＋9＋4＝17mm 或 5＋9＋5＝19mm。确有必要时，通过改变密封胶条的厚度加以补偿。

**4. 窗框、窗扇的平直**

由于塑料型材的刚度较差，塑钢窗框、窗扇易出现弯曲变形的现象，不仅影响美观，而且影响窗的密封性。当窗框、窗扇的四个角焊好后，是很难校正的。因此。校正工作必须在焊接前进行。首先，下好的增强型钢不直的要先校正。对装配完增强型钢的窗框、窗扇构件，焊接前要进行检查，其校直的简便方法是将窗框、窗扇构件插入相隔一定距离的两横杆之间，类似杠杆的道理将其扳直。

**5. 塑钢窗的安装施工**

俗话说，三分制作、七分安装。由于有些建筑施工单位不太了解塑钢窗的安装特点和技术要求，因此，负责门窗安装的塑钢门窗厂应积极和建筑施工单位协调，做好塑钢门窗的制作、安装工作。例如，塑钢窗的安装间隙是如何留的，固定窗的预埋件的位置怎样，预埋件位置与窗固定件安装的国家标准不一致（事实上不一致的现象很普遍）怎么办？建筑施工中门窗规格、数量是否与建筑图纸一致。采用发泡剂填充洞口间隙时，是先抹砂浆还是先安装窗，这些都是需要同建筑施工总包单位商讨的。必要时向建筑施工单位提供塑钢窗的安装规范。门窗安装定位的基准线，最好与建筑施工采用统一的吊线坠。由于塑钢窗刚性较差，抹灰时易使窗框向内凸起，还应派人检查，在水泥未凝固时及时采取补救措施。

**6. 伸缩缝的填充材料**

一般情况下，钢、木门窗与洞口的间隙采用水泥砂浆填充。对塑钢门窗而言，因 PVC 塑钢窗框的热膨胀系数远比钢、铝、水泥的要大，用水泥填充往往会使塑钢窗因温度变化无法伸缩而变形。因此，应用弹性材料填充间隙。实际上，间隙的填充比较混乱，有用岩棉的、有用水泥砂浆的。在塑钢门窗安装及验收的国家标准中提出，窗框与洞口之间的伸缩缝空腔应采用闭孔泡沫塑料、发泡聚苯乙烯等弹性材料填充。其特意提出闭孔泡沫塑料，是希望填充物吸水率低，岩棉显然是不具备这一特性的。用发泡聚苯乙烯板材在现场填缝比较费事，因此，有的门窗厂将其裁成条后绑在窗框上，外面再裹上塑料包布加以保护。填充伸缩缝比较好的方法是采用塑料发泡剂，其具备较好的粘结、固定、隔声、隔热、密封、防潮、填补结构空缺等作用。在国外门窗安装中应用较普遍，目前在国内也逐渐被采用。因其价格较高，为降低安装成本，一般需要由建筑施工单位先把洞口用水泥砂浆抹好，单边留出 5mm 左右间隙（其间隙大小视洞口施工质量而定）。塑钢窗采用膨胀螺栓定位后，用塑料发泡剂填充其间隙。

塑钢门窗的生产制作及安装中的问题较多，使用维护也必须到位。有些问题解决起来并不困难，只要生产制作企业特别是一些中小型企业，加强管理和过程控制，施工安装企业按工艺标准施工，就能促进塑钢门窗这一产业的健康、有序发展，为广大居民提供服务。

## 4.3 门窗有哪些类型？其作用是什么？

**1. 门**

1）门的作用

门是建筑物中不可缺少的部分。主要用于交通和疏散作用，同时也起采光和通风作用。门的尺寸、位置、开启方式和立面形式，应考虑人流疏散、安全防火、家具设备的搬运安装以及建筑艺术等方面的要求综合确定。门的宽度按使用要求，可做成单扇、双扇及四扇等多种。当宽度在 1m 以内时为单扇门，1.2～1.8m 时为双扇门，宽度大于 2.4m 时为四扇门。

2）门的类型

门的种类很多，按使用材料分，有木门、钢门、钢筋混凝土门、铝合金门、塑料门等。各种木门使用仍然比较广泛，钢门在工业建筑中普遍应用。按用途可分为普通门、纱门、百叶门以及特殊用途的保温门、隔声门、防火门、防盗门、防爆门、防射线门等。按开启方式分为：平开门、弹簧门、折叠门、推拉门、转门、卷帘门等。

（1）平开门：有单扇门与双扇门之分，又有内开及外开之分，用普通铰链装于门扇侧面与门框连接，开启方便、灵活，是工业与民用建筑中应用最广泛的一种。

（2）弹簧门：是平开门的一种。特点是用弹簧铰链代替普通铰链，有单向开启和双向开启两种。铰链有单管式、双管式和地弹簧等数种。单管式弹簧铰链适用于向内或向外一个方向开启的门上；双管式适用于内外两个方向都能开启的门上。

（3）推拉门：门的开启方式是左右推拉滑行，门可悬于墙外，也可隐藏在夹墙内。可分为上挂式和下滑式两种。此门开启时不占空间，受力合理，但构造较为复杂，常用于工业建筑中的车库、车间大门及壁橱门等。

（4）转门：由两个固定的弧形门套，内装设三扇或四扇绕竖轴转动的门扇。转门对隔绝室内外空气对流有一定作用，常用于寒冷地区和有空调的外门。但构造复杂，造价较高，不宜大量采用。

（5）卷帘门：由帘板、导轨及传动装置组成。帘板是由铝合金轧制成型的条形页板连接而成。开启时，由门洞上部的转动轴旋转将页板卷起，将帘板卷在筒上。卷帘门美观、牢固、开关方便，适用于商店、车库等。

3）门的构造

平开木门是当前民用建筑中应用最广的一种形式，由门框、门扇、亮子及五金零件所组成。

4）门扇

常见的门扇有下列几种：

（1）镶板门扇：是最常用的一种门扇形式，内门、外门均可选用。它由边框和上、中、下冒头组成框架，在框架内镶入玻璃，下部镶入门芯板，称为玻璃镶板门。门芯板可用木板、胶合板、纤维板等板材制作。门扇与地面之间保持 5mm 的空隙。

（2）夹板门扇：它是用较小方木组成骨架，两面贴以三合板，四周用小木条镶边制成。夹板门扇构造简单，表面平整，开关轻便，能利用小料、短料，节约木材，但不耐潮湿与日晒。因此，浴室、厕所、厨房等房间不宜采用，且多用于内门。

（3）拼板门扇：做法与镶板门扇近似，先做木框，门芯板由许多木条拼合而成。窄板做成企口，使每块窄板自由胀缩，以适应室外气候的变化。拼板门扇多用于工业厂房的大门。

**2. 窗**

1）窗的作用

主要是采光与通风，并可作围护和眺望之用，对建筑物的外观也有一定的影响。窗的采光作用主要取决于窗的面积。窗洞口面积与该房间地面面积之比称为窗地比。此比值越大，采光性能越好。一般居住房间的窗地比为 1/7 左右。作为围护结构的一部分，窗应有适当的保温性，在寒冷地区做成双层窗，以利于冬季防寒。

2）窗的类型

窗的类型很多，按使用的材料可分为木窗、钢窗、铝合金窗、玻璃钢窗等。其中，以木窗和钢窗应用最广。按窗所处的位置分为侧窗和天窗。侧窗是安装在墙上的窗，开在屋顶上的窗称为天窗，在工业建筑中应用较多。按窗的层数，可分为单层窗和双层窗。按窗的开启方式，可分为固定窗、平开窗、悬窗、立转窗、推拉窗等。

## 4.4 铝合金门窗如何防治渗漏水？

铝合金门窗以其密封性能好、外观美观等特点，在民用建筑中几乎取代了木门窗及钢门窗。但是，由于材料、施工等原因造成其渗漏，是目前最常见的通病之一。以下就这一问题做一分析，供同行应用时参考。

**1. 原因分析**

（1）型材断面尺寸小，材质过薄，节点采用平面拼接，拼缝处缝隙过大。在工程监督中发现，有的施工单位为了降低成本，一是选用的铝合金型材厚度不足 1mm 或以次充好；二是框料拼接处不采用套插法。使铝合金门窗出现刚度差、变形大、密封性能严重降低的现象，有的在开启时出现明显晃动，致使框与墙体由于晃动而产生裂缝，这样不仅易造成渗漏，而且还会影响其使用功能；

（2）框与墙体连接不牢，构造措施不得力。连接件材质薄、宽度不够，不是根据墙体材料选择连接构造，而是笼统地采用薄钢板加射钉的方法，有的则采用小水泥钉直接钉在砖砌体灰缝中，有的连接件间距过大，这就大大削弱了其连接的牢固性，易使框料与其接触的墙体间产生裂缝，造成渗漏，同时也给用户的使用安全埋下隐患；

（3）框与墙体不留缝隙或嵌填材料不符合要求，填缝不密实，框与墙体接触面不做防腐处理，有的施工单位为了图省事或不看图纸，凭经验用水泥砂浆填缝，致使由于水泥砂浆收缩产生裂缝造成渗漏，同时还因水泥对铝合金框料的腐蚀，影响门窗的耐久性；

（4）不留泄水孔或密封胶过厚堵塞了泄水孔，致使窗下框推拉槽内的雨水不能得到及时排除，造成雨水向室内渗入；

（5）框与墙体间的缝隙不用密封胶密封或工艺粗糙，笔者在监督工作中发现问题最多的是：框料与墙脚体间不按规定留设凹槽，不打密封胶以及打胶前槽口表面的灰尘不清理干净，致使该处成为防水的薄弱环节；

（6）下框选料过小，截面尺寸不符合标准规定且不按规定将其抬高，有的甚至将窗框埋进窗台抹灰层中，致使雨水易渗入室内；

(7) 窗口上部不按规定做滴水线或鹰嘴，窗台坡度过小或出现倒泛水，这也是目前窗口渗水的主要原因之一；

(8) 框料拼缝处缝隙不用密封胶密封，造成拼缝处渗水；

(9) 安装玻璃的橡胶密封条或阻水毛刷条不到位或出现脱落；

(10) 门窗安装前，不校正其正侧面垂直度，避免因窗框向内倾斜而渗水。

**2. 预防控制措施**

(1) 认真阅读施工图纸，进行详细的技术交底，明确节点构造做法，严格执行三检制，严把工序质量关；

(2) 加强土建各工种的配合工作，洞口尺寸应根据内外装饰工艺的种类预留，保证门窗洞口尺寸符合有关规范的规定；

(3) 严把铝合金型材质量关。门窗材料及其附件的质量，必须符合现行国家标准及有关的行业标准，型材尺寸必须符合设计要求，其厚度不得小于1.2mm；横向与竖向组合时，应采用套插，使其搭接形成曲面，搭接长度宜为10mm，并用密封胶密封；

(4) 安装前应先弹出安装位置线，安装时应及时检查其正侧面的垂直度，并调整框与墙体周围的缝隙，保证四周的缝隙均匀，上下顺直，缝隙宽度宜为20mm左右，为嵌缝创造良好的条件，严禁将门窗框直接埋入墙体；

(5) 加强门窗框与墙体连接质量的检查。连接牢固是保证门窗不渗水的关键环节之一，预埋铁件到门窗口角部的距离不得大于180mm，预埋铁件的间距不得大于500mm；其宽度不得小于25mm，厚度不得小于1.5mm；其固定方法应根据墙体的类型进行选择：若为混凝土墙体时，可采用4mm或5mm的射钉固定；若为砖砌体时，可采用用冲击钻打不小于10mm的孔，再用塑料膨胀螺栓固定，严禁采用射钉或水泥钉固定；若为混凝土小型砌块时，则应采用先预埋铁件，并用细石混凝土嵌填密实或在洞口附近用砖砌体过渡；

(6) 嵌填框与墙体四周缝时，应先用矿棉条、玻璃丝毡条、泡沫塑料条或泡沫聚氨酯条分层嵌填，避免门窗框四周形成冷热交换区，从而在冬季产生结露现象，缝隙外表应留 5～8mm 深的凹槽，凹槽应用密封胶或密封胶嵌填，严禁采用水泥砂浆填塞；

(7) 窗的下框就比窗台高 20mm，窗台坡度应明显，窗口上部应按要求做滴水线，下框应钻泄水孔并防止密封胶堵塞，以利雨水及时排出；

(8) 镶玻璃所用的橡胶密封条应有 20mm 的伸缩余量，并在四角斜面断开，断开处必须用密封胶粘牢，避免因其产生温度收缩裂缝，密封条及毛刷条必须镶贴到位，防止该处成为渗水的薄弱环节；

(9) 打胶应由技术熟练的工人负责，常言道会打一条线，从而保证打胶质量，避免因打胶断续而造成的渗漏水。

## 4.5 如何防治建筑外窗部位渗漏水？

人们常说眼睛是心灵的窗户，而建筑物的外窗则是联系建筑物内部与外界的窗口。但正是因为这些窗口的存在，往往因渗漏而造成室内装饰发霉、变质，极大地影响了居住环境及建筑的使用寿命，给用户带来了许多烦恼和不便。为治理建筑物外窗渗漏，笔者总结出预防渗漏的几项质量控制措施，希望能为建筑外窗部位渗漏的有效治理提供帮助。

### 1. 外窗部位渗漏原因分析

1) 原材料本身质量的原因

(1) 窗框、窗扇因温差产生严重变形，产品不规矩，强度不够，对角线公差大于 3mm，与洞口配合间隙过大，导致渗漏；

(2) 窗框安装后，因洞口四周所抹砂浆与墙体原基底找平层不能永久结合，再加上铝合金窗的热膨胀和低温收缩系数比较大，使用不久就会发生窗框边砂浆粉刷层开裂、脱落，出现渗漏；

（3）窗扇反复开启，使边框受到推拉振动，因窗的周边未采用高弹性密封材料，使安装后所抹砂浆与原有砂浆面分离产生缝隙，进而造成渗漏；

（4）推拉窗密封条质量差，在温差作用下过早变形失效，从而无法阻挡雨水渗入，导致渗漏；

（5）部分外窗套窗台外墙饰面砖勾缝开裂，导致雨水顺着微小裂缝渗入内墙四周；

（6）外窗外侧窗框四周未做防水密封处理，仅用低档玻璃胶嵌缝，玻璃胶过早失效，在风力作用下雨水从窗台外侧渗入室内。

2）设计、施工、管理方面的原因

（1）外窗部位防水设计应根据“排水为前提、防水为基础、密封为关键、多道设防、共同作用”的原则，重视合理的防水构造设计，优选防水材料和粉刷等级。必要时还必须提供说明书，以便施工人员正确掌握关键部位的操作。所以，防水方案设计不当，极易引起外窗部位的渗漏。

（2）外窗部位的防水施工未严格按操作程序及设计要求精心施工，局部地方防水措施不当，造成细部节点质量低劣，密封效果达不到规范要求。坐浆、打孔等施工不规范，也是造成渗漏的原因。

（3）外窗部位操作工序不当以及产品保护和检测等管理措施未按有关要求进行，导致外窗部位防水质量得不到保证，产生裂缝，引起渗漏。

**2. 预防外窗部位渗漏的质量控制措施**

1）把好设计关

（1）外窗台要做好节点防水构造，同时内窗台应比外窗台高出20mm，突出墙面的窗台面应做坡度不小于3%的向外的排水坡，下部要做滴水，与墙面交角处做成直径100mm的圆角；

（2）窗户型材要满足选材要求，坚固；

（3）如果墙体采用空心砌块，其外墙窗洞周边200mm内的砌体应用实心砖或砌块砌筑，或用 C20 细石混凝土浇筑。砌筑砌块应采用稠度较大的专用砂浆，特别是垂直缝应填筑饱满，所有砌缝均应作原浆勾缝。窗洞口周围宜用厚度不小于 5mm 的聚合物水泥砂浆嵌填，或在安装门窗时喷泡沫保温材料后，再填柔性密封材料；

（4）外墙砂浆强度要注明等级，避免强度过低、材质疏松而形成诸多渗漏水的通道；

（5）设计上要注明外墙粉刷等级，而不是简单注明砂浆打底和贴面砖；

（6）应注明窗四周 300mm 范围内所用的防水材料及施工方法；

（7）另外，在每个窗户上沿安装一条 U 形铝合金引水条，这样可将雨水引流至窗上沿外侧，避免雨水向窗内倒流，阻挡窗上沿外缘水的进入。铝合金引水条采用与外墙饰面颜色相同的涂料涂刷，同时要保证铝合金引水条的宽度比外窗套宽 400mm。

2）确保施工质量

（1）施工工序：施工前准备，基层的检验、清理、处理，外窗套边框及外墙局部扩缝、钻孔，各重点部位的密封处理，安装铝合金引水条，外窗套四周 30cm 范围内用防水剂喷涂，喷淋水试验，复查并及时修补。外窗部位防水工程由防水专业队伍施工。

（2）施工要点：

① 安装。铝合金窗预留孔洞的位置应正确，框与墙体间的缝隙应均匀，宜控制在 20～30mm。

② 检查窗框接缝。看接缝形状和尺寸是否符合密封设计要求，对将要密封的接缝缺陷和裂缝先进行处理。

③ 接缝表面处理。用清水冲洗干净窗框与墙体之间的接缝，达到无尘、砂、污染和杂物。

④ 泡沫填缝剂填塞施工。施工中更换料罐时，应注意先把新料罐摇匀 1min，然后拧下空罐，尽快把新料罐换上，防止喷

枪连接口固化堵塞。

⑤ 嵌填密封胶。泡沫填缝剂填塞施工60min后，用小刀切割，框四周缝隙留6mm深槽口，再用密封胶填嵌密封。嵌填密封胶时操作要平稳，枪嘴应始终对准接缝底部，倾角45°。移动时应始终使挤出的密封胶处于枪嘴前端；缝内有挤压力，不要拖着胶走枪。避免漏嵌或空穴；胶条应平直，流线整齐，表面光滑、美观。

⑥ 整形。用与接缝面一致的刮条压实，修饰胶缝，使密封胶充分接触、渗透结构表面，排除气泡和空穴，清除多余的密封胶，形成光滑、流线整齐的密封缝。

⑦ 开泄水孔。铝合金窗框下槛应开设泄水孔，其位置和数量应保证雨天下槛排水通畅、不积水。

⑧ 喷外墙防水剂。对外窗套窗台四周外墙饰面30cm范围内及外窗套侧立边30cm范围内的外墙饰面，喷涂无色、透明高效外墙防水剂作防渗处理。

⑨ 安装U形铝合金引水条。每一个窗户上沿均安装一条，首先用冲击钻沿外窗套上沿均匀打6个3cm深的孔，再把橡胶塞用锤子打入孔中；同时，再于铝合金引水条处涂布单组分硅酮密封胶，然后用螺钉旋具从外窗套上沿一边向另一边钉牢铝合金条。注意用密封胶将铝合金与外墙饰面之间的缝隙嵌填密封。

3）严格把好原材料关

所用的材料应严格按照规范要求见证取样，符合质量标准和设计要求的，方可使用。

（1）用于多层建筑上的铝合金窗型材壁厚一般在1.0～1.2mm；高层建筑则不应小于1.2mm。窗与墙缝隙必须采用软质填充材料，连接采用弹性连接。填充材料宜用聚氨酯泡沫填缝剂，密封材料宜用中性硅酮密封胶。

（2）采用的防水密封材料应有材料质量证明文件，确保材料质量符合技术要求；防水材料进场时，按照材料的各种性能检查防水材料的外观和质量。同时，按规定抽样复检，提出检验报告，复检合格方可用于工程施工，严禁使用不合格产品。

4）加强质量管理

（1）各工序施工质量的保证，首先从人的管理入手，做到思想上高度重视、行动上严格认真。实行项目经理总负责、施工员及班组分级负责制，明确各级责任制及奖罚制度，增强质量意识。

（2）实行预控质量管理，重点抓好通常易渗漏的细部节点构造及分项工程的操作工艺质量控制，采取全面质量管理办法，对原材料、设计、施工和管理等主要要素进行质量预控。

（3）施工作业前，由施工单位技术工程师和该项目负责人组织管理施工作业人员学习有关规范、规章制度及设计施工图纸、作业方法、工艺流程、质量及安全等各方面的要求，特别强调对细部构造施工操作要领的掌握，以保证高质量施工。

（4）严格各工序的施工交接、检查、复查、验收制度。未经检查验收或验收不合格，不得进行下道工序施工，并对已完成的部分要采取保护措施，加强成品保护。特别是喷淋水试验，检查外窗部位各工序有无渗漏，可在雨后或持续下雨 24h 以后进行，也可用高压消防水龙头在离外窗不到 1m 处进行 3 次高压喷水扫射，每次持续 20min。

总之，外窗部位防水是一项系统工程，材料是基础，设计是前提，施工是关键，管理是保证。课题组经过两年多的研究，将研究成果应用到一些建筑工程的实践中，达到了预期目标，使用两年后经检查未发生渗漏现象，确保了工程质量。

## 4.6 如何确保住宅建筑施工中不产生渗漏水?

多年的住宅工程施工过程中，应特别重视住宅工程质量通病的预防，每年制定消除质量通病目标，完善和推广科学、有效的住宅工程质量通病预防措施。这些在已经竣工的住宅工程中收到了良好的效果。以下就如何防止住宅工程迎水面渗漏质量通病，谈谈在施工实践应中采取的措施。

**1. 屋面防渗漏措施**

1）保证屋面板施工质量

正确留置现浇钢筋混凝土屋面板的保护层，浇捣混凝土时应采取相应措施，预防钢筋被踩踏变形。混凝土必须连续浇筑，严禁出现冷缝并振捣密实，做到不漏浆，无蜂窝、麻面、露筋等。混凝土表面经滚筒滚压两遍，提浆收水后采用铁抹压光，然后铺盖麻袋保护。在常温情况下，12h后派人浇水养护7昼夜。

2）做好找平层

作为卷材屋面防水的基层，必须具有较好的结构整体性和刚度。为此，施工前应对屋面基层进行清理、浇水湿润及扫浆。整体水泥砂浆找平层上必须留置分隔缝，合理设置分隔缝的位置，保证其间距不大于6m。如果是预制结构，注意分隔留置在屋面板支承边的拼缝处、屋面转角处以及突出屋面的交接处。为使分隔缝顺直、宽度一致，预先放置2cm宽的分隔条。基层与突出屋面结构的连接处以及在基层的转角处，施工时均应抹成半径为100～150mm的圆弧形或钝角。施工时，应根据设计要求，测定标高、定点、找坡，拉挂屋线、分水线、排水坡度线，并且贴灰饼、冲筋，以控制找平层的标高和坡度。铺设的水泥砂浆在收水后应及时用铁抹压光、压实，禁止采用扫帚扫毛的做法。常温下，24h后浇水养护。

3）保温层的施工要求

含水量过大的保温层会造成防水层起鼓、开裂而失去防水作用。为此，保温层内应按轴线方向正确设置兼作排气方向的分仓缝。分仓缝宽度为50mm，纵横贯通，形成通气网络，并与出屋面的透气管相连通。透气管设置在分仓缝的每一十字交叉处。透气管的出口距屋面的高差应大于250mm。根据规范要求，保温层的每仓分隔面积应小于36m²，即每边长度小于6m。保温材料宜采用聚苯乙烯泡沫板、聚氨酯泡沫及水泥沥青珍珠岩板等低吸水率材料，这将有利于提高屋面的保温防水性能。

4）防水层的施工要求

防水层施工前对屋面和天沟的基层（或找平层）进行严格检查，确保其平整、清洁、干燥（含水小于8%、不起砂）以及排水畅通、不积水，角部处理正确。卷材、涂料等不同的防水材料，需要按不同的规范要求施工。天沟、檐沟、檐口、落水口、泛水、变形缝和伸出屋面管道等重要部位应先进行专门处理。防水施工完工后要做好成品的保护工作，严禁在其上放重物，或进行拌制砂浆、焊接管道与避雷带等作业，以预防损坏防水外墙面防渗漏工程。

**2. 外墙面渗漏**

外墙面渗漏一般产生于结构与外墙粉刷施工中控制不严的工序和环节，针对性的防治措施主要有以下几个方面：

1）防止小砌块外墙渗漏

严禁养护龄不达28d或以上的小砌块进场，因为小砌块具有干收缩性较大的主要特征，以此避免砌块上墙后产生收缩裂缝而造成墙面渗水。进场后的小砌块必须采取遮雨防潮措施，砌筑前禁止浇水润湿。避免发生受过潮的小砌块产生膨胀和日后干缩的现象，因而引起砌筑后容易造成墙体出现裂缝。严格按施工技术规范要求控制砂浆的配比与搅拌质量。禁止小砌块与其他墙体材料混砌，以预防引起墙体裂缝与影响砌体强度，避免发生线膨胀值不一致而引起的墙体裂缝。控制小砌块每天的砌筑速度，规定小砌块墙体每天的砌筑高度，这是减少墙体产生裂缝的有效措施之一。

2）防止混凝土墙板渗漏

每一楼层的外墙模板应一次配置到楼面以上100mm处，使楼层平台与外墙翻口混凝土同时浇捣，以防止楼层接槎处外模漏浆，导致该部位的混凝土疏松而渗水。浇捣位于墙板筋部位的混凝土时，应采用若干短头钢筋与板筋焊接作为限位筋，以此控制板面混凝土标高并有利于加固墙模，预防墙板混凝土“烂根”。封模前，凿除施工缝处浮浆及疏松混凝土，再用空压机高压清洗，以保证新浇混凝土的接缝紧密。

根据气温及泵送高度选择适当的混凝土坍落度。商品混凝土进入工地后不准擅自加水。混凝土浇捣后必须严格按施工规范要求养护，一般在浇捣后的12h内覆盖和浇水养护，养护时间不小于7d，以此预防混凝土因温差而产生的裂缝。

**3. 外墙窗洞口防渗漏措施**

1）合理安排工艺流程

外窗安装的工艺流程为：采用射钉或膨胀螺栓固定窗框→镶窗盘→外侧嵌樘子→打发泡剂→内侧嵌樘子→内外粉刷→窗框外侧四周打密封胶填嵌缝隙。这里应强调的是：在安装窗框前，必须先检查洞口尺寸的偏差情况，一般应保证上侧、左右两侧缝宽为20～25mm，下侧按设计宽度偏差不超过50mm。上述要求如不能满足，则应根据实际情况进行洞口打凿或采用1∶2水泥砂浆刮糙修整。

2）构造措施满足规范要求

根据门窗工程的有关规范要求，外窗施工中应采取以下必要的构造措施：当外窗肚墙采用多孔砖或小型混凝土空心砌块等里空洞大的墙体材料时，安装窗框前必须先在窗台处浇筑厚度大于60mm的C20混凝土梁，其上表面应外泛水，两端伸入墙内长度大于60mm。外窗的窗盘应有20mm的泛水，在窗槛下要做出20mm的圆挡。窗盘与天盘底均应按规范要求留置10mm×10mm的滴水槽线。

窗框左右两侧连接件的安装应注意外低里高，以免形成雨水渗漏通道。连接件的间距不得大于500mm并应均匀设置，以保证连接牢固。窗框周边的孔洞应采用铜帽或塑料帽覆盖，并用密封胶密封。外窗型材拼接处及紧固螺栓孔处也应用密封胶密封。窗框下槛应开设泄水孔，以保证在下雨时下槛不会因积水而造成渗漏。

3）控制关键工序质量

窗框与洞口之间的填嵌、封闭是关键工作，必须严格控制质量。发泡剂不得过满打或漏打。外窗安装完毕后，应按规范要求全数检查及抽样进行喷淋试验，如发现窗口部位的内墙面有渗渍或渗漏情况，必须及时分析原因，组织专人修补。

**4. 厨房及卫生间防渗漏措施**

1）管道与设备安装工程的质量保证措施

结构施工期间，由土建负责配合完成管道的预埋、预留工作。凡穿越楼板与墙体的管道均需留设套管。套管应高出结构面20mm。严格控制管材、设备及配件的质量标准。进场的材料必须具有“三证”，即产品出厂合格证、质量保证书及复试证明。每道工序完成后，必须经过严格的验收。给水管道安装后须进行水压试验，试验压力应为工作压力的1.5倍。排水管道安装后须进行通球试验。卫生及洗涤设备安装后须进行盛水试验。针对不同工种及不同工序的作业特点，建立完善的成品保护制度，以加强对安装成品的保护。

2）土建工程的质量保证措施

作为防止渗漏的必要构造措施，厨房、卫生间分隔墙底部统一浇筑混凝土导墙，高度为150mm，宽度大于100mm。在卫生间的浴缸和冲淋部位的地面与墙面上加做防水层，一般采用聚氨酯防水涂料。在楼地面施工时，应找出1%流向地漏的坡度。楼地面完成后应进行泼水试验，以保证流水坡度准确。

做好室内管道预留洞口的修补工作十分重要，应专门组织力量施工。管道与预埋套管之间的空隙一般采用水泥石棉打凿密实，或采用油膏填嵌密实。楼板上有预留洞口，应采用较高的细石混凝土分层填补，确保填料的密实度，并严格按规范要求进行养护。管道预留洞口修补后必须进行筑坝盛水试验。盛水时间不少于24h，以不渗、不漏为合格。

## 4.7 防止建筑物外墙渗漏的措施有哪些?

**1. 墙体检查与处理**

1）外墙砌筑要求

砌筑时避免墙体重缝、透光，砂浆灰缝应均匀，墙体与梁柱交接面应清理干净垃圾余浆，砖砌体应湿润，砌筑墙体不可一次到顶，应分二三次砌完，以防砂浆收缩，使墙体充分沉实，另注意墙体平整度检测，以防下道工序批灰过厚或过薄。

2）墙体孔洞检查及处理

批灰前应检查墙体孔洞，封堵如墙身的各种孔洞，不平整处用 1∶3 水泥砂浆找平，如遇太厚处应分层找平，或挂钢筋网、粘结布等批灰，另对脚手架、塔吊、施工电梯的拉结杆等在外墙留下的洞口应清洁、湿润，用素水泥浆扫浆充分，再用干硬性混凝土分两次各半封堵，先内后外，充分捣固密实。水落管卡子钻孔向下倾斜 3°～5°，卡钉套膨胀胶管刷环氧树脂嵌入，严禁使用木楔。混凝土剪力墙上的螺杆孔应四周凿成喇叭口，用膨胀水泥砂浆塞满，再用聚合物防水浆封口，封堵严密。

3）混凝土外墙修补

混凝土外墙局部出现少量胀模、蜂窝、麻面现象，根据实际情况采取如下方法对混凝土表面进行修补：

（1）胀模修补：首先，将不符合设计和规范要求的凸出混凝土部分凿除，并清理干净；其次，用钢丝刷或加压水洗刷基层，然后用 1∶2 或 1∶2.5 水泥砂浆找平，最后洒水养护 14d。

（2）蜂窝修补：所有发现的蜂窝、麻面均面积较小，无深孔现象。首先，对混凝土面上的松动的石子、混凝土屑凿去，并清理干净；其次，在修补前应先浇水冲洗待修补的混凝土面上的灰尘，保持修补基面的湿润，然后用 1∶2 或 1∶2.5 的水砂浆找平，最后洒水养护 14d。

**2. 确保找平层的施工质量**

1）找平层抹灰前的工作

应注意砌体批灰前表面的湿润，喷洒水充分，砌体部分与混凝土部分交接处的外墙面在抹灰前要用宽 200mm 的 16 号钢丝网片覆盖并加以固定，以抵抗因不同材料的膨胀系数不同而引起的开裂。对混凝土墙面的浮浆、残留的模板木屑、露出的钢筋与钢丝，一定要清理干净，以利于抹灰砂浆与基层粘结牢固。

2）找平层抹灰时应注意的事项

（1）砂浆应严格按配比进行，严格计量，控制水灰比，严禁施工过程中随意掺水；

（2）对抹灰砂浆应分层抹灰，尤其是高层建筑，局部外墙抹灰较厚，这就需要分层批灰，每层抹灰厚度不应超过 2cm；如厚度过大，在分层处应设钢丝网；

（3）批灰砂浆可用聚合物防水砂浆；

（4）外墙抹灰脚手架拉结筋等，应切割后，喇叭口抹实压平，定浆后可用铁抹子切成反槎，然后再刷一道素水泥浆。

**3. 确保外墙面砖的施工质量**

（1）镶贴面砖前应先检查找平层有无空鼓、起壳、裂缝和不平整，如有应及时修补合格，然后用纯水泥浆（掺 10％的 108 胶）在找平层上满刷一遍，并进行拉毛处理。

（2）面砖应符合产品质量要求，镶贴前应对面砖颜色是否均匀、平整、无翘角边进行精选，面砖应提前 1～2h 浸入水池，用时晾干表面浮水。

（3）面砖可用 1∶1 水泥细砂浆镶贴，镶贴时先在面砖背面刮一层 7mm 厚掺 108 胶薄浆，以弥补不平和增强粘结力，面砖镶贴时应压紧、搓挤到位，挤浆使窄缝饱满，余浆及时清除。

（4）面砖粘贴完毕后及时勾缝，勾缝宜用 1∶1 聚合物防水砂浆，以减弱水泥砂浆的脆性，一般缝的设置宽度约为 8mm，勾缝顺序须水平缝和垂直缝同时进行，防止出现过多头。缝的形式为凹缝，略低于面砖 2～3mm。勾缝完毕后检查，无漏勾或其他疵病后，用棉丝将面砖表面揩擦干净。最后洒水，养护若干天。

（5）为防止面砖及粘结层开裂造成墙面渗漏，可在每层楼板边梁上、下留设两道水平分格缝，使面砖粘结层分离。分格缝应清理干净并在拆除外脚手架前填入耐候胶，胶面与瓷砖面平。阴角部位也采用耐候胶封闭。

**4. 确保门窗施工质量**

在进行门窗安装前需对门窗洞尺寸进行检查，对尺寸偏差较大的要进行处理，以免因窗框周边缝过大或过小，影响塞缝质量，一般要求框边与洞口间缝宽约20mm。安装必须按规范横平竖直，固定并做好隐蔽工程验收。窗框固定好后，用聚合物防水砂浆对窗框周边进行塞缝。塞缝前先刷一道水泥防水砂浆，以利于砂浆粘结，塞缝要压实、饱满，绝不能有透光现象出现，检查确认塞缝质量后方可继续进行窗框周边的抹灰施工。水泥砂浆粉饰的窗套天盘必须做好滴水线。水泥砂浆刮糙后，面砖贴面的天盘外口必须比里口低。门窗安装、粉饰成型后，要进行产品保护，门窗不能被破坏。

**5. 确保屋面施工质量**

屋面与外墙面联系紧密，屋面节点设计和施工至关重要。《屋面工程技术规范》GB 50345—2012 及《屋面工程质量验收规范》GB 50207—2012 明确要求应做好一头（防水层的收头）、二缝（变形缝，分格缝）、三口（水落口、出入口、檐口）和四根（女儿墙根、设备根、管道根、烟囱根）等泛水部位的细部构造处理。对于解决屋面节点渗漏水问题，在设计上要求设计人员对这些部位强化处理，详细出图。充分考虑结构变形、温差变形、干缩变形、振动等影响，采用节点密封、防排结合、刚柔互补、多道设防等做法，满足基层变形的需要；施工上，施工前应制定屋面防水施工专项方案，对施工人员要详细交底，让他们对操作要点做到心中有数，以确保节点防水的可靠性。

**6. 外墙渗漏检验措施**

采用连续淋水法，可用$\phi20$的水管、3kg压力水，在建筑物顶层连续淋水6h，观察内墙面和窗边。

**7. 砖混结构墙体裂缝的防治**

砖混结构的房屋，由于设计、施工和材料等方面的原因，常使砖砌体产生各种形式的裂缝，影响观感和使用，甚至危及房屋的结构安全。控制裂缝以预防为主，以治理为辅。预防主要从设计和施工方面采取措施。治理应根据裂缝的性质采取措施，对于变形裂缝，一般不必采取加固措施，只需局部锚固或剔缝处理就行了。对于结构裂缝必须引起足够重视，应根据不同情况采取补缝、剔缝、重砌、局部加固、整体加固等措施。下面就几种常见裂缝的形式、产生原因和采取的防治措施作一些介绍。

（1）长条形建筑的下部纵墙上常会产生八字形裂缝或单方向斜裂缝，下部缝宽较大，向上逐渐缩小。在房屋建成不久就会出现，它的数量和宽度随时间而发展。这是一种沉降裂缝，主要是由于地基承载力、结构刚度上的差异使建筑物沉降不均匀引起的。当差异沉降积累到一定的数值时，砖砌体因承受较大的剪切力而开裂。预防的措施是，应根据地质状况合理进行建筑布局、结构选型，并在适当部位（例如土质和荷载变化较大处，不同结构类型处，新旧建筑物结合处等）设置沉降缝，以避免产生不均匀沉降，这是一种“放”的方法。治理的方法是，沉降稳定后，先用水泥浆灌缝，再粉刷高强度等级水泥砂浆或墙面敷贴钢筋网片，并配置穿墙拉筋加以固定，然后灌细石混凝土或分层抹水泥砂浆加固。

（2）屋顶建筑的顶层檐下或顶层圈梁与墙体交界面之间常会出现水平裂缝，裂缝一般沿外墙顶端断续分布，两端比中间严重。在转角处，纵横水平裂缝相交而形成包角裂缝。在平屋顶顶层纵墙的两端，常会产生正八字形裂缝，严重时可发展到房屋 1/3 长度内，有时在横墙上也可能发生。裂缝宽度一般中间大、两端小。当外纵墙有窗时，裂缝沿窗口对角方向裂开，这些裂缝是常见的温度裂缝。主要是由于平屋顶建筑的顶层受季节性气温和太阳日照的影响较大，使结构出现周期性的热胀冷缩，由于混凝土与砖砌体的线膨胀系数不同，会在接触面间产生水平方向温度应力，使砖砌体处于受拉、受剪等复杂的应力状态下。当应力超过砖砌体材料的抗拉、抗剪强度时，砌体就会开裂。也由于砖砌体材料的不均匀性，引起拉裂、剪裂的不规则性，有的导致水平裂缝和包角裂缝，有的导致正八字形裂缝。预防的措施是，提高屋面的保温、隔热性能；改善结构的变形约束条件，在建筑物顶层圈梁与砌体交界面之间设置滑动层（例如两层油毡夹滑石粉），创造一个较为自由的变形条件，减少结构变形产生的应力并提高顶部砂浆的强度等级，严格控制集中碎砖填充，提高砌体抗裂性能。施工中，屋面混凝土部分分块预制或留置伸缩缝，以减少混凝土伸缩对墙体的影响，这是一种“抗”与“放”相结合的方法。长条形建筑超过一定长度时，应设置温度伸缩缝，这是一种“放”的方法。治理的方法是，在不影响使用功能和美观时，这些裂缝一般不作处理，较为严重的可先用水泥浆填缝，再重新粉刷面层。

（3）在窗口转角、窗间墙、窗台墙、外墙及内墙上常会发生斜裂缝，多发生在纵墙上部的两端。裂缝往往通过窗洞的两对角，在洞口处缝宽较大，向两边逐渐缩小。这些裂缝大多是由于温度变化，使结构热胀冷缩，产生温度应力后造成的，是一些不规则的斜裂缝。预防的措施是，提高上述薄弱部位砌筑砂浆的强度等级，严格按规范要求施工，确保施工质量，以提高砌体的抗裂性能，这是一种“抗”的方法。一般可不作处理，较严重的可选用水泥砂浆补缝，重新粉刷面层。

在底层窗台墙的中部、窗洞口的两个角处常会出现竖向裂缝，裂缝上宽下窄。这些裂缝是由于地基反压力和砖砌体的温度收缩应力共同作用引起的。窗台墙受基础和两窗间墙的约束，在地基反压力作用下起着反梁作用，特别是在较宽大的窗口或窗间墙承受较大的集中荷载的情况下，将向上弯曲，产生弯曲应力。在1/2跨度附近由于应力较大，导致裂缝。同时，窗间墙对窗台墙的压力作用，将在窗角产生较大的约束应力，导致或加剧开裂。预防的措施是，提高窗台墙砌筑砂浆的强度等级，窗台墙顶部采用配筋砌体，提高砌体抗裂性能，这是一种“抗”的方法。这种裂缝一般不危及房屋的安全，可不作处理，较严重的可先用水泥浆补缝，再重新粉刷面层。

砖混结构的底层窗间墙常会出现竖向裂缝。裂缝上宽下窄，这种裂缝多为结构裂缝，由于窗间墙截面较小，承受荷载较大。

而且，窗间墙中常有管线通过，损坏砌体。设计时没有充分考虑砌体强度的削弱或施工质量问题引起的承载力不足。预防措施是，增大窗间墙的断面或事先采用高强度等级砂浆砌筑，窗间墙尽量用整砖砌筑。通过窗间墙的管道事先预埋，不要砌筑后再打凿，以保证砌体的整体强度，这是一种“抗”的方法。治理的方法是，采用水泥砂浆灌缝，两面再夹钢丝、网片，粉刷高强度等级水泥砂浆补强，严重的应采取抽砖重砌或扩大断面、加扶壁柱等措施。

（4）梁端底部局部墙体上常会出现竖向或稍倾斜的裂缝，这些裂缝多为结构裂缝，是由于梁端下砌体局部承压不足引起的。另外，梁与砌体的变形差异也将导致或加剧强度，不足的应设置梁垫。当大梁荷载较大，墙体还应考虑横向配筋。在有梁集中荷载作用下的窗间墙，应有一定的宽度（或加垛）。对宽度较小的窗间墙，施工中应避免留脚手架，这是一种“抗”的方法。治理的方法是，用加扶壁柱加固。

通过对建筑物常见裂缝的分析总结和几年来的工作实践证实，砖混结构的墙体裂缝虽然不可避免，但只要设计合理、确保施工质量、选用材料得当，建筑物的裂缝是可以从根本上得到控制的，可做到四周无渗水痕迹。

## 4.8　常见住宅渗漏水如何防治?

住宅工程渗漏问题是近年来用户投诉的焦点。以下对常见渗漏问题进行分析探讨，并提出针对性的预防和治理措施。

**1. 地下底板与墙板施工缝渗水**

地下底板与墙板施工缝渗水是地下室渗水中较多的部位。施工方面的原因主要有：

1）施工缝节点做法不恰当

单纯采用混凝土自身企口或者用橡胶带止水效果并不是很好，因为混凝土企口高差不能太大，否则高出部分混凝土质量很难保证；如企口太低，又达不到防水要求。用橡胶带不仅施工质量难以保证，而且橡胶带与箍筋相交处也难以处理。通过多年的施工分析，用钢板止水带施工要比用橡胶带方便。钢板不易变形，其与箍筋的接触点可以电焊处理，防水效果较好。

2）施工缝处混凝土振捣不密实，垃圾清理不干净

墙板中钢筋往往较密，振捣器不容易插到底部，难以保证混凝土浇捣质量。楼板施工时，垃圾易落入墙模板内。如被浇入混凝土中，将成为渗水隐患。

**2. 地下室墙渗水**

地下室墙渗水主要与温差应力、混凝土浇捣密实程度、受力状况、混凝土养护等有关。地下室浇筑后，水化热导致地下室外墙内外温差较大（冬天会更大），产生温差应力，从而导致混凝土局部开裂。

预防上述裂缝可采取如下措施：延长外墙拆模时间达到外墙外侧保温目的，用鼓风机将地下室内高温空气排出来降低内部温度，从而减少温差应力。

地下室结构混凝土浇筑后，四周回填土时间尽量滞后。因为外墙混凝土早期强度较低，如因施工需要过早将土回填（或者墙外侧积有大量的水），会使外墙过早承受压力，导致产生应力裂缝，引起渗水。

**3. 外墙裂缝渗水**

外墙裂缝在砖混结构或在框架结构的填充墙中较常见，多半因基础不均匀沉降引起。施砖墙砌筑或楼面施工应对称进行，以保证加载对称，房屋整体均匀沉降。框架或剪力墙结构的填充墙砌筑，要等结构梁达到规定强度。外墙混凝土墙与填充砖墙交接处在粉刷前，应敷设宽度不小于20cm的钢丝网片，网片应绷紧，分别固定于混凝土与砖砌体上的粉刷层内，确保网片粘结牢固。混凝土墙与砖砌体相接处应按设计要求，留置拉结钢筋。

填充墙砌至梁底部约剩两皮砖高度时，应过约一周时间后再砌剩余的两皮砖，并在梁底处采用实心砖斜砌挤紧，砂浆要

饱满。这样，可大大减少灰缝的收缩和墙体自身压缩造成顶部开裂的可能。

尽量减少传统施工工艺中的砍砖现象。定制起头所需的各种非标准砖。定制梁底斜砌的实心砖，若数量较少无法定制，则采用现场混凝土预制砖代替，这样可减少砍砖引起的砖隐性裂缝，从而减少墙体渗漏。

窗底框下砖墙压顶施工缝渗水也是不容忽视的问题。窗洞在留置时，洞口尺寸往往偏大。因此，结构施工时，尽量将洞口尺寸留置正确、恰当。如偏差较大，可用细石混凝土填充密实。

突出墙面的细角、空调平台板、雨篷、挑檐等根部也容易形成裂缝，在这些根部做一凸起的线条并使板面有足够的流水坡度，避免倒泛水或有积水现象，即可达到防水效果。

**4. 外门窗渗水**

外门窗渗漏水问题主要在安装环节，门窗框与墙体间缝隙的处理质量决定了是否会发生渗水。按规范规定，门窗框与墙体间缝隙宽度一般控制在20～30mm。在如此窄缝中，嵌砂浆或填充其他柔性材料有一定难度，需仔细和耐心。

防水嵌缝膏的施工质量是防水的第一道屏障。施工时，门窗框四周缝隙表面须留5～8mm深的凹槽，保证防水膏的厚度。

**5. 屋面防水屋面结构**

施工质量是防止屋面渗水的关键，减少或避免屋面产生裂缝的施工措施有：延长拆模时间；增加养护时间；控制屋面施工堆载。保温隔热材料应按设计要求选用，如用其他材料代替，其表观密度、导热系数、含水率等应征得设计同意。如设计中需保温层找坡的，应做好坡度。严禁在雨天铺设保温材料，现场应准备防雨材料（如塑料布等）。如有条件，尽可能设置排气槽，排气槽的间距按规范要求做。

找平层是屋面卷材的基层。找平层施工前应进行隐蔽验收，验收保温材料含水率、排气槽设置是否符合规范、坡度等。为减少找平层的收缩变形，找平层中宜配置钢筋网片，并设置分格缝，分格缝应嵌填密封材料。找平层应分两次压光，确保表面光滑、平整。

找平层清理干净，涂上基层处理剂后就可铺贴卷材，卷材的铺贴方向应根据屋面坡度确定，一般逆坡铺贴，上下层卷材不得相互垂直铺贴。卷材铺贴的难点和重点主要在一些节点的处理上，如凸出屋面的烟道、通气孔、管道井、天沟、落水管口、女儿墙等。对管道井、女儿墙等基层宜做成下凹的圆弧形，这样卷材就可以沿圆弧顺势铺贴。对屋面通气孔等较小直径的凸出屋面的构件，基层宜做成上凸馒头状，卷材铺贴时将整个馒头状基层包住，凸起构件与馒头交接处用密封胶封堵严密。落水管口部处理难度较大，要保证落水管与结构之间嵌缝密实，水落口周围直径 500mm 范围内坡度不应小于 5%，水落口杯与基层接触处应留宽 20mm、深 20mm 的凹槽，便于嵌填密封材料。

# 五、楼面及地面工程

## 5.1　如何应对现浇混凝土楼面产生的裂缝?

随着我国城市建设步伐加快，传统的预制楼板被现浇楼板代替，房屋的整体性、抗不均匀沉降性、结构安全性均有较大程度的提高，但也产生了楼面开裂的质量通病。虽说这些裂缝不影响房屋的结构安全，但影响美观，而且对房屋的抗渗性、耐久性也有影响，因而现浇板裂缝成为现阶段施工及监理最重视的质量通病之一。以下结合多年来施工实践中的经验和教训，阐述裂缝的种类及其特征，并从施工和材料原因方面分析了楼面裂缝的原因，提出了具体防治对策。

**1. 现浇楼面裂缝的种类及特征**

1）现浇楼面裂缝的种类

（1）结构裂缝：虽然现浇楼板承载力均能满足设计要求，但由于预制多孔板改为现浇板后，墙体刚度相对增大，楼板刚度相对减弱。因此，在一些薄弱部位和截面突变处，往往容易产生一些结构性裂缝。例如：墙角应力集中处45°斜裂缝，板端负弯矩较大处的板面裂缝等。

（2）温差裂缝：由于温度变化，混凝土热胀冷缩而形成的裂缝，此类裂缝一般集中在东西单元的房间以及屋面层和上部楼层的楼板。

（3）收缩裂缝：混凝土在塑性收缩、硬化收缩、碳化收缩、失水收缩过程中易形成各种收缩裂缝。

2）现浇楼面裂缝的特征

裂缝的位置取决于两个因素：一是约束；二是抗拉能力。对楼板来说，约束最大的位置在四个转角处。因为转角处梁或墙的刚度最大，它对楼板形成的约束也最大。同时，沿外埔转角处因受外界气温影响，楼板成为收缩变形最大的部位。一般来说，楼板内配钢筋都按平行于楼板的两条相邻边而设置。也就是说，转角处夹角平分线方向的抗拉能力最为薄弱。故大多数板上缝都出现沿外墙转角处，而且呈 45°斜向放射状。

**2. 现浇楼面发生裂缝的原因**

（1）混凝土水灰比、坍落度过大或使用过量粉砂，这些都容易导致裂缝的发生。混凝土强度值对水灰比的变化十分敏感，基本上是水和水泥计量变动对强度影响的叠加。因此，水、水泥、外渗混合材料外加溶液的计量偏差，将直接影响混凝土的强度。而采用含泥量大的粉砂配制的混凝土由于收缩大，抗拉强度低，容易因塑性收缩而产生裂缝。泵送混凝土为了满足坍落度大、流动性好的泵送条件，易产生局部粗骨料少、砂浆多的现象。此时，混凝土脱水干缩时，就会产生表面裂缝。

（2）混凝土温度变形和收缩变形引起的裂缝。钢筋混凝土梁、柱、墙、板等构件共处在同一个大气环境中。当环境的温度和湿度变化时，这些构件的混凝土相应都会产生温度变形和收缩变形。由于体形上的差异，楼板的体积与表面积的比值较小，在水平方向上楼板的收缩变形一般均超前于（或大于）梁、柱、墙，使楼板内出现拉应力，梁内呈压应力。另外，外纵墙与山墙在外界气温的影响下，经历热胀和冷缩的反复作用，它们的温差合力对房间沿外墙角部楼板将产生较大的主拉应力。以上两个作用力的叠加，对楼板形成最不利状态。当楼板内的拉应力超过了混凝土的抗拉强度，并且楼板变形大于配筋后混凝土的极限拉伸状态的时候，楼板内就会产生裂缝。

（3）混凝土施工中过分振捣，模板、垫层过于干燥。混凝土浇筑振捣后，粗骨料沉落挤出水分、空气，表面呈现泌水而形成竖向体积缩小沉落，造成表面砂浆层。它比下层混凝土有较大的干缩性能，待水分蒸发后易形成凝缩裂缝。而模板、垫层在浇筑混凝土之间洒水不够，过于干燥，则模板吸水量大，引起混凝土的塑性收缩，产生裂缝。

混凝土浇捣后过分抹干压光和养护不当。过度的抹平、压光会使混凝土的细骨料过多地浮到表面，形成含水量很大的水泥浆层。水泥浆中的氢氧化钙与空气中二氧化碳作用生产碳酸钙，引起表面体积碳水化收缩，导致混凝土板表面龟裂；而养护不当也是造成现浇混凝土板裂缝的主要原因。过早养护会影响混凝土的胶结能力；而过迟养护，由于风吹日晒，混凝土板表面游离水分蒸发过快，水泥缺乏必要的水化水而产生急剧的体积收缩。由于此时的混凝土强度比较低，不能抵抗这种应力而开裂。特别是夏、冬两季，因昼夜温差大，养护不当最易产生温差裂缝。

（4）楼板的弹性变形及支座处的负弯矩。施工中在混凝土未达到规定强度，过早拆模或在混凝土未达到终凝时间就上荷载等。这些因素都可直接造成混凝土楼板的弹性变形，致使混凝土早期强度低或无强度时，承受弯、压、拉应力，导致楼板产生内伤或断裂。施工中不注意钢筋的保护，将楼面负筋踩弯等，将会造成支座的负弯矩，导致板面出现裂缝。此外，大梁两侧的楼板不均匀沉降也会使支座产生负弯矩，造成横向裂缝。

**3. 现浇楼面裂缝的防治措施**

（1）严格控制混凝土施工配合比：研究开发泵送条件下的低收缩率的干硬性混凝土，专门用在现浇钢筋混凝土楼板工程上。严格控制水灰比和水泥用量。选择级配良好的石子，减少收缩量，提高混凝土抗裂强度。有条件的不妨采用“放”的特殊构造措施。例如，可将端跨设计成简支板的形式，即在楼面与梁之间设置施工缝隔离。对于一般混凝土楼板表面的龟裂，可先将裂缝清洗干净，待干燥后用环氧浆液灌缝或用表面涂刷封闭。施工中若在终凝前发现龟裂时，可用抹压一遍处理。

（2）在混凝土浇捣前，应先将基层和模板浇水湿透，避免吸收过多水分。浇捣过程中，应尽量做到既振捣充分又避免过度。在楼板浇捣过程中更要派专人护筋，避免踩弯面层负筋的现象发生。通过在大梁两侧的面层内配置通长的钢筋网片，承受支座负弯矩，避免因不均匀沉降而产生的裂缝；混凝土楼板浇筑完毕后，表面刮抹应限制到最低程度，防止在混凝土表面撒干水泥刮抹并加强混凝土早期养护。楼板浇筑后对板面应及时用材料覆盖、保温，认真养护，防止强风和烈日暴晒。

（3）施工后浇带的施工应认真领会设计意图，制定施工方案，杜绝在后浇时出现混凝土不密实、不按图纸要求留企口缝以及施工中钢筋被踩弯等现象。同时，更要避免在末浇筑混凝土前就将部分模板、支柱拆除而导致梁板形成悬臂，从而造成变形等现象发生。浇筑后，当楼板出现裂缝面积较大时，应对楼板进行静载试验，检验其结构安全性。必要时，可在楼板上增做一层钢筋网片，以提高板的整体性。

（4）严格施工管理，浇捣楼板混凝土时，必须铺设操作平台，防止施工操作人员直接踩踏上皮负弯矩钢筋。同时，加强浇捣楼板混凝土整个过程中的钢筋看护，随时将位置不正确的钢筋复位，确保其位置准确。设计楼板底模及支架时，应充分考虑能够满足承受各种可能的施工荷载的需要。混凝土浇捣后，必须留有足够的养护时间。

以上几种方法由于受到不同条件的限制，故应以提高楼板含钢率为主，并可以有针对性地在外墙转角楼板处增配放射性配筋，提高部分外墙的保温隔热标准。特别是对外墙转角处的里墙面，要采用加贴保温隔热材料的方法，使温差对楼板变形带来的影响减少到最低限度。

施工过程中，还要适当地控制施工速度，严格施工操作程序，不盲目赶工。杜绝过早上人、上荷载和过早拆模。做到科学施工，坚决摒弃违反科学的蛮干做法。只有这样，才能使当前民用建筑楼板结构裂缝的这一质量顽症得到有效遏制。

## 5.2 楼面裂缝的设计施工防治措施有哪些？

我国住房制度的改革，经济适用房和商品住宅发展迅猛，当前在钢筋混凝土民用建筑物中，现浇混凝土楼板出现变形裂缝的现象较为普遍，发现大部分裂缝表现为：表面龟裂，纵向裂缝、横向裂缝以及斜向裂缝。这已成为商品房质量纠纷、投诉的热点问题，它不仅影响使用功能，有损外观，而且破坏结构整体，降低其刚度，引起钢筋腐蚀，影响持久性强度和耐久性。

**1. 设计中要重点加强的部位**

从住宅工程现浇楼板裂缝发生的部位分析，最常见最普遍和数量最多的是房屋四周阳角处（含平面形状突变的凹口房屋阳角处）的房间在离开阳角1m左右，即在楼板的分离式配筋的负弯矩筋以及角部放射筋末端或外侧发生45°左右的楼地面斜角裂缝，此通病在现浇楼板的任何一种类型的建筑中都普遍存在。其原因主要是混凝土的收缩特性和温差双重作用所引起的，并且越靠近屋面处的楼层，裂缝往往越大。从设计角度看，现行设计规范侧重于按强度考虑，未充分按温差和混凝土收缩特性等多种因素作综合考虑，配筋量因而达不到要求。而房屋的四周阳角由于受到纵、横两个方向剪力墙或刚度相对较大的楼面梁约束，限制了楼面板混凝土的自由变形，因此在温差和混凝土收缩变化时，板面在配筋薄弱处（即在分离式配筋的负弯矩筋和放射筋的末端结束处）首先开裂，产生45°左右的斜角裂缝。虽然楼地面斜角裂缝对结构安全使用没有影响，但在有水源等特殊情况下会发生渗漏缺陷，容易引起住户投诉，是裂缝防治的重点。根据上述的原因分析，在对施工图的会审中应十分注意业主和设计单位对四周的阳角处楼面板配筋进行加强的建议，负筋不采用分离式切断，改为沿房间（每个阳角仅限一个房间）全长配置，并且适当加密、加粗。

**2. 商品混凝土性能的改善**

目前，已普遍采用泵送商品混凝土进行浇筑。但受剧烈的市场竞争，导致各商品混凝土厂商以采用大粉煤灰掺量，低价位、低性能的混凝土处加剂，以及细度模数低、含泥量较高的中细砂，作为降低价格和成本的主要竞争手段。因此，建议有关部门牵头，尽快健全和统一对商品混凝土厂商的行业管理，并根据成本投入比例，相应合理地提高商品混凝土的市场价格，促使商品混凝土厂商转变观念，控制好原材料质量，选用高效优质混凝土外掺剂，改善和减小混凝土的收缩值，建立好控制体系，是一项改善商品混凝土质量和性能的根本性工作。

另外，承包商在订购商品混凝土时，应根据工程的不同部位和性质提出对混凝土品质的明确要求，不能片面压价和追求低价格、低成本而忽视了混凝土的品质，导致混凝土性能下降和收缩裂缝增多。同时，现场应逐车严格控制好商品混凝土的坍落度检查，以保证混凝土熟料的半成品质量。

**3. 施工中应采取的主要技术措施**

楼面裂缝的发生除以阳角45°斜角裂缝为主外，其他还有常见的两类：

（1）预埋线管及线管集散处；

（2）施工中周转材料临时较集中和较频繁的吊装卸料堆放区域。现从施工角度进行综合分析，采取以下几项主要技术措施可防治楼面裂缝：

1）重点加强楼面上层钢筋网的保护

钢筋在楼面混凝土板中的抗拉受力起着抵抗外荷载所产生的弯矩与防止混凝土收缩和温差裂缝发生的双重作用，而这一双重作用均需钢筋处在上下合理的保护层前提下才能确保有效。但是，楼面上层钢筋网的有效保护一直是施工中的一大难题。板的上层钢筋一般较细，受到施工人员踩踏后就立即弯曲、变形、下坠；钢筋离楼层模板的高度较大，无法受到模板的依托保护；而在施工过程中，各工种交叉作业，上面又有大量人员走动、踩踏，这就造成了上层钢筋容易弯曲、变形。所以，这些原因必须要在施工过程中加以改进，具体措施如下：

（1）根据大量的施工实践，楼面双层双向钢筋必须设置钢筋小马撑，其纵横向间距不应大于600mm，特别是对于细小的钢筋，这样才能起到较好的效果；

（2）尽可能合理地安排好各个工种交叉作业时间，在绑扎完板底钢筋后，线管预埋和模板收头应及时穿插并争取全面完成，以有效减少板面钢筋绑扎后的作业人员数量；

（3）在混凝土浇筑时，对裂缝易发生部位和负弯矩筋受力最大区域应铺设临时性活动跳板，扩大接触面，尽量避免上层钢筋受到重新踩踏变形。

2）预埋线管处的裂缝防治

预埋线管的集散处截面混凝土受到较多削弱，从而引起应力集中，是容易导致裂缝发生的部位。尤其当预埋管线的直径较大、开间宽度也较大且线管的敷设走向又垂直于混凝土的收缩方向时，就很容易发生裂缝。所以可以采用：

（1）增设垂直于线管的短钢筋网加强，$\phi6\sim\phi8$，间距不大于 150mm，两端的锚固长度应不小于 300mm；

（2）线管在敷设时应尽量避免立体交叉穿越，交叉处可以采用线盒。并且当线管数量很多时，宜按预留孔洞构造要求在四周增设上下各 $2\phi12$ 的井字形抗裂构造钢筋。

3）材料吊卸区域的楼面裂缝防治

由于目前在实际施工中存在着较大的质量和工期之间的矛盾，楼层施工速度过快，因此当楼层混凝土浇筑完毕后不足 24h 的时间，上面就已经开始进行钢筋绑扎、材料吊运等工作，这就使大开间的楼面非常容易在强度不足的情况下而引起受力裂缝，而且这种裂缝一旦形成就是永久裂缝。对于这类裂缝的防治措施，可以采用以下方法：

（1）施工速度不能过快，楼层混凝土浇筑完后必要的养护一定要保证（不宜小于 24h），以确保楼面混凝土获得最起码的养护时间；

（2）在楼面混凝土浇筑完 2～4h 内，尽量避免吊卸较重的大宗材料和大量人员进行钢筋绑扎施工，并且在吊运少量的材料时做到轻卸、轻放；

（3）对于大开间的楼面，应在模板支撑架搭设前就预先采用加密立杆，以增加刚度、减少变形来加强该区域的抗冲击振动荷载，并在已浇筑的楼面上铺设木模，以扩散压力，进一步防止裂缝的发生。

4）加强模板体系的质量要求

模板质量的好坏直接影响混凝土的表面质量，施工中由于模板的缘故也易导致楼面裂缝，施工中可采取如下措施来克服：

（1）选择有足够刚度的模板支撑体系，不得随意改变技术人员确定的施工方案，避免模板变形、支撑下沉；

（2）模板接缝应严密，严禁模板漏浆；

（3）由于施工速度快，而施工单位又不愿过多地在模板上投入，这就造成模板周转不足、顶板支撑过早拆模。施工中要严格执行拆模申请单制度，只有在同条件养护试块合格的情况下才允许拆模。

还必须加强对楼面混凝土的养护工作，混凝土的早期保湿养护是非常重要的一个环节，可以避免表面脱水并大量减少混凝土初期伸缩裂缝的发生。实际施工中，如果不能保证足够的浇水养护时间，必须坚持覆盖麻袋进行一周左右的保湿养护或采用养护液进行养护，养护不能只停留在口头要求上。

## 5.3 住宅地面返潮的原因及处理方法有哪些?

水泥砂浆地面有很多优点，广泛用于住宅建筑中。在有些地区，住底层的住户经常发现，表面会出现不同程度的返潮现象，特别是开春时节和梅雨季节较为严重，直接影响到住户的使用功能，给用户增加了许多不便。下面就住宅地面返潮原因进行浅析，并介绍几种处理方法和预防措施。

**1. 返潮的原因**

室内返潮现象主要发生在住宅的底层地面。一般有两种原因：

一是温度较高的潮湿空气（相对湿度在90%以上）遇到温度较低而又光滑、不吸水的地面时，易在地面表面产生凝结水（一般温度在2℃左右时即会产生）。这种情况多数发生在梅雨季节，雨水多，气温高，湿度大。一旦气候转晴干燥，返潮现象即可消除。

二是地面垫层下地基土中的水通过毛细管作用上升，以及汽态水向上渗透，使地面材料潮湿，并随之恶化整个房间的湿度情况。这种情况往往常年发生，较难处理，还有室外排水不畅、房间通风不好等。南方大部分地区地表层多属黏土和粉质黏土。黏土毛细孔水位上升高度可达 2～2.5m，粉质黏土则达1～1.3m。密实性差的建筑材料做室内地面时，会增加毛细作用，地面返潮严重。

**2. 对返潮地面的检查与处理**

1）检查

先检查地面是否有裂缝，裂缝是地下水向上渗透的主要通道。水泥砂浆或整浇的混凝土地面，一般宽度 0.05mm 以上的裂缝均为可见裂缝。有规则裂缝通常是沿房间纵向或横向出现的，是材料收缩龟裂形成的。再检查地面是否有空鼓现象，检查方法可用一木棍沿着地面轻轻垂直敲击，所敲击的响声有空响，该处即有空鼓。

2）裂缝、空鼓的处理

对于有规则的裂缝，应凿成 V 形缝，将缝内清理干净后，用沥青油膏封闭。如能用火焰烘烤，使裂缝处充分干燥，效果更佳。一般来说，发丝裂缝作大面积封闭。对有空鼓的地方应将面层敲掉，将垫层部分凿毛，在垫层上刷一道水泥浆，接着用与面层相同的材料修补平整。

3）防潮处理

对裂缝和空鼓局部处理完后，应对面层进行全面防潮封闭处理。处理的原则是阻塞水泥砂浆或混凝土中毛细管渗水通道。通常，可采用涂刷防水涂料或防水剂的做法。涂刷前，先将面层凿毛，清扫干净，涂刷二度防水涂料。第一道涂刷时应用力，使其深入毛细孔内。待第一道涂料实干后（一般 24h 左右），再涂刷第二遍，这样形成整体防水涂膜。在地面与墙面转角处，涂料应刷至墙面踢脚板高度。

在对原地面进行防潮处理后，再做新面层。新面层材料的选取应考虑选用强度高、耐磨、有一定防潮能力、易于清洗、实用美观的地面材料，亦可用水泥砂浆作面层。

对空气湿度来说，为大范围的自然现象，除特殊需要可用设备控制湿度外，一般建筑不宜打开迎风的窗，少打开迎风向的门，减少潮湿空气涌入室内即可。

住宅工程中曾试用塑料薄膜对返潮地面进行处理，也取得了良好的效果。具体做法是，在原来的垫层上做1∶3水泥砂浆找平层30mm厚，表面压平。不得有尖角、高低不平，以防将塑料薄膜刺破而渗水。在找平层上再纵横交错铺两层塑料薄膜，铺平压实，搭缝不得少于100mm。在已铺好的薄膜上浇C20细石混凝土整体面层，厚60mm，捣实整平，随打随抹，添浆压光。这样做后，地面、墙身无返潮现象。

**3. 如何预防地面返潮**

预防地面返潮，除严格按图纸施工外，严把施工质量关非常重要。

1）重视素土填层的施工质量

这是地面防潮的第一道防线。防潮地面的填土应采用黏（黄）土夯填。有条件时，可采用3∶7或2∶8灰土夯填。不宜用建筑垃圾或杂土夯填，填土应分层夯实，每层厚度以20mm为宜。防潮地面的填土不应采用松填浸水法施工，以免增大地基土的含水量。

2）防潮层施工

在一幢住宅楼中进行了垫层隔潮试点，采用25cm厚夯实青碎石干铺垫层，粗黄砂或片石填面缝；60mm厚细石混凝土；1∶2.5水泥砂浆面层。经过3年的观察，地面均无返潮现象。其后经过许多工程实践，证明这种垫层隔潮是行之有效的。架空地面施工中应注意以下几个问题：

（1）架空板下的地基土仍应夯实，尽量减少潮气向板下空间渗透。

（2）架空板下应有足够的空间和通风条件。因为架空板下的地基土虽经夯实，仍会不断有潮气向上渗透淤积，并向板内渗透。设置通风洞后，对地面干燥极为有利。

（3）搁置架空板的地垄墙应用水泥砂浆砌筑，顶面应抹一层防水砂浆层。

（4）重视架空板的拼缝质量。架空板的拼缝是地面防潮的薄弱部位。若处理不当，板下潮气将从此乘虚而入。铺板时，板间应留有一定的缝隙。嵌缝前，应认真清扫干净并予湿润。嵌缝时，用细石混凝土仔细嵌实。当板较厚时，应分层嵌实并认真养护，达到强度后方可正常使用。

（5）有条件时，铺板前应在板底刷一道热沥青，堵塞板底毛细孔，能有效地提高架空地面防潮效果。

防潮地面的施工还应注意：地面防潮应同墙基防潮结合起来考虑，墙基应设置防水砂浆防潮层，与地面接触部分的内墙面，亦应作防水砂浆抹面。防潮地面的室内外高差不宜小于300mm，室外应设有散水坡，以及时排除雨、雪等积水，防止雨水渗入室内，加大地基土的含水量。

## 5.4 地面铺设块材的施工工艺有哪些要求？

### 1. 地面铺石材施工工艺要求

1）施工材料准备

（1）石材（现场放样，放样图纸确认后，由石材厂加工的成品）的品种、规格、质量应符合设计和施工规范要求；

（2）水泥：42.5 级普通硅酸盐水泥或 32.5 级矿渣硅酸盐水泥，并准备适量擦缝用专用填缝剂（颜色和石材对照）。如果铺设的为浅色石材，须准备白水泥白色珍珠岩；

（3）砂：中砂或粗砂（砂以金黄色为最佳，忌用含泥量大的黑砂），含泥量小于 3%，过 8mm 孔径的筛子；

（4）石材表面防护剂（建议采用进口产品）。

2）作业条件

（1）石材板块进场后应堆放在室内，侧立堆放，底下应加垫木方。并详细核对品种、规格、数量、质量等是否符合设计要求，有裂纹、缺棱掉角的不得使用。需要切割钻孔的板材，在安装前加工好。石材加工安排在场外加工。室内抹灰、水电设备管线等均已完成。房内四周墙上弹好+500mm水平线。施工前应放出铺设石材地面的施工大样图；

（2）石材进场后，要铲去石材背后的网格布，然后采用石材防护剂对石材进行六面防护处理，晾干后再进行铺贴了。

3）操作工艺

熟悉图纸：以施工图和加工单为依据，熟悉了解各部位尺寸和做法，弄清洞口、边角等部位之间的关系；

试拼：在正式铺设前，对每一房间的石材（或花岗石）板块，应按图案、颜色、纹理试拼。试拼后按两个方向编号排列，然后按编号排放整齐；

弹线：在房间的主要部位弹出互相垂直的控制十字线，用以检查和控制石材板块的位置，十字线可以弹在混凝土垫层上，并引至墙面底部；

试排：在房内的两个相互垂直的方向，铺两条干砂，其宽度大于板块，厚度不小于3cm。根据图纸要求把石材板块排好，以便检查板块之间的缝隙，核对板块与墙面、柱、洞口等的相对位置；

基层治理：在铺砌石材板之前将混凝土垫层清扫干净（包括试排用的干砂及石材块），然后洒水湿润，扫一遍素水泥浆；

铺砂浆：根据水平线，定出地面找平层厚度做灰饼定位，拉十字线，铺找平层水泥砂浆，找平层一般采用1∶3的干硬性水泥砂浆，干硬程度以手捏成团、不松散为宜。砂浆从里往门口处摊铺，铺好后刮大杠、拍实，用抹子找平，其厚度适当高出根据水平线定的找平层厚度；

铺石材块：一般房间应先里后外进行铺设，即先从远离门口的一边开始，按照试拼编号依次铺砌，逐步退至门口。铺前将板块预先浸湿阴干后备用，在铺好的干硬性水泥砂浆上先试铺合适后翻开石板，在水泥砂浆上浇一层水灰比为0.5的素水泥浆（如果是浅色石材，采用白水泥或石材胶粘剂），然后正式镶铺。安放时四角同时往下落，用橡皮锤或木槌轻击木垫板（不得用木槌直接敲击石材板），根据水平线用水平尺找平，铺完第一块向两侧和后退方向顺序镶铺。如发现空隙，应将石板掀起，用砂浆补实再行安装。石材板块之间接缝要严，不留缝隙；

抛光处理：要求专业厂家进行抛光处理。部分石材特别是吸水率高的大理石，应采用石材结晶处理。根据实际情况请专业厂家进行。

4）质量标准

（1）主控项目：

A. 石材面层所用板块的品种、规格、颜色和性能应符合设计要求；

B. 面层与下一层应结合牢固，无空鼓；

C. 饰面板安装工程的预埋件、连接件的数量、规格、位置、连接方法和防腐处理，必须符合设计要求。

（2）一般项目：

A. 石材面层的表面应洁净、平整、无磨痕，而且应图案清晰、色泽一致、接缝均匀、周边顺直、镶嵌正确，板块无裂纹、掉角、缺楞等缺陷；

B. 石材面层的允许偏差应符合质量验收规范的规定；

C. 主要控制数据：表面平整度：2mm；缝格平直：2mm；接缝高低：0.5mm；踢脚线上口平直：2mm；板块间隙宽度：1mm。

**2. 地面铺瓷砖施工工艺要求**

1）施工材料准备

（1）水泥：42.5级以上普通硅酸盐水泥或32.5级矿渣硅酸盐水泥；专用填缝剂；

（2）砂：粗砂或中砂，含泥量不大于3%，过8mm孔径的筛子；

(3) 瓷砖：进场验收合格后，在施工前应进行挑选，将有质量缺陷（重点是平整度和曲翘度等）的先剔除，然后将面砖按大、中、小三类挑选后，分别码放在垫木上。

2）作业条件

(1) 墙上四周弹好1m水平线；

(2) 地面防水层已经做完，室内墙面湿作业已经做完；穿楼地面的管洞已经堵严、塞实；楼地面垫层已经做完；板块应预先用水浸湿并码放好，铺时达到表面无明水；复杂的地面施工前，应绘制施工大样图并做出样板间，经检查合格后方可大面积施工。

3）工艺流程

基层处理→找标高、弹线→铺找平层→弹铺砖控制线→泡砖→铺砖→勾缝、擦缝→养护。

4）操作工艺

(1) 基层处理、定标高：

A. 将基层表面的浮土或砂浆铲掉，清扫干净，有油污时应用10%火碱水刷净，并用清水冲洗干净；

B. 根据1m水平线和设计图纸找出板面标高。

(2) 弹控制线：

A. 先根据排砖图确定铺砌的缝隙宽度，一般为：缸砖10mm；卫生间、厨房通体砖3mm；房间、走廊通体砖2mm；

B. 根据排砖图及缝宽在地面上弹纵、横控制线。注意该十字线与墙面抹灰时控制房间方正的十字线是否对应平行，同时注意开间方向的控制线是否与走廊的纵向控制线平行，不平行时应调整至平行，以避免在门口位置的分色砖出现大小头。

C. 排砖原则：

① 开间方向要对称（垂直门口方向分中）；

② 切割块尽量排在远离门口及隐蔽处，如暖气罩下面；

③ 与走廊的砖缝尽量对上，对不上时可以在门口处用分色

砖分隔；

④ 有地漏的房间应注意坡度、坡向。

（3）铺贴瓷砖：找好位置和标高，从门口开始，纵向先铺二三行砖，以此为标筋拉纵横水平标高线，铺时应从里面向外退着操作，人不得踏在刚铺好的砖面上，每块砖应跟线，操作程序是：

A. 铺砌前将砖板块放入半截水桶中浸水湿润，晾干后表面无明水时方可使用；

B. 找平层上洒水湿润，均匀涂刷素水泥浆（水灰比为 0.4～0.5），涂刷面积不要过大，铺多少刷多少；

C. 结合层厚度：一般采用水泥砂浆结合层，厚度为 10～25mm；铺设厚度以放上面砖时高出面层标高线 3～4mm 为宜，铺好后用大杠尺刮平，再用抹子拍实找平（铺设面积不得过大）；

D. 结合层拌和：干硬性砂浆配合比为 1∶3（体积比），应随拌随用，初凝前用完，防止影响粘结质量。干硬性程度以手捏成团、落地即散为宜；

E. 铺贴时，砖的背面朝上抹粘结砂浆，铺砌到已刷好的水泥浆：找平层上，砖上棱略高出水平标高线，找正、找直、找方后，砖上面垫木板，用橡皮锤拍实，顺序从内退着往外铺贴，做到面砖砂浆饱满，相接紧密、结实，与地漏相接处用云石机将砖加工成与地漏相吻合。厨房、卫生间铺地砖时最好一次铺一间，大面积施工时应采取分段、分部位铺贴；

F. 拨缝、修整：铺完二三行，应随时拉线检查缝格的平直度，如超出规定应立即修整，将缝拨直并用橡皮锤拍实。此项工作应在结合层凝结之前完成。

（4）勾缝、擦缝：

面层铺贴应在 24h 后进行勾缝、擦缝的工作，并应采用同品种、同强度等级、同颜色的水泥，或用专门的嵌缝材料：勾缝：用 1∶1 水泥细砂浆勾缝，缝内深度宜为砖厚的 1/3，要求缝内砂浆密实、平整、光滑。随勾随将剩余水泥砂浆清走、擦净；擦缝：如设计要求缝隙很小时，则要求接缝平直，在铺实修好的面层上用浆壶往缝内浇水泥浆，然后将干水泥撒在缝上，再用棉纱团擦揉，将缝隙擦满。最后，将面层上的水泥浆擦干净；

（5）养护：铺完砖 24h 后洒水养护，时间不应小于 7d。

5）质量标准

（1）主控项目：

A. 面层所有的板块的品种、质量必须符合设计要求；

B. 面层与下一层的结合（粘结）应牢固，无空鼓。

（2）一般项目：

A. 砖面层的表面应洁净、图案清晰，色泽一致，接缝平整，深浅一致，周边顺直。板块无裂纹、掉角和缺棱等缺陷；

B. 面层邻接处的镶边用料及尺寸应符合设计要求，边角整齐、光滑；

C. 楼梯踏步和台阶板块的缝隙宽度应一致、齿角整齐；楼层梯段相邻踏步高度不应大于 10mm；防滑条顺直；

D. 面层表面的坡度应符合设计要求，不倒泛水、不积水，与地漏、管道结合处应严密、牢固、无渗漏；

E. 砖面层的允许偏差应符合：表面平整度：2mm；缝格平直：3mm；接缝高低：0.5mm；踢脚线上口平直：3mm；板块间隙宽度：2mm。

6）成品保护

在铺贴板块操作过程中，对已安装好的门框、管道都要加以保护，如门框钉装保护薄钢板，运灰车采用窄车等；切割地砖时，不得在刚铺贴好的砖面层上操作；铺贴砂浆抗压强度达 1.2MPa 时，方可上人进行操作，但必须注意油漆、砂浆不得存放在板块上，铁管等硬器不得碰坏砖面层。喷浆时，要对面层进行覆盖保护。

7）应重视的质量问题

板块空鼓：基层清理不净、洒水湿润不均、砖未浸水、水泥浆结合层刷的面积过大、风干后起隔离作用、上人过早影响粘结层强度等因素，都是导致空鼓的原因；板块表面不洁净：主要是做完面层之后，成品保护不够，油漆桶放在地砖上、在地砖上拌合砂浆、刷浆时不覆盖等，都造成层面被污染；有地漏的房间倒坡：做找平层砂浆时，没有按设计要求的泛水坡度进行弹线找坡。因此，必须在找标高、弹线时找好坡度，抹灰饼和标筋时抹出泛水；地面铺贴不平，出现高低差：对地砖未预先挑选，砖的厚薄不一致造成高低差或铺贴时未严格按水平标高线进行控制；地面标高错误：多出现在厕浴间原因是防水层过厚或结合层过厚；厕浴间泛水过小或局部倒坡：地漏安装过高或+50cm 线不准。

**3. 复合木地板地面施工工艺要求**

1）面层材料

（1）材质：宜选用耐磨、纹理清晰、有光泽、耐腐朽、不易开裂、不易变形的国产优质复合木地板，厚度应符合设计要求；

（2）规格：条形企口板；

（3）拼缝：企口缝。

2）基层材料

（1）夹板（18 厘）：环保、防潮性好、板材各层结合牢固；

（2）泡沫防潮垫；

（3）普通防潮膜。

3）作业条件

施工程序：基层清理→弹线→铺设防潮垫→垫片铺设→铺设防潮基层板→验收、加固→铺设防潮垫→地板进场堆放→选板试铺→铺设木地板→成品保护。

4）施工要点

条形木地板的铺设方向，应考虑铺钉方便、固定牢固、使用美观的要求。对于走廊、过道等部位，应顺着行走的方向铺设；而室内房间，宜顺着光线铺钉。对于大多数房间来说，顺着光线铺钉，与行走方向是一致的。

5）操作工艺

地板安装必须安排在所有装修工程的最后阶段，以免其他施工损伤地板漆面；施工单位进场后，按 1m 线复核建筑地坪的平整度；地板基层铺饰前，须放线定位；楼板基层面必须平整、干燥；施工时应先在地面上撒上防虫粉，再铺垫上一层防潮膜（接口需互叠并用透明胶粘住，以防水汽渗入）；找平垫块的夹板必须要干燥，含水率小于等于当地平均湿度。找平垫块不小于 100mm×100mm，间距中心为 300mm×300mm，先在建筑地面铺塑料防潮薄膜，垫块用水泥钢钉四角固定；18 厘防水基层板背面满涂三防涂料（防霉、防虫、防潮），规格为 600mm×1200mm 做 45°（与地板铺贴形成 45°）工字法斜铺于找平垫块上，用“美固钉”固定（夹板之间应留有 5mm 的间隙）；完成基层板铺装后，清理干净。伸缩缝处粘贴包装胶带纸封闭，彩条塑料布满铺，周边木条固定保护；基层板铺饰完成后需监理、业主、工程师验收合格，确认签证后方能进入下一道施工工序，基层夹板须检查牢固度和平整度。如果踩踏有响声，须局部采用“美固钉”加固；地板安装前应将原包装地板先行放置在需要安装的房子里 24h 以上，地板不要开箱，使地板更适应安装环境。地板需水平放置，不宜竖立或斜放；地板铺装前，拆除基层彩条保护，清扫干净。铺装防潮薄膜。薄膜拼接处用胶带纸粘合，达到双重保护，以杜绝水分浸入；地板铺装时，地板与四周墙壁间隔 10mm 左右的预留缝，地板之间接口处可用专用防水地板胶或直钉固定；所有地板拼接时应纵向错位（工字法）铺装；由于木地板产品为天然材质加工而成，色泽纹理均有差异，铺装时请做适当的调整，以求效果更为自然、美观；每一片地板拼接后，以木槌和木条轻敲，以使每片地板公母榫企口密合，接口处不密封容易引发防潮性不够等后遗症；铺钉时，钉子要与表面呈一定角度，一般常用 45°或 60°斜钉入内；如果铺装完成后，室内的窗帘如未安装，须采用遮光措施，避免阳光直射，造成漆面变黄。

6）施工注意事项

必须要按设计要求施工，选择材料应符合选材标准；木地板靠墙处要留出 9mm 空隙，以利通风。在地板和踢脚板相交处，如安装封闭木压条，则应在木踢脚板上留通风孔；在常温条件下，细石混凝土垫层浇灌后至少 7d，方可铺装复合木地板面层；木地板的铺设方向：以房间内光线进入方向为木地板的铺设方向。

7）质量标准

（1）主控项目：

A. 复合地板面层所采用的条材和块材，其技术等级和质量要求应符合设计要求；

B. 面层铺设应牢固，踩踏无空鼓；

（2）一般项目：

A. 实木复合地板面层图案和颜色应符合设计要求，图案清晰、颜色一致，板面无翘曲；

B. 面层的接头位置应错开，缝隙严密、表面洁净。

C. 检验方法：

① 板面缝隙宽度 2mm 用钢尺检查；

② 表面平整度 2mm 用 2m 靠尺及楔形塞尺检查；

③ 踢脚线上口平齐 3mm；

④ 板面拼缝平直 3mm 拉 5m 通线，不足 5m 拉通线或用钢尺检查；

⑤ 相邻板材高差 0.5mm 用尺量和楔形塞尺检查；

⑥ 踢脚线与面层的接缝 0.1mm 楔形塞尺检查。

## 5.5 如何预防水泥地面空鼓及起砂？

### 1. 地面空鼓

地面空鼓现象多发生在面层和垫层之间或垫层与基层之间，用小锤敲声就知空鼓。凡是空鼓的部位都容易开裂。严重时大片剥落，影响面层的使用功能及效果。预防措施主要以施工控制为主。

1）严格处理底层（垫层或基层）

认真清理表面的浮灰，将膜已有其他污物去除并冲洗干净。如底层表面不光滑，则应凿毛。门口处砖层过高时再予剔凿；控制基层平整度，用 2m 直尺检查，其凹凸度不应大于 10mm，以保证面层厚度均匀一致，防止厚薄差距过大，造成凝结硬化时收缩不均而产生裂缝、空鼓；面层施工前 1～2d，应对基层认真进行浇水湿润，使基层具有清洁、湿润、粗糙的表面。

2）注意结合层施工质量

素水泥浆结合层在调浆后尖均匀涂刷，不宜采用先撒干水泥面后浇水的扫浆方法。素水泥浆水灰比以 0.4～0.5 为宜；刷素水泥浆应与铺设面层紧密配合，严格做到随刷随铺。铺设层时，如果素水泥浆已风干硬结，则应铲去后重新涂刷；在水炉渣或水泥石灰炉渣垫层上涂刷结合层时，宜加砂子，其配合比可为水泥∶砂子＝1∶1（体积比）。刷浆前，应将表面松动的颗粒扫除干净。

3）保证炉渣垫层和混凝土垫层的施工质量

拌制水泥炉渣或水泥石灰炉渣垫层应用“陈渣”，严禁用“新渣”；炉渣使用前应过筛，其最大粒径不应大于 4mm，且不得超过垫层厚度的 1/2。粒径在 5mm 以下者，不得超过总体积的 40%。炉渣内不应含有机物和未燃尽的煤块。炉渣采用“焖渣”时，其焖透时间不应少于 5d；石灰应在使用前 3～4d，用清水熟化并加以过筛。其最大粒径不得大于 5mm；水泥炉渣配合比宜采用水泥∶炉渣＝1∶6（体积比）；水泥石灰炉渣配合比宜采用水泥∶石灰∶炉渣＝1∶1∶8（体积比）；拌合应均匀，严格控制用水量。铺设后宜用辊子滚压至表面泛浆，并用木抹子搓打平整，表面不应有松动颗粒。铺设厚度不应小于 60mm。当铺设厚度超过 120mm 时，应分层铺设；在炉渣垫层内埋设管道时，管道周围应用细石混凝土通长稳固好；炉渣垫层铺设在混凝土基层上时，铺设前应先在基层上涂刷水灰比为0.4～0.5的素水泥浆一遍，随涂随铺，铺设后及时拍平压实。炉渣垫层铺设后，应认真做好养护工作，养护期间应避免受水侵蚀，待其抗压强度达到1.2MPa后，方可进行下道工序的施工；炉渣垫层铺设后，应认真做好养护工作，养护期间应避免受水侵蚀，待其抗压强度达到1.2MPa后，方可进行下道工序的施工；混凝土垫层应用平板振捣器振实，高低不平处应用水泥砂浆或细石混凝土找平。

4）冬期施工

如使用火炉采暖养护时，炉子下面要架高，上面要吊铁板，避免局部温度过高而使砂浆或混凝土失水过快，造成空鼓。

5）地面施工

在高压缩性软土地基上施工地面前，应先进行地面加固处理。对局部设备荷载较大的部位，可采用桩基承台支承，以消除沉降后患。

6）治理方法

对于房间的边角处，以及空鼓面积不大于0.1m$^2$且无裂缝者，一般可不作修补；对人员活动频繁的部位，如房间的门口、中部等处，以及空鼓面积大于0.1m$^2$但裂缝显著者，应予返修；局部翻修应将空鼓部分凿去，四周宜凿成方块形或圆形，并凿进结合良好处30～50mm，边缘应凿成斜坡形。底层表面应适当凿毛。凿好后，将修补周围100mm范围内清理干净。修补前1～2d用清水冲洗，使其充分湿润。修补时，先在底面及四周刷水灰比为0.4～0.5的素水泥浆一遍，然后用面层相同材料的拌合物填补。如原有面层较厚，修补时应分次进行，每次厚度不宜大于20mm。终凝后，应立即用湿砂或湿草袋等覆盖养护，严防早期产生收缩裂缝；大面积空鼓应将整个面层凿去并将底面凿毛，重新铺设新面层。有关清理、冲洗、刷浆、铺设和养护等操作要求同上。

**2. 地面起砂**

地面起砂显示地表面粗糙，光洁度差，颜色发白，不坚实。走动后，表面先有松散的水泥灰，用手摸时像干水泥面。随着走动次数的增多，砂粒逐步松动或有成片水泥硬壳剥落，露出松散的水泥和砂子。预防措施主要是以控制施工过程为主。

（1）严格控制水灰比：用于地面面层的水泥砂浆的稠度不应大于 35mm（以标准圆锥体沉入度计），用混凝土和细石混凝土铺设地面时的坍落度不应大于 30mm。垫层事前应充分湿润，水泥浆要涂刷均匀，冲前程间距不宜太大，最好控制在 1.2m 左右，随铺灰随用短杠刮平。混凝土面层宜用平板振捣器振实，细石混凝土宜用辊子滚压或用木抹子拍打，使表面泛浆，以保证面层的强度和密实度。

（2）掌握好面层的压光时间：水泥地面的压光一般不应少于三遍。第一遍应在面层铺设后随即进行。先用木抹子均匀搓打一遍，使面层材料均匀、紧密，抹压平整，以表面不出现水层为宜。第二遍压光应在水泥初凝后、终凝前完成（一般以上人时有轻微印迹但又不明显下陷为宜），将表面压实、压平整。第三遍压光主要是消除抹痕和闭塞细毛孔，进一步将表面压实、压光滑（时间应掌握在上人不出现脚印或有不明显的脚印为宜），但切忌在水泥终凝后压光。

（3）水泥地面压光后，应视气温情况，一般在一昼夜洒水养护，或用草帘、锯末覆盖后洒水养护。有条件的，可用黄泥或石灰膏在门口做坎后蓄水养护。使用普通硅酸盐水泥的水泥地面，连续养护的时间不应少于 7 昼夜；用矿渣硅酸盐水泥的水泥地面，连续养护的时间不应少于 10 昼夜。

（4）合理安排施工流向，避免上人过早：水泥地面应尽量安排在墙面、顶棚的粉刷等装饰工程完成后进行，避免对面层产生污染和损坏。如必须安排在其他装饰工程之前施工，应采取有效的保护措施，如铺设芦席、草帘、油毡等，并应确保 7～10 昼夜的养护期。严禁在已做好的水泥地面上拌合砂浆，或倾倒砂浆于水泥地面上。

（5）在低温条件下抹水泥地面，应防止早期受冻。抹地面前，应将门窗玻璃安装好或增加供暖设备，以保证施工环境温度在+5℃以上。采用炉火烤火时应设有烟囱，有组织地向室外排放烟气。温度不宜过高，并应保持室内一定的湿度。

（6）水泥宜采用早期强度较高的硅酸盐水泥、普通硅酸盐水泥，强度等级不应低于32.5级，安定性要好。过期结块或受潮结块的水泥不得使用。砂子宜采用粗砂、中砂，含泥量不应大于3%。用于面层的细石和碎石粒径不应大于15mm，也不应大于面层厚度的2/3，含泥量不应大于2%。

（7）采用无砂水泥地面，面层拌合物同样不用砂，用粒径为2～5mm的米石（有的地方称“瓜米石”）拌制，配合比采用水泥：米石=1：2（体积比），稠度亦应控制在35mm以内。这种地面压光后一般不起砂，必要时还可以磨光。

## 5.6 墙地面瓷砖粘贴的质量如何控制?

墙及地面面瓷砖粘贴是技术性极强的施工项目。辅助材料备齐、在基层处置较好的情况下，每个人一天只能完成竖向5m$^2$左右。一般来说，家庭装修铺粘卫生间、厨房墙面，需要一周左右的时间。陶瓷墙砖的规格不同、使用的胶粘剂不同、基层墙面管线多少的不同，都会影响到施工工期。所以，实际工期应根据现场情况确定。由于墙面砖是竖向粘贴施工，较地面难度相对较大，也可以和其他项目平行或交叉作业，但应注意成品保护，以下主要介绍竖向面砖的粘贴施工技术控制。

### 1. 墙面瓷砖粘贴的施工顺序

墙面陶瓷砖粘贴是瓦工在家庭装修工程中主要从事的技术工作之一。墙面陶瓷砖规范的粘贴顺序为：基层清扫处置→抹底子灰→选砖→浸泡→排砖→弹线→粘贴规范点→粘贴瓷砖→勾缝→擦缝→清理。

施工质量直接影响到装修效果。墙面陶瓷砖的粘贴质量，特别是深颜色釉面砖的粘贴质量，对家庭装修质量评价显得更为突出，必须严格按规范程序施工，才能保证其质量。

**2. 墙面瓷砖粘贴的施工操作**

应全部清理墙面上的各类污物。基层处置时，应提前 天浇水湿润。如基层为新墙时，待水泥砂浆七成干时，就应排砖、弹线、粘贴面砖。

用以控制粘贴外表面的平整度，正式粘贴前必须粘贴标准点。操作时应随时用靠尺检查平整度，不平、不直的要取下重粘。

以砖体不冒泡为准，瓷砖粘贴前必须在清水中浸泡 2h 以上，取出晾干待用。粘贴时自下向上粘贴，要求灰浆饱满。亏灰时必须取下重粘，不允许从砖缝口处塞灰补垫。

必须用整砖套割吻合，铺粘时遇到管线、灯具开关、卫生间设备的支承件等，禁止用非整砖拼凑粘贴。整间或独立部位粘贴宜一次完成。一次不能完成时，应将接槎口留在施工缝或阴角处。

**3. 墙面瓷砖粘贴的验收**

无歪斜、缺棱掉角和裂缝等缺陷。墙砖铺粘表面要平整、洁净，墙面瓷砖粘贴必须牢固。色泽协调，图案安排合理，无变色、泛碱、污痕和显著光泽受损处。砖块接缝填嵌密实、平直、宽窄均匀、颜色一致，阴阳角处搭接方向正确。非整砖使用部位适当，排列平直。预留孔洞尺寸正确、边缘整齐。检查平整度误差小于 2mm，立面垂直误差小于 2mm，接缝高低偏差小于 0.5mm，平直度小于 2mm。

**4. 墙面瓷砖粘贴常见质量问题及处理方法**

墙面瓷砖粘贴常见的质量缺陷为空鼓、脱落、变色、接缝不平直和表面裂缝等。瓷面砖必须清洁、干净，空鼓、脱落的主要原因是粘结材料不充实、砖块浸泡不够及基层处理不净。施工时浸泡不少于 2h，粘结厚度应控制在 7～10mm，不得过厚或过薄。粘贴时要使面砖与底层粘贴密实，可以用木槌轻轻敲击。发生空鼓时应取下墙面砖，铲去原来的粘结砂浆，采用加占总体积3%的108胶的水泥砂浆修补。

操作方法不当也是重要因素。施工中应严格选好材料，色变的主要原因除瓷砖质量差、釉面过薄外，浸泡釉面砖应使用清洁、干净的水。粘贴的水泥砂浆应使用纯净的砂和水泥。操作时，要随时清理砖面上残留的砂浆。如色变较大的墙砖，应予更新。

将同一类尺寸的砖归在一起，接缝不平直的主要原因是砖的规格有差异和施工不当。施工时应认真挑选面砖。用于一面墙上必须贴标准点，规范点要以靠尺能靠上为准，每粘贴一行后应及时用靠尺横、竖靠直检查，及时校正。如接缝超过允许误差，应及时取下墙面瓷砖返工。

# 六、屋面工程

## 6.1 如何进行坡屋面施工及质量控制?

某区住宅项目是整个区房屋结构较复杂、难度较大的一个区段，由数十栋仿古风格的别墅和超市组成，建筑面积达到30120m$^2$。每栋别墅均为砖混结构，三层面积约为2700m$^2$，由多户人家组成。内部庭院由约3m高的围墙分隔成小花园。每个别墅的外部装饰，大到屋面、墙、廊道、门窗，小到檐、梁、挂落、吊瓜，均体现古代川西楼的特点；而内部的布置更是体现了现代装饰的精华，别院的每个房间无不充分体现了古今结合的精髓所在，达到人文屋居的效果；室外是古色与临近的小桥、流水、草坪相结合，相得益彰。

基础与主体的施工工艺和别的砖混结构房屋的施工工艺并无多大区别，其施工重点和难度集中在坡屋面的施工上，坡屋面的施工周期在整个工程上占很大的比重；从高度控制到抄平放线，从模板的支撑系统到模板的拼架，从钢筋的加工到钢筋的绑扎以及混凝土的浇筑顺序等，均体现了这一特点。以下仅对坡屋面的施工工艺及施工方法进行介绍。

**1. 屋面工程特点**

项目为仿古型住宅楼，屋面结构为全现浇钢筋混凝土屋面，结构较复杂，屋面坡度较大，细部处理较多，特别要注意梁、板节点的处理，以及对现浇坡屋面混凝土的浇筑质量控制。本工程坡屋面以屋脊为最高点，其标高为9.060m；檐口为最低点，标高为6.000m；从屋脊到檐口整个坡屋面分四种不同的坡度起折，坡度从上到下为65%、55%、50%、45%；而屋面板的厚度也因不同的位置而变化，其厚度为100～120mm不等；多处地方的梁也从不同的地方进行交汇搭接，为了保证达到效果，屋面的施工必须严格控制其屋面板、梁等各个细部的外观标高。由于屋面结构坡度较陡，为了工程施工能安全进行和完结，施工将安全作为一个重点来考虑。施工前，由技术部和质安部组织所有参加屋面工程的人员进行安全教育与安全交底，将注意事项传达到每一个人员。

**2. 确定施工过程中的控制点**

根据本工程屋面结构设计的特点，本工程从以下几个方面严格控制：

（1）由于本屋面工程屋面坡度较大而且转折较多，在施工过程中对各个部位（墙砌体、梁及板支模的下部、各个转折点）的标高进行控制；

（2）对屋面结构施工中的材料运输及现场混凝土浇筑的控制；

（3）对混凝土现场搅拌及浇筑顺序的控制。

**3. 主要施工工艺及方法**

1）主体第三层砖墙的施工

因主体第三层砖墙的施工直接影响到坡屋面工程的施工，坡屋面每个坡度的转折点标高以及每根梁的下表面标高以及位置均要在第三层砖墙上体现出来，所以在坡屋面施工前必须对第三层的砖墙加以控制，以保证坡屋面各部位尺寸的准确性。

由于坡屋面的许多细部尺寸在设计图纸中未标注明确，无法直接对墙体和屋面进行施工放线，为了保证墙体每个位置砌筑高度的准确性，本次施工前技术部充分利用了现代管理工具——电脑及电脑软件对其进行模拟放线：利用电脑软件 Auto-CAD 根据设计图纸将现有的尺寸及图形输入电脑中，按相同比例确定每一个结构细部的位置尺寸及标高；再根据电脑确定的尺寸进行现场放样，进而反推其原来尺寸是否吻合。采用电脑模拟放线，既节约了工期，又减少了不必要的返工。经过反复模拟论证，然后再根据这些尺寸现场放线确定位置及高度，接着在每个转折点位置立皮数杆，并标明每个折点的高度；最后，将同一面墙每个折点的最高点用广线连接，从而控制砖墙的砌筑坡度。

因砖墙采用的是烧结多孔砖砌筑，而在砖墙上部有一道随墙体坡度的钢筋混凝土圈梁，为了保证混凝土在浇筑过程中混凝土浆不至于从多孔砖的孔洞中流失，本次砌筑时在多孔砖上部铺砌了一皮实心砖加以防止，很好地避免了由于漏浆造成混凝土形成蜂窝、麻面及狗洞。

2）模板及支撑系统

模板工程是保证坡屋面混凝土施工质量，加快屋面施工进度的关键环节之一，因此，结合本工程坡屋面的特点和规模，选择适宜的模板及支撑体系，是坡屋面模板工程施工必须考虑的主要因素。模板及其支撑体系必须具有一定的强度、刚度和稳定性，能可靠承受新浇筑混凝土的自重、侧压力及施工过程中所产生的荷载。

屋面板底模采用厚12mm，板面平整，无翘曲、变形、干裂、脱层的高强度竹胶合板。支撑体系采用无严重腐蚀、破裂、翘曲变形的100×50mm木枋和无严重锈蚀、弯曲、压扁及裂缝等质量缺陷的$\phi$48×3.5mm焊接钢管及配套扣件。

坡屋面底模支撑搭设满堂红脚手架，立杆纵横间距为0.8～1.2m，水平杆步距为1.5m，并在离地150mm设扫地杆一道。在紧靠现浇屋面板底模沿屋面坡度方向加设横杆一道，以使支撑系统形成井字架结构。安装支架立杆前，按施工规范要求设置了50mm×200mm通长垫木。

在搭设满堂红脚手架前，根据电脑模拟放线得出的转折点、梁位置及标高进行拉线，分别设置一排脚手架，然后以此为基准点搭设屋面板的底模。在确定其每个转折坡度均准确无误后，再在其间按上述要求设置满堂红脚手架。由于屋面结构坡度较大，为确保底模的稳固，于板底模脚手架支撑部位，沿坡屋面底模设水平杆一道，模板的顶撑紧固采用木楔顶紧加固。

支架搭设完毕后，组织项目部各个管理部门以及邀请建设单位现场代表认真、反复地检查板下木楞与支架立杆连接是否稳定、牢固，根据给定的标高线认真调节、校正木枋下横杆高度，将木楞找平。底模铺设完毕后，用靠尺、塞尺和水平仪检查平整度与楼板底标高，并进行校正。一切无误后，才进行下道工序的施工。

3）钢筋工程

工程的钢筋加工均在加工棚中完成，钢筋的加工严格按设计施工蓝图及国家规范要求进行加工制作。由于屋面板的钢筋通长，而屋面又需起折，因此，钢筋在每个转折处均要在加工棚中用冷弯机按设计角度完成，以保证其结构在转折处的断面尺寸。钢筋的运输根据现场施工的实际情况，采用人力运输至绑扎点。钢筋的绑扎符合设计及国家验收规范要求，而且在屋脊梁的位置按屋脊的方向每隔 1.5m 加设一根高于屋脊的钢筋弯钩，以便在屋面混凝土的浇筑以及屋面防水的施工中系安全带。

4）混凝土工程

屋面工程结构混凝土的施工重点在于对混凝土的搅拌控制、混凝土的运输及混凝土的浇捣控制。屋面混凝土采用现场机械搅拌，泵车及人力双轮车负责地面水平运输。结合本工程屋面坡度太大的特点，混凝土的配制严格按照配合比要求进行，并严格控制混凝土的水灰比、和易性及坍落度。现场搅拌混凝土坍落度控制在下限 3cm 以内，以确保坡屋面混凝土的浇筑施工质量。

混凝土在地面的水平运输采用人力双轮车进行，人力双轮车配合龙门架作业。屋面屋脊内环线混凝土的水平运输于屋面沿屋脊搭设 2.8m 宽的通道，人力双轮车运至浇筑地点，溜槽下料。水平运输通道的搭设在屋脊梁（WXL2）两边 WXL1 梁与 XQL3 梁之间，通道立杆站距 1.0～2.0m，横杆间距 1.5m。立杆底座的固定：在梁底有砖墙部位的地方，直接穿过圈梁固定于砖墙顶面；在梁底没有砖墙的位置，采用飞机撑上下焊接固定于脚手架及钢筋上；当模板拆除时敲掉焊点，从混凝土表面位置将飞机撑的外露部分割掉，其余部分留入混凝土中。混凝土垂直运输采用两台龙门吊，分别布置在01轴线和27轴线旁。

龙门架吊篮下料处需搭设操作平台，操作平台和通道相连，设斜撑两道，与外架连接，而且在两侧立杆加设剪刀撑，横杆满铺跳板。使其达到能够安全下料，并且运输到浇筑地点。外架搭设高于屋檐1.5m且紧靠屋檐，高于屋檐部分设置横杆两道，并在其间设置挡板一道。四周满布安全网。

在整个屋面结构混凝土浇筑过程中，劳动力及机具的准备和决定混凝土的浇筑顺序对整个混凝土的浇筑质量起很大的作用。因为设计中，整个屋面混凝土的浇筑不允许出现冷缝，所以混凝土必须一次性浇筑完毕。由于屋面现浇混凝土的工程量较大，而且屋面坡度较大、施工场地受到限制，不可能进行大面积浇筑。根据对屋面混凝土工程量以及对混凝土初凝时间的计算，对运输混凝土车辆充分安排，确保浇筑用量。为了充分保证混凝土的浇筑质量，在混凝土浇筑前，配置好插入式振捣器4台（备用2台）；轻型平板振动器2台；备用发电机一台（75kW）；现场砂、石、水泥等材料准备充分；屋面混凝土养护、保温等材料准备齐全。项目部组织有关人员最后一次进行检查和控制，调整模板、钢筋、保护层和预埋件等尺寸、规格、数量和位置，经检查合格后才进行混凝土浇筑。混凝土下料时，为了将混凝土自由下落高度控制在2m以内，采用溜槽下料。

混凝土浇筑后为保证混凝土水化热过程正常进行，不致因为水分蒸发而使混凝土强度增长受阻，表面出现干缩裂缝，在混凝土浇筑后12h（视气温情况而定）内进行养护。混凝土表面采用塑料薄膜覆盖养护。按上述施工工艺及方法施工完成的屋面，安全、质量以及施工周期均达到预期效果。

## 6.2 卷材屋面如何进行防水施工?

防水卷材必须具备的性能：

（1）耐水性：在水的作用和被水浸润后具有其性能基本不变，在水的压力下具有不透水；

（2）温度稳定性：在高温下不流淌、不起泡、不滑动；在低温下不脆裂的性能，也可以认为是一定温度变化下保持原有性能的能力；

（3）机械强度、延伸性和抗断裂性：在承受建筑结构允许范围内荷载应力和变形条件下不断裂的性能；

（4）柔韧性：对于防水材料特别要求具有低温柔性，保证易于施工、不脆裂；

（5）大气稳定性：在阳光、热、氧气及其他化学侵蚀介质、微生物、侵蚀介质等因素的长朗综合作用下抵抗老化、侵蚀的能力。

**1. 屋面防水施工的基本要求**

1）严格基层的密封性

所有防水层的基层都存在着很多可渗水的毛细孔、洞、裂缝，同时在使用过程中还有新裂缝产生和变大。因此，选择的防水层首先要解决对基面的封闭，封闭毛细孔、洞和裂缝，要求防水层能堵塞毛细孔、洞和细裂缝，与基面粘结要牢固，杜绝水在防水层底面窜流，同时还应适应基层新裂缝的产生和动态变化。

2）满足温度适应性

防水层的工作环境温度与建筑物地区有关，防水层所处工作环境最低温度对选择防水材料低温柔性相适应起决定作用，防水材料在低温时还应具有一定的变形能力、延伸率和韧性，否则防水层就会受到破坏。

3）满足耐久性要求

防水材料的耐久性是防水层质量最主要性能，没有耐久性就没有使用价值，在很短时间内就会失效，要修理或返修重作。所以，在满足耐用年限内防水层的材料经组合要能抵御自然因素的老化和损害，满足人们正常使用功能的要求。

**2. 屋面卷材防水施工前的准备工作**

1）技术准备工作

屋面工程施工前，施工单位应组织技术管理人员会审屋面工程图纸，掌握施工图中的细部构造及有关技术要求，并根据工程实际情况编制屋面工程的施工方案或技术措施。这样避免施工后留下缺陷，造成返工；同时，工程依据施工组织有计划地展开施工，防止工作遗漏、错乱、颠倒，影响工程质量。

2）施工人员及施工程序

屋面工程的防水必须由防水专业队伍或防水工施工，建设单位或监理公司应认真地检查施工人员的上岗证。施工中，施工单位应按施工工序、层次进行质量的自检、自查、自纠并且做好施工记录，监理单位做好每步工序的验收工作，验收合格后方可进行下道工序、层次的作业。

3）防水材料的质量

屋面工程所采用的防水材料应有材料质量证明文件，并经指定质量检测部门认证，确保其质量符合《屋面工程技术规范》或国家有关标准的要求。防水材料进入施工现场后应附有出厂检验报告单及出厂合格证，并注明生产日期、批号、规格、名称。施工单位应按规定取样复检。

**3. 屋面防水的施工要点**

1）施工环境要求

为了保证施工操作以及卷材铺贴的质量，宜在5～35℃气温下施工。高聚物改性沥青以及高分子防水卷材不宜在负温以下施工，热熔法铺贴卷材可以在－100℃以上的气温条件下施工。这种卷材耐低温，在负温下不易被冻坏。雨、雪、霜、雾或大气湿度过大及大风天气均不宜露天作业，否则应采取相应的技术措施。

2）屋面排水坡度的要求

平屋面的排水坡度为2%～3%。当坡度小于等于2%时，宜选用材料找坡；当坡度大于3%时，宜选用结构找坡。天沟、檐沟的纵向坡度不应小于1%，沟底落差不得超过200mm。水落口周围直径500mm范围内坡度不应小于5%。

3）对屋面基层空隙、裂缝的处理

基层是预制混凝土板的，当板与板之间的缝隙宽度小于20mm时，采用细石混凝土灌缝；当板与板之间的缝隙宽度大于40mm时，板缝内应按设计要求配置钢筋。浇筑完板缝混凝土后，应及时覆盖并浇水养护7d，确保板间的粘贴强度。基层是现浇钢筋混凝土时，当板内存在裂缝时，应先用凿子将裂缝凿成15～20mm宽、深呈倒八字形的槽沟，填满裂缝后用滚筒压平即可。若基层表面及卷材内表面均没有水印，就可视为含水率达到要求。

4）屋面找平层的要求

铺贴卷材的找平层应坚实，不得有突出的尖角和凹坑或表面起砂现象。当用2m长的直尺检查时，直尺与找平层表面的空隙不应超过5mm，空隙只允许平缓变化且每米长度内不得超过一处。找平层相邻表面构成的转角处，应做成圆弧或钝角。当基层为整体混凝土时，采用水泥砂浆找平层。找平层还要设分格缝并嵌填密封材料，这样可避免或减少找平层开裂。以至于当结构变形或温差变形时，防水层不会形成裂缝，导致造成渗漏。

5）基层处理剂

常用的基层处理剂有冷底子油及与各种高聚物改性沥青卷材和合成高分子卷材相配套的底胶，选用时应与卷材的材质相容，以免卷材受到腐蚀或不相容，粘结不良脱离。

6）卷材的铺贴

（1）卷材的铺贴方向：卷材的铺设方向应根据屋面坡度和屋面是否有振动来确定。当屋面坡度小于3%时，卷材宜平行于屋脊铺贴；屋面坡度在3%～15%时，卷材可平行或垂直于屋脊铺贴；屋面坡度大于15%或受振动时，沥青卷材应垂直于屋脊铺贴。

（2）贴卷材的顺序：防水层施工时，应先做好节点、附加层和屋面排水比较集中部位（屋面与水落口连接处、檐口、天沟、檐沟、屋面转角处、板端缝等）的处理，然后由屋面最低标高处向上施工。铺贴天沟、檐沟卷材时，宜顺天沟、檐口方向，减少搭接。铺贴多跨和有高低跨的屋面时，应按先高后低、先远后近的顺序进行。

（3）卷材搭接方法及宽度：铺贴卷材采用搭接法，上下层及相邻两幅卷材的搭接接缝应错开。平行于屋脊的搭接缝应顺水流方向搭接，在天沟与屋面的连接处应采用交叉搭接法搭接。在搭接处应有防止卷材下滑的措施。

7）防水卷材细部做法

泛水与屋面相交处基层应做成钝角或圆弧，防水层向垂直面的上卷高度不宜小于250mm，长为300mm；卷材的收口应严实，以防收口处渗水，卷材防水檐口分为自由落水、外挑檐、女儿墙内天沟几种形式。

8）对屋面防水卷材保护

防水卷材铺贴完成后，必须做好保护，以免影响防水效果。在防水层面上铺膨胀珍珠岩隔热块，再在其上面加设一层3cm厚水泥砂浆保护层。该层内布钢丝网，保护层设分格缝，缝内用密封材料填充，更好地保护防水层。

**4. 防水施工应重视的问题**

为了阻断来自室内水蒸气的影响，引起屋面防水层出现起鼓现象，一般构造上常采取在屋面的保温层内设置排气道和其上做隔汽层（如油纸一道，或一毡两油，或一布两胶等），阻断水蒸气向上渗透。排气道间距宜为6m纵横设置，不得堵塞，并与大气连通的排气孔相连。排水屋面防水层施工前，应检查排气道是否被堵塞并加以清扫、疏通。

总之，做好屋面卷材防水层并不是一件难事，只要我们按照屋面卷材防水工序施工，层层落实、严格把关，认真按规范做好每步工作，就可以杜绝施工造成的屋面漏水。

## 6.3 屋面渗漏原因及解决措施有哪些?

建筑物防水是为了防止建筑物受外力水侵蚀和渗漏，以保证建筑物的正常使用功能和使用寿命。屋面渗漏是当前房屋建筑中最为突出的质量问题之一，在工程维修中关于防水的维修占有很大比重。为此，以下在设计、施工和材料三个方面简单分析产生屋面防水工程质量问题的原因，并提出相应的防治措施。屋面防水存在的问题，通过一系列屋面渗漏的事故处理及调查分析、研究可知，屋面渗漏主要产生在以下三个方面。

**1. 设计控制方面**

1）设计方面的原因分析

屋面防水工程设计不合理主要表现在以下几点：

① 设计人员对屋面防水工程缺乏足够的认识，一些设计人员没有将屋面工程作为重要的分部工程，详细地设计施工图纸，给出做法大样，从而严重地影响了屋面防水工程的施工和工程质量。

② 屋面细部节点设计缺失。

③ 檐口、女儿墙等屋面突出部位处理不当。

④ 保温层设计不当。

⑤ 未按规范规定的要求设墙体伸缩缝，也未适当采用加强屋面整体性的措施，由于温度原因而导致屋面或墙体开裂，从而导致防水层破坏。

⑥ 设计中防水等级与用料选择不当。

在设计方面应采取以下相应的措施：

① 设计人员在设计时应明确屋面的排水坡度。

② 相关的设计要严格遵守防水设计施工规范。

③ 应加强防水设计的专业化。

④ 平顶屋面宜采用现浇钢筋混凝土屋面和挑檐，以避免因屋面板变形、开裂，导致屋面渗漏。

⑤ 防水层的基层设计应符合“牢固、平整、干燥、干净”

的要求。水泥砂浆找平层厚度要视基层类型分别要求，即整体混凝土为20mm；整体或板状保温层上为20～25mm；装配式混凝土板或松散材料保温层上为25～30mm。

⑥ 设有保温层的屋面基层必须留分格缝和排气道，缝宽可适当加宽并应与保温层连通，排气道应纵横贯通。

⑦ 提高建筑物的结构质量，避免不均匀沉降和屋面变形过大，可减少因结构变形导致屋面防水层开裂而渗漏的现象。

2）施工方面的原因分析

① 施工人员对找平层施工不重视，找平层粗糙、起砂、潮湿。

② 对施工用的防水材料没有严格的质量把关。

③ 施工操作不认真。例如，卷材防水层的关键是边缝封口，封口不严就会进水。另外，搭接长度不够，基层稍有变形就会将防水层拉开而产生渗漏现象。

④ 抢竣工也是造成建筑物渗漏的重要原因。一般防水层施工都是在结构施工完成后装修阶段进行的，此时往往是交叉作业，防水层易被破坏又未能及时发现，这种现象较为普遍。

⑤ 防水层的保护是防水施工的最后一个关键环节。许多工程防水层做好后，在屋面上安装配套设施时破坏了防水层而造成渗漏。

⑥ 保温层施工质量及技术措施不当引起的屋面渗漏。

⑦ 保护层做法不规范。防水层上的保护层能够减少外部环境对防水层的侵蚀和破坏，能够延长防水层的使用寿命。保护层上需设置分格缝，使其在温度、变形等作用下能够自由地伸缩变形，防止因保护层的胀缩变形对防水层造成破坏。如果施工中保护层不设分格缝或保护层施工质量低劣，将会产生不规则的开裂，失去保护层应有的作用。

⑧ 找平层与细部节点施工质量低劣。

⑨ 防水层的厚度达不到规范要求有的工程防水层的厚度达不到规定的要求，特别是防水涂膜的厚度及沥青胶结材料的厚

度，而且涂刷不均匀，厚薄不一。有的工程重点防水部位的附加层没有做，在收头位置的做法也不正确。

施工方面采取以下措施提高工程防水质量：

① 屋面防水工程必须由防水专业队伍或防水工施工，严禁非防水专业队伍或非防水工进行屋面防水工程的施工。

② 必须严格遵守有关防水工程国家标准和操作规程，科学、合理地安排工期。

③ 认真检查验收基层（找平层、保温层及排气道）的质量。

④ 关键部位如女儿墙、材料接口、落水口等处，要仔细施工、处理得当，避免发生逆贴、脱胶、空鼓和破损。施工结束后，应淋水或蓄水检验。

⑤ 对进场防水材料进行检验，严把产品质量关。

⑥ 加强管理，防止防水层被损坏。当防水层有损坏时，必须及时修补。

**2. 材料方面**

1）材料方面的原因分析

（1）防水材料选用不当：有些设计人员不熟悉防水材料的性能，仅从厂家说明书或现有资料中查找选用，有些甚至对自己所选用的防水材料从未见过，将不相容的材料组成了多道防水，这是酿成质量问题的又一重要原因。施工工程中，为了降低施工成本而不按要求选用符合标准的防水材料。

（2）20 世纪 80 年代以来，各种新型建筑防水材料有了较大的发展。许多新型防水材料是由技术力量薄弱的乡镇或个体企业生产的，质量难以保证。有的送来的样品质量好，而成品却粗制滥造。这样的材料必然导致工程质量的下降。

2）材料方面采取的措施

（1）尽快制定各种防水材料的国家标准和行业标准，在使用前必须经过各省、自治区、直辖市建设主管部门所指定的检测单位抽样检验认证；对生产各种防水材料的厂家尤其是一些技术落后，设备陈旧、工艺简单、管理水平低下的乡镇企业进行限期整改，对不符合要求的勒令其停产；严格把好质量关和现场关，由施工单位抽调专门人员对防水材料进行抽样复试，不合格的防水材料坚决不允许使用。

（2）研究材料特性，选防水材料要选择性能价格比高、耐久性和建筑物的防水等级要求相一致的建筑防水材料。要了解材料的特性，采用合适的施工方法。

屋面渗漏的对策为“设计是前提，材料是基础，施工是关键，维修是保证”。确保屋面防水工程质量是一个系统工程，需要综合考虑方方面面的因素。总体上讲，防止屋面渗漏，设计是前提，材料是基础，施工是关键，维修管理是保证。只有严把材料关、精心设计、精心施工，才能保证屋面防水的工程质量，才能给用户营造一个良好的生活环境或工作环境。只有设计、材料、施工、管理等各个环节的工作，都按规定标准实施，才能保证屋面防水工程的质量和延缓屋面防水工程的使用年限。

## 6.4 屋面防水施工如何保证其质量?

屋面防水工程位于房屋建筑的顶部，不仅受外界气候变化和周围环境的影响，而且还与地基不均匀沉降及主体结构的变形密切相关。屋面防水工程质量的优劣，既直接影响到建筑物的使用功能和寿命，还关系到人们的生活和生产活动，因而一直受到人们的普遍关注。从目前的情况来看，屋面防水工程仍存在着许多质量问题。以下就屋面防水工程产生质量问题的原因及预防措施作一介绍。

**1. 屋面防水工程存在的质量问题**

1）结构方面的原因

由于建筑物地基不均匀沉降，受振动影响较大，室内外温度有剧烈变化，混凝土胀缩，屋面上的荷载过于集中，板的挠度增大产生变形，屋面基层板与支承结构的连接有松动现象，这些因素都可使屋面开裂，发生渗漏。

2）设计方面的问题

部分设计单位未能根据建筑物的性能、重要程度、使用功能、有无振动、结构特点及使用环境等不同，而选用不同技术性能的材料或不同的施工方法；有的节点细部处理或泛水做法不合理，也会造成渗漏水；有的工程部位忘记设计防水层。

3）施工质量的问题

排水坡度不足，未按规范要求设置分仓缝，涂膜防水厚度不足，出屋面的管根、水落口、天沟、檐沟、泛水等未做处理，保护层不符合要求，屋面泛水做法不规范，细部做法不符合要求等施工质量问题，是导致屋面渗漏的主要因素。

4）材料方面的问题

目前，屋面工程上用得比较多的卷材屋面，由于沥青质量变化比较大，用含蜡高的沥青生产的油毡，对温度十分敏感，高温易流淌、低温易脆裂，必然降低防水层的质量，严重影响屋面的使用功能和寿命。其次，沥青油毡质量下降，这是影响屋面使用功能和寿命的又一个重要原因。

5）使用中维护与管理的问题

由于屋面长年累月处于外界自然条件下受到房屋结构变形及经常性的冷热交替变化的影响，以致屋面防水层不可能保证长期完好无损。有的人甚至在防水层上凿眼、打洞等，加速了防水层的腐烂、老化，因而屋面逐渐出现渗漏。

**2. 屋面防水工程质量通病防治措施**

1）规范设计

设计人员必须掌握防水技术、材料性能及屋面防水的设防要求，依据工程性质、重要程度、使用功能以及耐用年限研究屋面防水等级，同时应根据工程特点、地区自然条件等，按屋面防水等级要求进行设防。按防排结合、刚柔相济、多道防水、脱离分仓、节点密封、加强保护的设计原则，进行用材选择、层次结构设计，再按照规范中导向性的细部构造示意进行防水细部节点大样图设计。设计深度应符合要求，施工前要进行专项设计交底和施工图纸会审，对不明确、不合理之处，施工者应予提出，设计者要予以解决。

2）屋面结构设计及施工

屋面板的结构设计应适当考虑板厚对自防水的影响，配足负筋，避免板端出现塑性铰。混凝土掺入适量的微膨胀剂，缩小板筋间距，屋面大角及平面刚度变化处配置适量附加筋，以提高抵抗混凝土收缩、温度胀缩裂缝的能力。施工方面：

① 模板刚度应满足要求，支撑应牢靠；

② 控制好混凝土保护层厚度，防止负筋下塌；

③ 应选择合格的原材料、恰当的配合比，混凝土水灰比不能过大，振捣要密实；

④ 加强养护，严禁过早拆模、过早上荷；

⑤ 避免结构暴露时间过长，尽快施工架空隔热层；

⑥ 尽量不设或少设并处理好施工缝。在施工保温层、找平层之间，对结构层进行蓄水检验，最低蓄水高度应大于 10mm，蓄水时间应大于 24h。

3）排水坡度

合理布置足够的水落管，标明坡度，画出分水线。仔细核算各处分水线的高度，标注在平面图上。一般情况下，结构找横坡为 3%，建筑找横坡为 2%，纵向找坡不得小于 1%。对于找坡层较厚者，可部分或全部采用轻质材料找平层。施工者应严格按照设计要求进行屋面坡度施工，控制好找坡层的厚度，加强施工中的坡度检查、实测及质量评定。

4）混凝土陡坡屋顶防水

对此类屋顶的防水工程，规范及有关资料并未介绍其设防方法和要求，可采取以下措施：

① 按墙体浇筑方法，支双层模板；

② 采用细骨料（粒径为 10～30mm）的抗渗混凝土，处理好施工缝，振捣密实，形成自防水；

③ 浇筑一层 40mm 厚的钢筋细石混凝土（掺适量微膨胀剂）

刚性防水层（一般面积较小，不设隔离层）振捣密实，收水后应二次压光；

④ 上面再铺贴装饰瓦。

5）找平层

平面图中画出分仓缝的位置。水泥砂浆（宜掺 10％的 U 型膨胀剂）或细石混凝土找平层分仓缝的间距不得大于 6m，且应设置在易开裂处（如板端）。分仓缝应预留，不得后割，缝宽宜为 20～30mm，选择中档以上密封材料嵌缝。施工时应注意找平层的赶平压光，加强养护，嵌缝密封材料应挤压密实。

6）涂膜防水层：高聚物改性沥青防水涂膜的厚度不得小于 3mm，合成高分子防水涂膜的厚度不得小于 2mm。

7）附加层：在结构板易裂处（如屋面大角及平面刚度变化处）应设置 1～2 层附加层；在出屋面管根、水落口、天沟、檐沟、檐口、泛水、屋面转角等易渗部位应设置附加层；找平层分仓缝处应设置空铺附加层。附加层的宽度要超出加强部位 250mm，如为涂膜附加层必须带有胎体增强材料，应先施工附加层，后施工防水层。

8）隔离层

柔性防水层与刚性保护层之间应设置隔离层，其材料可选用纸筋灰、细砂、塑料薄膜、低强度等级砂浆等。

9）保护层

对卷材防水层和涂膜防水层均要求在其上面设置保护层，常用的有反射膜、粒料、块料、水泥砂浆、细石混凝土等数种保护层，各有其优缺点。一般情况下，上人砂浆或细石混凝土做保护层，块料保护层和细石混凝土保护层的施工应设置分仓缝，嵌填密封材料，分仓面积应符合《规范》和设计要求，平面变化处及墙根（包括突出物）应设置分仓缝。对大量的有架空隔热的住宅屋面涂膜防水层，采用 20mm 厚的 1∶2.5 水泥砂浆（掺微膨胀剂）一次抹平压光作保护层较为合适。水泥砂浆保护层应预设表面分格缝（不得后切割）并注打密封胶，其纵横间距均不得大于1.5m。

10）屋面转角

铺涂柔性防水层（非沥青防水卷材）的所有水平、竖向的阴角和阳角的基层，均做半径为50～80mm的圆角。

11）泛水收头

大量的屋面均为上人屋面，女儿墙一般都高于1m，有抗震设防时为混凝土墙板，可按规范要求设计泛水收头。较高砖墙泛水收头应取消挑眉砖的做法，可在砖墙上留凹槽，卷材压入固定密封收头。如为涂膜防水，则应压入带加强胎体材料的附加层后，用防水涂料多遍涂刷，封严收头。对有抗震设防而混凝土构造柱较多的砖墙体，如果混凝土构造柱不能留凹槽，则在构造柱处的卷材防水应结合混凝土墙板泛水收头做法进行设计和施工，混凝土压顶应挑出滴水，收头之上的砖墙抹灰层应采用抗裂防水水泥砂浆（也可采用其他防水处理），而且预留表面分格及注打密封胶。

12）屋面施工防水材料

（1）提高材料采购人员的技术业务素质，严格按图纸设计要求用材，按照公司规定组织进货；

（2）材料进场后，严格进行抽样检验，对不符合相应材料检验标准的材料一定退场，坚决不准使用。

13）维护管理

工程竣工、交付使用时，施工单位要向建设单位做出有关使用、保养、维护的说明，施工单位要定期回访。使用单位应认真按照使用说明进行使用，非上人屋面决不可堆放杂物、上人、饲养宠物，否则不仅仅造成使用功能的烦恼，还会造成经济损失。

总之，为确保屋面防水工程的质量，需综合考虑许多方面的因素。总体而言，防止屋面渗漏，设计是前提，材料是基础，施工是关键，维修管理是保证。只有严把材料关、精心设计，才能保证屋面防水工程的质量，才能为用户提供一个良好的生活环境和工作环境。

## 6.5 如何确保房屋屋顶的施工质量？

房屋的屋顶是建筑物最上层起覆盖作用的围护构件。其作用是抵抗雨、雪和日晒等自然因素的侵扰，保证人们工作和生活不受影响。在整个房屋构造中，屋顶是主要部分之一，也是房屋施工工程中重要的组成部分，由于是最高部位，上下人员不方便，因此，屋顶施工技术的应用是否得当、监督管理到位，将直接影响到房屋质量的优劣。

**1. 屋顶的类型和组成**

1）屋顶的类型

屋顶的类型有很多，但一般根据屋面坡度的不同而进行划分，一般可以分为平屋顶、坡屋顶和其他形式的屋顶三种。平屋顶即坡度在2%～5%的屋顶。平屋顶的坡度，可以用后置材料找出，也可以用屋面承重结构形成。用材料形成时，通常叫“材料找坡”。用承重结构形成时，通常叫“结构找坡”。坡顶屋即坡度在10%～100%的屋顶。坡顶屋的坡度一般由屋架构成。其中：金属皮屋面的坡度一般为10%～20%，波形瓦屋顶的坡度一般为20%～40%，各种瓦屋面的坡度则一般在40%以上。而其他形式的屋顶一般类型比较多，常见的有网架、悬索、壳体、折板等。

2）屋顶的组成

屋顶的组成主要有两个部分。一是屋顶承重结构，包括屋架等部分。而平顶屋的承重结构，一般包括钢筋混凝土屋面板、加气混凝土屋面板等；二是屋面部分，平屋顶的屋面部分由防水层、保温层、钢筋混凝土层和防水砂浆面层等构成，而坡屋顶的屋面部分则包括瓦、挂瓦条、油毡等卷材所组成。

**2. 平屋顶的施工技术**

1）平屋顶的材料选择

平屋顶的材料选择直接影响到施工技术的正常实施，因此在平屋顶的屋顶施工过程中，首先要保证施工材料科学、合理，这样才能在施工中顺利地使用相应的技术。

（1）承重层应当主要采用钢筋混凝土板，可以使用现浇的，也可以使用预制的；

（2）保温层的材料选择可以根据度日数法和体型系数法来决定；

（3）防水层的材料一般采用以下几种：一是合成高分子防水卷材，包括合成橡胶类（如三元乙丙橡胶防水卷材）、合成树脂类（如聚氯乙烯防水卷材）、橡塑共混类（如绿化聚乙烯——橡胶共混卷材）。二是高聚物改性沥青防水卷材，包括 SBS 弹性防水卷材等。其厚度则根据级别不同而定，如Ⅰ、Ⅱ级防水屋面，复合使用应大于 3mm。三是合成高分子防水涂料，常用的有聚氨酯防水涂料、水乳型丙烯酸酯防水涂料等，其厚度一般为 2mm。

（4）找平层和找坡层材料的选择。找平层一般采用 20mm 厚 1∶3 水泥砂浆抹平。而找坡层则通常采用水泥、砂、焦渣混合，其体积比为 1∶1∶6，或者水泥、粉煤灰、浮石的质量比为 1∶0.2∶3.5 的混合物。而且，找坡层必须振动捣实，将表面抹光，最薄处的厚度要大于 30mm。

2）平屋顶檐部施工技术

檐部的施工通常是指墙身与屋面交接部的做法：首先是女儿墙的构造。这又分为上人和不上人两种。上人的平屋顶一般要做女儿墙，以用于保护人员的安全；同时，也可以对建筑的立面起装饰作用，其高度一般要大于 1300mm。而即使是不上人的平屋顶，也应做女儿墙，这样既可以起到装饰的作用又可以固定油毡，其高度则一般控制在 800mm 以上；其次，在女儿墙厚度的选择上，可以与下部墙身相同，不过必须要大于 240mm。在高度上，当女儿墙的高度根据设计需要高出抗震设计的规定时，可以采取加锚固定的措施，将下部的构造柱上伸到女儿墙压顶，以形成锚固柱。其最大间距一般控制在 3900mm 左右。

当女儿墙建造的材料是灰砂砖、粉煤灰砖等材料或者加气混凝土时，应当在其顶部做压顶。而且，压顶的宽度应超出墙厚。在每一侧的厚度选择上，应控制在60%左右。同时，还要注意做成内低外高、倾向平顶内部的结构。而压顶则要采用豆石混凝土浇筑，同时要内置钢筋，以保证其强度。在屋顶卷材碰到女儿墙时，可以将卷材沿着墙上卷，将高度控制在250mm以上，然后在固定在墙内预埋的木砖上。也可以将卷材上卷，压在压顶板的下皮。

3）平屋顶的排水施工技术

为了防止屋面雨水渗漏，除了建有严密的防水层之外，还应在施工中考虑将积水迅速地排除，以避免过度的、长久的积水造成雨水透过防水层，造成房屋的漏水。因此，必须在施工中采用相应的技术，以达到屋顶迅速排水的目的。

首先，在施工中为保证屋顶雨水的排放，一般朝两个方向施工。一是实现无组织排水，即让雨水从檐口自由往下落。这种技术比较简单，不过在施工中必须考虑雨水下落造成的墙面和门窗污染的问题，一般只在檐口高度在5m以下的房屋建筑中使用。二是实现有组织的外排水，即在屋顶施工中设置排水口、集水斗、雨水管，使雨水按预先的设计从排水口到集水斗，最后通过在房屋外墙的排水管排出。而雨水管从房屋内排出的方式，称为有组织的内排水。一般在高层房屋中使用；在雨水管的安放上，两个排水管的安放位置布置必须均匀，才能最大限度地发挥排水的功能。排水口距女儿墙端部应大于0.5m，而且要以排水口为中心，半径为0.5m范围内的屋面坡度要控制在5%以上。排水口必须有防护罩防止堵塞，加罩后的高度不能高于沿沟底面；外装雨水管一般使用钢铸管或者硬质塑料管，最小内径为75mm，下口距散水坡的高度要控制在200mm以内。而暗装雨水管，水落管距墙最小直径则为150mm。

其次，要掌握好排水坡度。平屋顶的横向排水坡度一般为2%，纵向则是1%。而天沟的纵向坡度一般要大于0.5%（外排水）或者 0～8%（内排水）。

最后，屋面排水区按每个雨水管控制 $200m^2$ 的面积来划分。

**3. 坡屋顶的施工技术**

1）坡屋顶的构造

坡屋顶的构造包括两部分：一是承重结构部分，包括人字木屋架、三角木屋架、钢木组合屋架、钢筋混凝土组合屋架硬山承重体系；二是由挂瓦条、油毡层、瓦构成的屋面部分。

2）坡屋顶屋面的施工技术

首先，是木屋架的布置。木屋架的布置应与房屋的开间、平面布局相适应，间距要控制在 3～4m。如果房屋有走廊，则要尽量利用走廊做中间支点。为保证木屋架在安装和使用过程中有较好的稳定性，必要时可以设置剪刀撑。其跨度一般控制在 8～12m，设置一道垂直支撑；当跨度大于 12m 时，应设置两道支撑。

其次，是屋面的构造。在木屋架上常做瓦层面，其构造依次为：在檩条上铺设望板，在望板上铺放油毡、固定顺水压毡条、固定挂瓦条，将瓦放在最外层。檩条一般用三角形木块固定，其位置要放在屋架的节点上，使其受力合理，其截面通常采用 50mm×70mm～80mm×140mm。在檩条上可以直接钉屋面板，也可以垂直于檩条铺放缘子。屋面板即望板，通常要用 15～20mm 厚的木板直接钉在檩条上，其接头应在檩条上，不能悬空。屋面板的接头要错开布置，避免集中于一根檩条上。同时，为了保证屋面板的结合严密，可以采用企口缝。

在油毡的铺放上，在屋面板必须干铺一层油毡，而且油毡要平行屋檐，自下而上，其纵横搭接的宽度应大于 100mm，还必须用热沥青粘实。遇到屋顶有突出物时，油毡必须沿墙上卷，钉在预先砌筑的木砖上，距离屋面的高度要大于 200mm，油毡在屋檐处要搭入天沟内。

固定顺水条：即取断面为 24mm×6mm，以便压住油毡，其方向要顺水流，距离一般为 400～500mm。

固定挂瓦条：挂瓦条要置于顺水条上方，方向与顺水条垂直，断面要取 20mm×30mm，采用钉的方法直接与顺水条垂直，与瓦片的距离一般为 280～330mm。

平瓦：铺瓦时应由檐口向屋脊铺挂，上层瓦搭盖下层瓦要保持在 70mm 以上，最下层瓦应伸出封檐板 80mm。通常要在檐口及屋脊处，用 20 号钢丝将瓦挂系于挂瓦条上，在屋脊处用脊瓦铺 1∶3 水泥砂浆铺盖封严。

3）坡屋顶的天沟及屋面泛水施工技术

当两个坡屋面交接时，就出现在天沟内。这里雨水集中，必须在施工中做好排水的设施。一般是沿天沟两侧钉三角木条，在木条上放 26 号薄钢板 V 形天沟。深度要大于 150mm；屋面泛水：在屋面与墙身交接处应作泛水。具体做法是将油毡沿墙上卷，卷起部分高出屋面高度应大于 200mm 左右，油毡要钉在木条上，木条再钉在预埋的木砖上。木条以上部分墙体可以做滴水。在屋面与墙交接处要用 C15 豆石混凝土找出斜坡，压实、抹光；此外，还必须做好女儿墙天沟和檐沟及水落管的铺设。

总之，房屋施工建设中的屋顶施工是房屋建设施工中的重点，也是难点之一。做好房屋的屋顶施工，才能保证房屋的质量。因此在房屋施工中，必须利用合理、科学的屋顶施工技术进行施工，从技术上保证屋顶的施工质量。

## 6.6 房屋坡屋面施工控制的重点有哪些?

近几十年来，随着住宅建设的不断发展，不同式样的房屋建筑不断出现，原有的平顶屋面也为坡屋面所取代，使住宅的外观更添多样性。同时，不应忽视的是，坡屋面的兴起也给屋面施工的质量带来一定的影响与隐患，特别是坡屋面渗漏情况时有发生，给这种建筑形式的应用与发展造成了不可回避的影响。因此，加强对坡屋面施工技术与质量的控制势在必行。

### 1. 坡屋面施工工艺流程

坡屋面施工流程为：坡屋面的支模→屋面板钢筋绑扎→屋

面板混凝土浇筑→养护→找平层施工→基层清理→弹线→粘贴钢丝网架水泥聚苯乙烯夹心板→施工找平层→铺贴 SBS 改性沥青防水卷材→施工找平层→弹线→预埋铜丝→设置挂瓦条→铺设混凝土彩色瓦→脊瓦、封头瓦坐浆→坐浆砂浆刷水泥漆→清理收尾。

**2. 支设模板**

首先，要选择较好的整片定型胶合板模板，拼接要合理，尽量减少拼缝。接缝应紧密，采用单面薄胶带封贴接缝。对于部分 45°坡屋面，采用双层模板安装的施工方法，分级摆放→安装→浇筑混凝土。这种方法克服了商品混凝土因坍落度大而产生的滑落、离析，以及早期易收缩的缺陷，使混凝土浇捣更易于密实，同时保证了坡屋面板的厚度。屋面檐沟处也是渗漏的多发处，模板安装时要控制好平整度。屋面结构的支模架系统事先要经过承载力计算和整体稳定性验算，并绘制施工详图。

**3. 钢筋网片的安装**

主要注意保护层厚度和板筋的有效高度，加强钢筋网整体稳定性和抗踩踏能力。按施工图将预先制作好的钢筋绑扎牢固，采用相同强度等级的混凝土制成小垫块，以留足保护层，在双层钢筋网之间增设 $\phi10$ 马凳筋，与上、下层钢筋采用点焊连接，间距 600mm×600mm。注意阳角及屋脊处受刚度较大的梁的约束，混凝土在温差和应力作用下极易产生裂缝。钢筋弯折角度，特别是阴角处的要调整好。在屋面钢筋绑扎后，采用同强度等级的混凝土小垫块将钢筋撑起，避免浇混凝土后露筋。

**4. 混凝土的浇筑**

屋面渗漏主要是由于混凝土难以振捣密实、干缩变形、自身体积变形和温度变形产生裂缝引起的，所以首先要控制好混凝土的一系列指标和浇筑质量。针对坡屋面板厚较小、钢筋较密的特点，采用 10～20mm 碎石有利于振捣密实。采用 $M=2.8$ 的中粗砂，比 $M=2.3$ 的中粗砂可减少用水量 20～25kg/m$^3$，从而避免混凝土的水灰比过大。采用掺粉煤灰的水泥，既可降低水泥用量，又可改善混凝土的工作性、降低水化热（实践经验表明，每 1m³ 混凝土的水泥用量增加 10kg，其水化热将使混凝土的温度升高 1℃）。还可调节混凝土的硬化过程，使混凝土更密实、强度更高、耐久性更好。由于采用 C25 密实性商品混凝土，在混凝土浇筑前要严格控制坍落度不大于 100～120mm。浇筑时，以斜屋檐为起点，以 1500mm 宽自下而上逐层浇筑。对于部分采用双层模板的 45°坡屋面，面层模板部分封闭，宽度控制在 1000mm 左右，预留宽 600mm 的混凝土浇筑槽，以便下料及振捣。在面层模板口设置活动挡板，避免浇筑时骨料滑落。浇筑完一层后，即可安装上一层面层模板。采用小型振动棒斜插入混凝土中进行振捣，并配合人工使用钢筋插钎进行插捣，用木榔头或橡胶榔头击实。浇筑完成后，要及时收头。坡屋面板与突出屋面烟道、老虎窗及管道等的交接处和坡屋面板的转角处，至少要二三次以上振捣，随振随添加混凝土并拍实。

**5. 养护不容忽视**

混凝土屋面板在配比、原材料、振捣控制严格的情况下，仍出现混凝土强度不足、产生裂缝的情况，多为养护时间不足、养护不到位所致。据有关测试结果表明，全湿养护 28d、全湿养护 3d、空气中养护 28d，其强度比分别为 2：1.5：1，混凝土硬化前收缩率比硬化的收缩率大 10～30 倍，可见养护的重要性。为使混凝土早期尽可能减少收缩，避免表面水分蒸发过快，以及产生较大收缩的同时受到内部约束而易开裂，要用麻袋覆盖在坡屋面板上全湿养护 15d 以上，并进行温度监控。

**6. 找平层施工**

将屋面混凝土基层清理干净后，进行充分湿润，在基层上抹 20mm 厚 1：3 水泥砂浆找平层；在山墙封檐、排烟道处、采光天窗周边、厕所出气口、水落口、天沟等泛水部位，抹成半径 50mm 的圆弧形；在坡屋面下端和居中部位设置高 30mm、宽 100mm 的现浇混凝土带，内配直径 6.5mm 的通长钢筋，并用膨胀螺栓与混凝土屋面板固定，以防屋面保温层整体下滑；找平层应牢固，表面平整、光滑，均匀一致，没有大于 0.3mm 的裂缝及麻面、起砂、起壳等质量缺陷。

**7. 钢丝网架水泥聚苯乙烯夹心板**

将 108 胶水和水泥按胶水：水泥＝7：3 拌合成浆糊状，均匀地涂抹在屋面找平层上，用力挤压，使保温夹心板贴平粘牢。保温夹心板竖向错缝粘贴。保温夹心板粘贴后，再做 20mm 厚的 1：3 水泥砂浆找平层。

**8. SBS 改性沥青防水卷材施工**

找平层干燥后，就可以进行 SBS 改性沥青防水卷材的施工。应选择良好的天气施工，下雨、下雪及大风等异常天气不能施工，气温低于冰点时也不宜进行防水卷材施工。卷材施工前，须将找平层上的垃圾、灰尘及洒落的砂浆等清理干净，以免影响卷材与基层的粘结强度。

（1）在找平层上弹出卷材铺贴基准线，涂刷基层处理剂；在山墙封檐、水落口、出屋面管道口、天沟等泛水处增铺附加层；根据屋面坡度，卷材采用垂直屋脊的方法铺设；

（2）通常采用热熔法铺贴：烘烤时要均匀加热，如加热不足，卷材与基层会粘结不牢；加热过分，则易将卷材烧穿，老化而降低防水效果。加热到适宜温度，趁热进行铺粘贴，铺贴过程中注意要排出卷材下面的空气，使卷材与基层粘贴牢固，表面平整、无皱褶；同时，要注意卷材搭接的施工。搭接处粘贴应在大面积铺贴后进行。搭接缝粘贴前应将下层卷材的表面烤熔，当上层卷材下表面热熔后即可粘贴，趁卷材未冷却时用压辊滚压热熔胶溢出，趁热用抹子将溢出的热熔胶刮平，沿边封严；

（3）为防止卷材末端剥落、渗水，末端收头采用搭接处理：封闭时须将卷材末端处的灰尘清理干净，以免影响密封效果。

**9. 混凝土瓦挂设**

（1）根据屋面实际尺寸算出挂瓦条间距，弹出挂瓦条位置线。在找平层砂浆凝固前，根据弹出的挂瓦条位置线在此位置

预埋 $\phi$4 通长冷拔钢丝，冷拔钢丝应与保温板钢丝网牢固连接，在每块瓦的位置预埋双股 16 号铜丝，铜丝与找平层内的钢丝网及 $\phi$4 冷拔钢丝固定牢固。

（2）拉通线，用 1∶2 水泥砂浆抹 30mm×25mm 挂瓦条，挂瓦条沿坡屋面高度一致，纵向顺直。挂瓦条上要预留泄水口。抹挂瓦条时，应注意将铜丝定位在挂瓦条的中间位置，铜丝须伸出挂瓦条面 15mm。

随着人们对于建筑物审美观的不断提高，建筑物立面的变化也越来越具有多样性，特别是建筑物屋面的变化。因而，坡屋面也广泛地被应用于各类建筑物中。但对于实际现场的施工过程，坡屋面施工仍然具有一定的难度，深入地探讨与研究坡屋面施工的工艺和质控措施，对民居建筑坡屋面施工具有十分重要的现实意义。

## 6.7 不同材质卷材屋面防水层施工质量如何控制?

### 1. 三元乙丙一丁基橡胶防水卷材施工

冷作业施工工艺三元乙丙橡胶防水卷材属合成高分子防水卷材，是以乙烯、丙烯和双环戊二烯三种单体共聚合成的三元乙丙橡胶为主体，掺入适量的丁基橡胶、硫化剂、促进剂、软化剂、补强剂和填充剂等加工制成的高弹性防水材料。它具有耐老化、使用寿命长、拉伸强度高、延伸率大、对基层开裂变形适应强，以及重量轻、可单层冷作业施工等特点。

1）施工准备

（1）材料：

A. 三元乙丙一丁基橡胶防水卷材，技术性能应符合要求。

B. 基层处理剂、基层胶粘剂、卷材接缝胶粘剂、增强密封胶、着色剂等配套材料应符合要求。

（2）机具：按要求准备。

2）施工工艺

（1）工艺流程：清理基层→涂刷基层处理剂→附加层处

理→卷材表面涂胶→基层表面涂胶→卷材的粘结→排气、压实→卷材接头粘结→压实→卷材末端收头及封边处理→做保护层。

（2）操作工艺要点：

A. 清理基层：施工前，将验收合格的基层清扫干净。

B. 涂刷基层处理剂：涂布聚氨酯底胶。

C. 聚氨酯底胶的配制：聚氨酯材料按甲∶乙＝1∶3（重量比）的比例配合，搅拌均匀即可进行涂布施工。也可以由聚氨酯材料按甲∶乙：二甲苯＝1∶1.5∶1.5的比例配合，搅拌均匀涂布施工。

D. 涂刷聚氨酯底胶：在大面积涂刷施工前，用油漆刷蘸底胶在阴角、管根、水落口等复杂部位均匀涂刷一遍。用长把滚刷在大面积部位涂刷。涂刷底胶时不得露白见底，厚度均匀一致。待底胶完全干燥后，再进行下道工序施工。

E. 附加层施工：阴阳角、管根、水落口等部位必须先做附加层，可采用自粘性密封胶法或聚氨酯涂膜，也可用三元乙丙卷材铺贴一层处理。

F. 卷材与找平层涂刷CX-404胶：将CX-404胶在桶内搅拌均匀。

G. 卷材涂胶：将卷材铺展在干净的基层上，用长把滚刷蘸CX-404胶涂匀。应留出搭接部分不涂胶；找平层涂胶：在底胶干燥的找平层上，用长把滚刷CX-404胶均匀涂刷。涂刷面不宜过大，然后晾胶。卷材粘贴卷材及找平层上的胶基本干燥后（手感不黏，一般20min左右），即可进行铺贴卷材的施工。

3）屋面施工

卷材应平行屋脊从檐口处往上铺贴，注意双向流水坡度卷材的搭接要顺流水方向，长边及端头的搭接宽度空铺、点粘、条粘时均为100mm，满粘法时均为80mm且端头接槎要错开250mm；根据卷材配置的部位，从流水坡度的下坡开始弹出标准线，并使卷材的长向与流水坡方向垂直。沿标准线铺贴卷材，将已涂刷胶粘剂的卷材先卷成一卷，由中心孔插入一根$\phi$30mm×

1500mm；屋面应平整，不得有积水，蓄（淋）水试验应合格。卷材与卷材、基层与卷材之间的接缝部位应粘结牢固，不允许有皱折、孔洞、脱层或滑动现象。卷材与卷材之间的搭接宽度按要求粘贴，封边应严密，卷材末端收头应粘结牢固。着色保护涂料与卷材之间应附着牢固，覆盖均匀严密，颜色一致，不得有漏底和脱皮现象。防水工程竣工验收时应提供全套材料产品合格证、认证证书及复试报告、施工方案等文件。

4）成品保护

施工人员应认真保护已做好的防水层，严防施工机具等将防水层戳破，施工人员不允许穿带钉子的鞋在卷材防水层上走动。施工时，必须严格避免基层处理剂、各种胶粘剂和着色剂等材料污染已做好饰面的墙壁、檐口等部位。水落口处不准堵塞杂物。

5）注意事项

施工用材料和辅助材料多属易燃品，在存放材料的仓库及施工现场内严禁烟火。每次用完的施工机具要及时用二甲苯或汽油等有机溶剂清洗干净，清洗后溶剂要注意保存或处理掉。下雨或雨后基层尚未干燥时，不得进行卷材的铺设施工，避免卷材粘结不牢或产生起鼓、开裂现象。雪天、五级风以上严禁施工。在大坡度以及挑檐等危险部位进行施工作业时，操作人员必须佩戴安全带。

**2. 氯化聚乙烯—橡胶共混防水卷材施工**

氯化聚乙烯—橡胶共混防水卷材，属合成高分子防水卷材，是以氯化聚乙烯树脂与合成橡胶为主体，加入适量的硫化剂、促进剂、稳定剂、软化剂和填充剂等，经加工制成的高弹性防水卷材。这种防水卷材兼有塑料和橡胶的特点，不但具有高强度和优异的耐老化性能，而且还具有橡胶类材料的高弹性、高延伸性以及良好的耐低温性能。

1）施工材料准备

（1）氯化聚乙烯—橡胶共混防水卷材。规格为厚度：

1.2mm，1.5mm；宽度：1.0mm，1.2mm；长度：20m。技术性能应符合要求。

（2）基层处理剂、基层胶粘剂、卷材接缝胶粘剂、增强密封胶、着色剂以及自硫化胶带等配套材料，应符合相应要求。

2）施工工艺

工艺流程同三元乙丙防水卷材施工工艺流程。操作工艺要点：

（1）清理基层，涂刷基层处理剂。同三元乙丙防水卷材施工要求。

（2）附加层施工。阴阳角、管根、水落口等部位必须先做附加层，可采用自粘性密封胶带或聚氨酯涂膜。

（3）涂刷基层胶粘剂。对满粘法及条粘法的屋面防水工程，应在找平层和卷材表面分别涂刷基层胶粘剂。

A. 满粘法：留出80mm搭接部位，其余部位全部涂刷，找平层表面满涂。

B. 条粘法：在找平层表面打线，按线涂布基层胶粘剂，卷材表面按对应位置打线，涂布胶粘剂。

C. 空铺法：距屋面周边800mm内满涂基层胶粘剂，按满粘法处理，其余部位不涂基层胶粘剂。

（4）卷材粘贴卷材表面及找平层涂刷的基层胶粘剂干燥后，即可铺贴卷材（空铺法卷材表面不必涂胶可直接摊铺）。按基准线铺展一张卷材后，立即用干净的滚刷沿横向顺序滚压一遍，以便排除空气。

（5）卷材按长方向配置，从流水坡度的下坡开始，平行于屋脊的搭接缝应顺流水方向搭接；垂直于屋脊的搭接方向应顺主导风向搭接。卷材接缝宽度：全粘法：80mm；空铺法、条粘法：100mm；粘结方法：将搭接缝部位翻开，用卷材接缝胶粘剂将翻开的卷材反面点粘做暂时固定，在翻开的两卷材表面均匀涂布胶粘剂。待基本干燥后，即可揭开暂时固定的点粘进行搭接部位的粘贴，然后用手持压辊沿横向顺序滚压粘实。

（6）卷材末端的收头处理：搭接缝的边缘和末端收头处理，

应用聚氨酯嵌缝膏或单组分氯磺化聚乙烯嵌缝膏封闭严密，并可用掺有水泥用量20%的108胶的水泥砂浆进行压缝处理。

(7) 保护层施工：不上人屋面用滚刷在卷材表面均匀涂刷表面保护涂料；上人屋面按设计要求做地面砖等保护。

3) 工程验收、成品保护、注意事项

同三元乙丙防水卷材要求。

**3. LYX—603 氯化聚乙烯防水卷材施工**

603氯化聚乙烯防水卷材属合成高分子防水卷材，是以氯化聚乙烯为基材，以玻璃网格布为骨架，经过压延和复合加工制成的高分子合成防水材料。

1) 施工材料准备

LYX—603氯化聚乙烯防水卷材规格：厚度1.2mm，宽度900mm，质量1.8kg/m$^2$，面积20m$^2$/卷。技术性能应符合要求。配套材料的胶粘剂及用量按要求准备。

2) 施工工艺

(1) 工艺流程：同三元乙丙防水卷材施工工艺流程。

(2) 操作工艺要点：

A. 清理基层：施工前将验收合格的基层清扫干净并涂刷基层处理剂。

B. 附加层施工：同三元乙丙防水卷材附加层做法。

C. 卷材涂刷胶粘剂：将卷材展开摊铺在干净平整的基层上，用棉纱蘸汽油将卷材两边各150mm宽范围内的隔离粉擦拭干净。用棕刷蘸满LYX—603-3号胶粘剂，均匀涂刷在卷材与基层粘结的一侧150mm宽的表面上。卷材与卷材搭接部位及卷材接头部位暂不涂刷胶粘剂。

D. 基层涂刷胶粘剂：棕刷蘸满胶粘剂，在与卷材涂胶宽度相对应的基层上迅速而均匀地进行涂刷，宽窄要一致。用手感觉基本干燥后，才能进行铺贴卷材的施工。

E. 铺贴卷材：在卷成圆筒的已涂刷胶粘剂的卷材中心插入一根铁管，两人分别手持铁管两端，并将卷材的一端粘贴固定在预定的部位，再沿着标线铺展卷材。铺展时对卷材不要拉得过紧，应在松弛的状态下进行，边对标准线边铺贴卷材。平面与立面相连的卷材，应由下开始向上铺贴，并使卷材紧贴阴角，不得出现空鼓现象。

F. 排除空气：每当铺贴卷材时，边铺贴边用橡胶刮板朝卷材的横向顺序用力地刮压一遍，特别是附加层部位（为满粘贴）要按顺序进行刮压，以彻底排除卷材与基层间的空气。

G. 滚压：在排除空气后，可用外包橡胶的铁制的小压辊进行滚压，屋面转角处、泛水部位要按顺序滚压，确保粘结牢固、密实，不得空鼓。

H. 卷材接头的粘法：待下班前将卷材长边、短边搭接缝使用 LYX—603—2 号胶进行粘结。卷材与卷材搭接宽度按要求粘贴，粘合时应从一端开始，按顺序用手逐一压合，不允许有皱缝、翘起、起边、张口现象。粘合后用手持压辊顺序地、认真地用力滚压一遍。凡卷材重叠三层的部位，必须填充密封胶封闭。

I. 卷材末端收头处理：卷材末端收头应卧入凹槽内，端头处用建筑密封胶封闭，待密封胶固化后，即可用掺有胶乳的水泥砂浆将凹槽抹平齐，压光封闭。

J. 蓄水试验和涂刷着色剂：当卷材铺贴完毕后进行蓄水试验，屋面坡度最高部位水深不少于 100mm，时间不少于 24h，观察无渗漏，合格后将卷材表面的尘土、杂物清扫干净。用长把滚刷均匀涂刷卷材表面着色剂。上人屋面可铺置面砖或另做刚性覆盖。

3）工程验收、成品保护、注意事项

同三元乙丙防水卷材要求。

## 6.8 刚性屋面渗漏原因及预防措施有哪些？

目前，屋面漏雨已成为常见通病，但屋面漏雨是可以防治的。以下叙述防水等级为中级的刚性屋面防水问题。

**1. 刚性屋面渗水的原因**

中级防水屋面中的刚性防水作法，就是将细石混凝土铺展在屋面上，施工方便、造价低廉，但由于与结构层粘结成整体，在温差的影响下因胀缩不一，防水层易被拉裂而漏水，防水性能较差。

据全国主要城市气象资料表明，我国同一城市的常年温差都很大且屋面裸露于空间，其温度超过气象资料的数字。同一天的气温有时也相差很大。在夏季，有时屋面温差可达30℃，混凝土的热膨胀是形成裂缝的原因。

另外，外力的作用也是造成混凝土开裂的重要原因，例如在地基沉降、屋面雪荷载、墙面风荷载的作用下屋面基层会发生位移和变形。一旦基层变形，结构应力也发生变化。这些变化往往集中在屋面板的支承处、屋脊处。

**2. 提高刚性防水屋面质量的措施**

1）精心设计

采取将大化小、以小拼大、刚柔相济、以柔补刚的方法，提高刚性防水屋面的防水效果。将大面积的屋面按一定要求分割为若干小块，小块之间的分格缝用弹塑性密封材料填充密实。分格缝皮设在屋面板的支承端或屋面的转折处（如屋脊），以及防水层与突出屋面结构的交接处，并与板缝对齐。

刚性屋面一般用细石混凝土做防水层。厚度不应小于40mm，细石混凝土强度等级不应小于C20，配置的双向钢筋网片，一般用$\phi$6@200，保护层厚度不应小于10mm。结构找坡，坡度以2%～3%为宜。屋面每个开间留横向伸缩缝，屋脊处留纵向伸缩缝，纵横间距不宜大于6m，或一间一分割，分割面积以不超过36$m^2$为宜。其缝宽一般为20mm. 双向钢筋网片在分格缝处应断开，防水层与山墙、女儿墙交接处亦应留30mm的缝隙。在分格缝中用密封材料封严，其上再覆盖卷材，使刚性防水层在使用过程中成一个整体。

另外，应在防水层与屋面基层之间设隔离层，使屋面基层和防水层的变形互不约束，以保证防水层在长期使用中的整体性。隔离层可采用纸筋灰、麻刀灰、低强度等级的砂浆、干铺卷材等，例如黏土砂浆隔离层的配合比为石灰膏∶砂∶黏土＝1∶2.4∶3.6，隔离层厚度为10～20mm；石灰砂浆隔离层配合比为石灰膏∶砂＝1∶4，隔离层厚度为10～20mm；也可在水泥砂浆找平层上铺卷材隔离层。

2）有序施工，严格把关

（1）基层板为预制板时，预制板必须符合质量要求，按规定坐浆，摆平放牢，板缝大小一致，两板板底缝宽不大于20mm，两板板面应成一个平面。嵌缝前清除板缝间杂物，嵌缝时预制板的湿润应处于饱和状态，备好板缝底模后用1∶2.5纯水泥浆刷一次，再用C30细石混凝土分二次嵌缝并浇捣密实。终凝后，再用1∶2.5纯水泥浆灌浆。多孔板端头缝也按此法进行。嵌缝后应湿养护2～3d，方可进行下道工序。

（2）隔离层施工前，应将嵌缝后的基层板板面清扫干净，洒水湿润，以无积水为度。若以水泥砂浆找平层上铺卷材作隔离层，则用1：3水泥砂浆将结构层找平并压实，抹光养护，再在找平层上铺一层3～8mm干细砂滑动层，其上干铺一层卷材，搭接缝用热沥青胶封严。

（3）屋面细石混凝土施工前，应清除隔离层表面杂物，检查隔离层质量及平整度、排水坡度和完整性。支分格缝模条(模条上宽下窄)，模条高度比防水混凝土高出20mm，以便取模条，钢筋网片应严格控制在混凝土厚度的2/3的上面。绑扎钢筋网片时，应防止破坏隔离层。混凝土浇筑按“先远后近，先高后低”的原则进行。用中小型平板振捣器振捣密实，滚压平整，随捣随抹，分3～5次压光。最后一次压光后，要求表面平整、光滑、不起砂、不起层，浇筑中不得加干水泥或水。

每一个分格板块范围内的细石混凝土必须一次浇筑完成，不得留施工缝。刚性防水层施工时，气温以5～35℃为宜，避免在烈日或负温度下施工。

（4）细部节点施工：混凝土初凝前，应及时将分格模条取出，并将两边松动的混凝土补压整平，将分格缝基层清理干净并涂刷基层处理剂。分格缝下部 2/3 嵌背衬材料，上部 1/3 嵌填密封材料，嵌好后用卷材覆盖。

若有管道穿过屋面，则基层预制板应改为现浇，首先将管道装好，现浇时装好刚性防水套管。浇细石混凝土时，管道与防水层交接处应留宽和深各 20mm 左右的缝隙，缝内用密封材料嵌填密实。

（5）施工后应及时覆盖草袋，浇水养护。在养护初期应使防水层表面充分湿润，养护时间一般不应少于 14d，养护期间不得进行下道工序施工。

某工程 26m 跨度厂房刚性细石混凝土防水屋面，按上述方法设计施工，使用至今 11 年未发生渗漏水的质量问题。

## 6.9 新型屋面防水保温一体化如何施工?

新型防水即 SF 防水保温一体化屋面是用水泥、砂、膨胀珍珠岩、SF 防水剂混合搅拌均匀，现场整体浇在屋面板上而形成的防水、保温为一体的新做法。而传统的屋面做法是采用不同的保温防水材料，经过多工种工序的施工达到要求。总体工序复杂且各工序之间的影响比较大，一旦产生渗漏水很难彻底修复，给使用者和施工带来了烦恼并造成经济上的损失。而 SF 防水保温一体化屋面解决了传统屋面的一些弊端，它取代了屋面施工传统的多层做法，使屋面工程更加简便，而且使用材料单一，避免了不同工种的交叉作业，能够大幅度提高速度，缩短工期并降低费用，是一种较节能、环保的屋面新构造做法。

### 1. 工艺及构造措施

1）防水性能

传统使用的防水材料在自然环境下经过若干年会逐渐老化，会削弱至丧失防水功能而产生渗漏水的问题。但 SF 防水材料却完全不同，它利用先吸水甚至饱和，然后产生憎水功效，将水堵住，使外部水不可能再浸入进去，达到终止渗漏水的目标。无水时，SF层内所含水分蒸发，防水材料进入自然状态；而当与水作用后，SF层晶体膨胀，将孔隙、毛细孔及裂纹封闭，达到防止产生渗漏水的目的。

2）保温功效

传统的膨胀珍珠岩是一种天然酸性玻璃质火山熔岩，属于非金属产品，无须添加任何辅助剂，加热至1000～1300℃时，其体积膨胀率达30倍，人们根据它的特性称作为膨胀珍珠岩。由于材料本身具有优良的耐高温性，许多需要做保温的产品都把其作为保温填充材料使用。

3）分层做法

分层做法见图1。SF防水保温一体化屋面全部采用SF-Ⅲ型聚合物水泥砂浆分层进行施工，其具体做法是：

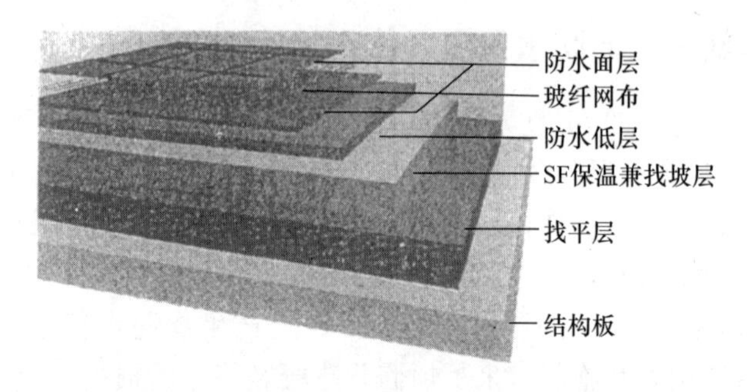


图1　SF防水保温一体化屋面分层

（1）SF聚合物水泥防水砂浆保护层：厚20mm，内设一层玻璃纤维网格布，配合比为：水泥：砂：珍珠岩：防水溶液＝1：2：0.2：1。

（2）SF聚合物水泥防水砂浆底层：厚30mm；配合比为：水泥：砂：珍珠岩：防水溶液＝1：2：0.5：1.3。

（3）SF聚合物水泥珍珠岩保温兼找坡层：最薄处100mm厚度，配合比例为：水泥：珍珠岩：防水溶液＝1：1.8：2.0。

（4）SF聚合物水泥防水砂浆找平层：配合比例为：水泥：

砂：珍珠岩：防水溶液=1：2：0.2：1.0。

**2. SF材料的适用范围及特点**

SF系列防水保温材料属于高科技环保产品，对人体无任何不良影响。其中，SF-Ⅰ型适用于已建地下室的堵漏；而SF-Ⅱ型可以用于新旧地下室、蓄水池、游泳池及厕浴间防水：SF-Ⅲ型应用于屋面防水及立面的防水层；SF-Ⅳ型是抗裂防水材料，用于屋面防裂的保护层工程适用。

而SF系列防水保温材料是属于新型绿色环保产品，其关键材料SF-Ⅲ型主要应用在屋面工程，采用该种材料施工的SF防水保温一体化屋面具有明显优点，其表现在：施工简便、省工期、质量可靠、责任明确；防水性能独特，不窜水且维修方便；可以进行湿作业施工；重量轻且强度大；造价较低，使用寿命长。

SF-Ⅲ型防水保温材料主要适用于Ⅰ、Ⅱ、Ⅲ级屋面，同时由于此种材料做法可以湿作业施工，不受阴雨天或潮湿环境的影响。

**3. 主要材料与设备**

水泥：适宜选择硅酸盐水泥或普通硅酸盐水泥。如果用矿渣硅酸盐水泥时，应采取减少泌水的措施，水泥强度不低于32.5级，不要使用火山灰质水泥及粉煤灰水泥。水泥进场时必须要有合格证及复检报告并按要求抽样复试，合格后才能用于工程。砂：宜选用中粒径砂，模数2.3～2.7mm；颗粒坚硬，含泥量小于1%；

珍珠岩：膨胀珍珠岩的粒径要大于0.15mm，小于0.15mm的含量不要超过8%，堆积密度小于120kg/m$^3$，导热系数应小于0.07W/(m·K)。SF-Ⅲ型防水材料必须要有出厂合格证，要按照出厂说明书的要求进行配制施工，不允许任意改变配合比例，防水剂质量要符合相应规范的规定。

防水辅助用材：如玻璃纤维网格布、柔性防水材料、界面剂、塑料分格条等，必须是合格产品；

拌合用水：用生活自来水即可，如果无自来水而取用其他水时，要经过化验合格才能使用。

施工用机具：砂浆搅拌机、磅秤、手推车、小翻斗车、平板振动器、刮杠、水桶、各种手执小型工具、胶皮水管、覆盖养护用塑料薄膜等。

**4. 施工过程质量控制**

1）工艺流程

SF 防水保温一体化屋面的施工工艺流程是：施工准备→基层清理→细部节点处理→找平层→保温层兼找坡层→防水底层→防水保护层→养护→验收。

2）施工过程控制

（1）SF 防水溶液的配制：将一块重 700g 的 SF 浓缩防水材料放到盛有 3kg 清水的铁容器中，加火烧至沸腾，使得彻底溶解，然后倒入装有 97kg 的凉水里静置 10min 后再用。要求在静置时无任何搅动，并不得用铝制器皿盛装。

（2）材料的拌制：所施工面积较小时，可以用人工拌合；当施工面积较大时，必须用搅拌机集中搅拌。搅拌时要严格按照施工配合比材料计量，将水泥、砂和珍珠岩干混合搅拌 3 遍，使其基本均匀后，再加入 SF 防水溶液搅拌。当采用机械拌合时，其顺序为：先砂子，再倒水泥，然后加珍珠岩，最后倒入防水液。搅拌时间在 2～3min 为宜。

（3）对基层的处理：检查预埋管、出气孔、雨水口、上下管道是否安装完毕；出屋面的人孔砌筑完成；将基层表面的所有杂物彻底清除干净，还要用水冲洗，然后用掺有界面剂的水泥砂浆扫浆结合层。

（4）找平层施工：找平层的抹灰一般为 20mm，将搅拌均匀的 SF 聚合物水泥防水砂浆铺摊在处理干净的基层上，然后用长刮杠刮平整，用木抹子搓压至少两遍。最后，用铁抹子压实抹光。

（5）保温层兼找坡层施工：保温层兼找坡层的施工厚度按最薄处 100mm 控制。操作前技术人员要进行技术交底，并按设计图纸规定的排水坡度进行放线找坡，冲筋打点，经过现场监理的检查验收达到合格。再进行保温层施工，将搅拌均匀的SF聚合物水泥珍珠岩保温材料摊铺在找平层上，用刮杠刮平，铺设厚度每层控制在150mm以内，层间用平板振动器振捣密实。

（6）防水底层施工控制：防水底层厚度控制在30mm，将搅拌均匀的SF聚合物水泥防水砂浆铺摊在保温层上，用长刮杠刮平整，用木抹子搓压至少两遍，最后用木抹子搓成麻面。

（7）防水保护层施工控制：防水保护层的厚度一般为20mm，要待防水底层初凝后再摊铺防水保护层。将拌和合适的SF聚合物水泥防水砂浆摊铺均匀，厚度控制在10mm，在表面铺设一层玻璃纤维网格布或细钢丝网，用木抹子压入浆内，然后在上再铺设一层厚度为10mm的SF聚合物防水砂浆，用刮杠刮平，再用木抹子搓压平，铁抹子压实收光，压实收光要进行3遍，压提出浆，收平抹光。

（8）分格缝的留置处理：为防止大面积保护层开裂，在防水保护层上必须设置分格缝。分格缝双向留置中距不超过3m，缝内镶嵌10mm宽塑料分格专用条。屋面施工前及早设置好分格缝位置；防水保护层施工时，用木抹子将塑料分格条压入防水保护层中。在防水保护层初凝后，再将落入分格条缝内的杂物清除干净，使缝内无杂物且平直。

（9）养护工作要确保：为了防止保护层由于早期失水而引起内部产生干燥裂缝，在施工抹压后的8h内，要及时补充水分，连续浇筑应不少于14d；养护可以采取淋水的方法。天气炎热时，养护一定要覆盖塑料薄膜，以防止水分蒸发过快，使水泥浆有充足的水化时间；养护早期强度比较低，应严禁人员踩踏及堆放重量大的材料，而且浇水均匀，昼夜连续进行。

**5. 质量检查验收工作**

SF防水保温屋面所选择的水泥、SF防水剂、砂及膨胀珍珠岩等材料，其质量必须符合现行的国家相关规范及标准，出厂要有合格证、检测报告等备查资料，进场时由监理工程师再按要求抽查取样复检，检验合格后才能进行施工。严格控制各层次原材料的配合比，计量准确且充分搅拌，确保不同材料拌和均匀。

施工提前放准线，要保证每层施工厚度达到设计要求；严格注重细部节点的构造处理，细部是薄弱环节要加强管理；并要求每结构层表面平整，接槎严密，线角平直，色泽一致；当整体屋面施工完成后，按要求做蓄水试验，蓄水时间不少于24h且在下面仔细观察，底板无湿润及水渍现象为防水合格。

通过对SF防水保温一体化屋面的施工实践表明，用SF防水材料做屋面保温及防水其效果满足房屋使用功能，综合造价相对较低，施工简单、快捷，而且不会窜水、易修复，节省保护费用。同时，材料节能、环保，是一种新型绿色建筑材料，对人体无害，保温节能效果达到节能65％的要求。

## 6.10 屋面防水质量通病的控制措施有哪些?

屋面渗漏直接影响到房屋的正常使用功能。多年来，屋面从刚性防水到柔性防水，发展至今有几十种防水材料的应用和做法，但仍未能彻底解决屋面“渗、漏、滴”的现象。有的工程竣工一两年就出现渗漏，有的工程还未竣工验收，屋面就存在裂缝，产生渗漏隐患，需要返工。据有关部门提供的屋面防水工程出现渗漏现象的分析结果显示，其中约1/2的工程渗漏是由于施工粗糙造成的。由此可见，加强屋面防水施工过程中的质量控制是防水的关键所在。

### 1. 常见屋面防水工程施工质量通病分析

常见屋面防水工程的施工质量主要缺陷有：排水坡度不足，未按规范要求设置分仓缝，涂膜防水厚度不够，连接屋面的管根、落水口、天沟、檐沟、泛水等细部未做好处理，保护层不符合要求，屋面泛水做法不规范，细部做法不符合要求等。根据工程实际分析，造成施工质量问题的原因主要有以下一些：

1）缺乏专业防水施工队伍

防水施工人员技术素质低、没有进行培训、未持证上岗，未严格按设计要求和施工质量验收规范进行施工，如防水层搭接长度不足逆贴，防水层厚度不足或防水层数不够，泛水处防水层外贴，收口处挠曲开口，天沟纵向找坡小，存有积水，以及未进行分工序、分层次验收，尤其是对节点部位处理不认真，留下了渗漏的隐患。

2）不按程序施工

为了抢工期、赶进度，很多屋面在施工中不按程序施工。例如：在空心板灌注混凝土未达到强度时，即进行下道工序施工，施工中的荷载及振动使板缝混凝土松散、开裂并形成隐患，使后续的防水工程质量难以保证。找平层未干就急于铺设防水层，而又未采取排汽等有效措施，造成防水层出现起鼓、脱层、腐烂和渗漏。

不按设计、规范要求施工：施工人员没有严格按照设计要求及质量验收规范施工。没有适时进行相关检查和实测，造成找坡层的厚度不均匀、涂膜防水层施工时涂膜厚度不均匀或涂膜过薄。

3）防水材料选择不当

有些施工单位为了拿到工程竞标尽量压低造价，而施工时为了降低成本使用一些固含量偏低的防水材料，或选用了防水性能差、延伸率小、耐热度低或粘结力、抗老化性、耐火性差的防水材料，而且厚度不均匀也是材料的严重质量问题。

4）构造节点细部施工质量低劣

施工过程中防水重点部位的细节处理不够严密，没有按设计节点处理的要求进行施工或马虎处理，卷材防水接缝不够密闭，搭接宽度达不到要求，涂膜防水涂抹未能到位，厚薄不均，刚性防水层与混凝土面接触不够牢固、空鼓、有裂缝，分块缝后期防水处理不妥当，排水坡度不够而形成积水等，还有的工程细部节点上的阴阳角未做成圆弧状，凸出屋面的管道、构筑物的根部周边也未做成锥台状，致使防水层在施工时就已出现裂纹，防水层覆盖也不到位。

**2. 屋面卷材防水层施工质量控制重点**

卷材防水的材料种类多样，常用的施工工艺有热粘法、热熔法、自粘法、机械固定法、埋置法等。施工中应检查承包单位是否按照施工工艺标准等施工规范要求、施工工艺流程进行，铺贴方向、两幅卷材层与层间的搭接宽度与长度是否符合要求。卷材施工时，应注意以下几点：

（1）卷材防水层的铺贴：一般应由层面最低标高处向上平行屋脊施工，使卷材按水流方向搭接。当屋面坡度大于10%时，卷材应垂直于屋脊方向铺贴；即两层卷材互相错开，一平一竖不同向。

（2）基层上涂刮基层处理剂要求薄而均匀，一般干燥后不粘手才能铺贴卷材；而且，施工时气温必须控制不要过低，防水层施工温度高于5℃以上为宜。

（3）铺贴方法：剥开卷材脊面的隔离纸，将卷材粘贴于基层表面。卷材长边搭接保持100mm，短边搭接保持80mm。卷材要求保持自然松弛状态，不要接得过紧。卷材压实后，将搭接部位掀开，用油漆刷将搭接胶粘剂涂刷，在掀开卷材接头两个粘面涂后干燥片刻，手感不粘时即可进行搭接粘合，再用橡胶榔头密实，以免造成漏水、开缝。

（4）卷材冷粘时，胶接材料要依据卷材性能配套选用胶粘剂，调配要专人进行。及时采样化验，不得错用、混用，这方面要严加控制；而且，注意控制阴阳角粘结牢固，加强对加固层等细部节点的处理。

**3. 涂膜防水施工质量控制重点**

涂膜防水施工质量控制要求：屋面找平层表面密实，无起砂、起皮、开裂，平整度偏差2m直尺不大于4mm。当表面干燥含水率不大于60%时，找平层上设分格缝；屋面采用水泥砂浆找坡，坡度为2%，聚氨酯防水涂料涂刷厚度保证不小于2mm且涂刷均匀；涂膜防水层表面无裂缝、脱开、流坠、鼓泡、皱皮等现象；如果保护层用云母松散材料做覆盖时，必须撒布均匀，粘结牢固；上人屋面用彩釉地砖，要求与室内地面要求相同，铺设平整，缝隙均匀、顺直，表面平整度 2m 直尺不大于 4mm，砖块间缝的高低差不大于 1mm。

涂膜防水施工按涂抹厚度，分为薄质涂料施工和厚度涂料施工两种。无论是薄质涂料采用的涂刷法、喷涂法，还是厚度涂料常用的抹压法、刮涂法施工，在单纯涂膜或胎体增强材料涂膜施工时，都要做到：

（1）防水材料规格、型号符合设计要求，进场后的防水涂料应由监理随机抽样复检，包括断裂延伸率、固体含量、低温柔性、不透水性和耐热度，对密封材料应随机抽样，复检低温柔性和粘结性。

（2）操作施工方法符合工艺工序规定：严禁在结构层未达到设计强度时进行作业、吊装屋面设备等盲目赶工期的现象，严禁过早拆除屋面梁板底部支撑，严禁基层未干燥就铺贴防水卷材或喷刷防水涂料等。

（3）防水涂料的选择要根据房屋使用需要而定，防水涂料的配方应符合工艺要求；胎体增强材料与所使用的涂料要匹配无误。

（4）施工操作的条件、配料温度、施工环境温度、操作时间配料用量和顺序、搅拌强度、涂刷次数必须符合工艺要求；施工顺序必须按照先高后低、先远后近的原则进行，涂刷后的表面干燥前必须进行保护。

**4. 刚性防水层施工质量控制重点**

刚性防水层包括细石混凝土防水层，水泥砂浆防水层，块体刚性防水层及防水混凝土。施工时应注意：

1）改善混凝土级配，保证混凝土的施工质量

刚性防水屋面混凝土的强度等级不宜低于 C25，砂应采用过筛后的中砂，灰砂比宜为 1∶(2～2.5)，砂率宜为 38%～41%，水灰比不大于 0.55。混凝土施工过程中，应从原材料、配合比、搅拌、运输、振捣、成型、养护等多方面严格控制质量，尤其

应注意混凝土的养护。

2）混凝土中配置纵横钢筋

宜适量配置钢筋 $\phi$6～$\phi$8 钢筋，间距为 150～200mm，最好双层双向用来抵御混凝土产生的温度应力和收缩应力，钢筋设在混凝土中偏上部，双向配筋，上下不得露筋，并在分格缝处断开，以保证分格板块内的混凝土能自由变形。

3）设置分格缝

配筋混凝土其分格缝纵横间距不大于 6m，无配筋混凝土分格缝最大间距不超过 2m。深度不小于混凝土厚度的 2/3，缝宽 10～20mm，缝中填嵌密封材料，并在分格缝上骑缝铺设 200～300mm 宽的防水卷材加强覆盖条层。

4）设置隔离层

采用较广泛的是干铺设防水卷材隔离层和低强度等级砂浆隔离层的做法。前者的操作工艺是在找平层上干铺一层防水卷材，防水卷材的接缝应均匀粘牢，表面涂刷两道石灰水或掺10％水泥的石灰浆，以防止日晒后防水卷材软化，待隔离层干燥并有一定强度后进行防水施工；后者采用黏土砂浆或石灰砂浆施工。黏土砂浆配合比为石灰膏：砂：黏土为 1：2.4：3.6，石灰砂浆配合比为石灰膏：砂为 1：4，铺设前先湿润基层，铺抹厚度为 10～20mm，表面平整、压实、抹光后，养护至基本干燥。

5）采用外加剂

主要包括减水剂、膨胀剂、防水剂等，旨在提高混凝土的密实性，减少用水量，抵消混凝土的收缩应力、阻水、隔水等，从而增强混凝土的防水抗渗能力。

6）严格质量检查验收

施工完毕，应按主控项目和一般项目进行检查验收。其中，混凝土的原材料、配合比和抗压强度，防水层的渗漏和积水、防水层的细部做法等属于主控项目，必须符合规范及设计规定。其余的一般项目为质量控制，也应严格检查验收，防止不合格的项目出现。

**5. 密封防水材料施工质量控制要点**

常用的密封材料主要有改性沥青和合成高分子密封防水材料两大类，施工方法根据材料性质而定，习惯上分冷嵌法和热灌法两种。为确保施工质量，应在施工机具的选用、配料和搅拌、粘法性能试验和嵌填背衬材料的控制，以及施工操作等几个关键环节进行监督控制。热灌法操作要重视密封材料现场塑化，加热温度一般在 110～130℃，最高不得超过 140℃。使用温度计测温时，应在中心液体面下 100mm 左右处进行。塑化或加热后（温度不宜低于 110℃）应立即现场浇灌，嵌填要高出板缝 3～5mm。冷嵌法施工用手工操作，从底部嵌起，防止漏嵌、虚填，注意不得产生混气现象。嵌填要密实、饱满，按顺序进行，最好用电动嵌缝枪或手动嵌缝枪操作。

**6. 防水层的保护层施工质量控制重点**

保护层施工时要注意对防水层的保护，主要目的是保护防水层不受损伤。施工时要在防水层上做好临时保护措施，严防戳破防水层。相同材料、相同气候条件下，有保护层的防水层比无保护层的防水层寿命可延长一倍以上。所以，在现行《屋面工程质量验收规范》GB 50207—2012 中对卷材屋面、涂膜屋面、屋面接缝密封等，均有要求在其上面设置保护层的规定。

保护层材料应根据设计图纸的要求选用。保护层施工前，应将防水层上的杂物清理干净，并对防水层质量进行严格检查，有条件的应做蓄水试验，合格后才能铺设保护层；为避免损坏防水层、保护层，施工时应做好防水层的保护工作，施工人员应穿软底鞋，运输材料时必须在通道上铺设垫板、防护毡等。小推车倾倒砂浆或混凝土时，要在其前面放上垫木或木板，以免小推车前端损坏防水层。在防水层上架设梯子或架子、立杆时，应在底部铺设垫板或橡胶板等。防水层上需堆放保护层材料或施工机械时，也应铺垫木板、钢板等，防止戳破，损伤防水层且不易被发现弥补。

综上浅要分析可知，防水屋面的质量优劣与施工过程中的质量工序过程控制密切相关。如果施工中不能全面按照规范和设计要求进行施工，就可能给屋面防水工程留下许多质量问题和隐患，后期弥补也相当困难。提高屋面防水的施工质量，务必做到在施工前审查好图纸会审和技术交底工作；在施工过程中，防水队伍必须选择有专业资质的，防水材料进场检查严格把关并抽样复试，坚持操作人员和管理人员持证上岗，坚持按照施工规范和图纸要求施工；完工后要及时进行相关的功能性渗水检查。从设计、材料、施工、质量监督控制等多方面采取综合控制，才能保证屋面防水的质量，达到设计耐久性的正常使用年限。

## 6.11 常见屋面渗漏的原因及防治措施有哪些?

### 1. 屋面渗漏水常见的原因

主要包括设计、材料及施工三个方面的影响因素。

1）设计方面

设计上考虑不周，节点细部作法不详细且不合理，违反施工规范，造成建筑物先天不良，埋下渗漏隐患。

2）材料问题

(1) 油毡卷材：卷材防水工程质量在很大程度上取决于原材料的质量。当前，由于改革浪潮给建筑市场带来了巨大的活力。各种新型防水材料应运而生，目前社会上油毡卷材和胶结材料产品繁多，虽均有出厂合格证，但经试验或检验后依然有一些达不到设计要求和规范规定。因此，不能仅依据出厂合格证就轻易使用这些材料，更何况本来合格的材料由于运输、保管不当，也可能损坏、变质。所以，使用前还应送到试验室进行复试，合格后方可使用。

(2) 绿豆砂：目前，合格的绿豆砂太少，绿豆砂成了蚕豆砂甚至土豆砂。2mm 厚的油无法将其粘住，形成浮石，经雨水冲刷很容易堵塞排水口，造成屋面积水。常用的纸胎油毡只能在一定时间内浸水不漏，并且不能长时间在水中浸泡。实践证明，绿豆砂保护层做得好的屋面，可以历经十几年而油毡不老化，大大延长了屋面的使用年限。

3）施工问题

做得好的基层（如找平层）本身就具有一定的防水性。反之，防水层做得再好，基层脱皮、起砂、倒坡、开裂，就要引起油毡空鼓、开裂，造成渗漏。导致水泥砂浆找平层开裂的主要原因有：

（1）保温层铺垫不平、不实，造成找平层厚薄不匀，干缩不一致。

（2）未按规定设置分格缝。由于找平层的开裂在所难免，设置分格缝的目的是把规则裂缝集中引导到分格缝处，以便集中处理。规范规定，分格缝应留在预制板支承边的拼缝处，缝宽一般为20mm，纵横向最大间距为6m，并加盖200～300mm宽单边贴的油毡。

（3）材料配比不准、水泥用量过大，砂子粒径过细（如粉砂）或加水失控等。

（4）养护不好、保护不当，造成早期脱水、受冻。

**2. 屋面防水的施工技术对策**

出现以上问题的症状归根结底还是工程施工过程中的不规范操作造成的，因此为了更好地做好屋面的防水防渗工作，必须严格按照以下工艺技术要求施工：

1）一般技术要求

（1）施工前的技术准备工作：屋面工程施工前，施工单位应组织技术管理人员会审屋面工程图纸，掌握施工图中的细部构造及有关技术要求，并根据工程的实际情况编制屋面工程的施工方案或技术措施。这样避免施工后留下缺陷，造成返工。同时，工程依据施工组织有计划地展开施工，防止工作遗漏、错乱、颠倒，影响工程质量。

（2）对施工人员及施工程序的要求：屋面工程的防水必须由防水专业队伍或防水工施工，严禁没有资质等级证书的单位和非防水专业队伍或非防水工进行屋面工程的防水施工，建设单位或监理公司应认真地检查施工人员的上岗证。施工中，施工单位应按施工工序、层次进行质量的自检、自查、自纠并且做好施工记录，监理单位做好每步工序的验收工作，验收合格后方可进行下道工序、层次的作业。

(3) 对屋面设计的要求：增加建筑屋面防水工程设计篇，坚持屋面防水设计等级，遵循防排结合、柔刚结合的设计原则，保证采用标准与节点设计结合的做法；刚性防水不得用于有高温或振动的建筑，也不适用于基础有较大沉降的建筑；当采用防水新工艺、新材料而没有国家标准时，应报请建设行政主管部门组织论证。当确认能保证实施操作、能达到防水质量要求时，方可应用于工程；建立防水工程设计机制，做好防水工程的设计交底工作。

2) 提高屋面刚性防水质量的技术措施

刚性防水屋面的结构层宜为整体现浇，一般平屋面的排水坡度为2%～3%。当坡度为2%时，宜选用材料找坡；当坡度为3%时，宜选用结构找坡。天沟、檐沟的纵向坡度不应小于1%，沟底落差不得超过200mm。水落口周围直径500mm范围内坡度不应小于5%，水落管径不应小于75mm，一根水落管的屋面最大汇水面积宜小于200m$^2$。当用预制钢筋混凝土空心板时，屋盖面板用0号砂浆坐浆，应用C20的细石混凝土认真灌缝，并且灌缝的混凝土应掺微膨胀剂，每条缝均做两次，灌密实。当屋面板缝宽大于40mm时，缝内必须设置构造钢筋，板端穴缝隙应密封处理，初凝后养护7d，放水检查有无渗漏现象。如发现渗漏，应用1∶2砂浆补实。防水层及找平层施工前，应严格检查基层质量，保证将基层表面的灰尘等杂物清理干净并用水泥素浆涂刷，加强其与基层的粘结能力。

3) 提高屋面柔性防水质量的技术措施

柔性防水屋面的结构层宜为整体现浇：铺设防水卷材的基层必须干净、干燥。防水卷材的铺设方法有空铺法、点粘法、条粘法、机械固定法等，施工工艺主要有冷粘法、热粘法、热熔法及自粘法等。防水卷材的铺设应注意以下几个问题：

（1）卷材铺贴方向：屋面坡度小于3％时，卷材宜平行屋脊铺贴；屋面坡度在3％～15％时，卷材可平行或垂直屋脊铺贴；屋面坡度大于15％或屋面受振动时，沥青防水卷材应垂直屋脊铺贴，高聚物改性沥青防水卷材和合成高分子防水卷材可平行或垂直屋脊铺贴；上下层卷材不得相互垂直铺贴。

（2）细部构造复杂部位处理：对水落口、天沟、檐沟、伸出屋面的管道、阴阳角等部位，在大面积铺贴卷材前，必须做附加防水层进行增强处理。当采用聚氨酯涂膜做附加层时，可将聚氨酯防水涂料的甲料、乙料按重量1∶1.5的比例配合，搅拌均匀，再均匀刮涂。刮涂的宽度以距中心200mm以上为宜，一般须刮涂两三遍，涂膜总厚度以1.5～2mm为宜，待涂膜完全固化后方可铺贴卷材。

（3）铺贴卷材：

A. 屋面铺粘卷材时，应平行屋脊从檐口处往上铺贴，注意双向流水坡度，卷材的搭接要顺流水方向；长边及端头的搭接宽度空铺、点粘、条粘时均为100mm，满贴法时为80mm且端头接槎要错开250mm；

B. 根据卷材配置的部位，从流水坡度的下坡开始弹出标准线，并使卷材的长向与流水坡方向垂直。

（4）排气、压实：每当铺完一卷卷材后，应立即用干净、松软的长把滚刷从卷材的一端开始，朝横方向顺序用力滚压一遍，以彻底排除卷材与基层之间的空气，使其粘结牢固。排除空气后，平面部位可用外包橡胶的长300mm、重30kg的铁辊滚压，使卷材与基层粘结牢固。垂直部位可在排除空气后，用手持压辊滚压贴牢。

**3. 屋面接缝的特点、渗漏原因及治理办法**

建筑物的屋面接缝主要有变形缝、分格缝和预制板缝。

1）变形缝的特点

常见的屋面变形缝有两种形式：①缝的两侧屋面在同一平

面上，即平缝交接；②缝的两侧屋面不在同一平面上，即屋面高低交接。变形缝是反映建筑物变形和位移最集中的敏感部位，具有重复、多变和滞后的特性。变形缝应能减小缝两侧的结构或构件之间的约束，任其收缩、随意沉降、自由振动，适应变形而又不危及建筑物的安全性、适用性和耐久性；应能满足建筑防水工程的整体水密性、抗变形性和耐久性要求。

2）渗漏原因

（1）未按有关规范计算缝的位移量，未能确保缝宽大于缝的位移量，变形缝不具有一缝多用的功能。

（2）未能采取有效措施预控建筑物裂缝于无害的状态。如建筑物的整体刚度差，抗侧力构件的刚度和延性差，建筑物在软弱地基上的长高比不当，忽视高低、轻重荷载作用下相邻基础地基附加应力的叠加等。

（3）在高低屋面交接处的变形缝未设置泛水构造，致使雨水沿高墙面与挡水矮墙的缝隙向下渗漏。

（4）缝身密封的构造措施不当，不能适应缝的自由变形，密封材料的拉伸、压缩循环性差，耐候性差。

（5）变形缝的宽度受缝隙的垂直度影响大，由于施工误差累积，加上碎砖或水泥砂浆等堵塞，导致缝宽减小，缝的功能降低。

3）治理办法

（1）对于量大面广的工业与民用建筑，在规划设计中，要求平面形状上从简，结构尺寸上从小，体量刚度上从同，荷载布置上从均，基础类型选择上从一。对抗震建筑物，还要使结构平面和抗侧力刚度均匀、对称，尽量使抗侧力刚度中心与地震水平荷载合力中心重合，以减少扭转结构的不利影响。这样，基本能做到预控裂缝于无害状态。

（2）对于复合体形、多功能的大型建筑物，平面布置复杂，空间高低起落且有不同材料房，往往很难预控裂缝于无害状态。对于这类建筑要精心设计，并严格按有关规范预先设缝分块；当一缝多用时，应承受多向变形并设置合理的缝隙宽度。

（3）遇软弱或复杂地质条件时，设计时还应考虑相邻建筑物的影响，一方面要提高上部结构的整体刚度，以适应变形；另一方面，利用整体连续基础、桩基或箱形基础等类型的基础，抵抗不均匀沉降。

（4）在注重屋面结构或构件自防水的基础上，加强细部、节点的构造设计，贯彻“防排结合，以防或排为主；刚柔结合，以柔适变；复合用材，多道设防；协调变形，共同工作”的屋面防水工程的系统设计原则，建筑防水与结构防水并用，材料防水、构造防水和接缝密封防水相结合，优势互补。

（5）施工时，要严格按设计设置变形缝，采取有效措施避免变形缝内杂质、杂物的堵塞。

## 6.12 泡沫混凝土保温屋面施工如何控制?

屋面保温隔热材料的应用品种比较多，传统的炉渣及膨胀珍珠岩、蛭石等材料由于保温效果差，已很少使用，而泡沫混凝土是一种新型的质轻、多孔节能材料，其原料如粉煤灰、矿渣及石粉等工业废料资源丰富，配制的材料具有保温隔热性能好、自重轻且施工方便、现场文明施工的优点，符合国家环保和绿色建筑的发展要求。随着生产应用技术的完善提升，泡沫混凝土作为保温隔热材料，已经被广泛地应用在有保温要求的楼（地）面、屋面及轻质隔墙工程中。以下对一种采用 HT 复合型发泡剂的发泡混凝土用于屋面保温层施工的质量控制措施进行分析、介绍。

### 1. 工程基本构造

某工程地处夏热冬冷区域，屋面保温隔热约 4840m$^2$，为可上人屋面。具体做法是：自上而下铺块材（防滑地砖、仿石砖、水泥砖）水泥擦缝；20mm 厚水砂浆隔离保护层；防水层：（聚合物改性沥青防水卷材两层，每层厚 3mm）；20mm 厚水砂浆找平层；保温隔热层（100mm 厚挤塑聚丙乙烯泡沫塑料板），传热系数为 0.43W/(m$^2$ · K)；坡度按 2%控制。由于屋面板施工找坡用的材料为 HT 泡沫混凝土保温隔热层，其性能体积密度标

准为 $400\pm15kg/m^3$ 的泡沫混凝土。

**2. 材料应用及施工特点**

（1）HT 复合型发泡剂的发泡力较强且无污染，与水有良好的亲和性，可以在水泥浆中产生大量分布均匀且独立的封闭气泡，具有稳定的泡沫形态，体现出很强的体积扩张性和柔韧性，支持泡沫水泥浆料在终凝前保持气孔原态，在施工中采取泵送气泡不消、不塌落。

（2）该泡沫混凝土质轻、隔声、环保、防火。传统泡沫混凝土的表观密度在 $300\sim1200kg/m^3$，可使建筑物的自重降低 20%以上。发泡剂接近中性，连同添加料均不含苯、甲醛等有害成分，对环境不造成污染。泡沫混凝土是多孔性材料，隔声效果明显。同时，泡沫混凝土也是无机材料，是难燃材料，具有可靠的耐久性，可提高建筑防火功能，消除火灾隐患。

（3）保温、隔热、节能：泡沫混凝土中含有大量封闭的细小孔隙，具有优良的热工性能，密度 $400\pm15kg/m^3$ 的泡沫混凝土导热系数一般只有 0.08W/(m·K) 左右，小于标准值 0.11；热阻约为普通混凝土的 10 倍以上，按最薄处 100mm、2%找坡考虑，整体传热系数≤0.55W/($m^2$·K)；满足设计要求，具有良好的节能效果。

（4）整体性防水效果及耐久性好：泡沫混凝土进行的是现场浇筑施工，与主体结构紧密结合，浇筑 12h 后即可成型，吸水率极低，而且相对独立的封闭气泡加上良好的整体性使得防水能力大大提高。同时，泡沫混凝土的多孔性使其具有低的弹性模量，从而对待冲击荷载具有好的吸收和分散作用，其抗压强度大于 0.5MPa，完全满足上人屋面需要，可承受人员活动荷重且不变形，与主体结构同寿命。

**3. 工艺流程及施工控制**

1）工艺流程

准备工作→基层清理→弹线打点→水＋水泥搅拌→水＋发泡剂＋稀释液→发泡→拌成浆料泵输送→浇筑成型→养护→检

查修补→验收。

2）施工准备

（1）HT 复合型发泡剂的性能：pH 值为 7±0.5；密度（20℃条件下/1.15±0.05kg/L）；环保指标：1.5g/L；游离甲醛 0.30g/kg；苯≤0.02g/kg；外观：浅色透明液。

（2）水泥：强度等级不低于 42.5 级的普通硅酸盐水泥，而且各项技术指标抽检合格；粉煤灰：要选用Ⅰ、Ⅱ级，而且各项技术指标抽检必须合格；水：应使用生活自来水或者《混凝土用水标准》JGJ 63—2006 的具体规定。

（3）屋面混凝土结构层的清理必须干净、彻底，对各种缺陷进行修补，达到平整、坚硬、密实；对预留孔洞、落水管等在浇筑泡沫混凝土前处理到位，不允许过后再打洞。

（4）要提前设置好浇筑厚度及排水坡度，保证泡沫混凝土最薄处 100mm 及 2%的排水坡度。

（5）水泥等原材料检验合格并贮备齐全后，HT 型泡沫混凝土专用机及输送软管根据浇筑距离提前安装到位，并保证电力及水供应正常。注意天气预报，遇雨天不允许浇筑。

3）操作控制要点

（1）泡沫混凝土施工首先配制泡沫浆液，根据 HT 型泡沫混凝土的配合比及生产工艺配合泡沫浆液。配合比由专业生产厂家提供，密度 400±15kg/m$^3$ 的泡沫混凝土的施工配合比是：水泥∶水∶泡沫剂＝400∶240∶1.9。

（2）配制水泥浆体：将定量的水加入专用搅拌仓，再将称量准确的水泥和添加料投入搅拌仓搅拌，搅拌时间不少于 150s。

（3）泡沫和水泥浆体通过 HT 型泡沫专门混合，使水泥泡沫浆料达到混合均匀一致，直接泵送浇筑点，而且搅拌的成品必须在 1h 内用完。

4）泡沫混凝土及其保护层施工

（1）泡沫混凝土浇筑，由于泡沫混凝土的流动性较大，为达到设计厚度及坡度的要求，一般通过分层浇筑来控制。本工程按两层施工，第一层按2%坡度进行结构找坡，以控制坡度为主在表面留设50mm厚度作为面层，在结构找坡的基础上再刮平，用3m长直尺找平。同时，泡沫混凝土也可以进行整体一次浇筑施工，可以不留置施工缝。但是，如果当地抗震结构设计中明确规定要设置时，按抗震结构设计要求留缝。

（2）由于泡沫混凝土的粘结性能极强，现场可以根据工程状况划分浇筑区块，待二次浇筑接槎处，只需将施工缝处松弛的颗粒铲除干净，接触面最好洒一层素水泥浆以便于结合。正常情况下是一次浇筑完成，最好不要随便留置施工缝。当泡沫混凝土保温层施工完成时，女儿墙泛水、天沟及檐沟等处必须找坡，该部位泡沫混凝土保温层厚度保证不少于20mm。

（3）由于泡沫混凝土为多孔封闭型结构，排气均匀且整体性好，大面积浇筑施工不设分格缝，屋面排气只设竖向PVC排气管，原则上按6m×6m分格较宜，现场可根据实际进行调整，保证使用功能及外观质量；而且，浇筑施工后12～14h进行洒水养护，其时间不少于3d，在此期间不允许人员乱踏及堆放重物。

（4）泡沫混凝土上部要做水泥砂浆保护层，是在洒水养护3d后进行；保护层一般为25～30mm厚的1∶3水泥砂浆，施工时泡沫混凝土表面要洒水湿润，保护层面积以4～6m见方并留置分格缝，缝宽20mm且要直，缝内填聚氨酯油膏密封。屋面防水卷材转折处按规定要求与基础一同做圆弧，粘结按防水要求进行。

5）施工中重视的问题

泡沫混凝土施工的环境温度必须在5℃以上，不宜在高温及雨天施工；由于泡沫混凝土的流动性较大，当屋面坡度大于2%时，要采取模板辅助浇筑控制坡度；施工由技术人员在现场指导下进行，对每个工序环节严格把关，使施工质量达到《建筑节能工程施工质量验收规范》GB 50411—2007要求，并按要求制作试块进行抗压试验。

6）检查及验收

（1）泡沫混凝土配合比计量必须准确，搅拌时间不少于

150s且均匀，浇筑分区分层进行；还要求导热系数、密度、抗压强度及随机取样送检记录齐全。其物理性能检测指标要满足表1的要求。

**泡沫混凝土物理性能检测指标　　表1**

| 干密度（$kg/m^3$） | 导热系数［W/(m·K)］ | 抗压强度（MPa） |  | 吸水率（%） |
|---|---|---|---|---|
|  |  | 3d | 28d |  |
| 300±15 | <0.070 | ≥0.20 | ≥0.25 | 17.8 |
| 400±15 | <0.090 | ≥0.30 | ≥0.50 | 15.6 |
| 500±15 | <0.12 | ≥0.55 | ≥0.90 | 14.7 |

（2）泡沫混凝土表面应平整，坡向一致，表面检查应符合：3d养护期内不允许有大于1mm的裂缝；表面疏松，允许不大于单个房间总面积1/15或单块面积不大于0.25$m^2$的疏松现象；平整度，3m直尺最大不平度小于10mm。

（3）砂浆保护层或找平层表面不得有凹坑、裂缝、起壳、松散等现象；对于分格缝，嵌填及密封必须连续、一致，不允许存在气泡、开裂、不饱满及脱落问题。

（4）屋面天沟、檐沟、女儿墙泛水、变形缝、出屋管道、檐口等部位的防水构造，必须符合设计及施工规范要求。各隐蔽工程也必须进行分项验收，达到《建筑节能工程施工质量验收规范》GB 50411—2007的要求。

7）安全文明施工

泡沫混凝土专用设备进现场后必须由专人调试和管理使用；现场不允许乱拉电线，对电动工具的安装、照明必须由专业电工负责；环境影响大的位置，如水泥搬运及切割打磨人员必须有安全防护用品并及时更换；材料堆放要规范，防潮材料下面要垫空并在上部遮挡，防日晒及雨淋等。

通过工程应用可知，泡沫混凝土在屋面保温工程中比较其他传统材料有其优越性，节能、环保，还可以用于地面及其他部位，有可利用的社会效益及经济效益。

# 七、混凝土及钢筋混凝土工程

## 7.1 如何控制大体积混凝土裂缝的产生？如何预防？

### 1. 大体积混凝土裂缝的原因

裂缝的类型和形成原因：大体积混凝土如墩台或基础等结构裂缝的发生，是由多种因素引起的。各类裂缝产生的主要影响因素如下：

1）收缩裂缝

混凝土的收缩引起收缩裂缝。收缩的主要影响因素是混凝土中的用水量和水泥用量，混凝土中的用水量和水泥用量越高，混凝土的收缩就越大。选用水泥品种的不同，干缩、收缩的量也不同。收缩量较小的水泥为中低热水泥和粉煤灰水泥；混凝土的逐渐散热和硬化过程引起的收缩，会产生很大的收缩应力，如果产生的收缩应力超过当时混凝土的极限抗拉强度，就会在混凝土中产生收缩裂缝；人们对收缩给予了很大的关注，但引人关注的并不是收缩本身，而是由于它会引起开裂。混凝土的收缩现象有好几种，比较熟悉的是干燥收缩和温度收缩，这里着重介绍的是自身收缩，还顺便提及塑性收缩问题。

2）自身收缩

与干缩一样，是由于水的迁移而引起。但它不是由于水向外蒸发散失，而是因为水泥水化时消耗水分造成凝胶孔的液面下降，形成弯月面，产生所谓的自干燥作用，混凝土体的相对湿度降低，体积减小。水灰比的变化对干燥收缩和自身收缩的影响正相反，即当混凝土的水灰比降低时，干燥收缩减小，而自身收缩增大。如当水灰比大于0.5时，其自干燥作用和自身收缩与干缩相比小得可以忽略不计；但是当水灰比小于0.35时，体内相对湿度会很快降低到80%以下，自身收缩与干缩则接近各占一半。自身收缩中发生于混凝土拌合后的初龄期，因为在这以后，由于体内的自干燥作用，相对湿度降低，水化就基本上终止了。换句话说，在模板拆除之前，混凝土的自身收缩大部分已经产生，甚至已经完成，而不像干燥收缩，除了未覆盖且暴露面很大的地面以外，许多构件的干缩都发生在拆模以后，因此只要覆盖了表面，就认为混凝土不发生干缩。

在大体积混凝土中，即使水灰比并不低，自身收缩量值也不大，但是它与温度收缩叠加到一起，就要使应力增大，所以在水工大坝施工时，早就将自身收缩作为一项性能指标进行测定和考虑。现今，许多断面尺寸虽不很大且水灰比也不算小的混凝土，如上所述，已“达到必须解决水化热及随之引起的体积变形问题，以最大限度地减少开裂影响”。因而，也需要像大坝一样，考虑将温度收缩和自身收缩叠加的影响。况且，在这些结构里，两者的发展速率均要比大坝混凝土中快得多，因此也激烈得多。

3）塑性收缩

在水泥活性大、混凝土温度较高或水灰比较低的条件下，塑性收缩也会加剧引起开裂。因为这时混凝土的泌水明显减少，表面蒸发的水分不能及时得到补充，而混凝土尚处于塑性状态，稍微受到一点拉力，混凝土的表面就会出现分布不规则的裂缝。出现裂缝以后，混凝土体内的水分蒸发进一步加快，于是裂缝迅速扩展。所以在上述情况下，混凝土浇筑后需及早覆盖。

4）温差裂缝

混凝土内部和外部的温差过大，会产生裂缝。温差裂缝的主要影响因素是水泥水化热引起的混凝土内部和混凝土表面的温差过大。特别是大体积混凝土，更易发生此类裂缝。

大体积混凝土结构一般要求一次性整体浇筑。浇筑后，水泥因水化引起水化热，由于混凝土体积大，聚集在内部的水泥水化热不容易散发，混凝土内部温度将显著升高，而混凝土表面土则散热较快，形成了较大的温度差，使混凝土内部产生压应力而表面产生拉应力。此时，混凝土龄期短，抗拉强度很低。当温差产生的表面抗拉应力超过混凝土的极限抗拉强度，就会在混凝土的表面产生裂缝。

大体积混凝土施工，由于混凝土内部与表面散热速率不一样，在其表面形成较大的温度梯度，从而引起较大的表面拉应力。同时，此时混凝土的龄期很短，抗拉强度很低，若温差产生的表面拉应力超过此时的混凝土极限抗拉强度，就会在混凝土表面产生表面裂缝。此种裂缝一般产生在混凝土浇筑后的第3天（升温阶段）。混凝土降温阶段，由于逐渐降温而产生收缩，再加上混凝土硬化过程中，由于混凝土内部拌合水的水化和蒸发以及胶质体的胶凝等作用，促使混凝土硬化时收缩。这两种收缩由于受到基底或结构本身的约束，也会产生很大的拉应力，直至出现收缩裂缝。

5）安定性裂缝

安定性裂缝表现为龟裂，主要是由于水泥安定性不合格而引起的。

**2. 裂缝的防治措施**

1）设计措施

（1）精心设计混凝土配合比：混凝土配合比设计时，在保证混凝土具有良好工作性的情况下，应尽可能地降低混凝土的单位用水量，采用“三低（低砂率、低坍落度、低水胶比）二掺（掺高效减水剂和高性能引气剂）一高（高粉煤灰掺量）”的设计准则，生产出“高强、高韧性、中弹、低热和高抗拉值”的抗裂混凝土。

（2）增配构造筋提高抗裂性能，配筋应采用小直径、小间距。全截面的配筋率应在0.3％～0.5％。

（3）避免结构突变产生应力集中，在易产生应力集中的薄弱环节采取加强措施。

（4）在易开裂的边缘部位设置暗梁，提高该部位的配筋率，提高混凝土的极限拉伸强度。

（5）在结构设计中应充分考虑施工时的气候特征，合理设置后浇缝，在正常施工条件下后浇缝间距20～30m，保留时间一般不小于60d。如不能预测施工时的具体条件，也可临时根据具体情况作设计变更。

2）施工措施

严格控制混凝土原材料的质量和技术标准，选用低水化热的水泥，粗、细骨料的含泥量应尽量减少（1%～1.5%以下）。

**3. 优选混凝土各种原材料**

（1）在选择大体积混凝土用水泥时，在条件许可的情况下，应优先选用收缩性小的或具有微膨胀性的水泥。因为这种水泥在水化膨胀期（1～5d）可产生一定的预压应力，而在水化后期预压应力可部分抵消温度徐变应力，减少混凝土内的拉应力，提高混凝土的抗裂能力。为此，水泥熟料中的碱含量应低且适宜，熟料中MgO含量在3%～5%，石膏与$C_3A$的比值尽量大些，$C_3A$、$C_3S$和$C_2S$含量应分别控制在5%以内、50%左右和20%左右，这种熟料比例的水泥具有长期稳定的微膨胀抗裂性能。

（2）骨料在大体积混凝土中所占比例一般为混凝土绝对体积的80%～83%，因此，在选择骨料时，应选择线膨胀系数小、岩石弹性模量较低、表面清洁、无弱包裹层、级配良好的骨料；砂除满足骨料规范要求外，应适当放宽石粉或细粉含量，这样不仅有利于提高混凝土的工作性，而且可提高混凝土的密实性、耐久性和抗裂性。有研究表明，砂子中石粉比例一般在15%～18%为宜。

（3）粉煤灰只要细度与水泥颗粒相当、烧失量小、含硫量和含碱量低、需水量比小，均可掺用在混凝土中使用。混凝土中掺用粉煤灰后，可提高混凝土的抗渗性和耐久性，减少收缩，降低胶凝材料体系的水化热，提高混凝土的抗拉强度，抑制碱-骨料反应，减少新拌混凝土的泌水等。这些诸多好处均有利于提高混凝土的抗裂性能。

（4）高效减水剂和引气剂复合使用，对减少大体积混凝土单位用水量和胶凝材料用量，改善新拌混凝土的工作度，提高硬化混凝土的力学、热学、变形、耐久性等性能，起着极为重要的作用。这也是混凝土向高性能化发展的不可或缺的重要组分。

（5）细致分析混凝土集料的配比，控制混凝土的水灰比，减少混凝土的坍落度，合理掺加塑化剂和减水剂。

（6）采用综合措施，控制混凝土初始温度。混凝土温度和温度变化对混凝土裂缝是极其敏感的。当混凝土从零应力温度 $T_2$ 降低到混凝土开裂的温度 $T_t$ 时，$t$ 时刻的混凝土拉应力 $\sigma_t$ 超过了 $t$ 时刻的混凝土极限拉应力 $\sigma_{tu}$。因此，通过降低混凝土内的水化热温度（主要通过掺用高效减水剂减少用水，减少胶凝材料，多掺粉煤灰和矿物掺合料）和混凝土初始温度（通过骨料水冷和风冷降温、加冰和加冷却水拌合、各生产环节加强保温以免冷量损失等措施，降低混凝土初始温度），减少和避免裂缝风险。

（7）人工控制混凝土温度的措施（如体内埋设冷却水管和风管、表面洒水冷却、表面保温材料保护）主要是针对后期而言，对早期因热原因引起的裂缝是无助的。比如，表面保温材料保护可以减少内外温差，但不可避免地招致混凝土体内温度 $T_1$ 很高。从受约束而导致贯穿裂缝的角度看，是一个潜在恶化裂缝的条件。因为体内热量迟早是要散发掉的。另外，人工控制混凝土温度还需注意的问题是防止“过速冷却”和“超冷”，过速冷却不仅会使混凝土温度梯度过大，而且早期的过速超冷会影响水泥—胶体体系的水化程度和早期强度，更易产生早期热裂缝。超冷会使混凝土温差过大，引起温差裂缝。浇筑时间尽量安排在夜间，最大限度地降低混凝土的初凝温度。白天施工时要求在砂、石堆场搭设简易遮阳装置或用湿麻袋覆盖，必要时向骨料喷冷水。混凝土泵送时，在水平及垂直泵管上加盖草袋并喷冷水。

还应根据工程特点，可以利用混凝土后期强度，这样可以减少用水量，减少水化热和收缩；加强混凝土的浇灌振捣，提高密实度；混凝土尽可能晚拆模，拆模后混凝土表面温度不应下降15℃以上，混凝土的现场试块强度不低于C5。

（8）采用二次振捣技术，改善混凝土强度，提高抗裂性；根据具体工程特点，采用UEA补偿收缩混凝土技术；对于高强混凝土，应尽量使用中热微膨胀水泥，掺超细矿粉和膨胀剂，使用高效减水剂。通过试验掺入粉煤灰，掺量为15%～50%。

## 7.2 泵送混凝土施工如何控制其裂缝的产生？

用泵输送混凝土拌合物，可一次连续完成水平运输和垂直运输，并可连续浇筑，因此具有效率高、节省劳动力的优点。但与普通混凝土相比，由于其拌合物的大流动性、大砂率及较高的水泥用量，也出现了混凝土表面易产生裂缝、混凝土收缩值较大等问题，影响了混凝土的耐久性。以下从混凝土的原材料、配合比及施工操作要求等方面，提出解决泵送混凝土质量问题的一些做法，以及对泵送混凝土裂缝处理的一些措施。

**1. 常见质量问题分析**

1）泵送混凝土坍落度损失大

混凝土坍落度损失率视工程条件不同有很大的差异，其中影响最大的因素是停放时间、气温、外加剂及其掺入方式。

（1）外加剂的影响：加入泵送混凝土中的外加剂一般有高效减水剂，但高效减水剂与水泥有相容性问题，某些水泥不能配制低水灰比、高流动性的混凝土。

（2）气温对坍落度损失的影响：气温升高，一方面水泥的水化反应加快，坍落度损失增大；另一方面，升温后引起的水分挥发增大，也将导致坍落度的损失。因此，夏季高气温施工时，除用湿草袋等遮盖输送管、避免阳光照射外，可适当增大混凝土的坍落度。

2）泵送混凝土施工中堵管

输送设备主要包括泵机和配管。泵机的选择应适合混凝土工程特点，要求的最大输送距离，最大输送量及混凝土浇筑计划要求。泵机选择不当时，压力达不到要求，过大或过小都有造成堵管的可能。输送管使用后如未及时用水清洗干净，管中所余混凝土在下次使用时必然增大管壁的摩阻力，造成堵管。

3）混凝土组成材料及配比

（1）水泥的品种和用量：在泵送混凝土中，水泥砂浆起到润滑输送管道和传递压力的作用，所以水泥用量非常重要。水泥用量过少，混凝土的和易性差，泵送阻力大，泵和输送管的磨损亦加剧，容易产生堵管。水泥用量过多，混凝土的黏性增大，也会增大泵送阻力。为此，应在保证混凝土设计强度和顺利泵送的前提下，尽量减少水泥用量。

（2）骨料的最大粒径与级配：粗骨料最大粒径的选择应适合工程和配管要求。骨料的级配不仅影响混凝土硬化后的性能，同时也会影响和易性。

（3）砂率：砂率过小时，泵送混凝土易在输送管中弯管位置堵塞，为此，泵送混凝土与普通混凝土相比，宜适当提高砂率，以适应管道输送的需要。但砂率过高时，不仅会降低和易性，同时也会影响混凝土硬化性能，故应在可泵性的情况下尽量降低砂率。

（4）掺合料：加入泵送混凝土中的掺合料主要有粉煤灰。粉煤灰掺入混凝土中起润滑作用，可以改善混凝土拌合物的和易性，大大提高混凝土的流动性，有利于泵送，但掺量宜由试验确定，过多不利于混凝土的强度。

**2. 裂缝预防及处理方法**

商品混凝土和泵送混凝土都很容易出现早期塑性裂缝的现象。混凝土塑性裂缝产生的原因比较复杂，常见裂缝可采取以下措施进行预防和处理。

1）塑性（沉陷）收缩裂缝

（1）裂缝原因及裂缝特征：

在泵送混凝土现浇的各种钢筋混凝土结构中，特别是板、墙等表面系数大的结构中，经常出现断续的水平裂缝，裂缝中部较宽、两端较窄，呈梭状。裂缝经常发生在板结构的钢筋部位、板肋交接处、梁板交接处、梁柱交接处及结构变截面等部位。裂缝产生的原因主要是混凝土流动性不足及振捣不均匀，在凝结硬化前没有沉实或沉实不够。当混凝土沉陷时，受到钢筋、模板抑制所致。裂缝在混凝土浇筑后 1～3h 出现，裂缝的深度通常达到钢筋上表面。

（2）影响因素和防治措施：

① 要严格控制混凝土单位用水量在 170kg/m$^3$ 以下，水灰比在 0.6 以下，在满足泵送和浇筑的要求时，宜尽可能减小坍落度；

② 掺加适量、质量良好的泵送剂和掺合料，可改善工作性能和减少沉陷；

③ 混凝土浇筑时，下料不宜太快，搅拌时间要适当：

④ 混凝土应振捣密实，时间以 10～15s/次为宜；在柱、梁、墙和板的变截面处宜分层浇筑、振捣；在混凝土浇筑 11.5h 后，尚未凝结之前，对混凝土进行两次振捣，表面要压实；

⑤ 为防止水分蒸发，形成内外硬化不均和异常收缩引起的裂缝，应采取措施缓凝和覆盖。

2）干缩裂缝

（1）裂缝原因及裂缝特征：

混凝土的干燥收缩主要是由于水泥石干燥收缩造成的。混凝土的水分蒸发、干燥过程，是由外向内、由表及里逐渐发展的。由于混凝土蒸发干燥非常缓慢，裂缝多数持续时间较长，而且裂缝发生在表层很浅的部位，裂缝细微，有时呈平行线状或网状。但是，由于碳化和钢筋锈蚀的作用，干缩裂缝不仅严重损害薄壁结构的抗渗性和耐久性，也会使大体积混凝土的表面裂缝发展成为更严重的裂缝，影响结构的耐久性和承载能力。

（2）影响因素和防治措施：

① 水泥品种及用量。水泥的需水量越大，混凝土的干燥收

缩越大，不同品种水泥混凝土的干燥收缩程度不同，宜采用中低热水泥和粉煤灰水泥。混凝土干燥收缩随着水泥用量的增加而增大，在可能的情况下尽可能降低水泥用量。

② 用水量。混凝土的干燥收缩受用水量的影响最大，在同一水泥用量条件下，混凝土的干燥收缩与用水量成正比，而且为直线关系；水灰比越大，干燥收缩越大。塑性收缩裂缝、干缩裂缝，都是由于混凝土单方用水量过大、坍落度过大且水分蒸发过快造成的。因此，严格控制泵送混凝土的用水量是减少裂缝的根本措施。为此，在混凝土配合比设计中应尽可能将单方混凝土用水量控制在 170kg/m$^3$ 以下，对于浇筑墙体和板材的单方混凝土用水量的控制尤为重要。为了降低用水量，掺加适当数量的减水率高、分散性好的外加剂非常必要。

③ 砂率。混凝土的干燥收缩随着砂率的增大而增大，但增加的数值不大。泵送混凝土宜加大砂率，但应在最佳砂率范围内。

④ 掺合料。矿渣、煤矸石、火山灰、赤页岩等粉状掺合料，掺加到混凝土中，一般都会增大混凝土的干燥收缩值。但是，质量良好、含有大量球形颗粒的一级粉煤灰，由于内比表面积小、需水量少，故能降低混凝土的干燥收缩值。

⑤ 外加剂。选用外加剂时，选用干燥收缩小的减水剂或泵送剂。

⑥ 混凝土的养护。混凝土浇筑面受到风吹日晒，表面干燥过快，产生较大的收缩，受到内部混凝土的约束，在表面产生拉应力而开裂。如果混凝土终凝前进行早期的保温养护，对减少干燥收缩有一定的作用。

3）处理措施

混凝土裂缝，若在混凝土仍为潮湿状态时，可采取的处理措施有：如产生的裂缝宽度很小时，可以采取扫入水泥和膨胀剂的混合物填充到裂缝中的措施；如裂缝宽度稍大一些时，可以沿着产生的裂缝注入具有膨胀性能的水泥浆；如产生的裂缝宽度再大一些时，可以直接浇筑具有微膨胀的水泥砂浆，该水泥砂浆采用的水灰比应与原混凝土的相同。若混凝土已经到了硬化状态，可考虑采用环氧树脂水泥砂浆或聚合物水泥砂浆灌缝。而对于那些对强度要求不高的混凝土构件，还可以采用柔性材料（如各种防水密封胶等）密封，以防止渗水和钢筋锈蚀。

综上所述，泵送混凝土产生的裂缝潜在危险大，对此必须引起足够重视。切实从每一个环节入手，做好过程控制，完善施工手段，确保施工质量。

## 7.3 为什么对钢筋保护层进行控制？其作用是什么？

现代建筑已离不开钢筋混凝土构件，无论是单层工业厂房还是一般民用建筑，或高达数百米的摩天大楼，要是离开了钢筋混凝土，很难想象将会是什么样的结果。有钢筋就需要有保护层，钢筋保护层究竟有什么作用？保护层多大才合适？钢筋怎样才能发挥出它固有的力学特性？以下从钢筋与混凝土共同作用的受力机理，结合多年的施工实践，谈谈钢筋保护层的重要性及其在施工中的控制。钢筋保护层简单来说，就是混凝土对钢筋的包裹层，从而使钢筋受到“保护”。现行《混凝土结构设计规范》GB 50010 对钢筋保护层厚度按环境类别、构件类型、混凝土强度等级分别做出了规定，以及现行《混凝土结构工程施工质量验收规范》GB 50204—2015 对结构实体钢筋保护层厚度检验也专门做出了规定，这充分说明保护层在混凝土结构中极其重要的地位。但是，实际施工中往往保护层会出现较大的偏差，如厚度超标、露筋等质量通病，从而影响钢筋混凝土结构的质量。百年大计，质量第一。以下就保护层质量通病造成的原因及危害浅谈自己的看法。

钢筋和混凝土在建筑工程中已经成了不可分割的孪生兄弟，从材料的物理力学性能来分析，钢筋具有较强的抗拉强度和抗压强度；而混凝土只具有较高的抗压强度，抗拉强度很低。但两者的弹性模量较接近，还有较好的粘结力，这样既发挥了各自的受力性能，又能很好地协调工作，共同承担结构构件所承受的外部荷载。

钢筋与混凝土之间存在着很强的粘结力。计算时，钢筋混凝土构件作为一个整体承受外力。同时，由于混凝土的抗拉强度很低，故只考虑混凝土所承受的受压应力，而拉应力则全部由钢筋来承担。对于受力构件截面设计来讲，受拉的钢筋离受压区越远，其单位面积的钢筋所能承受的外部弯矩也越大，这样钢筋发挥的效率也就越高。所以一般来说，无论是梁还是板，受拉钢筋总是应尽量靠近受拉一侧混凝土构件的边缘。如挑梁的受力筋，应设在构件上部受拉区。如果放置错误或者钢筋保护层过大，轻者降低了梁的承载能力，重者会发生重大事故。

那么，受拉的钢筋是否越靠边越好呢？答案是否定的。这是因为，钢筋的主要成分是铁，铁在常温下很容易氧化，更别说在高温或潮湿环境中。钢筋被包裹在混凝土构件中形成钝化保护膜，不与外界接触还相对比较安全。但是，如果钢筋保护层厚度过小，也就是钢筋过分靠近受拉区一侧，一方面容易造成钢筋露筋或钢筋受力时表面混凝土剥落；另一方面，随着时间的推移，表面的混凝土将逐渐碳化。用不了多久，钢筋外混凝土就失去保护作用，从而导致钢筋锈蚀、断面减小、强度降低，钢筋与混凝土之间失去粘结力，构件整体性受到破坏，严重时还会导致整个结构体系破坏。通常，除基础外梁保护层厚度一般为 2.5cm。工程实际中，由于钢筋保护层厚度未按规范要求所导致的质量问题不胜枚举。比较突出的如商品住宅楼工程建设中，楼板负弯矩钢筋保护层偏大及现浇框架结构中主、次梁交界处主梁的上部负弯矩钢筋保护层偏大的问题。以住宅楼为例，如今的住宅面积越来越大，尤其是客厅楼板。笔者曾见到过某单位建设的跨度达 5.7m 的楼板，厚度为 150mm，设计是双层双向钢筋网。从结构的力学计算来讲，支座处的负弯矩不比跨中板底正弯矩小多少，但由于施工时施工单位对支座负弯矩钢筋未引起足够重视。结果，工程刚竣工还未使用，就发现楼板上表面四周墙根处出现了许多裂缝。后经权威检测部门检查测试后发现，支座处负筋的保护层普遍超过规范 20～40mm，最大的甚至超过了 70mm，使楼板上部的负弯矩钢筋的作用大大降低，有些甚至完全失去作用，最后在迫不得已的情况下经设计同意，采取局部加固补强措施。尽管这样，还是给施工单位本身造成很大的经济损失。据有关资料统计，目前住宅楼开裂 70%左右是由于钢筋保护层位置不正确所引起。

**1. 造成钢筋保护层质量通病的原因**

钢筋保护层的质量通病主要是保护层厚度过厚或过薄。造成的原因概括地说，有人员素质、工程材料、机械设备、方法、环境条件等众多因素的影响。就实体质量现状而言，一是钢筋制作时，对纵向受力钢筋保护层的概念较为模糊，导致计算箍筋尺寸有较大错误；二是钢筋安装时，对钢筋骨架绑扎不牢固，浇筑混凝土时振动使钢筋偏位；三是模板安装时，对现浇梁、板考虑到自重的影响过度起拱，以及模板在混凝土重力、侧压力、施工荷载等作用下，安装不牢靠产生移位、跑模现象，导致保护层成型尺寸不标准；四是制作砂浆垫块时，砂浆强度低，根本承受不起钢筋的自重，以及规格、摆放、数量均不能有效控制钢筋的位置；五是混凝土浇筑时，护筋不到位，车压、人踩，使受力钢筋变位、变形，未切实保证受力钢筋位置的准确。

**2. 认识钢筋保护层质量通病的危害**

钢筋保护层质量通病引起的危害，主要有保护层厚度减小过多，构件设计计算的有效高度值不足，直接导致承载力降低，甚至构件发生破坏。保护层过薄，一是影响了混凝土与受力纵筋共同作用产生粘结力，从而保证承载力的能力。过薄增大了有效高度值，片面地说有利于结构承载力，实际上是削弱了承载能力。因为承载能力是靠混凝土与钢筋共同作用来保证，与钢筋和混凝土之间的粘结力有关。而粘结力主要由钢筋和混凝土接触面由于化学作用所产生的胶着力，以及混凝土硬化时收缩对钢筋产生的摩擦力和握裹作用，同钢筋表面粗糙不平在接触面引起的咬合力组成。从粘结力的组成可以看出，保护层过薄可能使钢筋外围混凝土因产生径向劈裂而使粘结力降低，从而削弱承载力。因为粘结破坏机理的复杂性、影响因素多和受力情况的多样性，至今尚未建立较完整的计算理论，只能通过试验得出基本粘结力。试验证明，保护层厚度影响到结构的内在质量，对结构承载力有着重要的作用。二是容易使钢筋发生锈蚀，影响结构工程的合理使用寿命。混凝土在环境条件下会发生化学变化而碳化。当碳化达到钢筋表面时，钢筋表面产生锈蚀。由于铁锈体积膨胀，致使混凝土保护层开裂，从而加快钢筋再锈蚀，如此周而复始，使钢筋截面尺寸逐渐缩小，最终导致丧失承载能力。所以，保护层厚度影响到混凝土的碳化时间和结构的耐久性。三是从建筑防火角度说，高温影响下可使构件迅速破坏。众所周知，混凝土是良好的防火材料，而钢筋遇高温会急剧膨胀加大，屈服点和极限强度急剧下降，导致混凝土构件破坏。从防火角度看，也需要保证保护层的厚度，并且满足现行有关防火规范的规定，所以保护层厚度影响到构件中的耐火极限和火灾发生时的财产损失。

那么，钢筋保护层又该如何控制呢？钢筋保护层厚度是指从受力纵筋的外边缘到构件混凝土外边缘之间的距离。它直接涉及混凝土构件的结构承载力和耐久性、防火等性能。只有正确深刻地认识到保护层质量通病的危害，影响保护层的因素才能克服，结构质量才能提高，也才能有高质量的建筑产品。重点应从两方面着手：一是抓施工前技术交底；二是抓过程中要素控制。施工前应针对不同的工程部位，根据设计图纸及施工验收规范，确定正确的保护层。保护层的厚度并非千篇一律，一般来说，现浇楼板的保护层厚度 15mm，而基础的保护层厚度通常为 50mm，有时甚至达到 100mm。因此，在对操作者的技术交底中必须明确此厚度，否则很容易造成返工。施工过程中，重点应做到规范操作。特别是混凝土现浇板浇捣过程中，尤其需要引起重视。钢筋绑扎时往往位置很正确，但一到浇捣时情况就变了样，不是人踩就是工、器具压在上面，由此造成的结果是支撑钢筋的马墩被踩倒，混凝土上层钢筋弯曲变形，保护层的厚度也就得不到保证。所以，施工过程中应做到规范操作，严禁操作人员在钢筋上随意行走；对上层钢筋应做有效的固定；浇捣中还应经常检查，发现问题及时解决。

然而，钢筋保护层厚度对单项工程质量并不是起决定性的作用。但是，如果不重视它，所产生的危害也不容忽视。要在正确了解钢筋及混凝土受力机理的前提下，充分认识到合理的钢筋保护层厚度，对工程结构的重要性非常必要。只有防微杜渐，才能使工程施工技术水平更上一个新台阶。

## 7.4 钢筋分项工程的质量如何控制?

钢筋分项是结构安全的重要分项工程，因此对整个工程来说，钢筋分项工程是重中之重。作为工程现场的质量检查员，对钢筋分项工程的质量控制是质检员工作的重中之重。

**1. 原材料的控制**

钢筋作为“双控”材料，按《混凝土结构工程施工质量验收规范》GB 50204—2015及当地标准的相应规定：“钢筋进场时，应按设计图纸规定的钢筋品种及现行的国家标准要求的规定，抽取试件作力学性能的复验，其质量必须符合有关标准规定。当钢筋的品种、级别或规格需作变更时，应办理设计变更文件。”因此，钢筋原材料进场检查验收应注意以下几个方面：

1）钢筋进场时

应将钢筋出厂质保资料即材质单原件（复印件应有原件保存单位公章）与钢筋炉批号铭牌相对照，看是否相符。注意每一捆钢筋均应有铭牌，还要注意出厂质保资料上的数量是否大于进场数量，否则应不予进场，从而杜绝伪劣钢筋进场，用到工程上。

2）钢筋进场后

取样人员应及时在监督见证员的监督下取样，对取样品送有资质的检测机构复检。钢筋按同一牌号、同一规格、同一炉号、每批重量不大于60t取一组。取样后应及时封存送有关检测单位进行力学性能检测，进口钢材及对材质单有疑义的，还要做化学分析检测。待钢筋检测符合要求后方可使用，检测未有结果前不得使用。

**2. 对钢筋加工的控制**

施工人员往往不重视对钢筋加工过程的控制，而是等到钢筋现场安装完成后，方对钢筋加工质量进行验收，因此往往出现由于钢筋加工不符合要求而造成返工的现象，这样不但造成浪费而且影响进度，对工期也非常不利。因此，钢筋加工应先有样品，待样品符合要求后方可进行批量钢筋的加工制作。在加工过程中，技术人员应经常深入钢筋加工现场，了解钢筋加工质量，并注意检查以下项目：

1）钢筋的弯钩和弯折应符合的规定

（1）对HPB300级钢筋末端应做180°弯钩，其弯弧内直径不应小于钢筋直径的2.5倍，弯钩的弯后平直部分长度不应小于钢筋直径的3倍；

（2）当设计要求末端作135°弯钩时，HRB235级和HRB400级钢筋的弯弧内直径不应小于钢筋直径的4倍，弯钩的弯后平直部分长度应符合设计要求；

（3）钢筋作不大于90°的弯折时，弯折处的弯弧内直径不应小于钢筋直径的5倍。

2）箍筋加工的控制

（1）箍筋的末端应作弯钩，除了注意检查弯钩的弯弧内直径外，尚应注意弯钩的弯后平直部分长度应符合设计要求，如设计无具体要求，一般结构不宜小于$5d$；对有抗震设防要求的，不应小于$10d$（$d$为箍筋直径）；

（2）对有抗震设防要求的结构，箍筋弯钩的弯折角度应为135°；

（3）当钢筋调直采用冷拉方法时，应严格控制冷拉率：对

HPB300 级钢筋，冷拉率不宜大于 4%；对 HRB335 级、HRB400 级和 RRH400 级钢筋，冷拉率不宜大于 1%；

（4）在钢筋加工过程中，如果发现钢筋脆断或力学性能显著不正常等现象时，技术人员应特别关注，并对该批钢筋进行化学成分检验或其他专项检验。

**3. 对钢筋连接的控制**

钢筋连接方式主要有绑扎搭接、焊接、机械连接三种方式，绑扎搭接要注意相邻搭接接头连接距离 $L=1.3L_l$ 是否符合要求。首先应选择机械连接，机械连接要检查操作工是否持证上岗，套筒及扳手经过检验，这是保证质量的首要条件。下面浅述焊接连接的控制措施。

1）钢筋焊接方面

钢筋焊接形式有很多种，施工中主要有：闪光对焊、电弧焊、电渣压力焊、气压焊、电阻点焊。

2）钢筋焊接过程控制

从事钢筋焊接施工的焊工必须持有焊工考试合格证，才能上岗操作。在工程开工正式焊接前，参与该项施焊的焊工应进行现场条件下的焊接工艺试验。试验合格后，方可正式生产。试验结果应符合质量检验与验收时的要求。该条款为强制性条文，因此作为施工技术人员及质量检查人员应严格执行，尽量避免返工而造成浪费和影响工期。

3）焊接操作的控制

监督操作人员要严格按各种不同类型的操作规程操作。钢筋点弧焊、电渣压力焊、闪光对焊施工过程中应注意以下问题：

（1）电弧焊：

包括帮条焊、搭接焊、坡口焊、窄间隙焊、熔槽帮条焊 5 种接头形式，焊接时应注意：

A. 根据钢筋牌号、直径、接头形式和焊接位置，正确选择焊条、焊接工艺和焊接参数，特别是焊条的选用；

B. 焊接时，不得烧伤主筋；

C. 焊接地线与钢筋应紧密接触；

D. 焊接过程中应及时清渣，焊缝表面平整、光滑，不得有凸凹或焊瘤，焊缝余高应平缓过渡，弧坑应填满；

E. 检查焊接长度是否达到设计要求，焊接接头区域不得有肉眼可见的裂纹；

F. 检查焊接件是否有夹渣、气泡等缺陷；如果缺陷严重，应取样试验，合格后方可安装并要求改善焊接工艺，消除不良现象；

G. 在环境温度低于−5℃条件下施焊时，宜增大焊接电流，降低焊接速度。帮条焊或搭接焊时，第一层应从中间引弧，向两端施焊，以后各层控温施焊，层间温度控制在150～350℃；多层施焊时，可采用回火焊道施焊。当环境温度低于−20℃时，不宜进行各种焊接；

H. 雪天不宜在现场进行施焊；必须施焊时，应采取有效遮蔽措施。焊后未冷却接头不得碰到冰雪。在现场进行施焊，当风速超过7.9m/s（四级风）时，应采取挡风措施。

（2）电渣压力焊应注意的问题：

A. 电渣压力焊只是适用于现浇混凝土结构中竖向或斜向（倾斜度在25°范围内）钢筋的连接，不得在竖向焊接后用于梁、板等构件中作水平钢筋使用；

B. 根据所焊钢筋直径选定焊机容量，调整好电流量；

C. 焊接过程中，应根据有关电渣压力焊焊接参数控制电流、焊接电压和通电时间，这是焊接成败的关键；

D. 检查四周焊包凸出钢筋表面的高度不得小于4mm，否则返工；

E. 焊接所采用的焊接材料，其性能应符合现行国家标准的规定，其型号应根据设计确定，焊剂应有产品合格证。各种焊接材料应分类存放、妥善管理；应采取防止受潮、变质的措施。

（3）闪光对焊：

闪光对焊有连续闪光焊、预热闪光焊和闪光-预热-闪光焊三种焊接工艺方法。选用焊接工艺方法，主要是根据钢筋直径、钢筋牌号及钢筋端面平整情况选用。焊接时，注意如下几个方面：

A. 选择合适的调伸长度、烧化流量、预煅留量以及变压器级数等焊接参数，这是焊接成败的关键，作为施工技术人员应重点控制；

B. 当接头拉伸试验结果发生脆性断裂或弯曲试验不能达到规定要求时，尚应在焊机上进行焊后热处理；

C. 当出现异常现象或焊接缺陷时应查找原因，采取措施及时消除。

（4）电阻点焊应注意的事项

焊接时应随时观察电源电压的波动情况，当电源电压下降大于5%且小于8%时，应采用提高焊接变压器级数的措施；当大于或等于8%时，不得进行焊接。

4）焊接接头的质量检验与验收

钢筋焊接接头应按检验批进行质量检验与验收，质量检验时，应包括外观检查和力学性能检验。力学性能检验应在接头外观检查合格后，在现场随机抽取试件进行试验，试验合格后方可同意安装。钢筋安装完成后，尚应认真检查同一连接区段内，纵向受力钢筋的接头面百分率是否符合要求，这是焊接最容易出现问题的地方，应重点检查。

5）焊接检验

在焊接过程中，如果发现焊接性能不良时，技术员应特别注意，并要求对该批钢筋进行化学成分检验或其他专项检验。

综上所述，在对钢筋工程质量验收时，应严格按设计检查，并应按《混凝土结构工程施工质量验收规范》GB 50204—2015、《钢筋机械连接通用技术规程》JGJ 107—2016、《钢筋焊接及验收规程》JGJ 18—2012 等规范要求进行操作。只要在工作中不断积累经验，一定能做好钢筋分项工程的质量控制。

## 7.5 如何防止大体积混凝土的温度裂缝？

大体积混凝土在固化过程释放的水化热，会产生较大的温度变化和收缩作用。由此而产生的温度和收缩应力是导致混凝土出现裂缝的主要因素，从而影响基础的整体性、防水性和耐水性，成为结构的隐患。

**1. 大体积混凝土温度裂缝的产生机理**

大体积混凝土是指结构断面最小尺寸在800mm以上，同时水化热引起的混凝土内最高温度与外界气温之差预计超过25℃的混凝土。大体积混凝土结构在施工中容易产生裂缝，长期工程实践表明，造成大体积混凝土出现裂缝的因素极其复杂而且是多方面的，以下分析介绍其中的主要因素。

1）混凝土配合比设计存在的问题

水泥用量大，水泥发热量大，造成混凝土水化热温升过高，温度变化剧烈；水灰比大，灰浆量大，造成混凝土收缩量过大；原材料性能不良，造成混凝土本身抗裂能力低。

2）混凝土施工质量存在的问题

下料不均匀，振捣不密实；浇筑安排不善，混凝土内部形成冷缝。

3）混凝土养护问题

混凝土表面裸露干燥，风吹日晒，局部与表面温差过大；外界气温骤降时，混凝土表面无保温措施。

4）结构形式及构造问题

几何尺寸大，超长超厚；形状突变处未妥善处理；配筋不合理。

5）地基问题

基础约束面受强度约束，沉降不均匀等等。在上述众多因素当中，比较突出的问题之一是混凝土内部由于水泥水化热释放引起内部剧烈的温度变化，这也是导致混凝土开裂的主要原因。由于水泥的水化热释放主要集中在早期，使混凝土在浇筑后短短几天其内部温升就很快上升到最高峰，随后开始降温。混凝土温度的这种变化可能造成两种后果：首先，在混凝土升温期，表面散热条件好，热量向大气散发，温度上升较少，而内部则散热少，温度持续上升，这样形成的内表温差会在混凝土表层产生较大的拉应力。当该拉应力超过混凝土的抗拉强度时，混凝土表面将产生裂缝；其次，在混凝土后期降温过程中，由于温度下降引起混凝土体积收缩变形，这种变形受到地基及结构边界约束时，也会产生大的拉应力。当该拉应力超出混凝土的抗拉强度时，混凝土将在约束面开裂，严重时形成贯穿裂缝。大体积混凝土由于温度变化而产生的裂缝称为温度裂缝。因此，针对大体积混凝土自身的特点，对其温度及温度应力的变化规律、温度裂缝的控制技术是比较关键的控制因素。

近年来，国内外工程界在大体积混凝土结构裂缝控制方面进行了深入研究，特别是日本在检测设备的开发和使用方面取得了显著的成绩，在大体积水化热产生的温度及温度应力的定性定量分析方面均有明显成果。就我国现状而言，大部分大体积混凝土工程还采用较为落后的设备，如用玻璃管温度计插入预留孔洞直接测量或用热电偶配合电位差计手动测量等，监测的效率和准确度都较低，无法实现信息化施工的目的。而日本的数据采集设备十分昂贵，无法在工程上推广使用。另外，在水化热温度及应力的计算分析方面，尚未见到国外的计算软件，而我国也还未开发出一套完整、可靠、经过工程实际检验的分析计算软件，因此在实际工程中，温控方案的制定还仅仅依靠施工技术人员的经验，面对情况特殊的工程，则常常因经验不足造成工程产生裂缝。因此，开展大体积混凝土结构温度裂缝的预测、控制和监测技术与产品的研究，是我国目前急需要做的工作。

**2. 防止大体积混凝土温度裂缝的施工技术**

1）合理选择原材料

合理选择原材料，有利于大体积混凝土裂缝的控制。

（1）选择水泥。混凝土内部主要考虑抗裂性能好、兼顾低热和高强两方面的要求，一般采用低热矿渣水泥，中热硅酸盐水泥掺入一定量的粉煤灰。外部混凝土，除抗裂性能外，还要求抗冻融性、耐磨性、抗腐蚀性、强度较高及干缩较小，因此一般采用较高强度等级的中热硅酸盐水泥。当环境水具有硫酸盐侵蚀时，应采用抗硫酸盐水泥。

（2）掺用混合材料。适当掺用混合材料可降低混凝土的绝热温升，提高混凝土抗裂能力，目前主要是粉煤灰掺得较多。

（3）掺加缓凝剂。在混凝土中掺加适量的缓凝剂，能够在一定程度上延缓水泥的水化作用，减缓水化热的释放速率。它的作用是推迟热峰出现的时间，同时也降低了温度峰值。一般来说，混凝土浇筑后，水泥水化热释放与混凝土内部热量向外散发是同时进行的。在初期几天，水化热释放速率很快，而散热速率小，因此混凝土的温度很快上升；接着，水化热释放速率逐渐变缓，而散热速率则持续增大，导致混凝土温度逐渐下降。通过延缓水化热释放速率，可以让更多的热量通过界面散失出去，用来升温的部分则大为减少，从而使混凝土的温度峰值得到削减，出现时间也相应延迟。

2）提高大体积混凝土施工质量

（1）控制出机温度。对混凝土出机温度最大的是石子及水的温度。为了降低出机温度，其最有效的办法是降低石子的温度。在温度较高的季节施工时，为了防止太阳直接照射，可在砂石堆场上搭设遮阳料篷，必要时也可在使用前冲洗骨料。

（2）控制浇灌温度。为了降低混凝土从搅拌机出料到卸料，泵送和浇灌振捣后的温度，减少结构的内外温差，一般按季节采取措施。如夏季施工时，则应以减少冷量损失，在浇灌混凝土时，采用一个坡度、薄层浇灌、循序推进、一次到顶等措施来缩小混凝土暴露面积以及加快浇灌速度，缩短浇灌时间。冬期施工时，一般可利用混凝土本身散发的水化热养护自己，并要求在混凝土没有达到允许临界强度前防止冻害。

（3）浇筑混凝土前，应将基槽内的杂物清理干净。混凝土的浇筑应连续进行，间歇时间不得超过混凝土的初凝时间；浇筑时必须严格控制混凝土的入模温度，混凝土最高浇筑温度不得超过 28℃；在浇筑混凝土时可投入适量毛石，以吸收热量并节约混凝土；浇筑时若外界气温过高，可采用在输送管上加盖草袋并喷冷水的方法。

（4）改进搅拌工艺。即在搅拌混凝土时，改变以往的投料程序，采取先将水、水泥和砂拌合后，再投放石子进行搅拌的新方法。这种搅拌工艺的主要优点是无泌水现象，混凝土上下层强度差减少，可有效地防止水分向石子与水泥砂浆面的集中，从而使硬化后的界面过渡层的结构致密、粘结加强。

3）加强混凝土的温度监测工作

温度控制是大体积混凝土施工中的一个重要环节，也是防止温度裂缝的关键。而在引起裂缝产生的诸多因素中，混凝土水化热和外界气温造成的构件内部温度应力是一个很主要的因素，为了控制裂缝的产生，这不仅要在混凝土成型之后，对混凝土的内部温度进行监测，而且应在一开始就对原材料、混凝土拌和、入模和浇筑温度进行系统的实测。在平面上，测温点沿底板纵、横方向间距约 10m 布置一点。在垂直方向上，每个测温点沿垂直高度在其表面、中部和板底分别埋没设测温管，垂直高度依次为板顶、－100mm、板中部、板底 100mm。每个测温点测温管间距 100mm。测温管安装位置要准确，固定牢固。混凝土温度上升阶段每 2h 测温一次，混凝土温度下降阶段每 6h 测温一次。在测温进程中，当发现混凝土内部温度差超过 25℃时，测温人员要及时报告工地项目总工，由有关人员根据实际情况及时采取措施加强保温或延缓撤除保温材料时间等来控制温差。测温的办法可以采用先进的测温方法，如有经验也可采用简易测温方法。给施工组织者及时提供信息，反映大体积混凝土浇筑块体内温度变化的实际情况及所采取的施工技术措施效果。

4）加强大体积混凝土的养护措施

养护是大体积混凝土施工中一项十分关键的工作，对浇筑后的混凝土加强养护，使其处于适宜的温湿环境，让水泥颗粒得到充分水化，从而提高混凝土的强度，提高它的抗裂性。浇筑后 2h 采用塑料膜对表面覆盖，可有效增加混凝土的表面温度，减小总温差。若在冬期施工，需在塑料膜上加草垫保温。有关研究表明，水泥的水化作用只有在充水的毛细管中才能进行，所以必须防止因蒸发而使毛细管失水。加强养护就是要不断地补充足够的水分，防止混凝土表面干燥。潮湿养护应当从混凝土凝结后即开始，一般应持续 7～15d 为宜。潮湿养护还能有效地减小混凝土的早期干缩，防止干缩裂缝的产生。养护时要保持适宜的温度和湿度，以便控制混凝土内表温差，促进强度的正常发展及防止温度裂缝的产生和发展。大体积混凝土的养护，不仅要满足强度增长的需要，还应通过人工温度控制，防止因温度梯度引起的开裂。

5）对大体积混凝土裂缝进行修补

大体积混凝土裂缝不但会影响结构的整体性，还会引起钢筋的锈蚀，加速混凝土碳化，降低混凝土的耐久性和抗疲劳、抗渗能力。因此，要积极进行修补。修补方法主要有：

（1）表面修补：即在裂缝表面涂抹水泥浆、环氧树脂胶泥或在混凝土表面涂刷油漆、沥青、防水剂等材料，为了防止继续开裂，通常可以采取在裂缝的表面粘贴玻璃纤维布等措施；

（2）嵌缝法：这是裂缝封堵中最常用的一种方法。具体流程为：沿裂缝凿 V 形槽，在槽中嵌填塑性或刚性防水材料，以达到封闭裂缝的目的。常用的塑性材料有聚氯乙烯胶泥、塑料油膏、丁基橡胶等等：常用的刚性防水材料为聚合物水泥砂浆等；

（3）结构加固法：这种方法的适用范围为：裂缝影响到混凝土结构的性能，加大混凝土结构的截面面积、在构件的角部外包型钢，采用预应力法加固、粘贴钢板加固、增设支点加固以及喷射混凝土补强加固等办法，能有效确保混凝土的整体性。

## 7.6　如何掺加高性能混凝土外加剂？其适应性如何？

随着现代混凝土技术的高速发展，具有良好施工性能、大体积稳定性（收缩变小、硬化过程中不开裂）、满足实际要求的抗压强度（一般为 50MPa），以及优异耐久性的高性能混凝土（HPC）日益成为工程界研究和应用的热点。HPC 和普通混凝土（NC）或高强混凝土（HSC）的本质区别在于“以保证耐久性和良好的工作性能为前提”。配制 HPC 时，采用的措施一般为同时掺加矿物掺合料和以高效减水剂为主的外加剂，达到降低水胶比，改善流动性、强度和耐久性的目的，满足混凝土高性能的要求。

但是，由于混凝土外加剂的多样性，以及混凝土外加剂与水泥、掺合料的适应性问题，HPC 的配制并非如理论上那样简单、方便。

**1. 正确选择外加剂**

各种外加剂的性能和作用各不尽相同，使用时应从混凝土性能要求出发，选择合适的外加剂。在 HPC 中，高效减水剂是最重要的，也是必不可少的外加剂，因此必须慎重选择。引气剂、缓凝剂、早强剂、膨胀剂和防冻剂等其他类型外加剂，也是 HPC 在某些情况下所需要的。

1）高效减水剂

高效减水剂的掺加量、掺加方式，与水泥的适应性等问题制约着所配制 HPC 的性能。由于聚羧酸盐系高效减水剂在市场上所占的份额较低（2%以下），目前最常使用的高效减水剂主要有密胺系和萘系高效减水剂两类。密胺系高效减水剂主要为钠盐，无色；萘系高效减水剂以钠盐和钙盐为主，呈棕色；密胺系高效减水剂本身无色，与白水泥配合时不会带入浅棕色的颜色，但其价格较萘系高效减水剂高，在 HPC 配制时极少采用。

在混凝土中选用高效减水剂时，要同时考虑水泥的品种和其他成分的特性，如掺合料的特性在不允许引入氯离子或预计有潜在的碱—集料反应危害时，要慎重选择钠盐减水剂。选用时既要考虑经济性，又要注意减水剂的质量稳定性。

应注意的是，千万不能仅根据产品说明书来选用高效减水剂和确定掺量，一定要通过试验选择适当的类型，确定合适的掺量。当选择两种以上的外加剂进行复合掺加时，更要通过试验确定它们的搭配比例，并避免产生沉淀失效。为控制混凝土坍落度损失，常常需要将萘系高效减水剂与缓凝等组分复合使用。但是，混凝土坍落度损失原因十分复杂，目前还没有找到一种合适的方法，用以解决坍落度损失。尽管氨基磺酸盐和聚羧酸盐系减水剂在控制坍落度损失方面具有较好的效果，但有时也难免会出现意外现象。

2）引气剂

掺入引气剂可使混凝土在搅拌过程中引入大量均匀分布的微小气泡，防止离析、泌水，更重要的是有效地改善了混凝土的抗冻融性和抗除冰盐性能，是提高混凝土使用寿命的一项有效措施。目前，市场上供应的引气剂主要有松香类和烷基磺酸盐类。另外，也有用皂苷加工而成的产品。松香类引气剂制备方法简便、价格较低，但引入的气泡结构较差；烷基磺酸盐类是典型的表面活性剂，引气效果较好。混凝土中的引气量不仅与引气剂品种、掺量有关，而且也与水泥品种，水泥用量，掺合料品种、掺量，水胶比，搅拌方式、时间，坍落度，停放时间，振捣方式、时间和气温等多种因素有关，必须通过试验找寻其中的规律，并且在实际施工时不要轻易改变施工参数。工程中还经常将引气剂和高效减水剂等外加剂复合使用，必须通过试验确定合适的比例，最大限度地发挥协同作用。

3）缓凝剂

掺加缓凝剂能延长混凝土的凝结时间。缓凝剂与减水剂复合掺加，还可以延缓混凝土的坍落度损失，降低水化放热速率，使大体积混凝土避免开裂。缓凝剂主要有无机盐和有机物两类。选择缓凝剂时，同样要通过试验确定其品种和掺量。必须注意的是，掺缓凝剂混凝土的凝结时间与缓凝剂掺量并非是简单的线性关系。对于有些缓凝剂，掺量超过一定数值后，缓凝效果将剧增，易导致严重的工程事故。缓凝剂与其他品种外加剂，如减水剂、防水剂或膨胀剂等复合掺加时，均必须事先试验。

**2. 外加剂的掺量**

确定外加剂的合适掺量，应在保证混凝土技术性能要求的前提下，达到最经济的效果。因此，外加剂超量掺加时，不仅达不到预期效果，反而会带来严重的副作用。

以固体掺量表示，以下外加剂的常用掺量为：萘系高效减水剂0.5%～1.0%（占水泥重量百分比，以下同）；密胺系高效减水剂 0.5%～1.0%；氨基磺酸盐系高效减水剂 0.4%～0.8%；聚羧酸盐系高效减水剂 0.1%～0.4%；木质素磺酸钠（钙、镁）0.2%～0.3%；引气剂的掺量一般都很小，为 $1\times10^{-4}$～$1\times10^{-3}$；缓凝剂较为特殊，它的掺量与其种类有很大关系。

**3. 外加剂的掺加方式**

外加剂的掺加方式对其使用效果影响很大，尤其是高效减水剂、引气剂和泵送剂等外加剂。外加剂的掺用方法通常有三种：同掺法、后掺法和分批添加法。它们各有优缺点，但有一点不可否认：采用后掺法和分批添加法可以改善水泥与外加剂的适应性，增强使用效果，甚至可以降低外加剂的用量。但高效减水剂采用后掺法时，容易造成泌水现象。

**4. 正确对待外加剂与水泥、掺合料的适应性问题**

不同的外加剂随着现代混凝土技术的发展，具有良好的施工性和高体积稳定性（收缩变小、硬化过程中不开裂），满足实际要求的抗压强度（一般为 50MPa）及优异耐久性的高性能混凝土（HPC）日益成为工程界研究和应用的热点。HPC 和普通混凝土（NC）或高强混凝土（HSC）的本质区别在于“以保证耐久性和良好的工作性能为前提”。配制 HPC 时，采用的措施一般为同时掺加矿物掺合料和以高效减水剂为主的外加剂，达到降低水胶比，改善流动性、强度和耐久性的目的，满足混凝土高性能的要求。

但由于混凝土外加剂的多样性，以及混凝土外加剂与水泥、掺合料的适应性问题，HPC 的配制并非理论上那样简单。易出现与水泥不适应现象的外加剂有：木质素磺酸盐减水剂、萘系高效减水剂、引气剂、缓凝剂和速凝剂等。影响 HPC 中外加剂与水泥适应性的因素很多，如水泥品种、水泥矿物组成、水泥中石膏形态和掺量、水泥碱含量、水泥细度、水泥新鲜程度、掺合料种类及掺量、水胶比等。配制 HPC 前，必须选择多种水泥和外加剂样品进行交叉试验，寻求适应性最好的外加剂和水泥品种，这样才能最大限度地提高 HPC 性能并满足施工要求。

外加剂具有各自不同的功能，能够对混凝土某一方面或某几方面进行改性。按照《混凝土外加剂应用技术规范》GB 50119—2013，将检验符合有关标准的某种外加剂掺加到用按规定可以使用该品种外加剂的水泥所配制的混凝土中，如能够产生应有的效果，该水泥与这种外加剂就是适应的；相反，如果不能产生应有的效果，则说明该水泥与这种外加剂之间存在不适应性。遇到外加剂与水泥不适应的难题后，更换外加剂或水泥品种、采用减水剂后掺法等均能解决。

## 7.7 如何预防和处理混凝土施工裂缝?

混凝土是一种由砂石骨料、水泥、水及其他外加材料混合而形成的非均质脆性材料。由于混凝土施工和本身变形、约束等一系列问题，硬化成型的混凝土中存在着众多的微孔隙、气穴和微裂缝。正是由于这些初始缺陷的存在，才使混凝土呈现出一些非均质的特性。微裂缝通常是一种无害裂缝，对混凝土的承重、防渗及其他一些使用功能不产生危害。但是，在混凝土受到荷载、温差等作用之后，微裂缝就会不断地扩展和连通，最终形成我们肉眼可见的宏观裂缝，也就是混凝土工程中常说的裂缝。

混凝土建筑和构件通常都是带缝工作的。由于裂缝的存在和发展，通常会使内部的钢筋等材料产生腐蚀，降低钢筋混凝土材料的承载能力、耐久性及抗渗能力，影响建筑物的外观和使用寿命，严重者将会威胁到人们的生命和财产安全。很多工程的失事都是由于裂缝的不稳定发展所致。近代科学研究和大量的混凝土工程实践表明，在混凝土工程中裂缝问题是不可避免的，在一定的范围内也是可以接受的。只是要采取有效的措施，将其危害程度控制在一定的范围之内。混凝土规范也明确规定：有些结构在所处的不同条件下，允许存在一定宽度的裂缝。但在施工中应尽量采取有效措施控制裂缝的产生，使结构尽可能不出现裂缝或尽量减少裂缝的数量和宽度，尤其要尽量避免有害裂缝的出现，从而确保工程质量。

混凝土裂缝产生的原因很多，有变形引起的裂缝：如温度变化、收缩、膨胀、不均匀沉陷等原因引起的裂缝；有外荷载作用引起的裂缝；有养护环境不当和化学作用引起的裂缝等等。在实际工程中要区别对待，根据实际情况解决问题，混凝土工程中常见裂缝及预防措施如下。

**1. 干缩裂缝及预防**

干缩裂缝多出现在混凝土养护结束后的一段时间或混凝土浇筑完毕后的一周左右。水泥浆中水分的蒸发会产生干缩，而且这种收缩是不可逆的。干缩裂缝的产生主要是由于混凝土内外水分蒸发程度不同而导致变形不同的结果：混凝土受外部条件的影响，表面水分损失过快，变形较大；内部湿度变化较小，变形较小；较大的表面干缩变形受到混凝土内部约束，产生较大拉应力而产生裂缝。相对湿度越低，水泥浆体干缩越大，干缩裂缝越易产生。干缩裂缝多为表面性的平行线状或网状浅细裂缝，宽度多为 0.05～0.2mm，大体积混凝土中平面部位多见，较薄的梁板中多沿其短向分布。干缩裂缝通常会影响混凝土的抗渗性，引起钢筋的锈蚀，影响混凝土的耐久性，在水压力的作用下会产生水力劈裂，影响混凝土的承载力等等。混凝土干缩主要与混凝土的水灰比、水泥的成分、水泥的用量、集料的性质和用量、外加剂的用量等有关。

主要预防措施：

（1）选用收缩量较小的水泥，一般采用中低热水泥和粉煤灰水泥，降低水泥的用量。

(2) 混凝土的干缩受水灰比的影响较大，水灰比越大，干缩越大，因此在混凝土配合比设计中应尽量控制好水灰比的选用，同时掺加合适的减水剂。

(3) 严格控制混凝十搅拌和施工中的配合比，混凝土的用水量绝对不能大于配合比设计所给定的用水量。

(4) 加强混凝土的早期养护，并适当延长混凝土的养护时间。冬期施工时，要适当延长混凝土保温覆盖时间并涂刷养护剂养护。

(5) 在混凝土结构中设置合适的收缩缝。

**2. 塑性收缩裂缝及预防**

塑性收缩是指混凝土在凝结之前，表面因失水较快而产生的收缩。塑性收缩裂缝一般在干热或大风天气出现，裂缝多呈中间宽、两端细且长短不一的互不连贯状态。较短的裂缝一般长 20～30cm，较长的裂缝长度可达 2～3m、宽 1～5mm。其产生的主要原因为：混凝土在终凝前几乎没有强度或强度很小，或者混凝土刚刚终凝而强度很小时，受高温或较大风力的影响，混凝土表面失水过快，造成毛细管中产生较大的负压而使混凝土体积急剧收缩，此时混凝土的强度又无法抵抗其本身收缩，因此产生龟裂。影响混凝土塑性收缩开裂的主要因素有水灰比、混凝土的凝结时间、环境温度、风速、相对湿度等。

主要预防措施：

(1) 选用干缩值较小、早期强度较高的硅酸盐水泥或普通硅酸盐水泥。

(2) 严格控制水灰比，掺加高效减水剂来增加混凝土的坍落度及和易性，减少水泥及水的用量。

(3) 浇筑混凝土前，将基层和模板浇水均匀、湿透。

(4) 及时覆盖塑料薄膜或者潮湿的草垫、麻片等，保持混凝土终凝前表面湿润，或者在混凝土表面喷洒养护剂等进行养护。

(5) 在高温和大风天气要设置遮阳和挡风设施，及时养护。

### 3. 沉陷裂缝及预防

沉陷裂缝的产生是由于结构地基土质不匀、松软或回填土不实或浸水而造成不均匀沉降所致；或者因为模板刚度不足、模板支撑间距过大或支撑底部松动等导致，特别是在冬季，模板支撑在冻土上，冻土化冻后产生不均匀沉降，致使混凝土结构产生裂缝。此类裂缝多为深进或贯穿性裂缝，其走向与沉陷情况有关，一般沿与地面垂直或呈 30°～45°角方向发展，较大的沉陷裂缝往往有一定的错位，裂缝宽度往往与沉降量成正比的关系。裂缝宽度受温度变化的影响较小。地基变形稳定之后，沉陷裂缝也基本趋于稳定。

主要预防措施为：

（1）对松软土、回填土地基，在上部结构施工前应进行必要的夯实和加固。

（2）保证模板有足够的强度和刚度且支撑牢固，并使地基受力均匀。

（3）防止混凝土浇灌过程中地基被水浸泡。

（4）模板拆除的时间不能太早，而且要注意拆模的先后次序。

（5）在冻土上搭设模板时，要注意采取一定的预防措施。

### 4. 温度裂缝及预防

温度裂缝多发生在大体积混凝土表面或温差变化较大地区的混凝土结构中。混凝土浇筑后，在硬化过程中，水泥水化产生大量的水化热（当水泥用量在 350～550kg/m$^3$，每立方米混凝土将释放出 17500～27500kJ 的热量，从而使混凝土内部温度升达 70℃左右甚至更高）。由于混凝土的体积较大，大量的水化热聚积在混凝土内部不易散发，导致内部温度急剧上升，而混凝土表面散热较快，这样就形成内外的较大温差，较大的温差造成内部与外部热胀冷缩的程度不同，使混凝土表面产生一定的拉应力。当拉应力超过混凝土的抗拉强度极限时，混凝土表面就会产生裂缝，这种裂缝多发生在混凝土施工中后期。在混凝土的施工中当温差变化较大，或者是混凝土受到寒潮的袭击等，会导致混凝土表面温度急剧下降而产生收缩。表面收缩的混凝土受内部混凝土的约束，将产生很大的拉应力而产生裂缝，这种裂缝通常只在混凝土表面较浅的范围内产生。

温度裂缝的走向通常无一定规律，大面积结构裂缝常纵横交错；梁板类长度尺寸较大的结构，裂缝多平行于短边；深入性和贯穿性的温度裂缝一般与短边方向平行或接近平行，裂缝沿着长边分段出现，中间较密。裂缝宽度大小不一，受温度变化影响较为明显，冬季较宽，夏季较窄。高温膨胀引起的混凝土温度裂缝是通常中间粗两端细，而冷缩裂缝的粗细变化不太明显。此种裂缝的出现会引起钢筋的锈蚀，混凝土的碳化，降低混凝土的抗冻融、抗疲劳及抗渗能力等。

主要预防措施为：

（1）尽量选用低热或中热水泥，如矿渣水泥、粉煤灰水泥等。

（2）减少水泥用量，将水泥用量尽量控制在 450kg/m$^3$ 以下。

（3）降低水灰比，一般混凝土的水灰比控制在 0.6 以下。

（4）改善骨料级配，掺加粉煤灰或高效减水剂等来减少水泥用量，降低水化热。

（5）改善混凝土的搅拌加工工艺，降低混凝土的浇筑温度。

（6）在混凝土中掺加一定量的具有减水、增塑、缓凝等作用的外加剂，改善混凝土拌合物的流动性和保水性，降低水化热，推迟热峰的出现时间。

（7）高温季节浇筑时可以采用搭设遮阳板等辅助措施控制混凝土的温升，降低浇筑混凝土的温度。

（8）大体积混凝土的温度应力与结构尺寸相关，混凝土结构尺寸越大，温度应力越大，因此要合理安排施工工序，分层、分块浇筑，以利于散热，减小约束。

（9）在大体积混凝土内部设置冷却管道，通冷水或者冷气冷却，减小混凝土的内外温差。

（10）加强混凝土温度的监控，及时采取冷却、保护措施。

（11）预留温度收缩缝。

（12）减小约束，浇筑混凝土前宜在基岩和老混凝土上铺设5mm 左右的砂垫层或使用沥青等材料涂刷。

（13）加强混凝土养护，混凝土浇筑后及时用湿润的草帘、麻片等覆盖，并注意洒水养护，适当延长养护时间，保证混凝土表面缓慢冷却。在寒冷季节，混凝土表面应设置保温措施，以防止寒潮袭击。

（14）混凝土中配置少量的钢筋或掺入纤维材料，将混凝土的温度裂缝控制在一定的范围之内。

**5. 化学反应引起的裂缝及预防**

碱-骨料反应裂缝和钢筋锈蚀引起的裂缝是钢筋混凝土结构中最常见的由于化学反应而引起的裂缝。混凝土拌合后会产生一些碱性离子，这些离子与某些活性骨料产生化学反应并吸收周围环境中的水而体积增大，造成混凝土酥松、膨胀开裂。这种裂缝一般出现在混凝土结构使用期间，一旦出现很难补救，因此应在施工中采取有效措施进行预防。主要的预防措施为：

（1）选用碱活性小的砂、石骨料。

（2）选用低碱水泥和低碱或无碱的外加剂。

（3）选用合适的掺合料，抑制碱-骨料反应。

由于混凝土浇筑、振捣不良或者是钢筋保护层较薄，有害物质进入混凝土使钢筋产生锈蚀，锈蚀的钢筋体积膨胀，导致混凝土胀裂，此种类型的裂缝多为纵向裂缝，沿钢筋的位置出现。通常的预防措施有：

（1）保证钢筋保护层的厚度。

（2）混凝土级配要良好。

（3）混凝土浇筑要振捣密实。

（4）钢筋表层涂刷防腐涂料。

**6. 表面裂缝的处理**

裂缝的出现不但会影响结构的整体性和刚度，还会引起钢筋的锈蚀，加速混凝土的碳化，降低混凝土的耐久性和抗疲劳、抗渗能力。因此，根据裂缝性质和具体情况我们要区别对待、及时处理，以保证建筑物的安全使用。混凝土裂缝的修补措施主要有以下一些方法：表面修补法，灌浆、嵌缝封堵法，结构加固法，混凝土置换法，电化学防护法以及仿生自愈合法。

1）表面修补法

表面修补法是一种简单、常见的修补方法，它主要适用于稳定和对结构承载能力没有影响的表面裂缝及深进裂缝的处理。通常的处理措施是在裂缝的表面涂抹水泥浆、环氧胶泥或在混凝土表面涂刷油漆、沥青等防腐材料，在防护的同时为了防止混凝土受各种作用的影响继续开裂，通常可以采用在裂缝的表面粘贴玻璃纤维布等措施。

2）灌浆、嵌缝封堵法

灌浆法主要适用于对结构整体性有影响或有防渗要求的混凝土裂缝的修补，它是利用压力设备将胶结材料压入混凝土的裂缝中，胶结材料硬化后与混凝土形成一个整体，从而起到封堵加固的目的。常用的胶结材料有水泥浆、环氧树脂、甲基丙烯酸酯、聚氨酯等化学材料。嵌缝法是裂缝封堵中最常用的一种方法，它通常是沿裂缝凿槽，在槽中嵌填塑性或刚性止水材料，以达到封闭裂缝的目的。常用的塑性材料有聚氯乙烯胶泥、塑料油膏、丁基橡胶等等；常用的刚性止水材料为聚合物水泥砂浆。

3）结构加固法

当裂缝影响到混凝土结构的性能时，就要考虑采取加固法对混凝土结构进行处理。结构加固中常用的主要有以下几种方法：加大混凝土结构的截面面积，在构件的角部外包型钢、采用预应力法加固、粘贴钢板加固、增设支点加固以及喷射混凝土补强加固。

4）混凝土置换法

混凝土置换法是处理严重损坏混凝土的一种有效方法，此方法是先将损坏的混凝土剔除，然后再置换入新的混凝土或其他材料。常用的置换材料有普通混凝土或水泥砂浆、聚合物或改性聚合物混凝土与砂浆。

5）电化学防护法

电化学防腐是利用施加电场在介质中的电化学作用，改变混凝土或钢筋混凝土所处的环境状态，钝化钢筋，以达到防腐的目的。阴极防护法、氯盐提取法和碱性复原法是化学防护法中常用而有效的三种方法。这种方法的优点是防护方法受环境因素的影响较小，适用于钢筋、混凝土的长期防腐，既用于已裂结构也可用于新建结构。

6）仿生自愈合法

仿生自愈合法是一种新的裂缝处理方法，它模仿生物组织对受创伤部位自动分泌某种物质，而使创伤部位得到愈合的机能，在混凝土的传统成分中加入某些特殊成分（如含胶粘剂的液芯纤维或胶囊），在混凝土内部形成智能型仿生自愈合神经网络系统。当混凝土出现裂缝时分泌出部分液芯纤维，可使裂缝重新愈合。

总之，裂缝是混凝土结构中普遍存在的一种现象，它的出现不仅会降低建筑物的抗渗能力，影响建筑物的使用功能，而且会引起钢筋的锈蚀、混凝土的碳化，降低材料的耐久性，影响建筑物的承载能力，因此要对混凝土裂缝进行认真研究、区别对待，采用合理的方法进行处理，并在施工中采取各种有效的预防措施来预防裂缝的出现和发展，保证建筑物和构件安全、稳定地工作。

## 7.8 混凝土建筑结构设计中应重点控制哪些问题?

现在的建筑结构设计中，由于建筑工程单体量较大，结构形式也趋于复杂，而设计周期又比较偏紧，加之建筑方案调整所带来的反复修改变动，造成设计中普遍存在一些问题需要解决。现结合混凝土结构施工图审查中遇到的一些问题进行分析探讨，提出可以得到解决问题的具体方法和措施。

**1. 建筑物基础设计构造要求**

1）地质勘察报告是地基与基础设计的依据

地基与基础对一个建筑物而言极其重要，设计一项工程必须先勘察再设计，最后才能进入施工实施阶段。不允许在无任何工程岩土勘察报告、未进行地质勘察或参考临近地质勘察报告的情况下，进行地基与基础的设计。如果依据的地质勘察报告内容不完善或勘察深度不足时，设计单位必须要求勘察单位重新勘察，补充合格的地质报告。而在施工图审查时发现，仍有少数工程无地质勘察或参考临近地质勘察报告进行地基与基础的设计工作。这样的设计不可能做到经济合理、安全可靠，还会有潜在的质量隐患，所以应坚决杜绝此类问题的存在。

2）建筑物标高表示不明确

有的建筑物设计未表示清楚±0.000标高，仅文字交待±0.000的绝对标高。当房屋总图和工程地质勘察报告均采用绝对标高时，结构图纸说明±0.000的绝对标高值是可以的；当工程地质勘察报告中采用相对（假定）标高时，在总说明或基础图中就应说明建筑所定的±0.000与工程地质勘察报告中相对标高的数值关系。因为只有这样处理，基础设计的底标高和持力层才能够确定，才可以准确地进行基础设计及下卧层承载力的计算。

3）基础设计计算不规范

有的设计人员未按规范进行地基变形验算，其结果不能满足设计规范要求。一些设计人员误认为地基处理后的承载力提高了，基础变形就不需要计算，也有的验算结果不能满足规范要求也不进行调整。按设计规范要求：设计等级为甲、乙级的建筑物，均应进行地基变形计算设计；设计等级为丙级的建筑物，如采用了地基处理，处理前按《建筑地基基础设计规范》GB 50007对变形验算的建筑物，地基处理后仍应做变形验算。要注意，此时必须采用地基处理后的压缩模量和基础的实际宽度进行计算，并应满足设计规范中的相应规定。对砌体结构，应注意规范要求的是局部倾斜，即砌体承重结构沿纵向6～8m内基础两点的沉降差与其距离的比值。这样，就要求基础底部的地基附加应力要均匀，大荷载用宽基础而小荷载用窄基础，仅有一层的内纵墙基础不要做得过宽，否则变形不容易达到规范要求。

4）下卧层验算中易存在的问题

计算下卧层顶部的地基承载力时，只能作深度修正而不能作宽度修正，修正系数要根据土质而定。当扩散角的取值满足规范要求时可直接采用，不满足时应采用规范中的平均附加应力系数计算。

复合地基要选择承载力相对高的土层作为持力层。如存在软弱下卧层，必须进行承载力验算。如果是软弱下卧层控制承载力，表明持力层选择不当，必须进行调整。对复合地基进行承载力计算时，宽度不作修正，深度修正系数应取1.0。但对下卧层验算时，深度修正系数应视下卧土层质量而定，不一定都取1.0。

5）独立基础的配筋处理

独立基础的厚度一般由受冲切或受剪切承载力来控制，并非按受弯承载能力确定，所以可以不满足最小配筋率的要求。按照规范要求，扩展基础底板受力钢筋的最小直径不小于10mm，间距不应大于200mm，但也不应小于100mm。设计时满足此要求即无问题，不必按最小配筋率要求配筋；否则，就会因基础高度越高则构造配筋越大，造成不必要的浪费。

**2. 建筑上部构造措施**

现在建筑物多采用框架结构、剪力墙结构、框架-剪力墙结构、框支剪力墙结构等结构形式。而这类采用最多的结构中的构件量大面广，所以存在配筋量偏小或超过配筋量规定的现象，违反强制性条文规定的情况也时有发生。

1）框架柱的规定

端头角柱是两个方向与框架梁相连的框架柱，在计算时要考虑柱的自身定义，如果未定义角柱而实际配筋又基本满足计算结果，就可能出现不能满足最小配筋率要求的现象。

（1）短柱是剪跨比不大于2及因为填充墙设置，或者楼梯平台梁、雨篷梁的设置形成柱净高与其截面高度之比不大于4

的框架柱，箍筋应沿柱全高加密。箍筋间距不应大于100mm，箍筋的体积配筋率不应小于1.2%，在9度设防区不应小于1.5%；一级抗震时，沿柱全高箍筋间距不应大于100mm和6倍纵筋直径。剪跨比不大于2的框架柱，要根据情况由设计者判定，配筋时应注意前面的1.2%和1.5%为构造要求不受钢筋品种的影响。对这样的框架柱，不能直接进行等强度代换，不同强度等级的箍筋均应满足计算强度要求。

（2）超短柱是剪跨比小于1.5或柱净高与柱截面高度之比小于3的框架柱。设计中应尽可能避免出现超短柱；如果确实不能避免时，可以采取的做法是控制轴压比，轴压比限值至少比规范规定的限值降低0.1，采用性能更好的箍筋，如井字复合箍、复合螺旋箍、连续复合箍筋等，体积配箍筋率应高于对短柱的要求；在框架柱中增加芯柱或型钢，加斜向X形交叉筋承担剪力应力等。

2）框架梁的设置

（1）框架梁实际配筋远大于计算结果的情况，一般出现在大小跨相连的支座或带有长悬臂的支座。绘图时没有按计算结果将配筋分别原位标注在支座两侧，而仅在支座某一侧标注一次配筋，这样很可能造成小跨支座处的配筋率超过2.5%，或者是支座处配筋率超过2.0%后箍筋没有按规范要求增大一级；再者，如跨中配筋与支座配筋之比小于0.3或0.5的情况。这些都违反强制性规定，设计中应引起特别重视。当遇到这种情况时，可以在支座两侧分别进行原位标注配筋，将大跨部分配筋锚入框架柱内或者箍筋直径增大一个级别，也可以增加小跨框架梁的截面高度和跨中配筋。

（2）当计算 $S/B=100$ 时，应注意核算非加密区箍筋是否满足计算结果，以及沿全长的面积配筋率的要求，尤其是宽扁梁，箍筋经常不能满足规范要求，此时计算结果中在多数情况下加密区和非加密区的箍筋几乎相同。造成这种结果的原因是混凝土梁加密区和非加密区的剪力值相差较小，剪力包络图接近直线；混凝土梁加密区和非加密区的箍筋面积均由最小配筋率控制；SATWE软件计算梁加密区和非加密区箍筋面积所采用的箍筋间距是相同的；所以，设计人员在配置非加密区的箍筋面积时，不能简单地将加密区的箍筋直径不做任何验算直接按照加密区箍筋间距的2倍配置到非加密区中。这样处理有时是不安全的，有时也不能满足规范要求。

（3）框架梁加密区箍筋的最大间距在抗震等级1～4级时，均不应大于梁高的1/4。对于梁高小于400mm的框架梁，如果加密区箍筋间距取100mm，就违反了强制性标准的要求。为了减少和避免这种现象的产生，在满足建筑物使用功能的情况下，梁高不应小于400mm。

3）连梁要求

连梁的刚度和折减系数主要是为了考虑其开裂后的折算刚度。当设计进入此项系数之后，实际上就已经允许该连梁在中震或大震作用下开裂。为了避免在正常使用极限状态下连梁开裂，折减系数通常不应小于0.5，一般工程应取0.6以上。该系数的大小对于以洞口方式形成的连梁和以普通梁方式输入的连梁，都起作用。

对于跨高比不大于2.5的连梁，仅用墙体水平分布筋作为连梁的腰筋时，梁两侧腰筋的面积配筋率不满足0.3%的情况会出现。这属于违反强制性标准的行为，设计中应特别引起注意。如200mm厚度抗震墙，配筋为$\phi8@200$时，对跨高比不大于2.5的连梁如果仅依靠墙筋作为连梁的腰筋，其配筋率为0.25%，属于小于3%的情况。此时，可将梁两侧的腰筋提高至直径为$\phi10@200$或另设附加腰筋。

4）框支剪力墙

（1）框支剪力墙结构中的转换层属于薄弱楼层，不管它的刚度比值多少，按照《高层建筑混凝土结构技术规程》JGJ 3的规定，均应将地震剪力乘以增大系数。用计算机计算时，应在总信息中输入薄弱楼层所在的层数。

（2）框支梁纵筋的最小配筋率、纵筋的拉通、腰筋的设置、支座处箍筋加密及最小含箍率，均应满足现行《高层建筑混凝土结构技术规程》JGJ 3 的规定，框支梁的构造也应符合规程规定。对框支梁的理解要清楚，设计人员如对定义不能全面掌握可能会出现遗漏。

（3）框支柱纵筋的最小配筋率及对箍筋设置的要求，要符合现行规程中的相关要求。对框支柱配筋时，要注意箍筋配置率不得小于 1.5％的要求。

**3. 对建筑结构的分析**

（1）建筑物的位移比是反映其扭转效应的重要指标，为了减轻或避免由于局部振动的存在而影响到结构位移比的计算，现行《建筑地基基础设计规范》GB 50007 中在刚性楼板假定下计算结构的位移比。对此，设计人员在计算此项指标时，应在考虑偶然偏心的地震影响下强制执行刚性楼板假定；楼层位移计算时，不考虑偶然偏心的影响。在计算结构的内力和配筋时，可以不考虑此要求。对于楼板开大洞的结构或楼板错层、越层等结构构件，均应采用刚性楼板假定计算位移比。

（2）现行《建筑抗震设计规范》GB 50011—2010 中规定，有斜交抗侧力构件的结构，当相交角度大于 15°时，应分别计算各抗侧力构件方向的水平地震作用。设计时应在总信息中添加补充附加地震作用方向和相应角度，此条文是强制性条文。

（3）抗震验算时的剪重比应符合《建筑抗震设计规范》GB 50011—2010 的规定。现在，结构设计受到开发商为降低成本对用钢量的限制，会在许多方面都要求使用钢量达到最小值，多层及高层住宅建筑剪重比不能满足要求的现象时有发生，有时还存在一定的质量隐患。对于高层建筑的地下室，当嵌固部位在地下室顶板时，因地下室地震作用明显是衰减的，所以一般不要求核算地下室楼层的剪重比。

当剪重比小于规范的规定时，应区分不同的情况进行处理。当相差较小时，可以采用地震作用系数或修改自振周期折减系数的方法；如果相差较多时，表明结构整体刚度偏小，宜调整结构总体布置，增加结构刚度；若是部分楼层相差较多，表明结构存在薄弱层，应对结构体系进行调整，如提高这些薄弱层的抗侧刚度。

（4）对于混凝土板的计算，应符合《混凝土结构设计规范》GB 50010 的规定。混凝土楼板的配筋应满足最小配筋率的要求，异形板应选择符合板实际受力情况的计算，异形板的墙体阳角处应设置放射钢筋。板的边支座为砖墙或扭转刚度较小的梁时，应按简支支座计算。板的边支座为混凝土墙或扭转刚度很大的梁；当混凝土墙的抗弯刚度或梁的扭转刚度接近或达到板的抗弯刚度的 5 倍或更高时，可以按固定支座计算；计算出的固端弯矩应传给支承板的墙或梁，并对墙的平面外受弯或梁的扭转进行验算。当楼板与悬挑板相连时，只有在悬挑板的悬挑弯矩接近或大于等于相连板的固端弯矩时，才可按固定支座计算；挑出板的跨度较小时应按简支计算，大小板相连时按照同样的办法处理。

（5）当采用多塔结构建模时应重视的一些问题：在进行多塔定义时，1 号塔应是所有塔中最高的；2 号塔应是第二高的，其余的依次类推；对于带变形缝的结构在定义多塔时，应注意不要让同一个构件同时存在于两个塔中；而且，不要让某些构件不在塔内。

通过上述从日常工作审查存在的问题分析，时间紧而任务重，校审走过场、不到位是建设工程存在问题的主要原因。如果设计单位加强程序管理，提高设计人员的质量责任意识，严格执行校审制度，更加需要一个合理的设计过程和思考周期，许多问题是可以得到早期解决的，更是可以避免的。设计质量可以得到确保，从而减少审查工作量，提高工作效率。

## 7.9 为防止大体积混凝土产生裂缝，施工应如何控制？

大体积混凝土结构的施工技术与措施直接关系到混凝土结

构的使用性能，如不能很好地分析了解大体积混凝土结构开裂的原因，以及掌握应对此类问题所采取的相应的施工措施，那么实际建设中就很难保证施工质量。根据多年的施工经验可知，裂缝是会经常产生并发展的，影响结构的耐久性和安全性，如何最大限度地减少或消除裂缝，保证工程结构安全，是工程管理人员急需掌握的基本需求。以下介绍某工程大型高基础大体积混凝土的配制、搅拌、养护等各个重要环节对裂缝的控制措施。

**1. 大体积混凝土基础**

某基础大体积混凝土设计为C30，具体尺寸为：底部方形边长为28m×28m，高度为4.55m，上部圆柱形直径5.2m，高度为4.1m，混凝土体积达3646m³。施工季节为夏季，天气较为炎热。基础见图1。

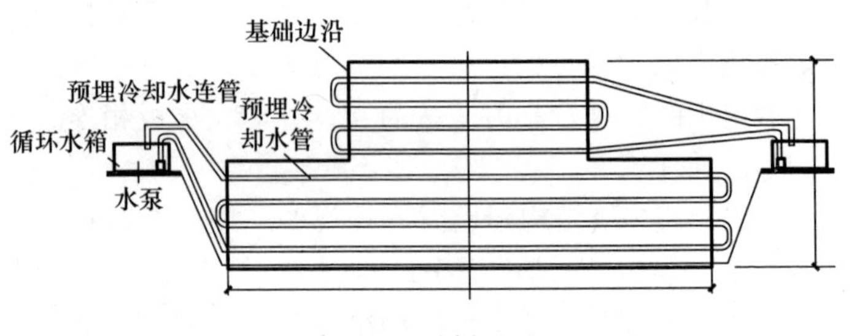


图1　基础剖面图

**2. 裂缝的成因及危害**

大体积混凝土结构因截面和体积较大，埋置较深，混凝土一次浇筑量常以数千立方米计，浇筑时间短而集中。混凝土浇筑后，水泥与水发生化学反应产生大量的热量。在升温阶段，水化热大量积聚在结构体内部不易散发，导致混凝土内部温度不断上升。混凝土表面散热较快，周围受到约束而表面环境温度低，从而形成了较大的内外温度差梯度。外部温度低，产生体积收缩，约束力内部膨胀，因而在混凝土内部产生压应力，在混凝土表面产生拉应力。此时，混凝土的抗拉强度很低。当超过该龄期的混凝土的极限抗拉强度和变形极限，便会在混凝土表面产生裂缝。这种因表面与内部温差引起的裂缝，又称内约束裂缝。这种裂缝一般产生很早，多呈不规则状态，深度较浅，属表面裂缝。

在混凝土降温阶段，热量逐渐散发，混凝土温度逐渐下降，而达到使用温度（最低温度）时产生内外温差，因降温使混凝土体积逐渐产生收缩。当结构受到地基、老混凝土垫层的约束或结构边界受到外部约束，将会产生很大的温度收缩应力即拉应力，则在混凝土的底面交界处附近以致混凝土中产生收缩裂缝，又称外约束裂缝。严重的会产生贯穿整个基础全面的贯通性裂缝。

两类裂缝中表面裂缝危害性较小，以外约束应力引起的深进和贯穿性裂缝最为严重。这类裂缝影响基础结构的整体性、耐久性、防水性及正常使用，即使在基础内配置了相当数量的结构或构造钢筋，如不采取有效的防裂措施，也经常难以阻止裂缝的出现。施工时应避免出现表面裂缝，坚决控制贯穿性裂缝的产生和发展。

**3. 大体积混凝土裂缝控制措施**

1）降低水泥水化热温度

用水化热较低的 42.5 级矿渣水泥配制混凝土，以减少混凝土凝聚时的发热量；采用在混凝土内掺 15%左右粉煤灰的双掺技术，补充泵送混凝土要求 0.315mm 以下细骨料应占 20%左右要求，改善混凝土的可泵性，降低水灰比，减少水泥用量，降低混凝土水化热并可改善混凝土后期强度；大体积混凝土一般以 90d 龄期为准，降低水泥用量；在基础内部预埋冷却水管，通过内部循环水控制内外温差；采用自然连续级配的粗骨料配制混凝土并尽可能增大粗骨料粒径，针片状按重量计不大于 10%，含泥量控制在小于 1%的范围。砂含泥量小于 2%，它能增大混凝土早期抗拉强度，减少混凝土收缩。在满足混凝土可泵性的前提下，应尽可能降低混凝土中砂率值，以增加混凝土强度质量；在基础钢筋较稀疏的混凝土中掺加 20%以下的块石吸热，并节省混凝土。

2）降低混凝土入模温度

由于施工在夏季，采用低温水或加冰水拌制混凝土，对骨料喷冷水雾进行预冷，降低混凝土拌合物的温度。混凝土浇筑时，对混凝土温度不大于28℃进行控制；掺加缓凝型减水剂，采取薄层浇筑，每层厚250～300mm，减缓浇筑强度，利用浇筑面散热。

3）合理的浇筑振捣方法

混凝土浇筑方法采用全面分段、分层连续浇筑完成，分层厚度250mm左右。混凝土自高处倾落的自由高度不应超过2m，以免发生分层离析；下料口处钢筋网临时解扣，下完料后立即恢复；混凝土浇灌顺序宜从低处开始，沿长边方向自一端向另一端推进，逐层上升。保持混凝土沿基础全高分层均匀上升。浇筑时，要在下一层混凝土初凝之前浇筑上一层混凝土，不使其产生实际的施工缝并将表面泌水及时排出；混凝土的捣实采用插入式振动棒，在泵管出口处设第一道振动器；第二道设置在混凝土的中间部位，第三道设置在坡脚及底层钢筋处，确保下层钢筋混凝土振捣密实；在混凝土终凝前对混凝土进行二次振捣，排除混凝土因泌水在粗骨料、水平钢筋下部生成的水分和空隙，提高混凝土与钢筋的握裹力，防止因混凝土沉落而出现裂缝，减少内部微裂缝，增加混凝土的密实度，使混凝土抗压强度得到提高，从而提高其抗裂性；采取二次抹面，减少表面已有收缩裂缝及裂缝的愈合。

4）混凝土的养护

由于是在夏季施工，为避免暴晒，施工作业场地上部搭设遮阳棚，同时可以降低混凝土表面的温度梯度，防止温度突变引起的降温冲击；混凝土浇筑完毕后，在8h以内浇水养护，缓慢降温，充分发挥徐变特性，降低温度收缩应力。每日浇水次数应能保持混凝土处于足够的润湿状态。常温下每2h浇水一次；混凝土浇水养护日期为28d。在混凝土强度达到1.2MPa

前，不得在其上踩踏或有施工振动。

5）混凝土的测温

（1）混凝土温度检测及控制监测布置：为进一步了解大体积混凝土基础内部混凝土水化热的大小，不同深度温度场升降的变化规律，随时监测混凝土内部温度情况，以便采取相应技术措施，确保混凝土质量。混凝土内部温度监测采用在不同部位埋设铜热感应 XQC-300 型混凝土温度测定记录仪进行施工全过程的温度跟踪监测。监测位置对称轴短方向上，监测点在中心部位设置两处，间距 500mm，轴线中间部位按间距 2m 左右布置，外侧测点距混凝土边缘 1m。厚度方向上，每一处测点数不少于 5 点，其上下距混凝土表面距离取 100mm，中间竖向布点按间距不大于 600mm 进行控制。几何平面尺寸发生变化或混凝土温度应力可能发生集中部位，应增设测温点。

（2）混凝土温度监测时间：混凝土上表面温度每工作班（8h）不少于 2 次；内外温差、降温速度及环境温度测试，每昼夜不少于 2 次。具体监测时间周期、频数为：第 1～5 天：1 次/1h；第 6～15 天：1 次/2h；第 16～30 天：1 次/4h；第 31～37 天：1 次/18h；第 38～60 天：1 次/24h。温度控制：冷却水管用 $\phi$80 钢管，进出水口温保持 20～25℃的差值，水温可由进水口水压控制；并且，控制出水口水温与构件内部温差不大于 25℃。

两个阶段的混凝土裂缝控制计算及控制措施如下：

A. 第一阶段的混凝土裂缝控制计算：混凝土浇筑前根据拟定的施工条件及相关参数进行。主要内容包括：混凝土水化热温升值；混凝土各龄期的收缩变形值；各龄期混凝土收缩当量温差；各龄期混凝土的弹性模量；估算可能产生的最大温度收缩应力。根据所计算的数据判定混凝土的抗拉强度能否抵抗裂缝的产生，并进行相应的调整与处理，或采取相应的有效降低混凝土内外温差的措施。一般采取循环水管冷却的方式（图 1），循环水管用 $\phi$80 钢管，进出水口温度保持 20～25℃的差值，水温可由进水口的水压控制；并且，控制出水口水温与构件内部温差不大于25℃。

B. 第二阶段的混凝土裂缝控制计算：混凝土浇筑后，根据实测温度值和绘制的温度曲线，分别计算各降温阶段混凝土温度收缩拉应力。当累计总拉应力不超过同龄期混凝土抗拉强度时，其防裂措施是有效的；如超过，则应进行加强养护保温，降低混凝土的降温速度和收缩，采取提高混凝土各龄期混凝土抗拉强度等措施进行处理。该阶段应根据当时大气平均温度，计算出混凝土养护保温所需要的材料及保温厚度。

对于大体积混凝土浇筑温度的控制，由于大型基础的裂缝控制的重要性，施工及管理各方参与人员必须引起足够重视。施工前，对施工方案进行认真审查。施工期间，监理人员、施工工作人员严格按照施工方案要求监督执行，养护期为28d。工程已投产使用一年，没有混凝土裂缝出现，施工质量控制较好，达到了预期效果。

## 7.10 如何预防现浇混凝土梁的裂缝？

钢筋混凝土梁在外荷载的直接应力和次应力的作用下，引起结构变形而裂缝。构件在使用过程中受年度温差的长期作用，当温差的胀缩应力大于构件极限抗拉强度时，就会产生裂缝。构件裂缝的因素是多方面的，包括结构设计、地基沉降差异、施工质量、材料质量、环境影响等。无论是何种原因产生的裂缝，都会给建筑物整体结构带来影响。

### 1. 裂缝成因分析

从施工角度来说，可能会影响楼板开裂的主要因素有：混凝土的组成材料、混凝土配合比控制、混凝土的养护、钢筋安装、早期堆载及拆模等。

1）骨料对楼板混凝土收缩开裂的影响

混凝土收缩是造成楼板开裂的一个重要原因，而影响混凝土收缩的因素很多，主要是骨料品种及含量。粗骨料本身尺寸、形状及级配并不影响混凝土的收缩量；而粗骨料的弹性模量却对混凝土的收缩量影响很大。弹性模量越大，对混凝土收缩所起的抑制作用越大。

2）混凝土配合比对楼板混凝土收缩开裂的影响

在原材料相同的条件下，混凝土配合比，如单位用水量、单位水泥用量、水灰比、砂率等，对干缩有很大的影响。它们对干缩的影响依次为：单位用水量＞单位水泥用量＞水灰比＞砂率。其中，随着用水量的增大，同一条件下的混凝土收缩量直线上升；而在用水量相同的条件下，混凝土干缩随水泥用量的增加而加大，但加大的幅度较小；在骨灰比相同的条件下，混凝土干缩随水灰比的增大而明显增大；在强度等级相同的条件下，混凝土干缩随砂率的增大而加大，但加大幅度较小。

3）楼板混凝土养护情况对其收缩开裂的影响

延长初期潮湿养护仅能推迟干缩的时间，并不能减小混凝土短期的干缩，但对于干缩的终值有一定的影响。若前期（掺粉煤灰的为 14d）及时养护，可以有效地提高混凝土的抗拉强度及减小混凝土外表面的碳化深度，从而减小因混凝土碳化而产生的收缩，保证混凝土的使用寿命，因此，从防止碳化角度出发，及时而充足时间的楼板养护十分必要。

4）钢筋绑扎安装质量对楼板开裂的影响

对于楼板混凝土开裂，钢筋起限制和约束的作用。钢筋对混凝土的限制约束，主要是通过它们之间胶结力和摩擦力的作用而实现的：

（1）间距均匀的钢筋所提供的约束作用是最佳的，而且能有效防止裂缝宽度在个别处增大。但从日常的施工检查情况看，由于钢筋绑扎得不牢固，造成混凝土振捣后钢筋分布的偏位现象比较普遍，从而削弱了钢筋的约束作用；

（2）对于带肋钢筋，相对保护层厚度越大，其平均粘结强度也就越大。而在实际工程施工中，由于钢筋保护层垫块是呈梅花形布置的，因此混凝土浇筑后，底筋的许多部位保护层难以达到 15mm 的设计要求，从而削弱了钢筋对混凝土开裂的约束作用。

5）早期堆载对楼板混凝土开裂的影响

众所周知，大部分房地产开发商都非常强调施工工期，对于很形象、直观的主体结构更是如此。由于施工工期安排紧，工序技术间歇时间被取消，这样必然会造成早期堆载（如钢筋、模板材料的堆放）的不良影响：

（1）楼板混凝土刚终凝不久（一般为 24h），施工中又堆放上一层柱钢筋、模板材料，施工堆载又为不均匀（即集中力）荷载和瞬时动荷载，其必然对混凝土的固有结构呈内在影响（即造成“内伤”），也加大了混凝土内部早期的微裂缝；

（2）由于在早期，混凝土强度低（一般在 1.2MPa 左右），不能承担堆料荷载。虽然从理论上讲，此时楼板的堆载全由其模板支撑体系受力，但在实际中，由于楼板模板龙骨的布置是在考虑允许模板面板存在 1/250 变形的情况下设计的（且对堆载集中力不予以考虑），因此在较大集中堆载作用下，势必造成楼板混凝土底部开裂或“内伤”。

6）楼板拆模对楼板混凝土的影响

如跨度不大于 2m、混凝土设计强度等级为 C20 的楼板，按规定当混凝土强度达到 C20 的一半时，即可拆模。而此时间一般为楼板混凝土浇筑后 5～7d，此时楼板正承受由模板支撑体系传来的上一层楼板的施工荷载（甚至结构荷载），并且该荷载几乎为集中荷载。因此，当楼板厚度较小或荷载较大时，2m 范围的楼板混凝土带裂缝工作成为必然。实际工程施工中，又很少对拆模时楼板结构的受力进行抗裂验算，仅是孤立地按满足上述条件与否决定是否拆模，这样就助长了后期的楼板开裂程度。

**2. 混凝土裂缝发生的控制措施**

混凝土裂缝发生与组成混凝土的水泥、净砂、石子、掺加剂等原材料有关，也与浇筑后混凝土保温、保湿的养护措施有关。

1）原材料的质量控制

（1）水泥：在混凝土路面及大体积混凝土施工中，水化热引起的温升较高，降温幅度大，容易引起温度裂缝。为此，在施工中应选用水化热较低的水泥，尽量降低单位水泥使用量；

（2）粗骨料：在钢筋混凝土施工中，粗骨料的最大尺寸与结构物的配筋、混凝土的浇灌工艺有关，增大骨料粒径可减少用水量，混凝土的收缩和泌水随之减少，但骨料粒径增大容易引起混凝土的离析，因此，必须调整好级配设计并且在施工中加强振捣；

（3）细骨料：采用中粗砂比采用细砂每立方米混凝土减少用水量 20kg 左右，水泥相应减少 28kg 左右，从而降低混凝土的干缩；

（4）砂石料的含泥量控制：砂石含泥量超标，不仅增加混凝土的干缩，同时降低了混凝土的抗拉强度，对混凝土的抗裂十分不利，因此，在路面混凝土及大体积混凝土施工中，石子含泥量应低于 1%；

（5）掺加块石：在大体积混凝土基础施工中，掺加无裂缝、冲洗干净、规格为 150～250mm 的坚固大石块，不仅可减少混凝土的总用量，而且可减少单位水泥用量，从而降低水化热。同时，石块本身也吸收热量，使水化热进一步降低，对控制裂缝有利。如在滨河路防洪堤施工中，基础混凝土掺入 15%的块石，使得基础混凝土极少出现裂缝。

2）混凝土配合比的选定

混凝土原材料的配合比应根据工程的要求，如防水、防渗、防气、防射线等进行认真分析，选择最优方案。混凝土的水灰比应在满足强度要求及泵送工艺要求的条件下尽可能降低：

（1）掺合料：混凝土中掺入粉煤灰不仅能替代部分水泥，而且粉煤灰颗粒成球状，可起到润滑作用；能改善混凝土的工作性和可泵性，而且可明显降低混凝土的水化热；

（2）外加剂：为了满足送到现场的混凝土具有 11～13cm 的

坍落度。若只增加水泥使用量，则会加剧混凝土的干燥收缩，明显增大混凝土的水化热，易引起开裂。因此，除了调整级配外，可掺入适量的减水剂。

3）利用混凝土的后期强度

对于大体积混凝土，可以利用后期强度，如60d、90d、120d强度，即允许工程在60d、90d或120d达到设计强度。这样可减少水泥用量、水化热和收缩，从而减少裂缝。

4）混凝土的浇灌振捣技术

混凝土的浇灌振捣技术对混凝土密实度很重要，最宜振捣时间为10～30s。泵送流态混凝土同样需要振捣，大体积混凝土在浇灌振捣中会产生大量的泌水，应及时排除，这有利于提高混凝土的质量和抗裂性。

**3. 裂缝的处理**

根据裂缝的成因情况，可将裂缝分为两种类型：一类是由于材料、气候等造成的一般塑性收缩裂缝、干缩裂缝等。这类裂缝一般对承载力影响小，可作一般处理或不处理；另一类裂缝明显影响了梁的承载能力，随着裂缝的扩展和延伸，钢筋达到屈服强度，受压区混凝土应变量增大，梁刚度大大降低，构件趋向破坏。此类裂缝必须及早采取加固补强措施，以满足结构安全需要。对于裂缝的处理，首先要重视对裂缝的调查分析，确定裂缝的种类、程度、危害及加固依据。调查可从裂缝的宽度、长度、是否贯通、是否达到弹性极限应力的位置、有无潮气或漏水、工程地点环境以及施工图纸设计情况等多处入手，分析裂缝产生的本质原因，以采取相应的措施。

（1）表面修补法。该法适用于缝较窄，用以恢复构件表面美观和提高耐久性时所采用，常用的是沿混凝土裂缝表面铺设薄膜材料，一般可用环氧类树脂或树脂浸渍玻璃布。施工时先将混凝土表面用钢丝刷打毛，用清水洗净、干燥，将混凝土表面气孔用油灰状树脂填平，然后在其上铺设薄膜。如果单纯以防水为目的，也可采用涂刷沥青的方法。

（2）充填法。当裂缝较宽时，可沿裂缝混凝土表面凿成V形或U形槽，使用树脂砂浆材料进行填充，也可使用水泥砂浆或沥青等材料。施工时，先将槽内碎片清除，必要时涂底层结合料，填充后待填充料充分硬化，再用砂轮或抛光机将表面磨光。

（3）注入法。当裂缝宽度较小且较深时，可采用将修补材料注入混凝土内部的修补方法，首先裂缝处安设注入用管，其他部位用表面处理法封住，使用低黏度环氧树脂注入材料，用电动泵或手动泵注入修补，此法在裂缝宽度大于0.2mm时效果较好。

通过上述分析可知，钢筋混凝土梁裂缝应针对成因、贯彻预防为主的原则，加强设计、施工及使用等方面的管理，确保结构安全和避免不必要的损失。一旦产生裂缝应全面调查分析，查明原因，研究混凝土结构裂缝的成因和防治措施。

## 7.11 混凝土裂缝的成因是什么？如何预防及处理？

### 1. 混凝土裂缝的种类及成因

1）干缩裂缝

干缩裂缝多出现在混凝土养护结束后的一段时间，或是混凝土浇筑完毕后的一周左右。水泥砂浆中水分的蒸发会产生干缩，而且这种收缩是不可逆的。干缩裂缝的产生主要是由于混凝土内外水分蒸发程度不同而导致变形不同所致。干缩裂缝多为表面性的平行线状或网状浅细裂缝，宽度多为0.05～0.2mm，大体积混凝土中平面部位多见，较薄的梁板中多沿其短向分布。混凝土干缩主要与混凝土水灰比、水泥成分、水泥用量、集料性质和用量、外加剂用量等有关。

2）塑性收缩裂缝

塑性收缩是指混凝土在凝结前，表面因失水较快而产生的收缩。塑性收缩裂缝一般在干热或大风天气出现，裂缝多呈中间宽、两端细且长短不一、互不连贯状态。其产生的主要原因为：混凝土在终凝前几乎没有强度或强度很小，或者混凝土刚刚终凝而强度很小时，受高温或较大风力的影响，混凝土表面失水过快，造成毛细管中产生较大的负压而使混凝土体积急剧收缩。而此时，混凝土的强度又无法抵抗其本身收缩，因此产生龟裂。影响混凝土塑性收缩开裂的主要因素有水灰比、混凝土的凝结时间、环境温度、风速、相对湿度等。

3）沉陷裂缝

沉陷裂缝的产生是由于结构地基土质不均匀、松软，或回填土不实或浸水而造成的不均匀沉降所致；或者因为模板刚度不足、模板支撑间距过大或支撑底部松动等所致，特别是在冬季，模板支撑在冻土上，冻土化冻后产生不均匀沉降，致使混凝土结构产生裂缝。此类裂缝多为深进或贯穿性裂缝，其走向与沉陷情况有关，一般沿与地面垂直或呈30°～45°角方向发展，较大的沉陷裂缝往往有一定的错位，裂缝宽度通常与沉降量成正比关系。裂缝宽度受温度变化的影响较小。地基变形稳定之后，沉陷裂缝也基本趋于稳定。

4）温度裂缝

温度裂缝多发生在大体积混凝土表面或温差变化较大地区的混凝土结构中。温度裂缝的走向通常无一定规律，大面积结构裂缝常纵横交错；梁板类长度尺寸较大的结构，裂缝多平行于短边；深入和贯穿性的温度裂缝一般与短边方向平行或接近平行，裂缝沿着长边分段出现，中间较密。裂缝宽度大小不一，受温度变化影响较为明显，冬季较宽，夏季较窄。高温膨胀引起的混凝土温度裂缝通常中间粗、两端细，而冷缩裂缝的粗细变化不太明显。此种裂缝的出现会引起钢筋的锈蚀和混凝土的碳化，降低混凝土的抗冻融、抗疲劳及抗渗能力等。

5）化学反应引起的裂缝

混凝土拌合后会产生一些碱性离子，这些离子与某些活性骨料产生化学反应并吸收周围环境中的水而体积增大，造成混凝土酥松、膨胀开裂。这种裂缝一般出现在混凝土结构使用期间，一旦出现很难补救，因此应在施工中采取有效措施进行预防。主要的预防措施为：

（1）选用碱活性小的砂、石骨料。

（2）选用低碱水泥和低碱或无碱的外加剂。

（3）选用合适的掺合料，抑制碱-骨料反应。

**2. 混凝土裂缝的预防措施**

1）控制混凝土温升

（1）选用水化热低的水泥。水化热是水泥熟料水化所放出的热量。为使混凝土减少升温，可以在满足设计强度要求的前提下减少水泥用量，尽量选用中低热水泥。一般工程可选用矿渣水泥或粉煤灰水泥。

（2）利用混凝土的后期强度。试验数据表明，每立方米的混凝土水泥用量，每增减 10kg，混凝土温度受水化热影响相应升降 1℃。因此，根据结构实际情况，对结构的刚度和强度进行复算并取得设计和质检部门的认可后，可用 $f_{45}$、$f_{60}$ 或 $f_{90}$ 替代 $f_{28}$ 作为混凝土设计强度。这样，混凝土的水泥用量会减少 40～70kg/m$^3$。相应的水化热温升也减少 4～7℃。利用混凝土后期强度主要是从配合比设计入手，并通过试验证明 28d 后混凝土强度能继续增长。到预计的时间能达到或超过设计强度。

（3）掺入减水剂和微膨胀剂。掺加一定数量的减水剂或缓凝剂，可以减少水泥用量，改善和易性，推迟水化热的峰值期。而掺入适量的微膨胀剂或膨胀水泥，也可以减少混凝土的温度应力。

（4）掺入粉煤灰外掺剂。在混凝土中加入少量的磨细粉煤灰取代部分水泥，不仅可以降低水化热，还可以改善混凝土的塑性。

（5）骨料的选用。连续级配粗骨料配制的混凝土具有较好的和易性，较少的用水量和水泥用量以及较高的抗压强度。另外，砂、石含泥量要严格控制。砂的含泥量小于 2%，石的含泥量小于 1%。

（6）降低混凝土的出机温度和浇筑温度。首先，要降低混凝土拌合温度。降低混凝土出机温度最有效的办法是降低石子的温度。在气温较高时，要避免太阳直接照射骨料，必要时向骨料喷射水雾或使用前用冷水冲洗骨料。另外，混凝土装卸、运输、浇筑等工序都对温度有影响。为此，在炎热的夏季应尽量减少从搅拌站到入模的时间。

2）采用保温或保湿养护，延缓混凝土降温速度

为减少混凝土浇筑后所产生的内外温差，夏季应采用保湿养护，冬季应保温养护。大体积混凝土结构终凝后，其表面蓄存一定深度的水，具有一定的隔热保温效果，缩小了混凝土的内外温差，从而控制裂缝的开展。而基础工程大体积混凝土结构拆模后宜尽快回填土，避免气温骤变，亦可延缓降温速率，避免产生裂缝。

3）改善施工工艺，提高混凝土抗裂能力

（1）采用分层分段法浇筑混凝土，有利于混凝土消化热的散失，减小内外温差。

（2）改善配筋，避免应力集中，增强抵抗温度应力的能力。孔洞周围、变断面转角部位、转角处，都会产生应力集中。为此，在孔洞四周增配斜向钢筋、钢筋网片，在变截面作局部处理，使截面逐渐过渡。同时，增配抗裂钢筋能防止裂缝的产生。值得注意的是，配筋要尽可能选用小直径和小间距，按全截面对称配置。

（3）设置后浇带。对于平面尺寸过大的大体积混凝土应设置后浇带，以减少外约束力和温度应力；同时，也有利于散热，降低混凝土的内部温度。

（4）做好温度监测工作，及时反映温差，随时指导养护，控制混凝土内外温差不超过25℃。

**3. 混凝土裂缝的处理方法**

（1）经过调查分析，确认在裂缝不降低承载力的情况下，采取表面修补法、充填法、注入法等处理方法：

A. 表面修补法。该法适用于缝较窄，用以恢复构件表面美

观和提高耐久性时所采用，常用的是沿混凝土裂缝表面铺设薄膜材料，一般可用环氧类树脂或树脂浸渍玻璃布。

B. 充填法。当裂缝较宽时，可沿裂缝混凝土表面凿成 V 形或 U 形槽，使用树脂砂浆材料填充，也可使用水泥砂浆或沥青等材料。

C. 注入法。当裂缝宽度较小且较深时，可采用将修补材料注入混凝土内部的修补方法，首先在裂缝处设置注入用管，其他部位用表面处理法封住，使用低黏度环氧树脂注入材料，用电动泵或手动泵注入修补。

（2）如果裂缝影响到结构安全，可采取围套加固法、钢箍加固法、粘贴加固法等结构加固法。此方法属结构加固，须经设计验算同意后方可进行：

A. 围套加固法。在周围尺寸允许的情况下，在结构外部一侧或数侧外包钢筋混凝土围套，以增加钢筋和截面，提高其承载力；对构件裂缝严重、尚未破碎裂透或一侧破裂的，将裂缝部位钢筋保护层凿去，外包钢丝网一层；大型设备基础一般采取增设钢板箍带，增加环向抗拉强度的方法处理；

B. 钢箍加固法。在结构裂缝部位四周加 U 形螺栓或型钢套箍将构件箍紧，以防止裂缝扩大，提高结构的刚度及承载力。加固时，应使钢套箍与混凝土表面紧密接触，以保证共同工作；

C. 粘贴加固法。将钢板或型钢用改性环氧树脂和胶粘剂，粘结到构件混凝土裂缝部位表面，使钢板或型钢与混凝土连成整体共同工作。粘结前，钢材表面进行喷砂除锈，混凝土刷净、干燥，粘结层厚度为 1～4mm。

综上所述，混凝土裂缝应针对成因贯彻预防为主的原则，完善设计及加强施工等方面的管理，使结构尽量不出现裂缝或尽量减少裂缝的数量和宽度，以确保结构安全。

## 7.12 如何预防混凝土施工温度裂缝的产生？

混凝土在现代工程建设中占有重要地位，但混凝土施工中的裂缝较为普遍，主要是对混凝土温度应力的变化未引起注意造成的。现针对混凝土裂缝的成因和处理措施介绍如下。

**1. 裂缝的产生原因**

混凝土中产生裂缝有多种原因，主要是温度和湿度的变化、混凝土的脆性和不均匀性及结构不合理、原材料不合格（如碱-骨料反应）、模板变形、基础不均匀沉降等。混凝土早期阶段水泥放出大量水化热，内部温度不断上升，在表面引起拉应力。后期在降温过程中，由于受到基础或原混凝土的约束，又会在混凝土内部出现拉应力，同时在混凝土表面引起很大的拉应力。当这些拉应力超出混凝土的抗裂能力时，即会出现裂缝。许多混凝土的内部湿度变化很小或变化较慢，但表面湿度可能变化较大或发生剧烈变化。混凝土是一种脆性材料，抗拉强度是抗压强度的 1/10 左右，由于原材料不均匀、水灰比不稳定，以及运输和浇筑过程中的离析现象，在同一块混凝土中其抗拉强度又是不均匀的，存在着许多易出现裂缝的薄弱部位。在钢筋混凝土中，拉应力主要由钢筋承担，混凝土只承受压应力。一般来说，设计要求不出现拉应力或者只出现很小的拉应力。但是在混凝土施工中，由于温度变化，往往在混凝土内部引起相当大的拉应力。有时，温度应力可超过其他外荷载所引起的应力，因此掌握温度应力的变化规律，对于进行合理的结构设计和施工极为重要。

**2. 温度应力的分析**

根据温度应力的形成过程，可分为以下三个阶段：

早期：自浇筑混凝土开始至水泥放热基本结束。这个阶段的两个特征为：一是水泥放出大量的水化热；二是混凝土弹性模量的急剧变化。由于弹性模量的变化，这一时期在混凝土内形成残余应力。

中期：自水泥放热作用基本结束时起至混凝土冷却到稳定温度时，温度应力主要是由于混凝土的冷却及外界气温变化引起，这些应力与早期形成的残余应力相叠加，在此期间混凝土的弹性模量变化不大。

晚期：混凝土完全冷却以后的时期。温度应力主要是外界气温变化引起，这些应力与前两种的残余应力相叠加。

根据温度应力引起的原因可分为两类：

（1）自生应力：边界上没有任何约束或完全静止的结构，如果内部温度是非线性分布的，由于结构本身互相约束而出现的温度应力。例如，桥梁墩身，结构尺寸相对较大，混凝土冷却时表面温度低、内部温度高，在表面出现拉应力，在中间出现压应力。

（2）约束应力：结构的全部或部分边界受到外界约束，不能自由变形而引起的应力；这两种温度应力往往和混凝土的干缩所引起的应力共同作用。要根据已知温度准确分析出温度应力的分布和大小，是一项比较复杂的工作。大多数情况下，需要依靠模型试验或数值计算。混凝土的徐变使温度应力有相当大的松弛。计算温度应力时，必须考虑徐变的影响。

**3. 温度的控制和防止裂缝的措施**

为了防止裂缝，减轻温度应力可以从控制温度和改善约束条件两个方面着手。

1）控制温度的措施

（1）改善骨料级配，用干硬性混凝土、掺混合料、加引气剂或塑化剂等措施，以减少混凝土中的水泥用量。

（2）拌合混凝土时加水或用水将碎石冷却，以降低混凝土的浇筑温度。

（3）热天浇筑混凝土时减少浇筑厚度，利用浇筑层面散热。

（4）在混凝土中埋设水管，通入冷水降温。

（5）合理的拆模时间，气温骤降时进行表面保温，以免混凝土表面发生急剧的温度梯度。

（6）施工中长期暴露的混凝土浇筑块表面或薄壁结构，在寒冷季节采取保温措施。

2）改善约束条件的措施

（1）合理分缝、分块。

（2）避免基础过大的起伏。

（3）合理安排施工工序，避免过大的高差和侧面长期暴露。

此外，改善混凝土的性能、提高抗裂能力、加强养护、防止表面干缩，特别是保证混凝土的质量对防止裂缝十分重要，应特别注意避免产生贯穿性裂缝，出现后要恢复其结构的整体性十分困难，因此施工中应以预防贯穿性裂缝的发生为主。

混凝土施工中，为了提高模板的周转率，往往要求新浇筑的混凝土尽早拆模。当混凝土温度高于气温时，应适当考虑拆模时间，以免引起混凝土表面的早期裂缝。在混凝土浇筑初期，由于水化热的散发，表面引起相当大的拉应力，此时表面温度亦较气温为高。这时若拆除模板，表面温度骤降，必然引起温度梯度，从而在表面附加一拉应力，与水化热应力叠加；再加上混凝土干缩，表面的拉应力达到很大的数值，就有导致裂缝的危险。但是，如果在拆除模板后及时在表面覆盖一轻型保温材料，如泡沫海绵等，对于防止混凝土表面产生过大的拉应力具有显著效果。

钢筋对大体积混凝土的温度应力影响很小，因为大体积混凝土的含筋率极低，只对一般钢筋混凝土有影响。在温度不太高及应力低于屈服极限的条件下，钢筋的各项性能是稳定的，而与应力状态、时间及温度无关。钢筋与混凝土的膨胀系数相差很小，在温度变化时两者间只产生很小的内应力。在混凝土中，想要利用钢筋来防止细小裂缝的出现很困难。混凝土和钢筋混凝土结构表面常发生细而浅的裂缝，其中大多数属于干缩裂缝。虽然这种裂缝一般都较浅，但它对结构的强度和耐久性仍有一定的影响。

为保证混凝土工程质量、防止开裂、提高混凝土的耐久性，正确使用外加剂也是减少开裂的措施之一。在实践中总结出其主要作用为：

（1）混凝土中存在大量毛细孔道，水蒸发后毛细管中产生毛细管张力，使混凝土发生干缩变形。增大毛细孔径可降低毛细管表面张力，但会使混凝土强度降低。

（2）水灰比是影响混凝土收缩的重要因素，使用减水防裂剂可使混凝土用水量减少25%。

（3）水泥用量也是混凝土收缩率的重要因素，掺加减水防裂剂的混凝土在保持混凝土强度的条件下，可减少15%的水泥用量，其体积用增加骨料用量来补充。

（4）减水防裂剂可以改善水泥浆的稠度，减少混凝土泌水和沉缩变形。

（5）提高水泥浆与骨料的粘结力，提高混凝土的抗裂性能。

（6）掺加外加剂可有效提高混凝土的抗拉强度、密实度、抗碳化性及和易性，使混凝土缓凝时间适当，避免水分过快散失，从而提高混凝土的抗裂性能。

**4. 混凝土的早期养护**

混凝土的保温和早期养护对防止表面早期裂缝尤其重要。从温度应力观点出发，保温应达到下述要求：

1）防止混凝土内外温度差及混凝土表面梯度，防止表面裂缝

2）防止混凝土超冷，应尽量使混凝土的施工期最低温度不低于混凝土使用期的稳定温度

3）防止老混凝土过冷，以减少新老混凝土间的约束

混凝土的早期养护，主要目的在于保持适宜的温度、湿度条件，使混凝土免受不利温度、湿度变形的侵袭，防止有害收缩。同时，使水泥水化作用顺利进行，以达到设计的强度和抗裂能力。

以上对混凝土的施工温度与裂缝之间的关系进行了理论和实践上的初步探讨，虽然学术界对于混凝土裂缝的成因和计算方法有不同的理论，但对于具体的预防和改善措施意见还是比较统一，同时在实践中的应用效果也较好。具体施工中，要多观察、多总结，结合多种预防处理措施，混凝土的裂缝是完全可以避免的。

## 7.13 如何进行混凝土现浇楼板裂缝的控制?

钢筋混凝土的裂缝控制问题是建筑工程中很重要的问题之一，现浇混凝土楼板裂缝是公认的建筑施工中最难解决的质量通病问题之一，这些裂缝不仅影响建筑物的美观，而且影响建筑物的使用功能，大大降低了房屋结构的耐久性；破坏结构的整体性，降低其刚度；引起钢筋腐蚀。因此，如何解决这种常见的混凝土裂缝，是设计者和施工者都不可忽视的问题。

**1. 裂缝的表现形式**

1）斜向裂缝

多分布在房屋外墙转角所在房间的楼板上，裂缝一般呈45°斜向，有时一只角同时出现两条裂缝，裂缝基本上为上下贯通。如某七层框架商住楼工程，结构总长度约为100m，设有两道温度缝，其基础一侧为条形基础，其余为独立承台基础。在工程交接时后两个月左右，突然发现在靠其中一条温度缝的一跨柱角楼板有45°裂缝，三～六层楼板每层均有3条，但均未贯穿楼板。

2）纵横向裂缝

如某教学楼，其现浇钢筋混凝土楼板大面积出现宽度0.1～0.3mm不等的纵横向裂缝。

3）表面龟裂

此类裂缝主要表现在施工过程中产生的裂缝，容易控制与处理。如某在建工程，因板面面积大，在晚上浇混凝土，第二天早上派人浇水，但前面浇水、后面就干，到中午时板面出现龟状裂缝，用肉眼可辨识。

**2. 混凝土楼板裂缝产生的原因**

1）水泥方面的影响

水泥的收缩值一般取决于$C_3A$、$SO_3$、石膏的含量及水泥细度等。即$C_3A$含量大，细度较细的水泥收缩较大。石膏含量不足的水泥具有较大的收缩，而$SO_3$的含量对混凝土的收缩影响显著。

2）骨料方面的影响

混凝土收缩随骨料含量的增加而减小，随骨料弹性模量的增加而减小；同时，又随骨料中黏土含量的增加而增大。另外，在预拌混凝土中，其骨料级配不太合理也是造成混凝土出现裂缝的主要因素。

3）混凝土配合比方面的影响

包括单位用水量、单位水泥用量、水灰比、砂率及灰浆比等参数。混凝土收缩主要取决于单位用水量和水泥用量，而用水量的影响比水泥用量大；在用水量一定的条件下，混凝土干缩随水泥用量的增大而增加，但增大的幅度较小；在骨灰比一定的条件下，混凝土干缩随水灰比的增加而明显增大；在配合比相同的条件下，混凝土干缩随砂率的增大而加大，但增大的幅度较小。

4）外加剂的种类和掺量方面的影响

掺用化学外加剂会使混凝土收缩有不同程度的增大。掺减水剂用于改善混凝土和易性，增大坍落度时，掺减水剂的混凝土收缩值略大于不掺减水剂的收缩值；掺减水剂用于减水，提高强度或节约水泥时，掺减水剂混凝土的收缩值接近或小于不掺减水剂的收缩值。

**3. 施工方面存在的原因**

（1）水灰比的变化对混凝土强度值的影响十分明显，基本上分别是水和水泥量变动对强度影响的叠加。因此，水、水泥、外加剂的计量变化，将直接影响混凝土的强度。对于大流动性的混凝土，其塑性收缩值为 $200\times10^{-4}$；中等流动性混凝土，其塑性收缩值约为（60～100）$\times10^{-4}$。表现较明显的是：满足坍落度大、流动性好的泵送条件的泵送混凝土，较易产生粗骨料少、砂浆多的现象。混凝土脱水凝固时，就较易产生塑性收缩裂缝。

（2）混凝土是由砂、石、水泥等粗、细骨料按一定配合比，经过水化反应而形成的水硬性胶凝材料。如果混凝土材料中的砂、石颗粒级配不好，则浇灌出的混凝土强度将降低，抵抗外界应力的能力也同时减弱，极易造成混凝土裂缝。

(3) 施工过程中，过分振捣混凝土后粗骨料沉落，水、空气被挤出，混凝土表面因泌水而形成竖向体积缩小沉落，从而成表面砂浆层，它比下层混凝土有较大的干缩性，待水分蒸发后容易形成塑性收缩裂缝。

(4) 模板、垫层在浇筑混凝土前淋水不足，过分干燥，浇筑混凝土后因模板吸水量大，导致混凝土收缩，产生塑性收缩裂缝。

(5) 工程施工中各工种交叉作业，楼面负筋位置的正确性难以得到有效保证，经踩踏后将令钢筋弯曲、变形，减小了部分板负筋的有效高度，使该位置钢筋混凝土楼板上部抗拉能力大幅降低，从而导致该部位混凝土楼板出现裂缝。

(6) 浇筑混凝土后过分抹平压光，会使较多的细骨料浮到混凝土表面，形成含水量很大的水泥浆层。空气中的二氧化碳与水泥浆中的氢氧化钙发生作用，生成碳酸钙，其化学反应式为 $CO_2+Ca(OH)_2=CaCO_3+H_2O$。于是，浇筑硬化后期（56d后）引起混凝土明显收缩，即碳化收缩，导致混凝土楼板出现裂缝。

(7) 混凝土的保湿养护对其强度增长和各类性能的提高十分重要。特别是早期的妥善养护可以避免表面脱水，并大量减少混凝土初期收缩裂缝的产生。过早的养护，会影响混凝土的胶结能力；而过迟的养护，混凝土会因受日晒风吹令其表面游离水分过快蒸发，水泥由于缺乏必要的水化水，从而产生急剧的体积收缩［据有关资料反映，当混凝土表面的水分蒸发率超过 $0.5kg/(m^2 \cdot h)$ 时，混凝土体积将急剧收缩］，此时的混凝土早期强度低，未能抵抗该种收缩应力而产生开裂。特别是在夏、冬两季，因昼夜温差较大，养护不当最容易产生温差裂缝。

**4. 混凝土裂缝的控制措施**

1) 优选水泥品种

混凝土结构引起裂缝的主要原因之一是由于水泥水化热的

大量积聚，致使混凝土出现早期升温及后期降温而产生的温差变化。为此，在施工中可采取一些措施，如选用矿渣水泥、粉煤灰水泥等低热水泥品种来配制混凝土。

2）控制材料的使用

根据施工的具体条件降低水灰比，减少水的用量，提高混凝土的密实度，可以减少混凝土的泌水、离析等现象，使混凝土的收缩变形减小。施工时尽可能选用良好的颗粒级配方案，用颗粒级配大的粗砂、中砂来拌制混凝土，严格控制砂、石中的含泥量。另外，还应控制施工工期，尽量不在高温季节施工，可减少温差应力对混凝土变形的影响。

3）提高操作水平

加强混凝土振捣，可以提高混凝土的密实性和抗拉强度；加强对混凝土成品的保护和养护：避免温差裂缝的产生；对已浇筑好的混凝土应在浇筑后 10～12h 内及时做好浇水养护，以使混凝土有足够的湿度保持水化反应，并且连续养护日期一般不少于半个月。这样，不仅有利于混凝土在规定龄期内达到设计要求的强度，而且还可以在养护时降低混凝土的表面温度，减少混凝土内部的约束作用，防止收缩裂缝的产生。

4）控制钢筋位置

绑扎构造钢筋时为防止钢筋走位，可用一些技术措施进行控制，从而有效地控制和减少板面裂缝的发生。

**5. 混凝土裂缝处理**

依据混凝土裂缝宽度、深度以及扩展情况，采取不同的处理方法。

1）浅表面裂缝（沉缩裂缝、干缩裂缝）的处理

缝宽小于 0.5m，可用下列方法：

（1）裂缝表面清理干净，用水泥浆刮抹；

（2）稍深一些的裂缝，沿裂缝凿去薄弱部分，用水冲洗后，用 1∶2 水泥砂浆修补。

2）裂缝较深（10mm 以上）时

（1）注射环氧树脂胶粘剂。注射前，用电吹风吹干裂缝，然后用注射器将胶粘剂缓慢注入，至全部充满。

（2）裂缝口扩成 V 形，用毛刷清除粉末，用电吹风吹干，在扩口内填入环氧树脂胶泥即可。

综上所述，现浇楼板的裂缝问题并不是一个无法跨越的难题。只要我们严格把好材料进场关、系统控制施工工艺、严格操作程序，现浇混凝土楼板的裂缝问题就可以得到有效解决，为社会的安全和稳定做出更大贡献，为企业自身创造出更好的经济效益。

## 7.14 如何防治大体积混凝土的裂缝？

### 1. 裂缝现象及其治理

施工中难免遇到裂缝的问题，一般人们首先想到的是结构问题，但也不全是这样。有时，裂缝只是建筑的表面现象，它并不会影响结构的安全。

1）沉降裂缝

由于地基的不均匀沉降，使砖砌墙体表面产生一些不同性质的裂缝。由于砖混结构的一般性裂缝（除严重开裂外）不危及结构安全和使用，往往容易被人们忽视，致使这类裂缝屡次发生，形成隐患。当地震及其他荷载作用下，容易引起提前破坏，所以应采取有效措施，减少和防止裂缝的产生。

（1）现象：

A. 斜裂缝。一般发生在纵墙的两端，多数裂缝通过窗口的两个对角，向沉降较大的方向倾斜并由下向上发展。由于横墙刚度较大（门窗洞口较少），一般不会产生较大的相对变形，所以很少出现这类裂缝。裂缝多在墙体下部，向上逐渐减少，宽度下大上小，常常在房屋建成后不久就出现，其数量及宽度随时间而逐渐发展；

B. 窗间墙水平裂缝。一般在窗间墙的上下对角处成对出现，沉降大的一边裂缝在下，沉降小的一边裂缝在上；

C. 竖向裂缝。发生在纵墙中央的顶部和底层窗台处，裂缝上宽下窄。当纵墙顶层有钢筋混凝土圈梁时，顶层中央竖向裂缝则较少。

（2）原因分析：

A. 斜裂缝。主要发生在软弱土地基上，由于地基不均匀下沉，使墙体承受较大的剪切力，当结构刚度较差、施工质量和材料强度不能满足要求时，导致墙体开裂；

B. 窗间墙水平裂缝。产生的原因是在沉降单元上部受到阻力，使窗间墙受到较大的水平剪力，而发生上下位置的水平裂缝；

C. 房屋低层窗台下竖直裂缝。这是由于窗间墙承受荷载后，窗台墙起反梁作用，特别是较宽大的窗口或窗间墙承受较大的集中荷载情况下，窗台墙因反向变形过大而开裂，由于冻胀作用而在窗台处发生裂缝。

（3）预防措施：

A. 合理设置沉降缝。凡不同荷载（高差悬殊的房屋）、长度过大、平面形状较为复杂，同一建筑物地基处理方法不同和有部分地下室的房屋，都应从基础开始分成若干部分，设置沉降缝，使其各自沉降，以减少或防止裂缝的产生。沉降缝应有足够的宽度，操作中应防止浇筑圈梁时将断开处浇在一起或砖头、砂浆等杂物落入缝内，以免房屋不能自由沉降而发生墙体拉裂现象。

B. 加强上部结构的刚度，提高墙体抗剪强度。由于上部结构刚度较强，可以适当调整地基的不均匀下沉。所以，应在基础顶面及各楼层门窗口上部设置圈梁，减少浇水润湿、改善砂浆和易性、提高砂浆饱满度和砖层间的粘结（提高灰缝的砂浆饱满度可以大大提高墙体的抗剪强度）。在施工临时间断处尽量留置斜槎。当留置直槎时，应加拉结筋。

C. 加强地基探槽工作。对于较复杂的地基，在基槽开挖后应进行普遍钎探。待探出的软弱部位进行加固处理后，方可进行基础施工。

D. 宽大窗口下部应考虑设混凝土梁，以适应窗台反梁作用的变形，防止窗台处产生竖直裂缝。为避免多层房屋底层窗台下出现裂缝，除了加强基础的整体性外，也可以采取通长配筋的方法来加强。窗台部位也不宜使用过多的半砖砌筑。

（4）治理方法：

对于墙体产生的裂缝，首先应做好观察工作，注意裂缝开展规律。对于非地震区一般性裂缝，如若干年后不再发展，则可以认为不影响结构安全使用，局部宽缝处用砂浆堵抹即可。对于影响安全使用的结构裂缝，应进行加固处理。对于因墙体原材料强度不够而发生的裂缝，墙面可敷贴钢筋网片并配置穿墙壁拉筋加以固定，然后灌细石混凝土或分层抹水泥砂浆进行加固。墙体裂缝的加固方法应结合裂缝性质和严重程度，由设计部门提出。

2）温度裂缝

（1）现象：

A. 八字缝。出现在顶层纵墙的两端（一般在 1～2 个开间的范围内），严重时可发展至房屋 1/3 长度内，有时在横墙上也可能发生。裂缝宽度一般中间大、两端小，当外纵墙两端有窗时，裂缝沿窗口对角方向裂开；

B. 水平裂缝。一般发生在平屋顶屋檐下或顶层圈梁 2～3 皮砖的灰缝位置。裂缝一般沿外墙顶部断续分布，两端较中间严重。在转角处，纵、横墙水平不够，相交而形成包角裂缝。

（2）原因分析：

A. 八字裂缝：一般发生在平屋顶房屋顶层纵墙面上，这种裂缝往往在夏季屋顶圈梁、挑檐混凝土浇筑后，而保温层未施工前，由于混凝土和砖砌体两种材料线胀系数不同，在较大温差情况下，纵墙因不能自由缩短而在两端产生八字斜裂缝。无保温屋盖的房屋，经冬、夏气温变化，也容易产生八字裂缝；

B. 檐口下水平裂缝、包角裂缝以及在较长的多层房屋楼梯间处的竖直裂缝：产生的原因与上述原因相同。

（3）预防措施：

合理安排屋面保温层施工。由于屋面结构施工完毕至做好保温层，中间有一段时间间隔，因此屋面施工应尽量避开高温季节。屋面挑檐可采取分块预制或留置伸缩缝，以减少混凝土伸缩对墙体的影响。

（4）治理方法：

与沉降裂缝治理相同。

3）其他裂缝

（1）现象：

A. 在较长的多层房屋楼梯间处，楼梯休息平台与楼板邻接部位发生的竖直裂缝；

B. 大梁底部的墙体（窗间墙）产生局部竖直裂缝。

（2）原因分析：

大梁下面墙局部竖直裂缝，主要由于未设梁垫或梁垫面积不足，砖墙局部承受荷载过大所引起的。此外，与砖和砂浆强度等级偏低、施工质量差也有关。

（3）预防措施：

A. 有大梁集中荷载作用于的窗间墙，应有一定的宽度，梁下较小的窗间墙，施工中应避免留脚手眼；

B. 有些墙体裂缝有地区性特点，应会同设计与施工部门，结合本地区气候、环境和结构形式、施工方法等进行综合调查分析，然后采取措施加以解决。

（4）治理方法：

与沉降裂缝治理相同。

**2. 混凝土裂缝及其治理**

对有些结构按其所处条件的不同，允许存在一定宽度的裂缝。但施工中仍尽可能采取有效的技术措施控制裂缝，使结构尽量不出现裂缝或尽量减少裂缝的数量和宽度，特别是避免有害裂缝的出现，以确保工程质量。

裂缝按产生的原因，有由外荷载（包括施工和使用阶段的静荷载、动荷载）引起的裂缝；由变形（包括温度、湿度变形、不均匀沉降等）引起的裂缝；由施工操作（如制作、脱模、养护、堆放、运输、吊装等）引起的裂缝。

按裂缝的方向、形状，有水平裂缝、垂直裂缝、横向裂缝、纵向裂缝、斜向裂缝及放射状裂缝等。

按裂缝的深度，有贯穿裂缝、深层裂缝及表面裂缝三种。

1）塑性裂缝

（1）现象：

裂缝在结构表面出现，形状很不规则且长短不一、互不连贯，类似干燥的泥浆面。大多在混凝土浇筑初期（一般在浇筑后4h时左右），当混凝土本身与外界气温相差悬殊或本身温度长时间过高（40℃以上），而气候很干燥的情况下出现。塑性裂缝又称龟裂，属于干缩裂缝，出现较普遍。

（2）原因分析：

A. 混凝土浇筑后，表面没有及时覆盖，受风吹日晒，表面游离水分蒸发过快，产生急剧的体积收缩，而此时混凝土早期强度很低，不能抵抗这种变形应力而导致开裂；

B. 使用收缩率较大的水泥，水泥用量过多或使用过量的粉砂；

C. 混凝土水灰比过大，模板过于干燥。

（3）预防措施：

A. 配制混凝土时，应严格控制水灰比和水泥用量，选择级配良好的石子，减小空隙率和砂率；同时，要振捣密实，以减少收缩量，提高混凝土的抗裂度；

B. 浇筑混凝土前，将基层和模板浇水湿润；

C. 混凝土浇筑后，对裸露表面应及时用潮湿材料覆盖，认真养护；

D. 在气温高、湿度小或风速大的天气施工，混凝土浇筑后应及早喷水养护，使其保持湿润；大面积混凝土宜浇完一段，养护一段。此外，要加强表面的抹压和养护工作；

E. 混凝土养护可采用表面喷氯偏乳液养护剂或覆盖湿草袋、塑料布等方法；当表面发现微细裂缝时应及时抹压，再覆盖养护；

F. 设挡风设施。

（4）治理方法：

此类裂缝对结构强度影响不大，但传统使钢筋锈蚀，可在表面抹一层薄砂浆进行处理。对于预制构件，可在裂缝表面涂环氧胶泥或粘贴环氧玻璃布封闭处理。

2）干缩裂缝

（1）现象：

裂缝为表面性，宽度较细。其走向纵横交错，没有规律。较薄的梁、板类构件（或桁架杆件），多沿短向分布；整体性结构多发生在结构变截面处；平面裂缝多延伸到变截面部位或块体边缘，大体积混凝土在平面部位较为多见，但侧面也常出现，并随湿度和温度变化而逐渐发展。

（2）原因分析：

A. 混凝土成型后养护不当，受风吹日晒，表面水分散失快，体积收缩大；而内部湿度变化很小，收缩也小，因而表面收缩变形受到内部混凝土的约束而出现拉应力，引起混凝土表面开裂。或者构件水分蒸发，产生体积收缩，受到地基或垫层的约束而出现干缩裂缝；

B. 混凝土构件长期露天堆放，表面湿度经常发生剧烈变化；

C. 采用含泥量大的粉砂配制混凝土；

D. 混凝土经过度振捣，表面形成水泥含量较多的砂浆层；

E. 后张法预应力构件露天生产后长久为张拉状态等。

（3）预防措施：

A. 混凝土水泥用量、水灰比和砂率不能过大；严格控制砂、石含泥量，避免使用过量粉砂；混凝土应振捣密实，并注意对板面进行抹压，可在混凝土初凝后、终凝前进行二次抹压，以提高混凝土抗拉强度，减少收缩量；

B. 加强混凝土早期养护，并适当延长养护时间。长期露天堆放的预制构件，可覆盖草帘、草袋，避免暴晒并定期适当洒水，保持湿润。薄壁构件则应在阴凉地方堆放并覆盖，避免发生过大的湿度变化。

3）表面裂缝

（1）现象：表面温度裂缝走向没有一定的规律性；梁板式或长度尺寸较大的结构，裂缝多平行于短边；大面积结构裂缝常纵横交错。深进和贯穿的温度裂缝，一般与短边方向平行或接近于平行，裂缝沿全长分段出现，中间较密。裂缝宽度大小不一，一般在 0.5mm 以下。裂缝宽度沿全长没有太大的变化。温度裂缝多发生在施工期间，缝宽受温度变化影响较明显，冬季较宽，夏季较细。沿断面高度，裂缝大多呈上宽下窄状，但个别也有下宽上窄的情况。遇上下边缘区配筋较多的结构，有时也出现中间宽、两端窄的梭形裂缝。

（2）原因分析：

A. 表面温度裂缝：多由于温度较高而出现。混凝土结构，特别是大体积混凝土基础浇筑后，在硬化期间放出大量水化热，内部温度不断上升，使混凝土表面和内部温差很大。当温度产生非均匀的降温时（如施工中注意不够，过早拆除模板；冬期施工，过早除掉保温层或受寒潮袭击），将导致混凝土表面急剧的温度变化而产生较大的降温收缩，此时表面受到内部混凝土约束，将产生很大的拉应力（内部降温慢，受自约束而产生压应力），而混凝土早期抗拉强度和弹性模量很低，因而出现裂缝（这种裂缝又称为内约束裂缝）。但这种温差仅在表面处较大，离开表面就很快减弱。因此，裂缝只在接近表面较浅的范围出现，表面层以下结构仍保持完整。

B. 深进和贯穿的裂缝：多由于结构降温差较大，受到外界的约束而引起。当大体积混凝土基础、墙体浇灌在坚硬地基（特别是岩石地基）或厚大的老混凝土垫层上时，没有采取隔离层等放松约束的措施。如果混凝土浇灌时温度很高，加上水泥水化热的混凝土冷却收缩，全部或部分地受到地基、混凝土垫层或其他外部结构的约束，一般将在混凝土浇筑后 2～3 个月或更长时间出现。裂缝较深，有时是贯穿性的，将破坏结构的整体性。基础工程长期不回填，受风吹日晒或寒潮袭击作用；框架结构的梁、墙板、基础梁，由于与刚度较大的柱、基础连接，或预制构件浇筑在台座伸缩缝处，因温度变形受到约束，降温时也常出现这类裂缝。采用蒸汽养护的预制构件，混凝土降温制度控制不严、降温过速，或养生窑坑急剧揭盖，使混凝土表面剧烈降温，而受到肋部或胎模的约束，常导致构件表面或肋部出现裂缝。

（3）预防措施：

A. 尽量选用低热或中热水泥（如矿渣水泥、粉煤灰水泥）配制混凝土；或混凝土中掺适量粉煤灰；或利用混凝土的后期强度，降低水泥用量，以减少水化热量。

B. 选用良好级配的骨料并严格控制砂、石含泥量，降低水灰比，加强振捣，以提高混凝土的密实性和抗拉强度。

C. 在混凝土中掺加缓凝剂，减缓浇筑速度，以利于散热；或掺木钙、减水剂，以改善和易性，减少水泥用量。

D. 避开炎热天气浇筑大体积混凝土；必须在热天浇筑时，可采用冰水或深井凉水拌制混凝土，或设置简易遮阳装置，并对骨料进行喷水预冷却，以降低混凝土搅拌和浇筑的温度。

E. 分层浇筑混凝土，每层厚度不大于 30cm，以加快热量散发并使温度分布均匀，同时也便于振捣密实。

F. 大体积混凝土适当预留一些孔道，采取通冷水或冷气降温。

G. 大型设备基础采取分块分层间隔浇筑（间隔时间 5～7d）分块厚度 1～1.5m，以利于水化热散发和减少约束作用；或每隔 20～30m 留一条 0.5～1.0m 宽的临时间断缝，40d 后再用干硬性细石混凝土浇筑，以减少温度收缩应力。

H. 浇筑混凝土后，表面应及时用草袋、锯末、砂等覆盖并洒水养护。深高基础可采取灌水养护（或在混凝土表面四周砌一皮砖进行灌水养护）；夏季应适当延长养护时间，使其缓慢降温。在寒冷季节，混凝土表面应采取保温措施，以防寒潮袭击。拆模时，块体中部和表面温差不宜大于 20℃，以防止急剧冷却而造成表面裂缝。基础混凝土拆模后要及时回填；在岩石地基或较厚大的混凝土垫层上浇筑大体积混凝土时，可在岩石地基或混凝土垫层上浇沥青胶并撒铺 5mm 厚或铺二层沥青油毡纸，以消除或减少约束作用；蒸汽养护构件时，控制升温速度不大于 25℃/h，降温速度不大于 20℃/h 并缓慢揭盖，及时脱模，避免引起过大的温度应力。

（4）治理方法：

温度裂缝对钢筋锈蚀、碳化、抗冻融（有抗冻要求的结构）、抗疲劳（对受动荷载构件）等方面有影响，故应采取措施治理。可以采用涂两遍环氧胶泥或贴环氧玻璃布，以及抹、喷水泥砂浆等方法进行表面封闭处理。对有防水、抗渗要求的结构，缝宽大于 0.1mm 的深进性或贯穿性裂缝，应根据裂缝可灌程度，采用灌水泥浆或化学浆液（环氧、甲凝或丙凝浆液）的方法进行裂缝修补，或者灌浆与表面封闭同时采用。宽度不大于 0.1mm 的裂缝，由于后期水泥生成氢氧化钙、硫酸铝钙等类物质，能使裂缝自行愈合，可不处理或只进行表面处理即可。

4）不均匀沉陷裂缝

（1）现象：

不均匀沉陷裂缝多属贯穿性裂缝，其走向与沉陷情况有关，有的在上部，有的在下部，一般与地面垂直或呈 30°～45°角方向发展。较大的不均匀沉陷裂缝，往往上下或左右有一定的差距，裂缝宽度受温度变化影响较小，因荷载大小而异，并且与不均匀沉降值成比例。

（2）原因分析：

A. 结构、构件下面的地基未经夯实和必要的加固处理，混凝土浇筑后，地基因没水引起不均匀沉降；

B. 平卧生产的预制构件（如屋架、梁等），由于侧向刚度较差，在弦杆、腹杆件或梁的侧面常出现裂缝；

C. 模板刚度不足，模板支撑间距过大或支撑底部松动，以及过早拆模，也常导致不均匀沉陷裂缝出现。

（3）预防措施：

A. 对松软土、填土地基，应进行必要的夯实和加固；

B. 避免直接在松软土或填土上制作预制构件，或经压夯实处理后作预制场地；

C. 模板应支撑牢固，保证有足够的强度和刚度，并使地基受力均匀。拆模时间不能过早，应按规定执行；

D. 构件制作场地周围应做好排水措施，并注意防止水管漏水或养护水浸泡地基。

（4）治理方法：

不均匀沉陷裂缝对结构的承载能力和整体性有较大影响，因此，应根据裂缝的严重程度，会同框架结构设计等有关部门对结构进行适当的加固处理（如设钢筋混凝土围套、加钢套箍等）。

## 7.15　梁柱节点不同强度等级的混凝土如何施工?

### 1. 梁柱节点不同强度等级混凝土的常见施工方法

1）不同强度等级混凝土邻界面的留设

在钢筋混凝土结构中，高层建筑框架结构的梁柱节点比较复杂，由于荷载组合及内力计算的结果，要求同一层的竖向结构（柱、墙）混凝土强度等级高于水平结构（梁、板）的混凝土强度等级。钢筋混凝土框架结构，水平施工缝通常留于柱脚，柱顶若要留水平施工缝则应留于梁底。若同层的竖向构件和水平构件的混凝土同时浇捣，则柱顶不留施工缝。

2）梁、柱不同强度等级的混凝土分别浇捣施工

根据高层建筑多数使用商品混凝土或现场搅拌站泵送浇捣的情况，梁柱节点核心区的混凝土浇捣方法为：不管柱顶留或不留施工缝，均应先用塔吊吊斗或混凝土泵输送柱强度等级的

混凝土就位，分层振捣，在楼面梁板处留出45°斜面。在混凝土初凝前，随之泵送浇筑楼面梁板的混凝土。采用这种方法浇捣楼层柱、墙、梁、板混凝土时，应重点控制高、低强度等级混凝土的临界面，不能形成冷缝，故宜在柱顶梁底处留设施工缝，以缩小节点核心区高强度等级混凝土的浇捣时间，避免高、低强度等级混凝土的临界面形成冷缝。同时，对梁、柱节点钢筋密集的核心区，用小型插入式振捣器加强振捣，杜绝漏振死角。对于钢筋确实过于密集的情况，应事先和设计单位联系，采取适当的技术措施，确保节点核心区混凝土的密实性和设计强度。

**2. 梁柱节点随同楼面统一浇捣**

梁柱节点处不同强度等级混凝土采用分别浇捣的施工方法，给施工带来不便，而且容易形成邻接面的冷缝，故当柱子混凝土强度等级高于梁板混凝土强度等级不超过二级时，可考虑梁柱节点处的混凝土随同梁板一起浇捣。但应指出：此时，梁柱节点处的混凝土强度如果取用梁板的混凝土强度，会引起柱在竖向荷载作用下的承载力不足，以及地震作用下节点核心区的抗剪承载力不足，所以一般不应采用。

**3. 控制和消除梁柱节点处裂缝的具体措施**

1）梁、柱节点不同混凝土强度等级处裂缝产生的原因

根据多地高层建筑工程施工的实践，梁柱节点不同混凝土强度等级均按先柱后梁的次序浇捣，也曾发现少数楼层在梁柱节点处高、低强度等级混凝土交界面附近出现微细裂缝。经现场察看和讨论分析认为，这些裂缝不是荷载作用下的结构裂缝，并不影响结构的安全使用。虽然微裂缝在混凝土中很难避免，但是应从严要求、分析原因，采取有效措施，尽量控制和消除这类裂缝，进一步提高工程质量。其具体原因是：

（1）梁柱节点处，混凝土的强度等级相差较大（差两个等级）时，不同强度等级的混凝土，其水泥用量、水灰比和用水量都不同，柱子体积大、水泥用量多，产生的水化热高，高、低强度等级混凝土的收缩有差异；

（2）柱子断面大、刚度大，梁的截面相对较小，受柱子的强大约束，梁混凝土的收缩受限制，也容易产生裂缝；

（3）商品混凝土配合比中，高强度等级混凝土的水泥用量偏多，水灰比、含砂率、坍落度偏大，也会导致高、低强度等级混凝土交界附近产生裂缝；

（4）现浇梁板的梁在板下，上面保养的水被板充分吸收，而梁得不到充足的养护水分，造成梁内外的不均匀收缩，也容易导致梁的两侧面产生裂缝；

（5）有的梁侧面水平方向的构造钢筋太少，对梁的抗收缩裂缝不利。

2）防止梁柱节点处裂缝的措施

根据上述原因分析，采取改进的具体措施如下：

（1）要求混凝土搅拌厂调整配合比设计，在满足强度等级及可泵性的条件下，对柱子混凝土，减少水泥用量、减少含砂率、增加石子含量、减少坍落度、减少用水量，并且对粉煤灰和外加剂的用量也需作相应调整；

（2）节点处的混凝土实行“先高后低”的浇捣原则，即先浇高强度等级混凝土、后浇低强度等级混凝土，严格控制在先浇柱混凝土初凝前继续浇捣梁板的混凝土，事先做好技术交底和准备工作；

（3）梁板混凝土采用二次振捣法，即在混凝土初凝前再振捣一次，增强高、低强度等级混凝土交界面的密实性，减少收缩；

（4）在产生裂缝相对较多的梁的侧面，增加水平构造钢筋，提高梁的抗裂性；

（5）严格控制混凝土拌合物的坍落度，节点核心区柱子部位混凝土采用塔吊输送，以降低坍落度。在现场，对每车混凝土都应进行坍落度检测；

（6）加强混凝土的养护，特别是梁，除了板面浇水外，还应在板下梁侧浇水。在满堂承重脚手架未拆除之前，可以用高压水枪对梁浇水养护，并推迟梁侧模的拆模时间。

高层建筑的框架结构节点处，经常会出现柱混凝土强度等级比同一层梁板高的情况，通常的施工方法是先浇节点处混凝土强度等级高的核心部分，然后于初凝前再浇梁板混凝土。只要采取的针对性措施到位并精心施工，梁柱节点高、低强度等级混凝土交界处附近的裂缝完全可以得到避免。

## 7.16 如何应用补偿收缩混凝土控制结构裂缝?

混凝土裂缝问题困扰着工程界的技术人员。影响混凝土裂缝的因素错综复杂，为解决混凝土裂缝问题，设计、施工、材料等方面都采取了种种措施，但裂缝仍经常产生。虽然细小的裂缝不会对结构的安全性带来严重影响，而且规范中也允许构筑物有一定范围的裂缝，但是如果能控制混凝土不产生裂缝，将会大大提高混凝土工程的耐久性、抗渗漏或抗腐蚀性介质对钢筋锈蚀的能力。因此，对混凝土的裂缝进行控制日益受到工程界的重视。在众多的裂缝控制方法中，利用补偿收缩混凝土控制混凝土裂缝的方法，是成功控制许多超长钢筋混凝土结构施工裂缝的方法之一。笔者在应用中，总结、积累了一些利用补偿收缩混凝土控制混凝土裂缝的方法和措施。

配制补偿收缩混凝土最常用的方法是在混凝土中掺加微膨胀剂。掺加微膨胀剂配制的补偿收缩混凝土与普通混凝土一样，必须遵循设计、施工、材料三者紧密结合的方式来解决混凝土的裂缝问题。而认为只要掺加了膨胀剂，就能控制混凝土不产生裂缝的概念是错误的。因为，在设计配筋和施工合理的条件下，衡量补偿收缩混凝土补偿收缩能力最重要的指标是混凝土的限制膨胀率。在应用中，必须根据采用的水泥、外加剂等原材料情况，以及设计上的配筋分布和配筋率情况、工程部位的约束状态、构件的尺寸、混凝土的强度等级、施工面积、混凝土的坍落度、是否掺加粉煤灰、膨胀剂的质量等，进行合理的抗裂混凝土配合比设计。在设计和试配补偿收缩混凝土配合比时，除对混凝土的强度、抗渗等指标进行检验外，最重要的是进行混凝土限制膨胀率的测试。根据工程不同部位约束的大小，设计混凝土限制膨胀率的大小，从而确定膨胀剂的合理掺量。凡是限制膨胀率较小的混凝土，大多数物理力学性能均与普通混凝土相近或略有改善，对控制混凝土的裂缝的作用很小，或者说裂缝比普通混凝土少一些而已，在易裂的部位自然还会产生裂缝。因此，为很好地控制混凝土裂缝，在图纸设计时要注意配筋和配筋率，在混凝土施工前要做好补偿收缩混凝土配合比的设计。

**1. 配筋和配筋率的影响**

从整体上讲，应用补偿收缩混凝土控制混凝土的裂缝，宜采用小直径、小间距的配筋形式。综观混凝土裂缝的分布情况可以看出，混凝土底板的裂缝容易控制，而墙体混凝土的竖向裂缝较难控制。这是因为，底板的配筋率及钢筋的分布基本都满足补偿收缩混凝土配筋率的要求，并且底板所受的外约束也较小。而墙体混凝土所受的外约束较多，钢筋间距较底板大。在补偿收缩混凝土的应用中，笔者体会到，墙体的水平配筋间距不宜超过150mm，直径宜为$\phi$12～16的带肋钢筋。在此基础上，适当提高膨胀剂的掺量；使混凝土的限制膨胀率达到万分之1.5以上，配合适当的养护措施，则在混凝土强度等级不超过C40的情况下，墙体混凝土的竖向裂缝能得到较好的控制。甚至在超长施工的情况下，也能有效控制混凝土不产生竖向裂缝。

**2. 补偿收缩混凝土的配合比设计**

在进行补偿收缩混凝土的配合比设计时，除应进行常规的试验外，还应增加对混凝土限制膨胀率的设计、测试内容。

1）微膨胀剂的选择

目前，市场上膨胀剂的品种很多，质量参差不齐，甚至还存在不合格、假冒、伪劣产品。合格的膨胀剂产品性能也不尽相同，其膨胀率的大小存在高低之别。有的膨胀剂虽然膨胀率高，但干空的收缩率很大，存在膨胀与收缩“落差”太大的现象。因此，选择微膨胀剂时，必须检验膨胀剂的膨胀率。只有对膨胀剂的质量有了充分的了解，才能选择适宜的膨胀剂。

2）补偿收缩混凝土配合比设计原则

《混凝土外加剂应用技术规范》GB 50119—2013 对补偿收缩混凝土应达到的限制膨胀率作了规定，即水中 14d 的限制膨胀率大于万分之 1.5。而目前，大多数试验室只建立了膨胀剂标准中的检测方法，对膨胀剂的质量进行控制，但尚未建立起混凝土限制膨胀率的检测手段。在进行补偿收缩混凝土配合比设计、试配时，仅进行混凝土的和易性、坍落度、坍落度损失、抗压强度等指标试验。有防水要求时，再增加抗渗试验内容。对于混凝土是否确实具有微胀性无法进行检测，导致没有具体数据。

研究表明，在固定微膨胀剂掺量的情况下，混凝土的限制膨胀率远小于砂浆，而砂浆的限制膨胀率又远小于净浆，这是因为影响混凝土限制膨胀率的因素远多于砂浆净浆。除砂、石、水泥品种、水灰比、砂率等对混凝土的限制膨胀率有影响外，以下因素对混凝土的限制膨胀率起着显著的作用，如膨胀剂的掺量、外加剂、混凝土坍落度、混凝土凝结时间、混凝土强度等级及每立方米混凝土中水泥的用量、粉煤灰掺量等。

（1）微膨胀剂的掺量：有些观点认为，只要掺加了微膨胀剂，配制的混凝土就是微膨胀混凝土。这是一个错误的观点。因为膨胀剂掺量不足或膨胀剂的膨胀率偏低时，其所产生的少量的钙矾石晶体仅起填充混凝土毛细孔的作用，即提高了混凝土的抗渗性，所产生的微膨胀非常小，补偿收缩混凝土收缩的能力远远不够，混凝土剩余的收缩变形远大于混凝土的极限延伸率。只有生成较多的钙矾石晶体产物时，混凝土才会产生良好的微膨胀性。膨胀剂掺量越低，混凝土的限制膨胀率越小。提高膨胀剂的掺量能显著提高混凝土的膨胀率。因此，应根据所配制混凝土限制膨胀率的大小来确定膨胀剂的掺量。

（2）外加剂：混凝土外加剂标准中规定，一等品外加剂 28d 的混凝土收缩率比不大于 125%，合格率 28d 的混凝土收缩率比不大于 135%。一般在推荐掺量下，28d 掺外加剂的混凝土与空白混凝土的收缩率比在 115%～129%的范围内。由上可知，外加剂是增大混凝土收缩的。并且掺量越大，混凝土的收缩越大。目前，大多数工程采用泵送混凝土施工，外加剂已成为混凝土的第五组分。因此，在配制泵送补偿收缩混凝土时，应适当提高膨胀剂的掺量。

（3）混凝土坍落度：混凝土的坍落度越大，在同一膨胀剂掺量下混凝土的限制膨胀率越小。故采用泵送混凝土时，要配制抗裂性好的补偿收缩混凝土，必须提高膨胀剂的掺量。

（4）混凝土凝结时间：混凝土的凝结时间太短，水泥的水化反应较快，混凝土的早期收缩现象较大；混凝土的凝结时间太长，膨胀剂的膨胀能大部分消耗在塑性阶段。故膨胀剂的混凝土的凝结时间宜控制在 10～20h 的范围内。一般厚度的构件采用下限，大体积混凝土采用上限。

（5）混凝土强度等级和每立方米混凝土中的水泥用量：纵观混凝土的裂缝情况，低强度等级的混凝土开裂较轻，高强度等级的混凝土开裂较重。混凝土强度等级越高，每立方米混凝土中的水泥用量越大，混凝土的收缩越大，因此，必须相应提高膨胀剂的掺量。

（6）粉煤灰：在混凝土中掺加适量的粉煤灰，可明显改善混凝土的和易性，降低大体积混凝土的水化热，控制混凝土的温差收缩应力。但粉煤灰对混凝土干缩率的影响目前还没有统一的观点，有人认为粉煤灰增大混凝土的干缩率，有人认为基本无影响。不管粉煤灰是增大还是不影响混凝土的干缩率，它对掺膨胀剂混凝土的膨胀率是有影响的。在配制补偿收缩混凝土时，必须将粉煤灰的量计入胶凝材料中。即计算膨胀剂掺量时，应把粉煤灰的量一并加到水泥中计算；否则，混凝土的限制膨胀率明显偏低。

因此，在配制补偿收缩混凝土配合比时，应增加混凝土限制膨胀率的检测项目，对混凝土是否确实具有微膨胀性进行实际检测。只有这样，才能更好地使用补偿收缩混凝土来控制混凝土的裂缝。

**3. 不同工程部位混凝土限制膨胀率大小的设计**

混凝土工程裂缝分布情况中，底板混凝土不易开裂，墙体混凝土产生竖向裂缝现象比较普遍，楼板和梁的开裂现象比墙体略轻一些。

实际应用中，补偿收缩混凝土的限制膨胀率多大为宜，目前还没有相关的资料可查，笔者在应用中对现场留样的混凝土进行了限制膨胀率的测试，积累了一些数据：底板混凝土的厚度在1m以下的，配制的混凝土的限制膨胀率应达到万分之1.5以上；1m以上厚度的大体积混凝土，限制膨胀率应达到万分之1.8以上，这一限制膨胀率不可能完全抵消混凝土的干缩和温差收缩，但由于底板混凝土受到的外约束较小，收缩应力能得到部分释放。在徐变等因素的作用下，混凝土的收缩值不会超过混凝土的极限延伸率，混凝土不易开裂。墙体、楼板等混凝土构件的外约束较大，整体的收缩性受到邻位的限制，其收缩应力无法释放，因此墙体易产生竖向裂缝。宜采用限制膨胀率在2/万左右的补偿收缩混凝土。

因此，在进行补偿收缩混凝土配合比设计时，膨胀剂的掺量应根据所要求的限制膨胀率来确定。

**4. 补偿收缩混凝土的施工及养护方法**

施工过程中，应严格控制混凝土的原材料质量和用量，严格按混凝土的配合比拌制混凝土。混凝土的坍落度要控制好，泵送混凝土的入模坍落度不宜超过200mm。为防止或减少混凝土表面的龟裂现象，必须重视混凝土表面的二次抹压工作。抹压的次数和时间要掌握好，可有效减少混凝土表面的龟裂现象。

补偿收缩混凝土的养护工作很重要。特别是一些大体积混凝土，掺加膨胀剂后必须严格控制混凝土的降温速率和内外温差，做好养护工作。如果养护不好，补偿收缩混凝土会与普通混凝土一样，也产生裂缝。水平混凝土构件采用洒水、覆盖的养护方法均可，但墙体洒水养护不好做，也不好覆盖。为此，可采用延长模板的留置时间、在水平施工缝上浇水的养护方法进行混凝土的养护工作，模板的留置时间一般要求不得低于7d。采用这种养护方式，既能减少混凝土本身水分的散失速度，又保证墙体混凝土在早期处于一个相对较稳定的温度、湿度环境，避免了风速、太阳暴晒等引起混凝土急剧干缩的因素，有效地避免长墙结构混凝土易产生竖向裂缝的情况。

**5. 工程应用效果**

在补偿收缩混凝土的应用中，严格把好混凝土配合比设计及养护关。在实际中曾连续浇筑90m以上的墙体混凝土、高温季节一次连续浇筑面积在3000m$^2$以上的混凝土，所浇筑的混凝土都未出现贯穿裂缝观象。

根据工程不同部位钢筋混凝土外约束状态、配筋率及混凝土强度等级的不同情况，采用设计混凝土限制膨胀率的配合比设计方法，进行膨胀剂掺量的调整，并采取延长模板留置时间的养护方法，能有效控制混凝土的裂缝。混凝土的裂缝是不可避免的，其微观裂缝是本身物理力学性质决定的，但它的有害程度是可以控制的，有害程度的标准是根据使用条件决定的。目前，世界各国的规定不完全一致但大致相同。如从结构耐久性、承载力及正常使用要求，最严格的允许裂缝宽度为0.1mm。近年来，许多国家已根据大量试验与泵送混凝土的经验，将其放宽到0.2mm。当结构所处的环境正常、保护层厚度满足设计要求、无侵蚀介质，钢筋混凝土裂缝宽度可放宽至0.4mm；在湿气及土中为0.3mm；在海水及干湿交替中为0.15mm。沿钢筋的顺筋裂缝有害程度高，必须处理。

**6. 混凝土裂缝原因分析**

修补裂缝前应全面考虑与其相关的各种影响因素，仔细研究产生裂缝的原因、裂缝是否已经稳定。若仍处于发展过程，要估计该裂缝发展的最终状态。裂缝的现状调查（裂缝类型和宽度）；有无病害（漏水、钢筋锈蚀）；产生裂缝的经过（发生时间和过程）；施工记录的检查；根据混凝土钻芯检查构件的强度、厚度；荷载调查；中性化试验；钢筋调查（钢筋位置、细筋数量及有无锈蚀）；地基调查；混凝土分析；荷载试验；振动试验等。

**7. 混凝土裂缝的处理**

1）表面处理法

包括表面涂抹和表面贴补法。表面涂抹适用范围是浆材难以灌入的细浅裂缝，深度未达到钢筋表面的发丝裂缝，不漏水的裂缝，不伸缩的裂缝以及不再活动的裂缝。表面贴补（土工膜或其他防水片）法适用于大面积漏水（蜂窝、麻面等或不易确定具体漏水位置、变形缝）的防渗、堵漏。

2）填充法

用修补材料直接填充裂缝，一般用来修补较宽的裂缝（大于0.3mm），作业简单、费用低。宽度小于0.3mm、深度较浅的裂缝或裂缝中有充填物，用灌浆法很难达到效果的裂缝，以及小规模裂缝的简易处理，可采取开V形槽，然后作填充处理。

3）灌浆法

此法应用范围广，从细微裂缝到大裂缝均可适用，处理效果好。

4）结构补强法

因超荷载产生的裂缝、裂缝长时间不处理导致的混凝土耐久性降低、火灾造成的裂缝等影响结构强度，可采取结构补强法。包括断面补强法、锚固补强法、预应力法等混凝土裂缝处理效果的检查，修补材料试验、钻芯取样试验、压水试验、压气试验等。

## 7.17 高性能混凝土同普通混凝土施工控制有什么不同?

高性能混凝土是一种新型高技术混凝土，具有高强度、高弹性模量、变形小、耐久性好、抗渗性好等优点，在高层建筑中的应用越来越广泛。比如，工程的部分剪力墙及框架柱混凝土强度等级为C60，属于高性能混凝土。如何做好高性能混凝土的配制与施工，是确保工程质量的重点。以下结合国内实际情况和工艺特点，在坚持采用本地原材料和目前生产工艺的原则下试验C60高性能混凝土，并采用合理的施工方法精心组织施工，确保高性能混凝土达到高性能的要求。

**1. C60高性能混凝土试配**

1）高性能混凝土原材料质量要求

（1）水泥：为了降低水化热、提高混凝土的和易性、减少泌水性、减少混凝土的早期收缩裂缝和减少混凝土的干缩及徐变，应选用非早强型（非R型）普通硅酸盐、低碱、低水化热水泥，强度等级为52.5级。

（2）粗骨料：选用质地坚硬、级配良好的以石灰岩等石质为主的机制碎卵石，且采用二级破碎的5～20mm粒级的粗骨料，针片状含量等指标应符合规范要求。

（3）细骨料：应选择质地坚硬、级配良好的中砂，细度模数控制在4.2～2.8的范围内，砂硬度高、级配曲线合理，含泥量不应超过2%。

（4）掺合料：考虑使用“三掺”技术，掺合料宜采用细掺料（需要比水泥熟料具有更大的细度和更好的颗粒级配），为保证混凝土性能需掺加一定量具有较好活性的硅粉、粉煤灰和磨细矿粉，硅粉中的极细颗粒具有良好的微填充效应，可以使混凝土的孔结构充分致密，从而保障混凝土的强度和耐久性，磨细矿粉应细度细、烧失量低。

（5）外加剂：为了减少用水量，改善混凝土的流动性和密实性，选用聚羧酸系高效减水剂。它能满足配制一般要求的高性能混凝土且掺量少。

2）试配的技术要求

高性能混凝土必须经试验室试配并经现场试验确认后，方可正式使用，超出的数值应根据混凝土强度标准差确定。

（1）在满足强度、耐久性和工作性能要求的前提下，通过对集料、配合比的优化和优选，尽量减少水泥用量和用水量，配制出水化热低、收缩小、无裂缝、具良好施工性、耐久性优异、高强的高性能混凝土，以减少混凝土自收缩引起的体积变形，降低绝对温升，延缓水化热峰值，提高混凝土的抗裂性、密实性和耐久性等。

（2）配制强度必须大于设计要求的强度标准值，通常大一个等级，坍落度损失率不大于10%，120min后展开度不小于450mm。

（3）水胶比控制在0.25～0.42，水泥用量不宜大于450kg/m$^3$，砂率宜控制在34%～44%。

（4）合理掺入优质Ⅰ级粉煤灰，延缓了混凝土凝结时间，降低水化热，解决混凝土黏聚性高、泵送阻力大的难题。

（5）通过采用高性能减水剂，改善混凝土的和易性，使骨料悬浮于水泥浆体中，混凝土拌合物具有高流动性而又不出现离析、泌水现象，以保证混凝土在出机3h内坍落度损失率小于10%。

（6）粗骨料采用碎石、级配连续，细集料选用石英含量较高的圆形颗粒状优质天然中粗河砂。

3）试验室试验

为了保证混凝土的抗渗性和抗裂性能达到设计要求，需要对混凝土进行体积稳定性试验、氯离子渗透试验、碳化试验和碱活性试验等，进一步检验混凝土性能。再根据试验结果，合理确定施工配合比。在原材料及季节有变化时，需要及时调整配合比。

**2. 高性能混凝土的拌制要求**

针对工程混凝土强度等级高、抗渗性要求高等特点，必须强化混凝土原材料的检验标准，加强混凝土搅拌过程的技术措施等要求。

1）原材料质量

严格控制原材料质量，对原材料供应源必须进行调查和预先进行抽样检测，原材料进场后要严格按规定要求抽样检查。

2）原材料称量

严格按配合比质量计量，控制计量偏差，水泥和掺合料±1%，水和外加剂±1%，粗、细骨料±2%。

3）搅拌站设备

应有精确的原材料自动称量系统和计算机自动控制系统，并能对原材料品质均匀性、配合比参数的变化等，通过人机对话进行监控、数据采集与分析。

4）搅拌时间

根据混凝土的强度等级以及其他性能要求，结合搅拌设备的要求确定合适的搅拌时间。

**3. 高性能混凝土的施工方法**

1）振动棒的使用

高性能混凝土因自身流动性较高，易于流动和密实，因此不需要强力振捣，可选用低频振捣器。

2）墙体混凝土浇筑和振捣

混凝土下料点要分散布置，浇筑混凝土要连续进行，间隔时间不应超过2h。

3）框架柱混凝土浇筑和振捣

若框架柱高度大于3m，浇筑混凝土必须用串桶或溜槽，每层振捣时振捣棒要插入下层混凝土且深度不小于50mm，振捣要均匀。

4）梁、顶板混凝土浇筑和振捣

为了提高顶板混凝土表面观感，在顶板浇筑时，采用3m长铝合金杠刮平；在顶板混凝土进行最后一遍压光时，应用毛刷将混凝土表面沿同一方向刷出顺纹，初凝时再进行二次压面。

5）楼梯混凝土浇筑和振捣

混凝土浇筑楼梯时应自下而上，先振捣平台板及楼梯板混凝土；达到踏步位置时，再与踏步混凝土一起浇筑；接着，连续向上推进，并一边推进一边用木抹子将表面抹平。

6）高强混凝土浇筑时间的控制

由于高强混凝土的初凝时间较普通混凝土来得要快，因此要尽量控制好混凝土的初凝时间，高强混凝土的初凝时间不小于6h，其终凝时间不应大于10h。

7）高强混凝土对施工机械的要求

在高强混凝土施工过程中，对混凝土施工机械有更严格的要求，如混凝土泵车、混凝土运输车辆等，应保持最佳状态，保证高强混凝土施工的连续性，以减少混凝土施工中冷缝的发生。

8）高性能混凝土养护

为保证混凝土具有优良的密实性和强度，要求对已浇筑完的混凝土部位尽早保水养护，通过在混凝土上面架设带孔的塑料管，然后接通自来水连续浇水。通过隔气保温养护，降低混凝土水化热高峰时的温差。正常施工情况下，混凝土拆模后可涂刷养护剂，总养护时间不小于14d，可避免混凝土内部失水。

**4. 高性能混凝土质量保证措施**

（1）高性能混凝土在试配与施工前，各方应共同制定文件，规定质量控制措施并明确专人监督实施情况；

（2）合理布置泵管和安放泵车，泵送前用同混凝土配比的去石子砂浆润管，正确启动泵车，检查泵管连接、支撑是否牢固等；

（3）施工时采用泵送混凝土，为保证混凝土连续浇筑，要求在技术和生产组织上保证混凝土供应、输送和浇筑的各环节效率协调一致，保证泵送工作的连续进行。

（4）收集施工过程中混凝土的性能数据，以帮助调整、改进设计配比和监督混凝土拌合生产过程。

（5）针对商品混凝土站运距较远且地处交通复杂地带，为了解决C60级混凝土坍落度损失的问题（特别是高温季节尤为突出），保证混凝土正常施工，采取部分泵送剂在现场二次掺加的方案。现场二次掺用的泵送剂必须配成溶液使用，二次掺用量根据试验确定。

（6）混凝土出站运送至现场卸料完毕的时间，试块的制取、养护和试验严格按国家标准的规定执行。

根据高性能混凝土施工规定，充分运用科学、合理的方法在施工上高标准、严要求，遵循不断进步、不断创新的理念，从高性能混凝土试配、拌制要求、施工方法、质量保证措施等方面进行严格控制，保证高性能混凝土达到“质量均匀、体积稳定、耐久、满足设计强度”的目标。

## 7.18 建筑工程混凝土施工质量如何控制?

建筑工程的民用住宅和办公楼（基础、板、梁、柱）等工程，建筑物的结构安全与防渗等基本上是由混凝土和钢筋混凝土来承担，因此混凝土的质量在工程建筑物中显得尤其重要。混凝土施工的工艺水平、原材料的质量等因素，给混凝土施工的质量控制带来一定困难。

**1. 原材料的质量控制**

原材料的质量及其波动，对混凝土质量与施工工艺有很大影响，如水泥强度的波动，将直接影响混凝土的强度；各级石子超逊径颗粒含量的变化，导致混凝土级配的改变，并将影响新拌混凝土的和易性；骨料含水量的变化，对混凝土的水灰比影响极大。为了保证混凝土的质量，在生产过程中一定要对混凝土的原材料进行质量检验，全部符合技术性能指标方可应用。骨料中含有的有害物质超过规范规定的允许范围，则会妨碍水泥水化，降低混凝土的强度，削弱骨料与水泥石的粘结，能与水泥的水化产物进行化学反应并产生有害的膨胀物质。如果黏土、淤泥在砂中超过3%，在碎石、卵石中超过2%，则这些极细粒材料在集料表面形成包裹层，妨碍集料与水泥石的粘结，它们或者以松散的颗粒形态出现，大大增加了需水量。如使用有机杂质的沼泽水、海水等拌制混凝土，则会在混凝土表面形成盐霜。对混凝土集料来说，影响配合比组成变异而导致混凝土强度过大波动的主要原因是含水率、含泥量的变化和石子含粉量的影响。混凝土生产过程中，对原材料的质量控制，除经常性的检测外，还要求质量控制人员随时掌握其含量的变化规律并拟定相应的对策措施。如砂、石的含泥量超出标准要求时，及时反馈给生产部门，及时筛选并采取能保证混凝上质量的其他有效措施。砂的含水率，通过干炒法，及时根据测定含水率来调整混凝土配合比中的实际用水量和集料用量。对于相同强度等级之间水泥活性的变异，通过胶砂强度试验快速测定，根据水泥活性结果调整混凝土的配合比，水泥、砂、石子各性能指标必须达到规范要求。

**2. 科学配制混凝土是保证质量的先决条件**

1）混凝土施工配合比的换算

试验室所确定的配合比，其各级骨料不含有超逊径颗粒，而且为饱和面干状态；但施工时，各级骨料中常含有一定量的超逊径颗粒，而且其含水量常超过饱和面干状态。因此，应根据实测骨料超逊径含量及砂石表面含水率，将试验室配合比换算为施工配合比。其目的在于准确地实现试验室配合比，而不是改变试验室配合比。

调整量＝(该级超径量与逊径量之和)－(次一级超径量＋上一级逊径量)

2）混凝土施工配合比的调整

试验室所确定的混凝土配合比，其和易性不一定能与实际施工条件完全适合，或当施工设备、运输方法或运输距离、施工气候等条件发生变化时，所要求的混凝土坍落度也随之改变。为保证混凝土和易性符合施工要求，需将混凝土含水率及用水量做适当调整（保持水灰比不变）。

3）混凝土配合比

需满足工程技术性能及施工工艺的要求，才能保证混凝土顺利施工及达到工程要求的强度等性能。

水工素混凝土和少筋混凝土配制坍落度一般为30～50mm；配筋率超过1%的钢筋混凝土配制坍落度一般为70～90mm；对于桥梁施工中的箱梁采用泵送施工时，混凝土配制坍落度一般为10～14cm；初凝时间在4h以上、强度为45MPa的缓凝型早强混凝土，灌注桩要求配制强度为35MPa，凝结时间在10h以上，坍落度一般为180～220mm的大坍落度缓凝混凝土，按通常的配制方法使混凝土达到上述工程技术指标是困难的。为改善混凝土性能，提高混凝土强度，达到工程各部位对混凝土各种性能的要求，在混凝土中掺入不同类型的外加剂，改善混凝土性能的科学配制，优化混凝土的配合比，在施工中效果明显。

灌注桩用混凝土，按通常的配制方法，当水泥用量为420kg/m$^3$（水灰比为0.56）时，混凝土的强度才能达到35MPa，但由于坍落度（180～220mm）过大、均质性差、和易性不好，凝结时间也达不到缓凝10h以上的超大型缓凝要求。在配制混凝土中掺入1%的减水剂优化配合化，水泥用量每1m$^3$混凝土可节省40kg左右，而且在坍落度达到180～220mm的情况下，均质性、和易性良好，凝结时间也可以缓凝到10h以上，优化配合比后的混凝土和易性、缓凝作用良好，在灌注桩混凝土施工中消除了卡管或断桩等事故，保证了顺利施工。并且，混凝土的7d强度也比通常不掺外加剂配制的混凝土提高20%左右。

综上可见，科学配制混凝土，早期强度明显提高，加快模板周转和施工速度，其技术、经济综合效益十分显著。

**3. 和易性是决定混凝土质量的主要因素**

和易性是混凝土拌合物的流动性、黏聚性、保水性等多种性能的综合表述。当混凝土拌合物的和易性不良时，混凝土可能出现振捣不实或发生离析现象，产生质量缺陷。混凝土的和易性良好，则混凝土质量也好。通常，有些人配制混凝土选用低水量、低坍落度，强调以振实工艺来保障混凝土质量，其实这样易产生蜂窝、孔洞等质量缺陷。实践表明，和易性良好的混凝土才便于振实，而且应具有较大一些的流动性或可塑性，以利于浇筑振实；且应具有较好的黏聚性和保水性，以免产生离析、泌水现象。现在，可通过掺高效减水剂来提高混凝土的和易性。

**4. 混凝土浇筑振捣过程是质量控制的主要环节**

混凝土配合比设计、原材料的质量、配料准确、搅拌均匀运输、浇筑振实成型、养护等整个施工环节中，浇筑振实成型是主要环节。

混凝土浇筑成型时，由于没有振实所产生的外观上的气孔、麻面、蜂窝、孔洞、裂隙等质量问题，容易被引起重视。但由于振捣不良所产生的内部蜂窝、孔洞所导致的内在质量问题，人们往往容易忽视。而混凝土的内在质量缺陷，同样会引起混凝土结构物的破坏。所以，混凝土振捣应引起施工人员（特别是混凝土振捣工）的足够重视，质检员应采取相应的有效措施，使混凝土振捣良好。

**5. 预防混凝土缺陷的发生是质量控制的重点**

混凝土工程质量的优劣，是设计人员、监理人员和施工人员共同努力的结果。混凝土质量的好坏，除外观上的蜂窝、麻面、缺陷外，主要是混凝土强度能否达到要求。当混凝土强度达不到工程要求时，监理人员只能要求拆毁重做，而确定混凝土强度常在混凝土浇筑后28d进行并得出结论。

在大体积混凝土中所产生的裂缝，大多数属于温度裂缝。其中，表面裂缝又占绝大多数。混凝土结构及构件产生裂缝是一种常见的质量通病，要事先进行控制，才能保证施工的顺利进行。

## 7.19 工程常见混凝土裂缝的预防措施有哪些？

随着城市化进程的加快，我国的建设规模正日益增大。如何保证建筑工程质量，也日益受到各级政府和社会各界的广泛关注。在众多的工程质量问题中，混凝土裂缝现象则更为突出，因此必须十分重视混凝土裂缝成因的分析及预防。应指出的是，混凝土中的有些裂缝是很难避免的，例如普通钢筋混凝土受弯构件，在30%～40%设计荷载作用下就可能开裂；而受拉构件开裂时的钢筋应力仅为钢筋设计应力的7%～10%。工程实际中，除了荷载作用造成的裂缝外，更多的是由于混凝土收缩、温度变形和不均匀沉降等导致开裂。虽然有些裂缝对使用无多大危害，但在实际施工中仍有必要对其进行有效控制，特别是避免有害裂缝的产生。以下分别就地下室底板大体积混凝土、地下室墙板混凝土、地面混凝土、现浇楼板混凝土及屋面防水细石混凝土，简要分析其裂缝产生的主要原因，然后提出若干有针对性的预防措施与读者探讨。

**1. 地下室底板大体积混凝土裂缝的主要原因及预防措施**

地下室底板大体积混凝土由于温度应力和干缩应力的作用，使结构出现裂缝。由此可见，此裂缝产生的主要原因首先是温度和干缩变形，其次是混凝土的水灰比等，具体来说即水泥选用不当、水化热过高、外界气温变化以及混凝土内外约束条件影响等，使混凝土出现了裂缝。具体的预防措施有如下四个方面：

1）严格控制水化热

在满足设计强度要求和征得设计同意的前提下，混凝土配合比设计可考虑采用60d强度，以减少水泥用量。同时，应选择低热水泥，减少水泥的水化热。

2）通过“双掺”技术减少裂缝

“双掺”技术即掺加缓凝高效减水剂及粉煤灰，以减少水泥用量并改善混凝土的和易性，提高混凝土的可泵性。

3）采用一定的浇筑顺序

浇筑时，要采用“分段定点一个坡度，薄层浇筑，循序推进，一次到顶”的方法，一次整体连续浇筑结束。

4）按照规定合理保湿

大体积混凝土浇捣完毕后，初凝前用长刮尺刮平，经6h先用铁滚筒滚压数遍，再用木抹子在混凝土表面拍实并搓毛两遍以上，以闭合收水裂缝，防止产生表面收缩裂缝。约12～14h

后，覆盖塑料薄膜和草包进行保温、保湿养护。并且，按规定时间测量混凝土各部位的温度，确保混凝土内外温度差不超过25℃。

**2. 地下室墙板裂缝的成因分析以及预防措施**

地下室墙板裂缝的主要原因也是由于干缩引起，具体来说主要有两个方面的预防措施。首先，在不改变墙板钢筋总量的情况下，对墙板水平钢筋进行等截面代换，将原来的粗钢筋大间距改为细钢筋小间距，从而防止墙板产生裂缝；其次，墙板混凝土浇筑后，模板至少7d后方可拆除并在墙顶设淋水管，进行24h不间断淋水养护。

**3. 地面混凝土裂缝的主要原因和预防措施**

均匀沉降（地面的沉降往往与主体结构中柱、墙等的沉降不一致，从而在它们的结合部位产生较大的裂缝）、温度及收缩变形。其预防措施是：首先，地面混凝土浇筑时应与墙、柱间留有30mm的缝隙，以使墙、柱和地面的沉降相互独立；其次，垫层铺设前，其下一层表面应湿润。室内地面一般可不设伸缝。室外地面采用混凝土垫层时应设置伸缝，其间距为30m。室内外地面的混凝土垫层，均应设纵向缩缝和横向缩缝。纵向缩缝间距为3～6m，横向缩缝间距为6～12m。室外地面或高温季节施工的地面，缩缝间距宜采用下限值。垫层混凝土的纵向缩缝应做平头缝或加肋板平头缝。当垫层厚度大于150mm时，可做企口缝。横向缩缝应做假缝。平头缝和企口缝的缝间不得放置隔离材料，浇筑时应互相紧贴，企口缝的尺寸应符合设计要求，假缝宽度5～20mm，深度为垫层厚度的1/3，缝内用1∶3水泥砂浆填缝。工业厂房、礼堂、门厅等大面积水泥混凝土垫层应分区段浇筑，分区段应结合变形缝的位置，不同类型的建筑地面连接处和设备基础的位置进行划分，并应与设置的纵向、横向缩缝的间距相一致。

**4. 现浇钢筋混凝土楼板裂缝的主要原因和预防措施**

现浇钢筋混凝土楼板裂缝的主要原因有：

（1）混凝土水灰比、坍落度过大。

（2）板负筋位置不当。

（3）混凝土早期养护不好。

（4）建筑物建好后（特别是长期空置的商品房）长期关闭，室风相对湿度过低，混凝土收缩开裂。这一点往往被人们所忽视。即在正常湿度环境中，混凝土收缩产生的裂缝十分微小，而且裂缝不会进一步扩展。但当混凝土所处环境的相对湿度低于80%时，混凝土内部自由水蒸发加速，从而加剧了混凝土的收缩。若这一过程持续时间过长，微裂缝就会进一步扩展，进而可能形成通缝。

（5）混凝土强度未到1.2N/$mm^2$前，就在其上堆放材料、搭设支架。

其具体的预防措施有如下五个方面：

（1）严格控制混凝土施工配合比，对于商品混凝土的坍落度应加强检查。

（2）在楼板浇捣过程中派专人护筋，避免踩下负筋的现象发生。

（3）混凝土浇筑前，先将基层和模板浇水湿透，浇筑完毕后应采取有效的养护措施，并满足以下要求：

A. 应在浇筑完毕后12h以内对混凝土加以覆盖并保湿养护；

B. 混凝土浇水养护时间：对采用硅酸盐水泥、普通硅酸盐水泥或矿渣硅酸盐水泥拌制的混凝土，不得少于7d；对掺用缓凝型外加剂或有抗渗要求的混凝土，不得少于14d；

C. 浇水次数应能保持混凝土处于湿润状态；

D. 采用塑料布覆盖养护的混凝土，其敞露的全部表面应覆盖严密并保持塑料布内有凝结水。

（4）在一定时间段（一般自混凝土浇筑完成后两年内）保持空置房间内的相对湿度与室外相对湿度基本一致并不宜低于85%，这一要求可采用经常开窗的方法得以实现，有条件的地方定期洒水，增加湿度则效果更好。

（5）混凝土强度达到 1.2N/mm$^2$ 前，不得在其上踩踏或堆放材料、安装模板及支架，以免由于振动等原因产生裂缝。

**5. 屋面细石混凝土刚性防水层开裂的主要原因和预防措施**

屋面细石混凝土刚性防水层开裂的主要原因有以下四个方面：

1）未设分格缝或分格缝设置不合理

2）混凝土内钢筋网片在分格缝处未断开

3）混凝土与基层间宜设置可靠的隔离层

4）养护不好

其具体的预防的措施是：

（1）混凝土应在屋面板的支承端、屋面的转折处、突出屋面结构的交接处设置分格缝，其纵横间距不宜大于 6m；

（2）混凝土内钢筋网片应在分格缝处断开；

（3）混凝土与基层间设置可靠的隔离层；

（4）混凝土浇筑完成后，应按规定做好养护工作。

总之，为了避免混凝土产生裂缝，我们在工程实际中应注意以下四个方面：

（1）采用合理的配合比；

（2）采用先进的施工工艺（包括浇筑方法和表面处理方法等）；

（3）采用必要的构造措施；

（4）及时养护。

## 7.20 如何认识与控制大体积混凝土的裂缝?

**1. 重新认识混凝土**

混凝土是以胶凝材料与骨料（或称集料）按适当比例配合，经搅拌、成型和硬化而成的一种石材。按胶凝材料不同，分为水泥混凝土、沥青混凝土、石膏混凝土及聚合物混凝土等；按表观密度不同，分为重混凝土、普通混凝土、轻混凝土；按使用功能不同，分为结构用混凝土、道路混凝土、水工混凝土、耐热混凝土、耐酸混凝土及防辐射混凝土等；按施工工艺不同，又分为喷射混凝土、泵送混凝土、振动灌浆混凝土等；为了克服混凝土抗拉强度低的缺陷，人们还将水泥混凝土与其他材料复合，出现了钢筋混凝土、预应力混凝土、各种纤维增强混凝土及聚合物浸渍混凝土等；另外，随着混凝土的发展和工程需要，还出现了膨胀混凝土、加气混凝土、纤维混凝土等各种特殊功能的混凝土。目前，混凝土仍向着轻质、高强、多功能、高效能的方向发展。但是，大体积混凝土由于水泥凝结硬化过程中释放出大量的水化热，形成较大的内外温差。当温差较大，超过 25℃时，混凝土内部的温度应力有可能超过混凝土的极限抗拉强度，从而产生温度裂缝。同时，混凝土降温阶段如果降温过快，由于厚板收缩，又受到强大的摩阻力，可能导致出现收缩贯穿裂缝。此外，混凝土本身的收缩也可能造成裂缝的产生。因此，大体积混凝土存在的主要问题是控制裂缝。

**2. 大体积混凝土浇筑方案**

大体积钢筋混凝土结构在工业建筑中多为设备基础、高层建筑中的厚大基础底板等，这类结构由于承受巨大的荷载，整体性要求高，往往不允许留施工缝，要求一次浇筑完毕。因此，每遇到此类结构，施工前就应定出混凝土的施工方案，可分为全面分层、分段分层和斜面分层三种形式。

1）全面分层浇筑方案

将结构全面分成厚度相等的浇筑层，每层皆从一边向另一边推进浇筑，要求每层混凝土必须在下面一层混凝土初凝前浇筑完毕。采用该方案时，结构的平面尺寸不宜过大，否则混凝土强度（指单位时间内浇筑混凝土的数量）过大，造成施工困难。

2）分段分层浇筑方案

将结构适当分成若干段，每段再分若干层，逐层逐段浇筑混凝土，该方案适用于厚度不大而面积或长度较大的结构。

3）斜面分层浇筑方案

当结构长度较大而厚度不大时，可采用斜面分层的浇筑方案。浇筑时混凝土一次浇筑到顶，让混凝土自然流淌，形成一定的斜面。这时，混凝土的振捣应从下端开始，逐步向上，这种方案较适合泵送混凝土工艺，因为可免去混凝土输送管的反复拆装。

**3. 分析大体积混凝土裂缝产生的原因**

1）干缩裂缝

混凝土干缩主要与混凝土水灰比、水泥成分、水泥用量、集料性质和用量、外加剂用量等有关。这是混凝土内外水分蒸发程度不同而导致变形不同的结果：混凝土受外部条件的影响，表面水分损失过快，变形较大；内部湿度变化较小变形较小，较大的表面干缩变形受到混凝土内部约束，产生较大的拉应力而产生裂缝。

2）塑性收缩裂缝

塑性收缩裂缝一般在干热或大风天气出现，裂缝多呈中间宽、两端细且长短不一、互不连贯状态。常发生在混凝土板或比表面积较大的墙面上，较短的裂缝一般长20～30cm，较长的裂缝可达2～3m、宽1～5mm。在外观上分为无规则网络状、稍有规则的斜纹状，反映出混凝土布筋情况和混凝土构件截面变化等规律的形状，深度一般为20～100mm，通常延伸不到混凝土板的边缘。

3）沉陷裂缝

沉陷裂缝的产生是由于结构地基土质不匀、松软，或回填土不实或浸水而造成不均匀沉降所致。或者因为模板刚度不足、模板支撑间距过大或支撑底部松动等，导致混凝土出现沉陷裂缝。特别是在冬季，模板支撑在冻土上，冻土化冻后产生不均匀沉降，致使混凝土结构产生裂缝。

4）温度裂缝

温度裂缝多发生在大体积混凝土表面或温差变化较大地区的混凝土结构中。混凝土浇筑后，在硬化过程中水泥水化产生大量的水化热。由于混凝土的体积较大，大量的水化热聚积在混凝土内部而不易散发，导致内部温度急剧上升。而混凝土表面散热较快，这样就形成内外较大的温差。较大的温差造成混凝土内部与外部热胀冷缩的程度不同，使混凝土表面产生一定的拉应力。当拉应力超过混凝土的抗拉强度极限时，混凝土表面就会产生裂缝，这种裂缝多发生在混凝土施工中后期。

**4. 对大体积混凝土裂缝采用材料控制技术**

1）水泥的合理选取

优先选用收缩小的或具有微膨胀性的水泥。因为这种水泥在水化膨胀期（1～5d）可产生一定的预压应力，而在水化后期预压应力部分抵消温度徐变应力，减少混凝土内的拉应力，提高混凝土的抗裂能力。

2）骨料的合理选取

选择线膨胀系数小、岩石弹性模量低、表面清洁、无弱包裹层、级配良好的骨料，这样可以获得较小的空隙率及表面积，从而减少水泥用量、降低水化热、减少干缩，减小了混凝土裂缝的开展。

3）尽可能减少水的用量

混凝土具有双重作用，水化反应离不开水的存在，但多余水贮存于混凝土体内，不仅会对混凝土的凝胶体结构和骨料与凝胶体间的界面过渡区间的结构发展带来影响，而且一旦这些水分损失后，凝胶体体积会收缩。如果收缩产生的内应力超过界面过渡区间的抗力，就有可能在此界面区产生微裂缝，降低混凝土内部抵抗拉应力的能力。

**5. 加强混凝土的养护**

混凝土拌合物经浇筑捣密后，即进入静置养护期。其中，水泥和水逐渐起水化作用而增长强度。在这期间应设法为水泥的顺利水化创造条件，称混凝土的养护。水泥的水化要有一定的温度和湿度条件。温度的高低主要影响水泥水化的速度，而湿度条件则影响水泥水化的能力。混凝土如在炎热气候下浇筑，又不及时洒水养护，会使混凝土中的水分蒸发过快，出现脱水现象，使已形成凝胶状态的水泥颗粒不能充分水化，不能转化为稳定的结晶而失去粘结力，混凝土表面就会出现片状或粉状剥落，降低混凝土的强度。另外，混凝土过早失水，还会因收缩变形而出现干缩裂缝，影响混凝土的整体性和耐久性。所以，在一定温度条件下混凝土养护的关键是防止混凝土脱水。

**6. 掺入外加剂与掺合材料提高混凝土的耐久性**

1）粉煤灰

混凝土中掺用粉煤灰后，可提高混凝土的抗渗性和耐久性，减少收缩，降低胶凝材料体系的水化热，提高混凝土的抗拉强度，抑制碱-集料反应，减少新拌混凝土的泌水等。这些诸多好处均将有利于提高混凝土的抗裂性能。但是，同时会显著降低混凝土的早期强度，对抗裂不利。试验表明，当粉煤灰取代率超过20%时，对混凝土早期强度影响较大，对于抗裂尤其不利。

2）硅粉

（1）抗冻性：微硅粉在经过300～500次快速冻解循环，相对弹性模量降低10%～20%，而普通混凝土通过25～50次循环，相对弹性模量降低为30%～73%。

（2）早强性：微硅粉混凝土使诱导期缩短，具有早强的特性。

（3）抗冲磨、抗空蚀性：微硅粉混凝土比普通混凝土抗冲磨能力提高0.5～2.5倍，抗空蚀能力提高3～16倍。

3）减水剂

缓凝高效减水剂能够提高混凝土的抗拉强度，并对减少混凝土单位用水量和胶凝材料用量，改善新拌混凝土的工作度，提高硬化混凝土的力学、热学、变形等性能起着极为重要的作用。

4）引气剂

引气剂除了能显著提高混凝土抗冻融循环和抗侵蚀环境的能力外，能降低新拌混凝土的泌水，提高混凝土的工作度，降低混凝土的弹性模量，优化混凝土体内微观结构，提高混凝土的抗冻性能。

大体积混凝土结构裂缝的发生是由多种因素引起的。各类裂缝产生的主要影响因素有两种：一是结构型裂缝，由外荷载引起。对外荷载引起的裂缝可通过计算予以控制；二是材料型裂缝，主要由温度应力和混凝土的收缩引起。

因此，首先应根据裂缝的特征，分析裂缝产生的原因；再考虑采取相应的预防或处理措施。对混凝土温度裂缝的预防，首先在配料方面就应选用级配良好的骨料，严格控制砂、石含泥量，降低水灰比，以提高混凝土的密实性和抗拉性能；浇筑混凝土时可采用分层浇筑，加快热量散发；浇筑混凝土后应加强养护，并应避免构件升温、降温过快而引起过大的温度应力等等。合理配置构造钢筋对预防裂缝也能起到较好的效果，所以施工中应重视有关构造规定，还要注意在工程实践中积累和吸取经验。

# 八、给水排水及消防工程

## 8.1 住宅给水排水设计的实用细节有哪些?

众多规范对建筑物许多部位的设计提出了要求，这些部位涉及道路、坡道、入口、楼梯、电梯、座席、电话、饮水、售品、厕所、浴室等设施。其中，许多内容或多或少地与给水排水设计有关。例如，对于建筑物的入口，考虑到残疾人最大的希望是取消地面的高差，但平坦的出入口将会使雨水进入室内，为此挑檐应大些并在门前设排水沟，上铺缝隙窄的箅子。以下简述了给水排水设计方面的主要内容。进一步讨论了无障碍建筑物中地面防滑、卫生设备、卫生间、辅助设施等方面的设计细节。

### 1. 给水排水设计各个环节的作用

1）给水设计

（1）自动排气阀的作用：设有延时自闭阀的蹲式大便器的楼房给水系统，如学校、旅馆、办公楼等，如果在给水管系统的最顶层设有自闭阀，最好在管系的最高点增设自动排气装置。因为给水用的延时自闭阀能很好地控制水流，但却不能很好地控制气流。当系统停水时，给水管内常积存有大量的空气。系统恢复供水后，管系内空气常会被水流压缩至管系顶部而形成一个压缩空气区。此时，有人再按下延时自闭阀的按钮时，则压缩的空气会伴随着水流喷薄而出，常会将便器内的污物吹到地面以上，甚至溅到如厕者的衣物上。

（2）适当增设单体建筑户外控制阀门：在住宅给水设计中立管底部的给水阀门不可少，其目的主要是为了当底层住户发现下水管堵塞引起地面冒水时，可以及时关闭给水总阀，减少排污量，从而有效地阻止“事态的进一步扩大”。

（3）注意室外阀门的安装形式：室外安装的阀门大部分都是口径为 $D_g$75 以上的截止阀或闸板阀或蝶阀，一般均为法兰安装且有国家标准图。施工图设计时，在每一个法兰连接阀处设一个伸缩器，则可以很好地解决这一问题。

2）排水设计

（1）地漏与存水弯的配合：规范上没有规定排水地漏一定要设存水弯，但这确实能影响用户的使用。全国通用给水排水标准图集上，将带水封的圆形钟罩式地漏分为了甲、乙、丙、丁四种，虽然标准图上对存水部分的高度都做了具体规定，但都有一个存水量小、水封易因水的蒸发而破坏的毛病。而且，往往制造和安装时还达不到设计要求。凡是室内承接有粪便污水的排水系统的地漏，均应配套存水弯，可有效防止串味。

（2）室内排水管最小管径：经试验论证，在地面以下敷设的排水管最小管径宜为 *DN*75，那样并不需要多增加多少投资，也不占用使用空间，但却方便使用和维修。对于楼房和粪便污水的底层排出横管，使用 $D_g$150 为最小管径更适合我国国情。一般来说，这一段横管长度不大，由 $D_g$100 改为 $D_g$150 也不会增加很多投资，但却能极大地减少管道的堵塞机会。而改变管径位置，宜设在立管地面以下的地方，这样并不影响地面以上的空间。

（3）污水紧急排出管：对于厨房和厕所相邻的住宅来说，如果厨、厕是单独的排水管系统，则只在最底层为两系统作一个紧急排出联通。正确的做法是引一个地漏由厨房至厕所管系，或由厕所至厨房管系。其目的是一旦一侧的排出管突然堵塞，仍下泄的污水溢出地面时，可由此地漏进入另一系统排出室外，而不至于使室内其他房间大面积被污水浸漫。

**2. 给水排水设计中有关细节的再认识**

1）地面防滑

首先，地面积水同防滑的关系。应当要求地面尽量保持干燥，这就需要加强地面的擦拭工作，尤其是在走道等公共部位的地面，要安排工作人员及时擦拭。另一方面，对于浴室地面，由于使用功能的要求，不可能经常擦拭，为了减轻地面积水情况（一般认为积水越多则越不利于防滑），则应通过增设地漏、排水沟等措施增大地面排水能力，保证地面不积水。其次，地面材料的外观同防滑的关系。要认识到适合普通人的防滑地砖并不一定适合残疾人。在选择地面材料时，不仅要考虑它的摩擦系数，还要综合考虑软硬度、弹性、颜色、光泽等因素，以颜色较深、不反光、质感强、弹性适中为宜。

2）有关卫生设备

感应型水龙头在使用者的手接近龙头下方时出水，手离开后停水，方便残疾人使用，但增加了自动控制系统的成本。恒温水龙头能有效地控制接入的冷热水，使出水的温度恒定保持在用户设定的温度，操作简单，已逐步推广使用。对于残疾人建筑内供应热水的卫生器具，非常适用。

3）水箱

普通型的坐便器水箱冲水后，补充水直接进入水箱，而上顶进水式坐便器则巧妙地在水箱进水阀处分出一路向上的水流，通过管子穿过水箱顶板引出，再拐弯后跌落进入内凹型的水箱顶板，从顶板的孔洞中流入水箱。这种坐便器在每次使用并冲洗后，都可使用引出的水流洗手（洗手用水再次进入水箱），不必拧开水龙头洗手，方便用户且节水。由于用厕后不必使用洗脸盆，上顶进水式坐便器还可以单独设立在空间较小的地方，可使卫生间的布置更加灵活。坐便器的水箱可采用防露型，这种水箱在内壁贴有内衬，使水箱内外的水温和气温相对隔绝，水箱外壁不易结露，不致给残疾人用厕带来麻烦。带自动冲洗烘干功能的坐便器可帮助重度残疾者和上肢残疾者在便后用温水、暖风自动冲洗及烘干下身，要注意控制水温和风温，避免烫伤。

4）卫生间的数量

这个问题主要针对供残疾人居住的公寓内卫生间的数量。现有规范并没有提到残疾人公寓中卫生间的数量同一般公寓相比的不同之处。在一般公寓中，通常是一户客房内设置一间卫生间。如果残疾人住的公寓内也是一户一间卫生间，在实际使用中发现，由于残疾人如厕、洗浴等过程较正常人缓慢，占用卫生间的时间较长。如果一户内同时居住二三名残疾人，会在使用卫生间的问题上相互之间产生不方便。鉴于这种情况，可以考虑将相邻两间客房的卫生间打通，两间客房内的残疾人可以使用其相邻房间的卫生间（当隔壁卫生间空闲时），这样可提高卫生间的使用效率。或者还可以考虑，在每一楼层再增设一处公共卫生间。

5）辅助设施

现有规范仅提到在厕所内卫生器具周围的适当位置设置安全扶手。此外，在更衣室和淋浴室内，考虑到残疾人更衣和沐浴时可能遇到的困难，应在更衣箱边上和部分淋浴站位边上设置扶手，扶手与墙的连接务必牢固。规范中没有说明扶手的材料，市场上的扶手材料一般由不锈钢制成，有利于防止水的腐蚀。发达国家还对扶手表面进行防滑处理。另一方面，考虑到残疾人不慎滑动时撞击扶手造成伤害，制作扶手的材料应软硬适中，有一定的弹性和摩擦阻力。为了握牢，扶手应稍微细些。

现有规范没有提到靠墙翻折椅。为了残疾人出入方便，规范要求卫生间地面同客房地面的高差不得大于20mm，有关专家更进一步建议取消卫生间和客房地面之间的高差。但是，这种平整的地面将导致卫生间的水漫流到客房。为了解决这个问题，除了在卫生间设置地漏等常规措施外，在卫生间与客房交界处的地面可增设一道排水槽，上部铺设箅子，箅子可与门同宽，箅子的缝隙宜窄，不致影响残疾车轮通过或残疾人拐杖的点触。

## 8.2 建筑房屋给水排水工程施工质量如何控制?

随着国内建筑新技术的推广与应用，不仅提高了居民的居住环境与生活质量，而且，对于住宅给水排水施工中存的某些问题也得到解决，为加强房屋建筑给水、排水管道工程的施工管理，提高施工技术水平，确保工程质量，做到安全生产、节约材料，提高经济效益，保证工期和完成施工任务，结合施工实践，对给水排水工程的施工质量管理，提出相应的质量管理措施。

**1. 工程概况**

某建筑项日给水排水工程系统概况如下：

1）给水系统

由附近的市政给水管网引入两条直径为 $DN$200 的给水管，向本建筑供水。本建筑物分下、上两个供水分区。地下室至三层为下区，由市政给水管网直接供水；三至十八层为上区，由在泵房内生活水泵抽至天面水池，然后由天面水池直接供水。上区的给水设备包括生活给水泵 100 台（QS60L×8 两用一备），生活恒压泵一台，SLO 隔膜式气压罐一套。本建筑物在地下设置了生活用水水池一座，并且设置了生活水泵房一座，以确保本建筑物的正常用水。室内生活给水管立管采用钢塑复合管，丝扣连接，支管采用 PP-R 管，电热熔焊接。室外给水管道采用球墨给水铸铁管，橡胶圈接口。

2）排水系统

本建筑排水系统采用分流制，各排水点污水经排水管道收集后，直接排入城市污水干管。此污水均采用双立管系统，污水立管设有专用通气立管，在污水主管与专用通气立管之间，每隔二层设连通管连接。地下室均设有排水沟及集水井由污水泵提升至室外检查井，消防电梯井底设排水设施，排向集水井。室内排水管采用 UPVC 排水管，承插粘结，立管每层加伸缩节。

3）雨水系统

本建筑物屋面的雨水经雨水斗及雨水立管排出，接入市政雨水管道。雨水管均采用 UPVC 水管，承插粘结，室外排水管采用 HDPE 双壁波纹管。

**2. 工程质量管理的方法和措施**

（1）对承包商测量放线成果进行复测检查，确认轴线标高无误后方允许开工。对于进场的原材料要求监理工程师按规定比例和频率进行抽检（有见证送检），确定符合质量要求后才允许使用。合格材料在场内应分类堆放，不合格材料要清退出场。

（2）督促承包商坚持实行工序施工活动前的操作技术交底制度，向所有参与者明确施工质量要求，由全员自觉维护工程质量，提高质量水平。

（3）监理工程师对重点部位，要认真执行旁站监理制度，随时发现和纠正施工中的错误做法，确保工程质量。总监和总监代表要督促专业工程师、监理员认真执行质量安全巡视检查制度，质量控制部门至少每周进行一次大型巡查活动，要求专业工程师每天至少有60%以上的工作时间用于现场巡查，发现和纠正承包商的错误做法。对使用不当材质、有缺陷机械的，要责令及时纠正，以免殃及工程质量。

（4）监理工程师要认真做好隐蔽工程验收工作，特别应注意易于疏忽的诸如防震、抗震等构造要求。

（5）坚持监理工程师对工序的见证、确认制度，一道工序完成后未经监理工程师的确认而自行进行下一道工序的，将拒绝计量支付，并保留追究质量责任的权利。

（6）监理工程师要督促和帮助项目经理积极在工人中开展QC小组活动。

（7）由于环境也对质量产生影响，监理工程师要加强对安全生产、文明施工的监理力度；监理工程师对新材料、新工艺的使用要持慎重态度，增加造价、不成熟或没有把握的技术绝不批准使用；对变更要求和技术核定都要认真审核，并经业主和设计单位同意后办理。

**3. 给水排水安装技术要点**

1）施工流程

施工人员、材料、机具进场→钢套管制安→配合土建预埋→楼层主干管安装→楼层支管安装→管道水压试验和冲洗→卫生器具安装→系统调试→交工验收移交。

2）管道安装质量控制要点

排污、雨水管道立管上应设置排水检查口，其中心距楼地面为1m。管道试验压力及介质按设计图纸及施工规范要求进行；排水管、雨水管应做灌水试验；管道支吊架安装要根据《管道支吊架安装标准图册》和设计要求及施工的具体情况进行。

3）安装技术要求

管道之间、管道与设备之间应在自然状况下接口，不能强迫接口；所有的管道接口、阀门件不宜置于砖墙、楼板间，以免影响操作及维修；管道阀门安装前应验收，具备生产厂家的合格证并按规范要求抽检。合格后才能进行安装，以确保质量要求；各种管道的安装坡度应参照设计及规范要求施工，正负误差应在规范允许范围内；管道进出建筑物外墙及室内防火墙时，要求与墙体保留至少不小于5cm的空隙，并用柔性阻燃材料填充；埋地管道安装、防腐、试压完毕后，应及时填写验收记录，办理隐蔽工程验收后方可回填土方。回填土应选用松软的细土。卫生洁具的支吊架安装应牢固、平整，符合设计及规范要求。

**4. 给水排水、湿式喷淋消防工程监控要点**

（1）审核施工单位提交的施工方案和技术措施，协助施工单位完善质量保证体系。

（2）开工前需组织专业图纸会审，核查与土建、电气、空调等专业有无矛盾。

（3）审核进场材料的质检报告，主要设备、配件、产品应有出厂质量合格证。大宗或成套设备应按设计要求，核查设备型号、规格、有关技术性能参数。

（4）参与分项（部）工程、单位工程、单项工程质量检查及验收工作，按系统和工序进行工程预检及隐蔽验收。

（5）办理工程质量有关签证，参与工程质量事故的处理。组织施工单位办理移交建设单位使用。

**5. 室内给水管道安装施工工艺流程**

配合土建预留、预埋→管位确定→管道连接→干管安装→

支管安装→阀件安装→管道试压→防腐、涂漆、保温→系统冲洗、消毒。

**6. 管道附件及卫生器具给水配件的安装施工工艺流程**

预留管口位置复核→附件及配件安装。

**7. 室内给水管道附属设备的安装施工**

1）水泵安装施工

工艺流程：基础验收→设备验收→水泵解体清洗→水泵及电机就位找正→联轴器调整→灌浆固定→精校→配管安装→单机试运转→系统试运转（负荷试运转）。

2）施工质量控制要点

水泵就位前的基础混凝土强度、坐标、标高、尺寸和螺栓孔位必须符合设计要求和施工规范规定；水泵试运转的轴承温升必须符合施工规范规定；敞口水箱的满水试验和密闭水箱的水压试验必须符合设计要求和施工规范规定。

**8. 室内排水管道的安装施工**

1）±0.000 以下管道施工工艺流程

管道定位→开挖管沟→沟槽处理→管道对口、校直、校坡→接口施工→闭水试验→回填管沟。

2）±0.000 以上管道施工工艺流程

配合土建预留、预埋→管道定位、放样→预制管段→主管安装→横管、支管安装→通球、灌水试验（隐蔽管道做闭水试验）→系统通水试验→管道刷油。

**9. 卫生器具的安装施工**

1）施工工艺流程

预埋支架（预埋防腐木砖）→器具定位→安装支架→安装器具→安装上下管道及五金配件→盛水试验→配件调整、调试。

2）施工质量控制要点

卫生器具排水的排出口与排水管承接口的连接处必须严密、不漏。

## 8.3 高层建筑给水排水系统如何施工与安装?

给水排水工程是城市的基础设施、工业生产和人民生活的命脉。随着科学技术的发展，生产工艺的不断改进和提高，给水排水工程日趋向大系统、高性能的方向迅猛发展，因此，对给水排水工程的设计、施工、维修和运行管理的要求也就越来越高。要想使管网达到优质、高效、低能耗运行的目的，除合理的设计方案外，给水排水系统安装质量的优劣将会对日后的使用产生极大影响。为了确保民用建筑给水排水在使用过程中充分发挥其安全稳定、高效的作用，其安装、施工技术及其质量控制极其重要。

现以某商住楼给水排水系统安装为例，该工程建筑面积32600m$^2$，19层（地下室1层），RC框架结构，地下室为车库，1～3层为商场。其中，3层（夹层）作为管道转换层，4～21层为住宅，该工程给水排水系统的安装特点为：管道类型多，安装操作技术难度大。以下对该工程给水排水系统的安装及施工技术作浅要探讨。

1）管道安装施工步骤

熟悉图纸和有关技术资料→施工测量放线→沟槽开挖及管沟砌筑→配合土建预留孔洞及预埋铁件→管件加工制作→支架制作及安装→管道预制及组成→管道敷设安装→管道与设备连接→自控仪表及其管道安装→试压及清（吹）洗→防腐和保温→调试和试运转→竣工验收。

2）给水设备的安装

室内给水系统是由下列各部分组成：引入管、水表节点、供水设备（水泵）、水平主干管、立管、分支管及阀门器件。水泵房内的水泵、阀门等是用水枢纽，良好的安装质量将能使工程的供水系统运作更可靠，人身及设备的安全使用寿命也更有保障，故对其安装提出如下要求：

（1）设备安装前，应对其有关资料和文件合格证进行核对检查；

（2）设备不应有缺件、损坏和锈蚀，转动部分应灵活，无阻滞、卡住现象和异常声音；

（3）对设备机组的安装是根据已经确定的水泵机组型号、机组的台数和机组的长度尺寸合理地规划其在水泵房中的安装位置与纵横排列形式。机组布置应使管线最短、弯头最少，管路便于连接和留有一定的走道及空间，以便于管理、操作和维修；

（4）引入管与其他管道应保持一定的距离，如与室内污水排出管平行敷设，其外壁水平间距不小于1.0m；如与电缆平行敷设，其间距小于0.75m。

3）给水管道的安装

（1）管道安装前需复测管道地沟，支架是否符合管道安装的标高、坡度和坡向。支架间距是否符合图纸和有关规范的要求。考虑到放空和管道运行的工艺需要；

（2）法兰焊缝及其他连接件的设置应便于复检，并不得紧贴墙壁、楼板或管架；

（3）管道安装施工过程中及完工后，应及时填写各种施工技术资料表格并经签证记录，埋地铺设的管道应办理隐蔽工程验收，填写隐蔽工程记录并及时回填，这些施工技术资料均应整理存档；

（4）穿过楼板、墙壁、基础、屋面的管道，均应加装套管进行保护，在套管内不得有管道接口。穿过屋面的管道应有防水层（或土建泛水）和防水帽，管道和套管之间的间隙宜用不燃材料填塞；

（5）管道安装工作如有间断，应及时封闭敞开的管口；

（6）管道连接时不得用强力对口，也不得用加热管子及加偏垫等方法来消除接口端面的空隙偏差、错口或不同心等缺陷；

（7）管子焊接时，直管段两环缝距不应小于100mm，焊缝距煨制弯头的起弯点不小于100mm且均不小于管外径。

4）排水管道的安装

（1）排水塑料管必须按设计要求及位置装设伸缩节，如设计无要求时，伸缩节间距不得大于4m；

（2）排水主干管及水平干管管道均应做通球试验，通球球径不小于排水管道管径的2/3，通球率必须达到100%；

（3）生活污水塑料管道的坡度必须符合设计或规范要求；

（4）在立管上应每隔一层设置一个检查口，但在最低层和有卫生器具的最高层必须设置检查口，其中心高度距操作地面为1m，允许偏差±20mm，检查口的朝向应便于检修，在暗敷立管上的检查口应安装检查门；

（5）排水通气管不得与风道或烟道连接，安装应符合规范规定。

5）室内管道的布置

A. 管道的正确排列：该工程各种管道安装复杂，考虑管道的正确排列是管路安装中的一个重要环节，特别是对于室内管道。由于管道设备多，使此问题尤为突出，现将管道排列间距及避让的基本原则叙述如下：气体管路排列在上，液体管路排列在下；热介质管路排列在上，冷介质管路排列在下；保温管路排列在上，不保温管路排列在下；金属管路排列在上，非金属管路排列在下。

B. 管线间距的确定：管线的间距以利于对管子、阀门及保温层进行安装和检修为原则。由于室内空间较小，其间距不宜过大，对于管子的外壁、法兰边缘及热绝缘层外壁等管路最突出部位，距墙壁或柱边的净距不应小于100mm。对于并排管路上的并列阀门的手轮，其净距约为100mm。

C. 管路相遇的避让原则：分支管路让主干管路；小口径管路让大口径管路；有压力管路让无压力管路；常温管路让高温或低温管路。

6）管道支吊托架的安装

位置正确，埋设应平整、牢固；固定支架与管道接触应紧密，固定应牢固、可靠；滑动支架应灵活，滑托与滑槽两侧间应留有3～5mm的间隙，纵向移动量应符合设计要求；无热伸长管道的吊架，吊杆应垂直安装；有热伸长管道的吊架，吊杆应向热膨胀的反方向偏移；固定在建筑结构上的管道支、吊架不得影响结构的安全，钢管水平安装的支架间距应符合规定；采暖、给水与热水供应系统的塑料管及复合管垂直或水平安装的支架间距应符合规定。采用金属制作的管道支架，应在管道与支架间加衬非金属垫或套管。

7）管道接口应符合的要求

管道采用粘结口，管端插入承口的深度的规定；熔接连接管道的结合应有一均匀的熔接圈，不得出现局部熔瘤或熔接凹凸不匀现象；采用橡胶圈接口的管道，允许沿曲线敷设，每个接口为最大偏转角不得超过2°；法兰连接时衬垫不得凸入管内，以其外边缘接近螺栓孔为宜，不得安放双垫或偏垫；连接法兰的螺栓直径的长度应符合标准，拧紧后突出螺母的长度不应小于螺杆直径的1/2；螺纹连接管道安装后的管螺纹根部应有2～3扣的外露螺纹，多余的麻丝应清理干净并做防腐处理；卡箍（套）式连接两管口端应平整、无缝隙，沟槽应均匀，卡紧螺栓后管道应平直，卡箍（套）安装方向应一致。

8）管道系统交付使用前必须记录水压试验

各种承压管道系统和设备应做水压试验，非承压管道系统和设备应做灌水试验。室内给水管道的水压试验必须符合设计要求。当设计未注明时，各种材料的给水管道系统试验压力均为工作压力的1.5倍，但不得小于0.6MPa。

检验方法：金属及复合给水管道系统在试验压力下观测10min，压力降时不应小于0.02MPa，然后降到工作压力进行检查应不渗、不漏，塑料管给水系统应在试验压力下稳压1h，压力降不得超过0.05MPa。同时，检查各连接处不得有渗漏。

建筑给水排水与人们的生活息息相关，优质的安装施工质量和科学的管理是保障管网系统高效、安全运行的必要条件，而且也可以改进和弥补设计施工中的某些不足。为了满足给水排水工程施工技术要求，提高施工质量，需要施工人员不断学习，提高自身的技术素质，才能确保施工的安全、质量、稳定性和灵活性，满足民用建筑给水排水的发展需要。

## 8.4 如何监督好给水排水设施的施工？

随着我国工程建设项目管理体制改革的不断深化，工程质量有了显著提高，这也给监理工程提出了更高的要求。给水排水工程质量的好坏，将直接关系建设项目的使用状况，对建设项目的社会效益、经济效益的影响显而易见。为了能更好地满足工程质量发展的需要，给水排水专业的监理工作应以工程质量为控制目标、以施工过程为基础、以工序质量为核心，制定相应的监控措施，深入、细致地搞好监管工作。

**1. 当前建筑给水排水施工监理的主要问题**

在高层建筑安装工程中，给水排水分部工程虽然从工程量和投资角度上看较少，但是在建筑产品的质量投诉中却占有较高的比例。虽然这些质量问题没有直接发生在建筑主体施工阶段，可是许多问题的产生与建筑主体施工阶段中承包商不重视给水排水工程有着必然的联系。

主体结构施工阶段，给水排水工程的施工量较小，这时的主要工程就是预留、预埋，可承包商从领导至项目负责人对此普遍不够重视，甚至有些承包商在此阶段连基本的给水排水专业人员也不配备。因此，出现大量的预留洞、预留套管位置不准，甚至漏留洞口、漏埋套管，给工程留下了质量缺陷和事故隐患。这些问题出现后，在管道及设备安装时，就到楼板、剪力墙上凿洞，造成建筑主体结构千疮百孔、面目全非，不仅浪费了大量的人力、物力，还降低了卫生间楼板等结构的承载力；有些承包商因预留错误，在不能凿打梁、柱时，勉强使用原来的预留洞，勉强安装，致使建筑外观留下永远的遗憾，有的还留下漏水隐患。实际上，建筑主体施工阶段给水排水工程施工是一个非常关键的内容。给水排水施工质量的好坏不但直接影响到整个给水排水分部工程的质量，而且影响到住宅整体的质量和安全，监理工程师必须对此有足够的重视，采取切实可靠的措施，保证给水排水工程的施工质量。

**2. 建筑给水排水施工监理的控制重点**

建设工程施工过程中，给水排水安装工程的施工与其他工种的施工（如土建、电气、综合布线等）有着非常密切的关系，控制好它们之间的协调配合，能节省工料，加快施工进度，确保工程质量。

因此，能否控制、协调好各工种的工作，是衡量给水排水监理工作是否到位的重要标志之一。给水排水安装施工过程中，监理工程师须针对管道安装的不同阶段进行控制、协调、检查，有的放矢，严格要求，才能达到事半功倍的效果。在建设工程施工的不同阶段，给水排水管道施工安装的控制重点是不同的。总体来讲，为了对给水排水施工监理进行切实的控制，其控制要点可概括如下；

1）详细审核提交的施工组织设计

给水排水的监理工作应建立以监理工程师为核心的组织体系，确定所监管项目行之有效的技术措施、组织措施，项目实施过程中能切实按此监理细则实施专业工程项目监理。在施工准备阶段，专业监理工程师审查承包商提交的施工组织设计时，应重点审查其中的专业工程部分，特别是承包商的分包工程，了解施工单位的管理水平和技术水平，以便有针对性地完善监理细则，加强预控力度。及时向项目总监提交施工组织设计审查意见，并对施工图进行有效的交底与会审，让监理工程师、业主和承包商进一步地了解工程项目特征。

总之，有效的施工图技术交底与会审是项目施工的首要环节。参与项目实施的各方均应重视，绝不能让施工图技术交底与图纸会审成为形式或走过场。

2）做好主体施工阶段的组织协调和监管工作

在高层住宅主体施工阶段，给水排水专业涉及的专业面多，有时也涉及多个施工单位。这时，给水排水专业监理工程师应做好组织、协调、监督、管理工作。

（1）应划分好总承包商与分包商承担的工程范围。工程开工前，应划分好总承包商与各专业分包商之间的工程承包范围，将各施工单位的责任落实下来。

（2）确定混凝土浇灌审批程序时，一定要有专业给水排水监理工程师参加，以保证主体工程施工中专业施工单位预留、预埋工作及时和准确无误。项目总监签署混凝土浇灌令时，先检查各专业监理工程师的签名，核对无误后签发混凝土浇灌令，这样才能确保给水排水专业工程按图纸、规范完成。

（3）应抓住重点阶段重点监理，通常包括地下室、转换层及标准层头两层的施工阶段，由于其工程量流水作业不够连续化，施工处于复杂变化的初期，很容易引起给水排水施工的混乱和错误。特别是地下室施工阶段，几乎所有的重要设备均设计安装在地下室，设备多、管线多，容易出现碰、漏、错、缺现象。此时，各专业工程师应详细核对图纸，无误后严格按图施工。

（4）应及时与业主、设计单位联系，解决施工过程中发现的有关技术问题，与此同时做好设备、材料选型与订货工作。高层住宅主体施工阶段，给水排水监理工程师的另一项工作就是设备、材料的选型与订货的管理。

**3. 建筑给水排水施工监理的具体措施**

在建设工程施工的不同阶段，给水排水管道施工安装的控制重点是不同的，因此对于其监理工作的具体措施也是不同的。

1）工程施工前期阶段

首先，监理工作必须熟悉施工图及设计意图、要求，熟悉、了解室内与室外给水排水管道的连接位置，管道过基础、墙壁、楼板的位置标高和施工方法；了解设计图要求的主要材料规格、型号及质量标准，以及建设方或施工单位投标时承诺采用的材料品牌，严格控制工程进场的主要材料，为工程施工质量打好最基本的、最关键的基础。严格审核施工单位提交的由其技术负责人签字审批的施工组织设计（方案），详细审核其是否满足工程的施工需要，及时签发施工组织设计（方案）报审表，并要求施工单位在施工中按审批认可的施工组织设计（方案）执行。

2）土建基础主体结构施工阶段

在排水系统的排出管及给水系统引入管穿越建筑物基础处、地下室或地下构筑物外墙处，监理工程师应跟踪检查是否按设计及施工规范要求预留了孔洞和设置了合格的套管（对有严格防水要求的需采用柔性防水套管，一般防水要求的采用刚性防水套管，无防水要求的设预留孔即可）。并且要求管道安装完成后，其上部净空不得小于建筑物的沉降量，一般不宜小于150mm；在首层室内地面回填及振捣混凝土前，应要求施工单位安装完成埋地的给水排水管道，注意伸出地面管道的垂直度，对照图纸有无遗漏，安装位置是否符合现场要求。给水管必须做水压及通水试验，符合要求时应及时给施工单位办理隐蔽工程验收手续，签发隐蔽验收记录。再要求施工单位将各预留管临时封堵好，配合土建堵孔洞和回填土。

要求所有埋地金属管，在安装前按设计要求做好防腐处理。敷设好的管道应及时进行灌水试验，注意观察管道水满后水位是否下降，检查管道各接口及管本身有无渗漏。检查管道过墙壁和楼板处，是否按要求设置了金属或塑料套管（排水立管穿楼板处需设置钢套管），注意检查各预留孔洞和套管位置及大小是否符合图纸及现场要求，有无遗漏。安装在一般楼板处的套管，其顶部高出装饰地 20mm 即可；而安装在卫生间及厨房内的套管，其顶部应高出装饰地面 50mm，套管底部应与楼板底面平齐；安装在墙壁内的套管，其两端应与饰面平齐。

3）主体装修施工阶段

主体装修施工阶段是给水排水设置系统安装的阶段，管道经过建筑物的结构伸缩缝、防震缝及沉降缝时，要求设置补偿装置；安装 U-PVC 塑料排水立管时，必须按设计、图纸要求的位置设置伸缩节；如设计无要求，伸缩节间距不得大于4m。立管安装前，要求施工单位先打通该立管各楼层预留的孔洞，自上至下吊线并弹出立管安装的垂直中心线，作为立管安装的基准线。立管安装后，均应检查其是否位于立管安装的垂直线上，在该立管垂直度及与墙之间的距离符合要求后，用管卡固定好。

及时将各层孔洞按施工规范及设计要求修补好。排水立管上应按规定设检查口，检查中心距地面一般为1.1m，并应高于该层卫生器具上边缘150mm；排水立管底部的弯管处需按要求设支墩。穿墙套管与管道之间的缝隙宜用阻燃密实材料填实，端面光滑。注意检查是否有管道的接口设置在套管内。对首层埋地管，地下室底板、电梯坑排水管，直接安装在楼板内的排水管，沉箱内排水管，吊顶内排水管，直接安装在墙体内的空调冷凝水管等排水管道，在隐蔽前需做灌水试验，其灌水高度应不低于底层地面高度，满水15min后再灌满延续5min，液面不下降为合格。符合要求时，及时给施工单位办理隐蔽工程验收手续，排水立管及水平干管需做通球试验，通球直径不得小于排水管管径的2/3，通球率必须达到100%。

排水管道的各合流处应采用斜三通或顺水三通。要求生活污水、废水排水管安装时，不得穿越卧室、门厅等房间。雨水斗与基层接触处要留宽20mm、深50mm的凹槽，嵌填密封材料；同时，要求在水落口周围直径500mm范围内做成不小于5%的坡度。厕所、盥洗室、卫生间、未封闭的阳台以及建筑物的管道技术层内应设置地漏，并应要求施工单位将其安装在地面的最低处，无存水弯的地漏应带水封且水封深度不能小于50mm。当清扫口设置在楼板或地坪上时，应与地面平齐。污水管起点的清扫口与污水横管相垂直的墙面的距离，不得小于150mm。

4）工程验收阶段

建筑给水排水系统除根据外观检查、水压试验、通水试验和灌水试验的结果进行验收外，还须对工程质量进行检查。对管道工程质量检查的主要内容包括：管道的平面位置、标高、坡向、管径管材是否符合设计要求，管道支架卫生器具位置是否正确，安装是否牢固；阀件、水表、水泵等安装有无漏水现象，卫生器具排水是否通畅，以及管道油漆和保温是否符合设计要求。给水排水工程应按检验批、分项、分部或单位工程验收，按国家有关规范及标准进行验收和质量评定。总之，给水排水专业监理工程师必须要求施工单位，严格按业主方要求、施工图、设计要求、施工工序、施工规范、验收规定以及其他有关建筑安装规范进行施工，这是对建筑安装工程施工的最低要求，同时也是争取单位工程优良的关键。

## 8.5 建筑给水工程施工质量控制的重点有哪些?

建筑给水排水工程是建筑安装工程的一个重要分部工程，是使用频率较高的部分，与人们的正常生活极其密切。为了确保安装的施工质量，在给水排水工程施工检查与监理过程中发现及存在一些具体问题，需要按工程程序认真控制，使其符合质量验收规定要求。

**1. 施工图纸的审查**

施工图会审是施工管理工作中准备阶段的一项重要工作内容，在工程管理中占有重要的位置。作用是尽量减少施工图中出现的差错或问题，确保施工过程能顺利进行。在工作中，一般是由专业监理人员认真查看图纸，熟悉设计意图和结构特点，掌握整个布局并了解细部构造，审核图纸时尽可能全面发现图纸上的所有问题，以便设计人员对审查中提出的问题作修改补充。

1）对图纸的审查原则

设计是否符合现行国家相关标准及规范；是否符合工程建设标准强制性条文的要求；设计资料是否齐全，能否满足施工使用要求；设计是否合理，有无遗漏缺项；图中标注有无错误；设备型号与管道编号是否正确、完整；其走向及标高、坐标、坡度是否正确；材料选择、名称及型号、数量是否正确。设计说明及设计图中的技术要求是否明确，能否满足该项目的正常使用及维护。管道设备及流程、工艺条件是否明确，如使用压力、温度、介质是否合理、安全。对管道、组件、设备的固定、防震、防腐保温、隔热部位及采取的方法、材料及施工条件要求是否清楚。有无特殊材料要求；当满足不了设计要求时，可否代换材料及配件等。

2）管道安装与建筑结构间的协调关系

预留洞、预埋件位置与安装的尺寸同实际是否相符合；设备基础位置、标高及尺寸是否满足使用设备及数量规格要求；管沟位置、尺寸及标高能否满足管道敷设的需求；建筑标高基准点和施工放线控制标准是否一致。给水排水及消防管道标高与主体结构标高、位置尺寸是否存在矛盾；建筑物设计，如主体结构、门窗洞口位置、吊顶及地面、墙面装饰材料等安装时有无相互影响的情况。

3）各专业设计之间的协调问题

各种用电设备的位置与供水及控制位置、容量是否相匹配，配件及控制设备可否满足需要；电气线路、管道、通风及空调的敷设位置、走向有否干扰影响，埋地管道或地下管沟与电缆之间是否满足规范距离要求；连接设备的电气、控制、管道线路与设备的进线连接管位是否相符合；水、电、气及风管或线路在安装施工中的衔接位置和施工程序是否可行；管道井的内部布置是否安全、合理，进出管线有无互相干扰；各不同工种安装、调试、试车及试压的配合协调及工作界面分工是否明确，有无影响到进度问题。

**2. 施工企业资质及施工方案的审查**

（1）现在，建筑给水排水工程的施工多数由专业施工队伍来承建，队伍技术素质的高低将直接影响到工程质量的优劣。作为现场监理工程师，把好施工单位资质的审查关刻不容缓，对信誉不好、达不到技术资质等级的专业施工单位坚决予以否定，在审查过程中应注意几个问题：首先，审核施工企业资质及技术人员技术资格证书，并考察该单位技术管理水平和工程质量管理制度建立情况，考察该施工企业以前的建设业绩，听取使用单位的意见；其次，要求该企业操作人员进行现场操作示范，考验其真实技术水平。通过这些简单、直观的考核，做到大体上对管理及人员水平的了解。若是由其承担，则在施工过程中更具针对性。

（2）施工组织措施即施工技术方案，也就是用以指导施工过程中的关键性文件。它制定的方法措施，即是基本上决定了施工能否正常、安全进行的依据。监理工程师审查要从组织的方式、机构设置、人员安排、设备配置、关键工序及施工重点的措施，与其他工序之间的配合，验收程序及产生质量问题的应急处理等方面认真审查，要分析方案的可行性和合理性。同时，还要审查施工企业的进度是否符合工程实际，是否能满足施工合同对工期的要求。在工程正常开展过程中，要随时掌握旬进度及月进度与计划之间的差距，督促施工进度符合工期的安排。

**3. 对进场材料的质量控制**

建筑工程所用给水排水材料数以百计，其各种材料、半成品及成品的质量优劣严重影响到所建工程的质量，监理过程中对材料质量的控制内容主要是：各类材料、半成品及成品进场时必须附有正式的出厂合格证及检验报告。检查外观、规格、型号、尺寸、性能是否同报告相符，达不到要求的坚决退场，不准进入现场；按照规范要求对阀门、开关、散热器、铸铁管件、排水硬质聚乙烯管材、冷热水用聚丙烯管材及管件进行复试。按建筑面积 5000$m^2$ 为一检验批，小区 2000$m^2$ 为一检验批。

现在，施工监理要求是主要设备订货前，施工单位要向监理提出申请，由监理工程师会同业主审查所订设备是否符合设计及使用要求；同时，对于主要配件要提供样品和厂家情况，采取货比三家、择优选择的方法订货。虽然进场材料检验合格，但可能存在个别质量有问题的情况，在施工过程中进行抽样检查。对不符合质量要求的坚决更换，决不允许不合格材料用于工程。

**4. 对重要细部工序严格控制**

关键部位及工序多属于隐蔽项目，如不甚出现失误，返工极其困难。因此，重点蹲守、旁站监督很有必要。隐蔽项目必须在隐蔽前检查验收合格后，才能进行下道工序，并且记录清楚、签证齐全。给水排水工程的隐蔽项目主要有：直埋地下或结构中、暗敷于管沟中、管井、吊顶及不进入设备层，以及有保温要求的管道。检查内容包括：各种不同管道的水平、垂直间距；管件位置、标高、坡度；管道布置和套管尺寸；接头做法及质量；管道的变径处理；附件材质、支架（墩）固定、基底防腐及防水的处理；防腐层及保温层的做法等。现在，大多数建筑物都将排水立管设在管道井内，但部分卫生间的渗漏仍然存在，主要原因是灌水试验不认真、走过场。排水管道安装后的灌水试验环节不容忽视，如果不进行详细和认真的检查，不能及时发现细部问题及早处理，将会给用户留下隐患。

## 8.6 如何提高建筑给水排水施工技术?

建筑技术的发展及生产工艺的改进和提高，对给水排水工程的设计、施工、维修和运行管理的要求也越来越高。要想使管网达到优质、高效、低能耗运行的目的，除了要有合理的设计方案外，给水排水系统安装质量的优劣将会对日后的使用产生极大影响。优质的施工安装质量和科学的管理是保障管网系统高效、安全运行的必要条件。为了满足建筑给水排水施工技术要求、提高施工质量，需要施工人员不断学习，提高自身的技术素质。只有这样才能保证安装工程的质量，立足于建筑安装工程的基本建设。

**1. 给水管道的安装施工**

1）给水管道特点及选用原则

目前，出现的新型建筑给水管材包括以下几种：聚氯乙烯类、聚乙烯类、聚丙烯类、聚丁烯类、工程塑料类以及复合管类：钢塑、铝塑、铜塑复合管等。在管材选用上受多种因素影响，需要综合考虑国家及地方相关政策、标准、规范，并根据地区特点、工程性质、设计标准等因素综合选取。其中，管道使用位置及方法是管材选用需要注意的问题。而管件与连接，则是管材选用中一个容易忽视却十分关键的问题。

2）给水管道施工措施

（1）PP-R 给水管在做热熔连接时，要掌握好加热时间和连接插入的深度。插入太深，造成管道断面减少；插入太浅，则令接口处强度降低。温度、加热时间和接缝压力是热熔连接的三个关键因素。铝塑复合管需要卡套式连接，其渗漏的主要原因是：O 型橡胶圈和 C 型压环套的相对位置没有调整好，另有管口剪切不垂直、螺母没拧紧等原因。铝塑复合管属半软性材料，公称外径 $D_g \leqslant 1.259$ 的 8in 管道，其转弯时应尽量利用管道自身直接弯曲，弯曲半径不小于管外径的 5 倍。对于直埋暗敷热水管，为防止在转弯段填塞的水泥砂浆出现裂纹，应注意管槽砂浆填塞做法。钢塑复合管需要采用螺纹连接时，旋入配件的长度应严格按照标准旋入牙数控制；管端、管螺纹清理加工后，应进行防腐密封处理，采用防锈密封胶和聚四氟乙烯生料带缠绕螺纹；外露的螺纹部分及所有钳痕和表面损伤的部位均应涂防锈密封胶；用厌氧密封胶密封的管接头，需养护 24h 以上才能试压。采用专用施工机具，不能随意替换。沟槽式连接要采用专用橡胶密封圈，不能用普通非衬塑钢管连接所用的密封件代替。

（2）PEX 给水管暗敷在地坪（含木地板）架空层内的热水管宜设防护套管，既起保护管道和隔热保温的作用，又便于更换管道。套管可采用硬聚氯乙烯波纹管。安装 $D_e \leqslant 25$mm 的管道时，利用管道自身的可弯性，不设或少设管道连接件，弯曲半径（以管轴线计）不得小于 $6D_e$；90°转弯时设金属弯管夹，并与管道固定牢靠。

**2. 排水管道的施工**

1）排水管道漏水、堵塞原因分析

（1）施工方面的原因：施工单位在使用材料时没有选择检验合格的产品，供应商以次充好，加上在安装前没有做材料的漏水试验。这样，容易把带有砂眼等质量问题的材料用上，导致漏水；

（2）住户本身的原因；

（3）设计方面本身有问题。

2）排水管道漏水、堵塞防治措施

为了避免交叉施工中造成管道堵塞，管道安装前应认真疏通管腔、清除杂物，合理按规范规定正确使用排水配件；安装管道时应保证坡度，符合设计要求与规范规定。除排水管口采用水泥砂浆封口等措施外，还必须采取如下多种技术措施，以防止管道堵塞。由于建筑结构需要的缘故，当立管上设有乙字管时，根据规范要求应在乙字管的上部设检查口，以便于检修。

排水管道安装时，埋地排出管与立管暂不连接，在立管检查口管插端用托板基或其他方法支牢，并及时封堵立管穿二层的楼板洞，待确认立管固定可靠后拆除临时支撑物。在土建装修基本结束后，给水明设支管安装前，对底层及二层以上管道做灌水试验检查，证实各管段畅通，然后用直通套（管）筒将检查口管与底层排出管连接。排水管道施工中，待分段进行排水管道充水胶囊灌水检验合格后，在放水过程中如发现排水流速缓慢，说明该水平支管段内有堵塞，应查明水平支管被堵塞部位，并将垃圾、杂物等清理干净。为保证楼面地漏及屋面管口免受黄沙、石子、垃圾等掉落入排水管内，所有地漏及伸出屋面的透气管雨水管口应及时用水泥砂浆封闭，并经常检查封闭的管口是否被土建工人拆开。

卫生器具就位时，先拆除排水管口的临时封闭件，检查管内是否有杂物并将管口清理干净，认真检查卫生器具各排承孔确实无堵塞后，再进行卫生器具的就位。在土建砌筑小便槽时，污水管口应用木塞堵住，防止土建抹水泥砂浆或装修瓷砖面层时，砂浆及垃圾掉入污水管。在完成通水能力试验后，再装罩式排水栓并加以防护。在进行水磨石地面施工时，应先确定临时排水措施，避免排水管道作其排水通道。排水栓、地漏等处存水弯塞头在交叉施工中暂不封堵，待通水试验前冲洗后再行安装。

**3. W形无承口机制柔性排水铸铁管的施工方法和注意事项**

1）施工方法

首先，进行下料，用无锯齿来切割管材，要保证管口平直。对其进行连接，松开不锈钢卡箍，取出内衬橡胶圈，将橡胶圈和不锈钢卡箍套入管口一侧。待管口对齐后，将橡胶圈置于接口上，锁紧不锈钢卡箍，紧固螺栓即完成管道连接。其次，支架设置，在直管段上就管材强度而言，每3m设置一个支架，也是可以的。但由于W形无承口机制柔性排水铸铁管接口属柔性接口，当支架置于直管段中段时，理论上找到管道重心点也可以将管道保持平衡，实际工作中此点较难找，因此，常常无法保证管道接口平滑，影响了管道坡度。实际施工中，我们采取了每隔1.5m设置一个支架的方法来进行支架布置。结果证明，此间距较好地解决了管道外观和管道坡度问题；在其他管段上，我们仍然比照承插铸铁排水管的支架设置要求，每个接口处设置一个支架。

2）注意事项

在进行W形无承口机制铸铁排水管的施工时，有以下几点需要注意：管道切口一定要整齐，否则无法保证管道接口的严密性；管道接口处两端管材的外径要保证一致，一旦发现不一致时需更换或修整；设置支架时，支架根部位置一定要用拉线来确定吊点位置，用支架整齐保证管道的外观整齐。

## 8.7 塑料管材根据其特点在应用中需注意哪些问题？

随着人们生活水平、环保意识的提高以及对健康的关注，在给水排水领域掀起了一场建材行业的绿色革命。大量水质监测数据表明，采用冷镀锌钢管后，一般使用寿命不到 5 年就锈蚀，铁腥味严重。居民纷纷向政府部门投诉，造成一种社会问题。塑料管材与传统金属管材相比，具有自重轻、耐腐蚀、耐压强度高、卫生、安全、水流阻力小、节约能源、节省金属、改善生活坏境、使用寿命长、安装方便等优点，受到了管道工程界的青睐并占据了相当重要的位置，形成一种势不可当的发展趋势。

**1. 塑料管特点及应用**

1）聚丙烯管（PP-R）

（1）在现在建筑安装工程中，采暖和给水用的大多是 PP-R 管材（件）。其优点是安装方便、快捷、经济适用、环保、质量轻、卫生、无毒、耐热性好、耐腐蚀、保温性能好、寿命长等。管径比公称直径大一号。如 PP-R32 就相当于 *DN*25，PP-R63 就相当于 *DN*50。管径具体分为 *DN*20、*DN*25、*DN*32、*DN*40、*DN*50、*DN*63、*DN*75、*DN*90、*DN*110。管件种类繁多，有三通、弯头、管箍、变径、管堵、管卡、支架、吊架等。分冷热水管，冷水管为带绿色条管，热水管为带红色条管。阀门有 PP-R 的球阀、截止阀、蝶阀、闸阀，有外为 PP-R 材料、内为铜芯的。

（2）管道的连接方式有焊接、热熔和螺纹连接等。PP-R 管用热熔连接最为可靠，操作方便、气密性好、接口强度高。管道连接采用手持式熔接器进行热熔连接。连接前，应先清除管道及附件上的灰尘和异物。当机器红灯亮起并稳定后，对准要连接的管道（件），*DN*＜50，热熔深度为 1～2mm；*DN*＜110，热熔深度为 2～4mm。连接时，无旋转地将管端插入加热套内，达到预定深度。同时，无旋转地将管件推到加热头上加热。达到加热时间后，立即把管子与管件从加热套和加热头上同时取下，迅速、无旋转、均匀用力，插入到所要求的深度，使接头处形成均匀凸缘。在规定的加热时间内，刚熔接好的接头还可以进行校正，但严禁旋转。管材和管件加热时，应防止加热过度而使厚度变薄，管材在管配件内变形。在热熔插管和校正时，严禁旋转。操作现场不得有明火，严禁对管材用明火烘弯。将加热后的管材和管件垂直对准推进时，用力要轻，防止弯头弯曲。连接完毕必须紧握管与管件，保持足够的冷却时间，冷却到一定程度后方可松手。当PP-R管与金属管件连接时，应采用带金属嵌件的PP-R管作为过渡。该管件与PP-R管采用热熔承插方式连接。与金属管件或卫生洁具的五金配件连接时，采用螺纹连接，宜以聚丙乙烯生料带作为密封填充物。如拖布池上接水龙头，就在其上PP-R管末端安装内牙弯头（内有螺纹）。管道安装过程中不得用力过猛，以免损伤丝扣配件，造成连接处渗漏。管材切割可采用专用管剪切断：管剪刀片卡口应调整到与所切割管径相符，旋转切断时应均匀加力，切断后断口应用配套整圆器整圆。断管时，断面应与管轴线垂直、无毛刺。

（3）管道安装过程中，可分层或单套进行水压试验。所有管道的工作压力和试验压力分别为：低区工作压力为0.4MPa，试验压力为0.6MPa，高区和中区工作压力以0.6MPa计算，试验压力为0.9MPa。在管道系统安装完毕后再全面检查，核对已安装的管子、阀门、垫片、紧固件等，全部符合设计和技术规范规定后，把不宜和管道一起试压的配件拆除，换上临时短管，所有开口处封闭并从最低处灌水，高处放气。对试压合格的管道进行吹洗工作，直至污垢冲净为止，并做好各项吹扫清洗记录和试压记录等工作。试验压力为系统工作压力的1.5倍，但不得大于管材许用压力。试验时应缓慢注水，注满后应做密封检查。加压宜用手压泵缓慢升压至试验压力后，稳压1h，压降小于0.05MPa；然后，下降至工作压力的1.15倍稳压2h，进行外观检查，不渗、不漏，压力下降不超过0.03MPa为合格。

（4）安装时还要注意，搬运和安装管道时应避免碰到尖锐物体，以防管道破损。管道安装过程中，应防止油漆等有机污染物与管材、管件接触。安装中断或完毕的敞口处，一定要临时封闭好，以免杂物进入。给水管道系统在验收前，应通水冲洗。冲洗水流速宜大于2m/s，冲洗时不应留死角，每个配水点龙头应打开，系统最低点应设放水口，清洗时间控制在冲洗出口处排水的水质与进水相当为止。生活饮用水系统经冲洗后，还应用20～30mg/L的游离氯水灌满管道消毒。含氯水在管中应滞留24h以上。管道消毒后，再用饮用水冲洗，并经卫生管理部门取样检验，水质符合现行的国家标准《饮用水卫生标准》后，方可交付使用。在30min内允许两次升压，升至规定试验压力。预算和提料时，一定要注意管径的转换。如图纸表这段为*DN*20就要提PP-R25的管材（件）。一定要用同一厂家的产品，因为不同厂家的产品所含成分的比例不同，会造成粘不牢或根本粘不上。

2）硬聚氯乙烯管（UPVC）

（1）排水用的是UPVC管材（件）。由于其具有重量轻、耐腐蚀、强度较高等优点，因而在管道安装中广泛应用。正常情况下，使用寿命一般可达30～50年。UPVC管材内壁光滑，流体摩擦阻力小，克服了铸铁管因生锈、结垢而影响流量的缺陷。管径也比公称直径大一号。如*DN*100就是UPVC110，*DN*150就是UPVC160。管件分为斜三通、四通、弯头、管箍、变径、管堵、存水弯、管卡、吊架。

（2）连接用的排水胶粘结。胶粘剂使用前，必须摇匀。管道和承插口部位必须清理干净，承插的间隙越小越好，用砂布或锯条将结合面打毛，承口内较薄地均匀刷一遍胶，插口部位外刷两次胶，待胶干40～60s后插入到位，同时应注意根据气候变化适当增减胶干时间。粘结时严禁沾水，管道到位后必须平放在沟内，待接头干后24h开始回填，回填时用砂土将管道四周填紧，留出接头部位再进行大批回填。要使用同一厂家的产品。UPVC管与钢管套接时，必须将钢管连接处擦净涂胶，将UPVC管加热变软（但不得烧焦）后承插在钢管上并降温处理，如加上管箍会更好。对管材大面积损坏的需更换整段管材，可采用双承口连接件更换管材的办法。对溶剂粘结处渗漏的处理，可采用溶剂法。此时，先排干管内的水并使管内形成负压；然后，将胶粘剂注在渗漏部位的孔隙上。由于管内呈负压，胶粘剂会吸入孔隙中而达到止漏的目的。套补粘结法主要是针对管道穿小孔和接头的渗漏。此时，选用长 15～20cm 的同一口径管材，将其纵向剖开，按粘结接头的方法将套管内面和被补管材的外表面打毛，涂胶后套在漏水处贴紧。玻璃纤维法是用环氧树脂加固化剂配成树脂溶液，用玻璃纤维布浸渍树脂溶液后，均匀缠绕在管道或接头渗漏处的表面，经固化后成为玻璃钢。由于该方法施工简单、技术易掌握、堵漏效果好且成本低，在防渗补漏中具有很高的推广使用价值。

(3) 管道或管网系统的水压试验，必须在粘结干燥 24h 后才能进行。管道的水压试验必须遵守国家规定的非金属管道的试压规则。对于无节点连接的管道，试压长度不大于 1.5km；有节点的管段，试压长度不大于 1km。管道或管网试验压力不得超过设计工作压力的 1.5 倍，最低不小于 0.5MPa，并保持试验压力 2h 或者满足设计的特殊要求，无渗漏现象为合格。预算、下料时，也要注意管径的转换。一定要用同一厂家的产品，防止不同厂家的产品所含成分的比例不同，会造成粘不牢或根本粘不上。

**2. 塑料管的伸缩**

参与安装工程塑料管道施工管理时，遇到了很多具体问题，也积累了一些经验。改性硬聚氯乙烯排水管的管材两端为插头，管件均为承口，多数采用承插粘结法连接，属不可变的永久性连接；而塑料制品的线膨胀系数较大，管道受环境温度和污水温度变化引起的伸缩长度，可按下式计算：

$$\Delta L = L\alpha\Delta t$$

式中　$\Delta L$——管道温伸长度，m；

$\Delta t$——温差，℃；

$L$——管道长度，m；

$\alpha$——线膨胀系数，采用 $7\times10^{-5}$m/(m·℃)。

计算 3m 长管道在 $\Delta t$=50℃时的温伸长度为 10.5mm，那么这 10.5mm 的伸长或收缩，就必须依靠伸缩节这个专用配件来解决。尤其在我国北方地区，环境温差较大，伸缩节非装不可，不然就有拉坏或胀坏弯管的可能。但在安装工艺上常犯的毛病是，不按当时的环境温度在管材插口处做插入深度记号，安装后则不知道插入多深，质检人员也无法检查，容易造成天冷时插口脱出橡胶密封圈的保护范围，臭气外泄；天热时管材又无处可伸，胀坏接口。还有的将伸缩节倒着安装，也就是将橡胶密封圈一侧作为朝下的承口，造成不应有的渗漏。

**3. UPVC 排水管施工需要注意的问题**

（1）排水出户管的布置对系统的设计流量有很大影响。立管与排出管连接要用异径弯头，出户管最好比立管大一号管径，出户管应尽可能通畅地将污水排出室外，中间不设弯头或乙字管。许多工程已证实，较细的排水出户管及出户管上增加的管件会使管内的压力分布发生不利的变化，减少允许流量值并且在以后使用过程中易发生坐便器排水不畅现象。

（2）UPVC 螺旋管排水系统中，为了保证螺旋管水流螺旋状下落，立管不能与其他立管连通，因此必须采取独立的单立管排水系统，这也是采用 UPVC 螺旋管的特点之一。切忌画蛇添足，照搬铸铁管的排水系统，在高层建筑中增加排气管。若是增加了排气管，既浪费了材料，又破坏了螺旋管的排水特性。

（3）与螺旋管配套使用的侧面进水专用三通或四通管件，属于螺母挤压胶圈密封滑动接头，一般允许伸缩滑动的距离均在常规施工和使用阶段的温差范围以内。根据 UPVC 管线膨胀系统，允许管长为 4m。也就是说，无论是立管还是横支管，只要管段在 4m 以内，均不要再另设伸缩节。

（4）管材的连接。UPVC 螺旋管采用螺母挤压胶圈密封接头。这种接头是一种滑动接头，可以起伸缩的作用，因此应按规程考虑管子插入后适当预留间隙。避免施工中由于个别操作人员图省事，造成预留间隙过大或过小，日后随季节温度变化管道变形，引起渗漏。

防止办法是先按照当时施工温度，确定预留间隙值。在每个接头施工时，先在插入管上做好插入标记，操作时达到插入标记即可。

（5）在某些高层建筑设计中，为了加强螺旋管排水系统立管底部的抗水流冲击能力，转向弯头和排出管使用了柔性排水铸铁管。施工应将插入铸铁管承口的塑料管的外壁打毛，增加与嵌缝的填料的摩擦力和紧固力。

（6）伸出屋面的通气管，因受室内外温差影响及暴风雨袭击，经常出现通气管管周与屋面防水层或隔热层的结合部产生伸缩裂缝，导致屋面渗漏。其防治方法是可在屋面通气管周围做高出顶层 150～200mm 的阻水圈。

（7）在埋地的排出管施工中常出现的两个问题：一个是室内地坪以下管道铺设未在回填土夯实以后进行。造成回填土夯实以后虽在夯实前灌水试验合格，但使用后管道接口开裂变形渗漏；另一个是隐蔽管道时左右侧及上部未用砂子覆盖，造成尖硬物体或石块等直接碰触管外壁，导致管壁损伤变形或渗漏。

（8）室内明设 UPVC 螺旋管道安装，宜在土建墙面粉饰完成后连续进行。事实上由于工期原因，多数都是在主体结构完成后与装修同步进行。这样就会引起光滑、美观的表面被污染，最好的解决办法是随着 UPVC 螺旋管的安装，及时用塑料布缠绕保护，待完工后去掉即可。再有，需要加强施工过程中的 UPVC 螺旋管道的成品保护，严禁在管道上攀登、系安全绳、搭脚手板、用作支撑或借作他用。地漏的水封地漏的顶面标高应低于地面 5～10mm，地漏水封深度不得小于 50mm。目的就是防止水封被破坏后污水管道内的有害气体窜入室内，污染室内环境卫生。但是，在给水排水设计说明中很少有人提及。建设及施工单位为了降低造价，使用市场上价格低廉的地漏。这种地漏水封一般不大于 3cm，满足不了水封深度的要求。另外，居民装修房子时选用装修市场上的不锈钢地漏替代原来的塑料地漏，外表虽光亮、美观，内部水封同样很浅。排水时，地漏的水封由于正压（较低楼层）或负压（较高楼层）被破坏，臭气进入室内。很多居民反映家中有臭味，而且厨房排油烟机打开时更为严重，就是水封由于压力波动被破坏的原因。有的住宅厨房内设置了地漏，由于长时间没有补水，特别冬季供暖时水封容易干涸，应经常给地漏补水。建议设计、施工时采用高水封或新型防返溢地漏。厨房内地面溅水少，可以不设置地漏。

**4. 管道基础铺设**

（1）为保证管底与基础紧密接触并控制管道的轴线高程、坡度，PVC-U 管道仍应做垫层基础。对一般土质，通常只做一层 0.1m 厚的砂垫层即可；对软土地基且槽底处在地下水位以下时，宜铺一层砂砾或碎石，厚度不小于 0.15m，碎石粒径 5～40mm，上面再铺一层厚度不小于 0.05m 的砂垫层，以利于基础的稳定。基础在承插口连接部位应预先留出凹槽，便于安放承口，安装后随即用砂回填。管底与基础相接的腋角，必须用粗砂或中砂填实，紧紧包住管底的部位，形成有效的支承。

（2）管道安装一般均采用人工安装，槽深大于 3m 或管径大于 *DN*400 的管材，可用非金属绳索向槽内吊送。承插口管安装时应将插口顺水流方向，承口逆水流方向由下游向上游依次安装。管材的长短可用手锯切割，但应保持断面垂直、平整，不得损坏。小口径管的安装可用人力，在管端设木挡板，用撬棍使被安装的管子对准轴线插入承口。

直径大于 *DN*400 的管道可使手扳葫芦等工具，但不得用施工机械强行推顶管道就位。管道接口以橡胶圈接口居多，施工操作简便，但应注意橡胶圈的断面形式和密封效果。圆形胶圈的密封效果欠佳，变形阻力小又能防止滚动的异形橡胶圈的密封效果则比较好。普通的粘结接口仅适用 *DN*110 以下的管材。肋式卷绕管必须使用生产厂特制的管接头和胶粘剂，以确保接口质量。

（3）管道与检查井的连接宜采用柔性接口，可采用承插管件连接。亦可采用预制混凝土套环连接，将混凝土套环砌在检查井井壁内，套环内壁与管材之间用橡胶圈密封，形成柔性连接。水泥砂浆与 PVC-U 的结合性能不好，不宜将管材或管件直接砌筑在检查井壁内。可采用中界层作法，即在 PVC-U 管外表面均匀地涂一层塑料胶粘剂，紧接着在上面撒一层干燥的粗砂，固化 20min 后即形成表面粗糙的中界层，砌入检查井内可保证与水泥砂浆的良好结合。对在坑塘和软土地带，为减少管道与检查井的不均匀沉降，一种有效的办法是先用一根不大于 2m 的短管与检查井连接，下面再与整根长的管子连接，使检查井与管道的沉降差形成平缓过渡。

（4）沟槽回填柔性管是按管-土共同工作来承受荷载，沟槽回填材料和回填的密实程度对管道的变形和承载能力有很大影响。回填土的变形模量越大，压实程度越高，则管道的变形越小，承载能力越大，设计、施工应根据具体条件慎重考虑。沟槽回填除应遵照管道工程的一般规定外，还必须根据 PVC-U 管的特点采取相应的必要措施，管道安装完毕应立即回填，不宜久停再回填。从管底到管顶以上 0.4m 范围内的回填材料必须严格控制。可采用碎石屑、砂砾、中砂、粗砂或开挖出的良质土。管道位于车行道下且铺设后即修筑路面时，应考虑沟槽回填沉降对路面结构的影响，管底至管顶 0.4m 范围内须用中、粗砂或石屑分层回填夯实。为保证管道安全，对管顶以上 0.4m 范围内不得用夯实机具夯实。回填的压实系数从管底到管顶范围应不小于 95%；对管顶以上 0.4m 范围内应大于 80%；其他部位应不小于 90%。雨期施工还应注意防止沟槽积水，管道漂浮。

（5）管道安装后的严密性检验可采用闭水试验或闭气试验。闭气试验简便、迅速，最符合 PVC-U 管道施工速度快的特点，但目前尚无检验标准和专用的检验设备，有待进一步研究。PVC-U 管道的严密性优于混凝土管道，良好的橡胶圈接口可以做到完全不漏水。因其对 PVC-U 管道闭水试验的允许漏水量要严于混凝土管道，我国尚无具体规定，美国规定以每 1mm 管径计算，1km 管道长 24h 的渗漏量应不超过 4.6L，可借鉴使用。

**5. 管道敷设暗设的方法**

（1）如果是砖墙，对于支管来说，则宜在砖墙上开管槽，管道直接嵌入并用管卡将管子固定在管槽内。管槽宽度宜为管子外径 $D_e$+20mm，槽深为管外径 $D_e$，只要使管子不露出砖坯墙面即可。嵌槽的管道尽量不用管配件，槽弯曲半径应满足管道最小弯曲半径。

（2）如果是钢筋混凝土剪力墙，则支管应敷设贴于墙表面，并用管卡子固定于墙面上，待土建墙面施工时，用高强度等级水泥砂浆抹平，或用钢板网包裹于管道外侧（敷设管道局部墙面或敷设管道的全部墙面）用水泥砂浆抹平，然后在外面贴瓷砖等装饰材料。

（3）在吊顶内敷设时，应有意弯曲走向并作支承架。

（4）对于一户二卫、三卫且穿过客厅的情况，一种办法是管道直埋于地坪找平层（只适用于 $D_e$20）的管子。埋于找平层中的管子，不得有任何连接件。或者埋设在钢筋混凝土的楼板中，但必须有套管，并且有防止混凝浇捣时流入套管的措施。

（5）立管应敷设在管道井中。

（6）厨房中的管道宜敷设在柜后，可不必嵌入墙内。暗敷的立管，宜在穿越楼板处做成固定支承点，以防止立管累积伸缩在最上层支管接出处产生位移应力。立管 $D_e \leqslant$40mm 的管道除穿越楼板处为固定支承点外，宜在每层中间设两个支承点；$D_e \geqslant$50mm 的立管，层间只设一个支承点。支承点不必等距离设置，希望在立管引出支管的三通配件处设置一个支承点。立管布置在管道井中时，则应在立管上引出支管的三通配件处设固定支承点，中间支承仍按上述原则设置。以上暗设管道均需在试压后无渗漏的情况下，才能进行土建施工。

**6. 塑料管的固定**

聚氯乙烯管道表面硬度不如钢铁，所以一般采用镀锌扁钢冲压成形的抱卡和吊卡，尽量避免使用圆钢制成的U形螺钉卡子，因为它与管道是线接触，而不是面接触。按照安装规程中的规定，“支承件的内壁应光滑，与管身之间应留有微隙”，这无疑是给管身的伸缩留有活动余地。若将伸缩节上的抱卡固定太紧，实际上限制了管身的伸缩，这样做是适得其反的。一般而言，楼层立管中部设的抱卡只起定位作用，不能将管身箍得太紧。对于长大管道，要计算出总伸缩量，按每只伸缩节允许的伸缩量选择伸缩节的数量和确定安装位置，根据管道伸缩方向再定每个支承件安装的松紧度。这样安装出来的管道才能保证质量。

**7. 配水点的固定**

建筑给水系统的终端是各配水点安装的水龙头，如果龙头是固定在卫生洁具上，则角阀是塑料给水管与金属配件相连接，必有一内衬内螺纹的镶铜塑料件作为一个过渡配件。这些塑料管的配水点，以前沿用镀锌钢管施工安装方法，在配水点处由于塑料管的刚性差，造成水龙头处柔软可动。一方面使人们心理上对塑料管感觉不牢靠，另一方面由于水龙头处是人们施力的地方，人身体上部掀压上面，再加上盛水容器的质量，往往造成损坏漏水。在国外均有适合于它们装饰条件的专用配件，可以固定在板壁上，也有在砖坯墙固定钢板。而在我国，卫生间的装饰没有专门为给水排水横支管修筑的壁龛，因此配水点处塑料管与水龙头拉驳件不是嵌装在墙体内（暗设），就是明敷于墙体外。对于嵌装在砖墙内的消火栓配件，除将其固定在砖墙体上外，还应用高强度等级的水泥砂浆或环氧胶泥将其牢牢地窝嵌在墙体内。对于明装的塑料给水管，则终端必须要有一个金属件（一般为铜件）接驳。此件与砖墙如何固定是关键，如果支管尽端为水龙头，按常规做法是装一弯头。但为了与墙体固定改用三通件，但通件中有一通不通，在不通的一端接上镀锌钢管短管，尾部砸偏，扎入墙体内并用水泥砂浆填实。如支管中间用三通接出配水栓，则应用四通件。四通件中有一通不通水，做法同上。通过工程实践和用户使用证明，此办法适合中国国情，并能保证塑料给水管的推广应用顺利进行。管道支承间距与管径和壁厚有关，还与管道的弹性模数 $E$ 有关。一般塑料给水管不进行支承间距计算，而采用查表方式。

**8. 排水管的噪声及其消减措施**

随着普通排水铸铁管道的淘汰，排水管道普遍使用塑料管道。但是，普通 UPVC 管道的排水噪声要比铸铁管高约 10dB。若排水立管靠近卧室，加上现浇楼板的隔声效果较差，住户能明显感觉到排水管道的噪声，降低了生活质量。

卫生器具布置时，要尽量考虑使排水立管远离卧室和客厅，管材考虑新型降噪产品。芯层发泡 UPVC 管道和 UPVC 螺旋管则能明显降低噪声，市场上新出现了一种超级静音排水管，加入了特殊吸声材料，噪声低于排水铸铁管。各种管材（$\phi$110）噪声水平比较：UPVC 管 58dB；铸铁管 46.5dB；超级静音排水管 45dB（测试地点位于距离管道 1m 处，排水量为 2.7L/s，环境噪声 42dB）。经测试，UPVC 排水管的噪声在底层比铸铁排水管大 2～3dB，并没有超过国家对生活噪声规定的标准，但为什么用户在这个问题上反应较大呢？其原因一是人们对新环境有一个适应的过程，新建楼房由于空屋的回声作用而使声音放大；二是设计采用的技术措施不周全。设计时应尽量使排水立管远离居室和客厅；施工时应特别注意立管与底层排出管交接处的技术要求："此弯头要用两只 45°弯头连接并在立管底部设支墩，防止沉降。"塑料管支墩必须位于立管轴线下端，并将整个弯头部分包裹起来，使立管中的水流落在实处，这样冲击声也就降低了。这种支墩不仅能防止沉降，还具有消除噪声的作用，当然要比铸铁排水管底部的支墩做得大些。为了减轻底层的噪声，在底层立管的抱卡内侧还可以垫入一些毡子或橡皮垫子适当收紧，以不妨碍立管的伸缩为度，这样可以消除部分管道的空鸣声。

**9. 排水支管户内检修**

由于卫生间漏水引起上下层邻居间纠纷的现象越来越多，漏水的主要原因在于排水横管敷设于楼板下，居民装修时破坏管道及防水层。因此，卫生间应设计成下沉式，下沉350～400mm，将排水横管布置在本层内，防水层设在管道下方，发生堵塞及漏水均在本层解决。为了减少下沉空间，可以选用后排水坐便器及多通道地漏，卫生间吊顶后的高度能保证在2.40m左右。

**10. 塑料管与楼板结合部的防漏问题**

硬聚氯乙烯管的管内外壁表面光洁度较高，因此水阻小、不易发生堵塞，这作为排水管是很有利的。但管道穿过楼层的结合部时，常因细石砂浆与管道外壁结合不好，而使上下层之间顺管皮漏水。特别是穿过顶层的塑料管，常使楼顶层面封闭不严而造成漏水。一般的做法是用砂布将立管外皮在结合部位打毛，使外皮粗糙，这种做法因工作量较大且打磨不均匀，轻重深浅难以掌握。笔者认为，用另一种办法也可以达到外皮粗糙的目的。在立管结合部做好记号后，刷上一层塑料胶粘剂，待塑料外皮形成一层薄薄的溶结层时，滚上一层中砂，凝固后在塑料管外形成粗糙表面，然后再竖管并用细石混凝土吊洞。这种做法用在钟形地漏的外表面，效果也很好。注意，塑料管外皮的多余胶粘剂一定要擦干净，吊洞时最好把下面已装好的管子用塑料薄膜或废纸包起来，这既能减轻工程完毕后的清洗工作，又保持了原管的光洁度。对于一些要求较高的施工部位，最好采用止水环。将止水环粘在立管上，一并打入混凝土中，增加结合面和水泄漏的爬行距离，一般可起到水密作用。

**11. 吸气阀的应用**

设计中经常遇到排水立管无法穿越楼层伸出屋面的情况，此时只能加大排水管径，增加排水能力。排水效果不理想则容易形成负压，破坏水封。若在立管顶部设置吸气阀即可解决，该阀负压时开启吸气，正压时关闭，臭气无法逸进室内。该阀还有如下作用：替代室外通气帽，建筑屋面干净、美观；代环形通气管及通气立管，节约空间；代器具透气管，保护水封；作为排水检查口，便于疏通管道。

**12. 塑料管的组配和存水弯问题**

1）塑料排水管的组配

塑料排水管的组配很灵活，配接尺寸也很紧凑。因此，施工时更应照章办理，不要随意改变原设计。例如，有一种 90°三通，在其两侧各有一个 50mm 的敲落孔，就可以变成立体四通或五通，这对配接一些排水量小的卫生器具是很有利的，但必须掌握敲落孔的方法。不然，很可能使整个三通报废，而且插口深度较浅，粘结时稍一疏忽就会造成漏水。笔者认为，施工时一定要严格按要求来操作。

2）存水弯

排污系统是靠水封来防止臭气上冒的，而塑料排水管由于水阻小，在管道的抽吸作用下水封容易被破坏，我国北方气候干燥，蒸发作用很强，水封高度应保持在 50～100mm，所以在配接 P 形或 S 形存水弯时，中间套接的一截短管的长度要经过计算才能确定。太长会造成水封过深、水流不畅，易发生沉淀堵塞；太短又保证不了水封高度，造成臭气上冒。

**13. 坐便器排水口位置**

目前，坐便器的型号和规格较多，下排水口的位置要求不同，设计施工中应选择合理位置，以适应多数居民的要求，否则完工后很难改变。我们在回访中，甲方抱怨坐便器排水口距墙面距离不够，选择坐便器时颇费周折。排水口距墙面的距离为 305mm。考虑装修前的墙面，则距离宜为 340mm。

新型塑料给水排水管具有金属给水排水管所不具备的许多特性，应了解和掌握它们这些特征，并在工程中正确处理及运用好，使化学建材在工程中发挥更大作用，造福于全人类。

## 8.8 如何防治水暖与土建安装相互配合中的质量通病?

建筑采暖、给水排水、消防、空调、通风等安装工程的大部分工作，是在土建主体结构、内外墙体砌筑等工作完工后才进行的后续分部工程。但有些工作是同土建工程一起进行的，例如孔洞预留、预埋管道、标高设置、成品保护等。有些施工单位对这些工作不太重视，其实这是一个烦琐又易出问题的薄弱环节。要想提高建筑工程的施工质量，在很大程度上就取决于各专业之间的相互配合。以下就水暖安装工程与土建工程相互配合中的几个常见质量通病及预防措施进行简述和介绍。

**1. 预防措施要点**

(1) 在思想上予以高度重视，从设计、施工、监理等多方面制定切实、有效的措施加以预防。做好施工前的准备工作，对图纸会审不但要熟悉本专业的图纸，还要进行跨专业的统一对照，对各专业出现的冲突问题进行初步的协调研究，并在技术交底中作明确交待，力争在施工前解决问题。

(2) 质量管理体系：根据项目部安排成立安装工程预留、预埋小组，全面负责土建与安装工程的具体工作。人员由项目部主管安装工程的技术负责人负责，安装工程师、施工队技术员、各施工工长等人员组成。

(3) 严格按照规范、操作规程、施工工艺、技术交底的规定施工，适当采用新工艺保证质量。

(4) 制定落实成品保护措施，防止由于人为因素而造成的质量问题。

**2. 主要质量通病及其防治措施**

1) 套管、洞口、管道等预留预埋位置、标高不准确或忘记预留问题

建筑安装工程预留、预埋阶段是建筑工程中的一个有机组成部分，其施工质量的优劣直接影响着建筑工程的质量水平。及时、完整、有序地抓好质量管理，是创建优良工程的基础。

安装工程中，常常在浇筑混凝土时无人看护，甚至将洞口遗忘，安装时用大锤砸孔，造成大片钢筋暴露、变形，更有甚者将钢筋割断，严重影响了工程质量和结构安全。

(1) 分析：

这是安装与土建专业相互配合中的一个重要环节。预留不准确，忘记预留。在管道安装时随意剔凿，破坏结构钢筋和混凝土，影响了工程质量和结构安全。

① 项目部领导对这项工作不重视，为了微小的经济利益，投入的人员、资金过少，达不到正常施工的要求。

② 对具体操作人员未进行技术交底，操作人员对预留位置不清楚，操作人员专业素质不够。

③ 安装与土建专业未协商，在专业图纸和土建图纸上具体位置和标高不同，但均未发现，各自施工，未及时发现而造成返工及经济损失。

(2) 防治对策：

① 必须由专业技术人员对具体操作人员进行技术交底。施工技术交底是控制前期质量的重要保证。施工技术交底的编制工作由项目部和施工班组分别从各自的角度编制，班组技术交底依据项目部技术交底细化而成。

② 施工前项目部应组织土建、水暖、电气、空调、消防、通风等专业进行图纸对照，发现位置、标高有出入的，应通过建设单位联系设计单位确认，由设计单位发出设计变更，依据设计变更施工。

③ 为施工方便，也可由土建专业代留，施工前应根据图纸将具体位置、标高、数量、规格制成简图提交土建专业，等模板施工完毕后，由安装进行专业验收。管道安装时严禁用大锤砸孔，宜用冲击钻或水钻成孔。

2) 安装工程室内排水管道经常堵塞的问题

(1) 分析：

室内排水管道堵塞是建筑安装工程施工中常见的一种质量

通病，是管道安装与土建施工配合难以解决的老问题。

① 在土建与安装交叉施工中，管道被堵塞的事例很多，特别是卫生间排水管口与地漏更为严重。即使管道安装后，管口用水泥砂浆封闭，还往往被人打开，作为打磨水磨石地面或清洗、水泥找平地面的污水排出口。

② 有的工人从屋面透气管口、雨水斗落入木条、碎石、垃圾、砂浆等，以致造成管道的堵塞。轻者耗工疏通，重者凿打混凝土地面、返工拆除管道重新安装，这样既耗工、耗料又影响工期。

③ 有的排水管道管腔内已部分堵塞，在通水、试水过程中未及时发现，投入使用后必然出现管道堵塞，影响用户使用。

（2）防治对策：

为了避免交叉施工中的管道堵塞现象，管道安装前应认真疏通管腔、清除杂物，合理按规范规定正确使用排水配件；安装管道时应保证坡度，符合设计要求与规范规定。除排水管口采用水泥砂浆封口等措施外，还必须采取以下多种技术措施，以防止管道堵塞：

① 由于建筑结构需要，当立管上设有乙字管时，根据规范要求，应在乙字管的上部设检查口以便于检修。

② 设计无要求时，应按施工及质量验收规范规定，在连接 2 个及 2 个以上大便器或 3 个及 3 个以上卫生器具的污水横管应设置清扫口。在转角小于 135°的污水横管上，应设置检查口或清扫口。

③ 排水管道安装时，埋地排出管与立管暂不连接，在立管检查口管插端用托板或其他方法支牢，并及时补好立管穿二层的楼板洞，待确认立管固定可靠后拆除临时支撑物，此管口应尽量避免土建施工时作为临时污水排出口。在土建装修基本结束后，给水明设支管安装前，对底层及二层以上管道做灌水试验检查，证实各管段畅通；然后，用直通套（管）筒将检查口管与底层排出管连接。

④ 排水管道施工中，待分段进行排水管道灌水检验合格后，在放水过程中如发现排水流速缓慢时，说明该水平支管段内有堵塞，应及时查明水平支管堵塞部位，并将垃圾、杂物等清理干净。

⑤ 为了保证楼面地漏及屋面管口免于黄沙、石子、垃圾等掉落入排水管内，所有地漏及伸出屋面的透气管、雨水管口应及时用水泥砂浆封闭，并经常检查封闭的管口是否被土建工人拆开，一旦发现应及时采取有效措施，防止管道堵塞。

⑥ 卫生器具就位时，先拆除排水管口的临时封闭件，检查管内有无杂物，并将管口清理干净。如有条件，可用自来水连续不断地冲洗每个排水管口，直至水流通畅为止。应认真检查卫生器具各排水孔，确实无堵塞后再进行卫生器具就位。

总之，室内排水管道在施工过程中应采用行之有效的防堵技术措施并进行通水和通球试验。这对检查和治理管道堵塞、搞好管道安装与土建密切配合施工、提高工程质量，起着极其重要的保证作用。

# 九、建筑电气工程

## 9.1 如何进行电气安装施工的质量控制?

### 1. 建筑电气安装技术的一般要求

1）施工前期准备

在建筑电气安装工程项目的设计阶段，由电气专业设计人员对建筑项目安装设计提出相关的技术要求。电气安装人员应会同施工技术人员审核安装和施工图纸，以防出现遗漏和发生差错，电气安装工人应学会看懂相关的施工图纸。电气安装施工前，需要详细地了解电气安装施工进度计划和施工方法，尤其是梁、柱、地面、屋面的做法和相互间的连接方式，并仔细校核自己准备采用的电气安装方法，能否和这一项目的电气安装施工相适应。安装施工前，还必须加工制作和备齐电气安装施工阶段中的预埋件、预埋管道和零配件等基本设备。

2）配电设备安装工艺

配电箱是接受电能和分配电能的表量，也是电力负荷在现场的直接控制器。要使工程中的动力、照明以及弱电负荷能正常工作，配电箱的工作性能至关重要。工程中配电箱型号复杂、数量多，大部分配电箱还受楼宇、消防等弱电专业的控制，箱内原理复杂、设置严格。所有配电箱不打开箱门时的防护等级不小于IP40，打开箱门后的防护等级不小于IP20，以上箱体按现场情况采用上（下）进上（下）出接线方式制作。

3）线路敷设工艺

（1）导线敷设方式、部位代号。SC—穿焊接钢管敷设、CT—桥架敷设、FC—地板内暗敷、CC—顶板内暗敷、WC—墙内敷设、ACC—顶内敷设、SR—钢线槽敷设、CE—顶板面敷设，严格按设计和规范下料配管，专业监理工程师严格把关，管材不符合要求不允许施工。

（2）配管加工时要掌握：明配管只有一个90°弯时，弯曲半径不小于管外径的4倍；2个或3个90°弯时，弯曲半径不小于管外径的6倍；暗配管的弯曲半径不小于管外径的6倍；埋入地下和混凝土内管子的弯曲半径不小于管外径的10倍。

（3）镀锌管和薄壁钢管内径小于等于25mm的，可选用不同规格的手动弯管器；内径不小于32mm的钢管，用液压弯管器；PVC管子根据内径选用不同规格的弹簧弯管，内径不小于32mm的管子摵弯，如大量加工时可用专制弯管的烘箱加热。做到管子弯曲后，管皮不皱、不裂、不变质。PVC对接时，建议采用整料套管对接法并粘结牢固。

（4）镀锌管和薄壁钢管禁止用割管器切割钢管，用钢锯锯口要平（不斜），管口用圆锉将毛刺处理干净。直径不小于40mm的厚壁管对接时采用焊接方式，不允许管口直接对焊；直径小于等于32mm的管子应套丝连接或用套管紧定螺钉连接，不应熔焊连接。连接处和中间放接线盒处，采用专用接地卡跨接。

4）开关插座的安装施工工艺

插座、灯具开关、吊扇钩盒预埋时，应符合相关安装图纸要求，在施工定位时应严格按施工基本要求：左右、前后盒位允许偏差≤50mm，同一室内的成排布置的灯具和吊扇中心允许偏差≤5mm；开关盒距门框一般为150～200mm。在预埋安装施工过程中，需要根据现浇板的厚度要求设置，吊扇钩用$\phi$10圆钢先弯一个内径35～40mm的圆圈形式，将圆圈与钢筋缓缓地折成90°角，插入接线盒底的中间位置；然后，再根据板厚将剩余钢筋头折成90°角，合理地搭在板筋上焊牢即可。模板拆除施工结束后，需要严格地将吊环拆下。圆钢必须进行调直处理，位置需要在盒的中心，将吊钩与金属盒清理干净，进行刷防锈漆防腐处理。

5）建筑物防雷工艺

建筑结构形式为钢筋混凝土结构，钢结构的连接采用焊接和螺栓连接，钢筋混凝土结构内的主钢筋采用焊接连接和直螺纹连接，所有金属件的连接方式及截面均满足防雷规范的要求并与屋面焊接连通，因此可以直接作为防雷及等电位连接系统的引下线，引下线与基础接地装置焊接；采用综合接地系统，接地电阻不大于1Ω，其主体建筑利用结构柱、地梁、桩基、承台等内部的主筋连通作自然接地体；结构基础钢筋一律采用焊接、绑扎等可靠连接的方式，所有金属件的连接方式及截面均满足防雷规范的要求并与引下线金属结构焊接连通，可以直接用作防雷及综合接地系统的自然接地装置。所有桩基、承台、地梁内钢筋应连成电气通路，并形成周边闭合回路。

如果建筑外墙均为幕墙结构，建筑物从室外地坪起，每层外墙处利用结构圈梁内外侧两根主钢筋焊接连通成环形作均压环并预留接地端子板，将外墙上的幕墙框架等所有金属构筑物均接入均压环接地系统。每个金属物的接入不少于两点，以防止侧击雷的破坏。

**2. 安装施工中的质量控制**

（1）图纸是施工的前提和依据，只有详细核对图纸，对工程中各系统做到心中有数，才能发现问题和纠正错误，做到对工程质量的预控。

（2）电气安装施工中必须根据已会审后的电气设计安装图纸和相关的技术文件，按照国家现行的电气工程施工安装及质量验收规范、地方有关工程建设的相关法规文件等，经过相关审批的施工组织设计进行施工即可。安装施工中若发现相关的安装图纸问题，应及时提出并严格执行处理，不允许未经同意私自变更设计。需要坚持严格执行和落实“三检”制，对于施工的关键部位实施旁站监理。

（3）在建筑物内应将下列导电体作总等电位连接；PE干线、进户PEN线；电气装置接地极的接地干线；建筑物内的水管、煤气管、采暖和空调管道等金属管道；条件许可的建筑物金属构件、导电体等，等电位联结中金属管道连接处应可靠地连通导电。

（4）注意时间和空间的配合，需要提前做好全面的准备工作，组织必要的施工材料和技术人员，确保按期、保质地完成安装工作。要完成电气管道、供配电电缆、灯具、避雷设施的安装施工，这就要求在安装施工组织等方面，要和电气安装专业施工员进行密切配合，方能处理好施工工作。

（5）金属电缆桥架及其支架和引入或引出的金属电缆导管，必须接地（PE）可靠，而且必须符合下列规定；金属电缆桥架及其支架全长应不少于两处与接地（PE）干线相连接；非镀锌电缆桥架间连接板的两端跨接铜芯接地线，接地线最小容许截面积不小于 $4mm^2$；架间连接板的两端不跨接接地线，但连接板两端应有不少于两个有防松螺母或防松垫圈的连接固定螺栓。

## 9.2 如何制定电气系统的施工方案及技术措施?

### 1. 土建装修预留要求

配合土建施工预留预埋时，应首先弄清土建装修要求：如建筑标高、装饰材料及抹灰装饰厚度，以此来调整预留预埋的高度和深度。混凝土内暗敷线管焊接或绑扎应严密、牢固，暗配盒、箱应在其对应的模板处，用防锈漆或其他有区别的油漆做好标志，引出混凝土墙、地面的管子要顺直。两根以上管引出时，应排列整齐。所有管口应平齐、光滑、无毛刺且封堵严密，不同专业的配管用不同标记和图纸相符的编号，严防漏配。

### 2. 钢管暗配的一般要求

敷设于多尘和潮湿场所的电线管路、管口管子连接处均应做密封处理；埋入地下的电线管路不宜穿过设备基础，在穿过建筑物时应加保护管；敷设可挠管超过下列长度，中间应装设分线盒；管子全长超过 30m，无弯曲时；管子全长超过 20m，只有一个弯曲时；管子全长超过 15m，只有两个弯曲时；管子全长超过 8m，有三个弯曲时；盒、箱开孔整齐，管孔不得开长孔，应采用手电钻或液压开孔器开孔，孔径与管径相吻合，严禁使用电气焊开孔。

### 3. PVC 电线管暗配要求

线管暗敷时，以最近的线路进行敷设且尽量减少弯头的数量，以便管内穿线时减少阻力；暗敷线管的弯曲半径不小于管外径的 6 倍，弯管时采用专用弯管弹簧，用力均匀，弯头上严禁有折皱、裂纹；线管绑扎应牢固，绑扎间距不大于 1m，线管的保护层厚度不小于 15mm；暗敷于砌体内的 PVC 电线管，补槽时填充水泥砂浆的强度等级不小于 M10 作抹面保护，其厚度不小于 15mm；所有进盒的电线管必须采用锁扣连接并做到一管一孔，没有线管进入的盒面上的敲落孔应保证完好无损。

### 4. 线槽、桥架安装

金属线槽和桥架安装时，应拉线安装支吊架，保证支吊架在同一直线上。各功能用房内的水平槽架安装应加防振措施；桥架上支架的固定点间距应不大于 2m；固定桥的支架必须牢固、美观；桥架的连接有外连接和内连接两种，螺栓采用方径螺栓且螺母放在桥架的外侧；不同电压、不同用途的电缆不宜敷设在同一桥架内；如受条件限制确需安装在同一桥架内时，应采取隔板隔开；电缆桥架必须有可靠的接地；垂直敷设的电缆，其垂直度允许偏差在 5mm 以内。

### 5. 金属软管敷设

钢管与电气设备、器具间的电线保护宜采用金属软管，金属软管的长度不宜大于 2m；金属软管不应退绞、松散，中间不应有接头；与设备、器具连接时，应采用专用接头，连接处应密封可靠；金属软管的安装应符合下列要求：弯曲半径不应小于软管外径的 6 倍；固定点间距不应大于 1m；管卡与终端弯头中点的距离宜为 300mm；与嵌入式灯具或类似器具连接的金属软管，其末端的固定管卡宜安装在自灯具、器具边缘起沿软管长度的 1m 处。

### 6. 管内穿线安装要求

钢管在穿线前，应首先检查各个管口的护口是否整齐，如有遗漏或破损，均应补齐或更换。当管路较长或转弯较多时；

要在穿线的同时往管内吹入适当的滑石粉。穿线时，同一交流回路的导线必须穿入同一管内；不同回路、不同电压以及交流与直流的导线，不得穿入同一管内。

**7. 电缆敷设**

（1）电缆敷设前，要认真检查电缆型号、规格与设计是否相同，外观是否有扭绞、压扁、保护层断裂等缺陷。高压电缆敷设前做耐压及泄漏试验，低压电缆要用 500MΩ 表测量其绝缘情况，合格后方可敷设。

（2）敷设时在终端头及接头附近要有余留长度，直埋电缆应在全长上留少量长度并做波浪形敷设。温度低于 0℃时不允许敷设，否则要有计温措施，电缆的弯曲半径不应小于 10 倍电缆直径。

（3）敷设时不应交叉，电缆应排列整齐并加以固定，及时装设标志牌，直埋电缆沿线及其接头处应有明显的分位标志或牢固标志。电力力缆和控制电缆应分开控制，力缆和控缆若敷设于同一侧支架上时，应将力缆放在控缆上面，直埋电缆上下须铺一些小于 100mm 厚的软土或砂层，并盖以砖块或混凝土保护板，其覆盖宽度应超过电缆两侧各 50mm。

（4）电缆终端头和接头制作时，应严格遵守工艺规程，在气候良好的条件下进行，并有防尘和防外来污物的措施。

（5）电缆终端头与接头从开始剥切到制作完毕，必须连续进行一次完成，以免受潮。剥切电缆时不得伤及芯线和绝缘，包缠绝缘时应注意清洁，防止灰尘和潮气进入绝缘层，力缆终端头、电缆接头的外壳与该处的金属护套及绝缘层均应良好接地，接地线采用铜绞线，其截面不宜小于 $10cm^2$。

**8. 配电箱、柜安装**

配电箱、柜安装应在土建地面施工完后进行，墙柱上明装箱也应在土建施工完后进行，而暗装配电箱、接线箱应在土建抹灰装饰前，根据抹灰厚度进行。

配电箱、柜安装位置应准确，部件齐全，箱体开孔合适，切口整齐，暗式配电箱盖紧贴墙面，零线经汇流排接，无绞接现象，油漆完整，盘内外清洁，箱盖、开关灵活，回路编号清晰，接线整齐，PE线安装明显、牢固。配电箱、接线箱、分线箱如有引出管而需开孔时，必须使用开孔器，严禁用电焊、气焊开孔。

**9. 照明器具安装及接线**

照明器具的安装，应在土建装饰完成后进行，单股导线可直接与器具连接，多股导线应搪锡并压接线鼻子后与器具连接，插座相序为左零、右火、上接地，开关应为火进、控出再接灯，大型灯具有安全保证措施，特殊场所灯具应有减振措施，各种箱盘及大型灯具可靠接地。照明器具的型号、规格必须符合设计要求，安装标高符合设计和施工规范的要求。成排照明灯具安装时，其中心线允许偏差不大于5mm；导线进入灯具处绝缘良好且留有余量，接触严密。成排开关面板时，高度应一致，高低差不大于2mm；同一楼层开关、插座高度应一致，允许偏差不大于5mm。

**10. 防雷接地**

工艺流程：接地体→接地干线→引下线暗敷→均压环避雷→避雷网→电阻测试→自然基础接地体安装。

## 9.3 建筑电气施工质量的应对措施有哪些?

建筑行业中由于建筑电气质量问题而导致的事故越来越多，给国家经济造成重大损失，给人民生活造成极大影响甚至危害人民生命安全。许多事故都是由于在施工中没有按规范操作或忽视了一些必要的注意事项所造成的质量事故。以下列举并分析了电气施工过程中经常出现的质量问题，提出相应的解决措施，从而提高电气施工质量。

**1. 电气施工人员的自身素质问题**

施工管理人员无资质证书，作业人员无上岗证，大多数作业人员没有经过专业技术培训，施工水平达不到规范要求，致使一些安装工程质量达不到规定指标的要求。近年来，一些施工企业不愿意在工人培训上投入、技术培训工作薄弱，只想从市场上找一些技术水平好的工人施工，但不愿意长期使用。所以，电气安装是一项专业性很强的工种。一定要加强工人队伍素质的培训，树立长期思想，培训一批懂管理、技术水平好的管理人员，有一支施工水平高的工人队伍。

**2. 常用电气主要设备和材料问题**

1）电气设备的主要质量问题

① 使用非国标产品，无产品合格证、生产许可证、技术说明书和检测试验报告等文件资料；

② 导线电阻率高、机械性能差、截面小于标称值、绝缘差、温度系数大、尺寸每卷长度不够数等；

③ 电缆耐压低、绝缘电阻小、抗腐蚀性差、耐温低，绝缘层与线芯严密性差；

④ 动力、照明、插座箱外观差，几何尺寸达不到要求，钢板塑壳厚度不够，影响箱体强度，耐腐蚀性达不到要求；

⑤ 开关、插座导电值与标称值不符，导电金属片弹性不强，接触不好、易发热，达不到安全要求，塑料产品阻燃低、不耐温、安全性能差等。

2）采购人员

识别真假能力差，缺乏电气材料专业知识，把关不严。

3）针对问题与应对措施分析

（1）施工企业领导要高度重视起来，加强采购人员素质，把好材料质量关。可通过市场考查的方法，直接到有一定生产规模、信誉好、产品质量过硬的厂家进货，减少中间环节。

（2）电气设备、材料进入施工现场后，首先检查货物是否符合规范要求，核对设备、材料的型号、规格和性能参数是否与设计一致。清点说明书、合格证和零配件并进行外观检查，做好开箱记录并妥善保管。

（3）对主要材料，应有出厂合格证或质量证明书等。对材料质量发生怀疑时，应现场封样，及时到当地有资质的检测部门去检验，合格后方能进入现场投入使用。

**3. 施工中常见的质量问题及应对措施**

1）电线管敷设存在问题及应采取措施

（1）薄壁管代替厚壁管，黑铁管代替镀锌管，PVC 塑料管代替金属管；

（2）穿线管弯曲半径太小，并出现弯瘪、弯皱，严重时出现死弯，管子转弯不按规定设过渡盒；

（3）金属管口毛刺不处理，直接对口焊接，丝扣连接处和通过中间接线盒时不焊跨接钢筋或焊接长度不够，“点焊”和焊穿管子现象严重。镀锌管和薄壁钢管不用丝接，用焊接；

（4）钢管不接地或接地不牢；

（5）管埋墙、埋地深度不够，预制板上敷管交叉太多，影响建施工。现浇板内敷管集中成排、成捆，影响结构安全；

（6）管通过结构伸缩缝及沉降缝不设过路箱，留下不安全的隐患；

（7）明管和暗管进箱、进盒不顺直，挤成一捆儿，露头长度不合适，钢管不套丝，PVC 管无锁紧“纳子”。

施工人员对施工规范不熟悉或没有进行过专业培训，技术不过硬；操作中不认真负责，图方便、省事，现场管理人员要求不严、监督不够。这就要求我们采取相应的措施：

（1）严格按设计和规范下料配管，现场管理人员严格坚持三检制度，管材不符合要求不准施工；

（2）禁止用割管器切割钢管，用钢锯锯口要平（不斜），管口用圆锉将毛刺处理干净。暗配钢管如需焊接，可采用套管连接，套管长度为连接管外径的 1.5～3 倍，连接管的对口应在套管的中心，焊接牢固、严密，不允许管口对管口直接焊接；

（3）明管、暗管必须按规范要求可靠接地，进入配电箱的镀锌管、薄壁管用专业接地线卡和≥4mm 的双色软导线与箱体连接牢固。直径≥40mm 的管子进入配电箱，可以用点焊法固定在箱体上并注意防锈、防腐；

（4）管埋入墙内或地面内，管外表面距墙面、地面深度≥20mm，保证墙面、地面沿管不裂缝。预制板上敷管尽量避免交叉，如果20mm的PVC管穿线超过规定根数，可并放1根16mm的PVC管分穿。现浇楼板内敷管禁止成捆敷设，应成排分开、间隔放置，减少对地板结构的影响；

（5）管通过伸缩缝和沉降缝应按设计要求施工，过渡箱（盒）放置应平整、牢固。

2）配电箱体、接线盒、吊扇钩预埋存在的问题及采取的措施

（1）配电箱体、接线盒、吊钩不按图设置，位置偏移明显，排灯位、吊扇钩盒偏差大；

（2）现浇混凝土墙面、柱内的箱、盒歪斜不正，凹进去较深，管子口进箱、盒太多。箱、盒固定不牢，被振捣移位或混凝土浆进入箱、盒，箱、盒不作防锈、防腐处理。

针对上面存在的问题，主要是由于施工马虎，土建工人与电工配合不当造成的，在施工过程中要采取相应对策：

（1）灯具、开关、插座、吊扇钩盒预埋时，应符合图纸要求。定位时，左右、前后盒位允许偏差≤50mm，同一室内的成排布置的灯具和吊扇中心允许偏差≤5mm，开关盒距门框一般为150～200mm，高度按图说明去做。如果没有说明一般场合不低于1.3m，托儿所、幼儿园、住宅和小学不低于1.8m。

（2）现浇混凝土内预埋箱盒要紧靠模板，固定牢固、密封要好。混凝土浇筑时，电工跟班检查，确保配管和箱盒不被损坏移位，出现问题及时解决。模板拆除后，及时清理箱盒内的杂物和锈斑，刷防锈防腐漆。

（3）预埋施工中，根据现浇板的厚度，吊扇钩用$\phi$10圆钢先弯一个内径35～40mm的圆圈，将圆圈与钢筋缓缓地折成90°，插入接线盒底中间。再根据板厚，将剩余钢筋头折成90°，搭在板筋上焊牢。模板拆除后，将吊环拆下，圆钢调垂直，位于盒中心，吊钩与金属盒清理干净，刷防锈漆防腐。

3）防雷接地问题及应对措施

（1）防雷接地及避雷网施工中，焊接不符合要求。

（2）接地极电阻测试点设置不符合要求。防雷接地存在的问题应引起足够重视，进行原因分析，工作人员未参加培训、不知道如何施工或对设置防雷的概念不清楚，模棱两可、似懂非懂，就容易出现此类的问题。所以，针对问题要采取以下两方面的对策：

（1）现在的避雷接地极一般采取桩基筋、基础筋焊接为一体，通过柱筋连接到避雷网。设计图上再出现“断接卡”测试点不妥，应改为设置接地极测试点。测试点用 40×4 镀锌扁铁引出。

（2）高层住宅防雷施工中，9 层以上的金属门窗框应用 25×4 镀锌扁铁与接地筋焊接，防止侧雷击在门框、窗户上。从一层至顶层每隔一层的圈梁外围主筋搭接处跨钢筋焊牢，再接到避雷引下线的柱筋上作为均压环。

建筑工程中，智能建筑部分的施工中或多或少存在以上现象。要提高工程质量，首先要提高施工人员的素质，加强管理人员的责任心，提高施工技术，做好施工前的技术交底工作，坚持施工过程的“三检”制度，将施工过程中出现的质量问题消灭在施工质量验收之前。只有这样，才能使工程质量得到保障。

## 9.4 建筑防雷工程施工常见问题的处理措施有哪些？

建筑施工过程中，防雷工程项目包括桩基础的焊接、柱筋引下线通长焊接及均压环、避雷网、避雷针、避雷器安装等，一直伴随着建设施工的全过程。保证防雷工程项目施工质量的因素很多，如设计、材料、机械、地形、地质、水文、气象、施工工艺、操作方法、技术措施、管理制度等，环节很多。要对这些环节严格控制，才能保证最后的工程质量。

建筑物防雷包括防直击雷和防感应雷。防直击雷就是引导雷云与避雷装置之间放电，使雷电流迅速疏散到大地中去，从而保护建筑物免受雷击。防雷电感应则通过建筑物内部的设备、管道、构架、钢窗等金属物的接地装置与大地作可靠连接，将雷云放电后在建筑上残留的电荷迅速引入大地。目前，建筑工程常用的防雷措施有接闪器、引下线、接地装置、避雷器、均压环及金属导体等电位联结等的施工和安装。

**1. 防雷工程施工常见问题**

通过实际检测测验和经验，施工过程防直击雷和防感应雷措施中常出现以下问题：

（1）避雷带、引下线、接地体、均压环搭接的连接长度不够，焊接不饱满，焊接处有夹渣、焊瘤、虚焊、咬肉和气孔，没有敲掉焊渣等缺陷。

（2）地钢筋网的连接点的错焊、漏焊；作为外引接地联结点或检测点预埋件的漏设。尤其是建筑结构转换层，因构造柱（墙）内主钢筋调整、防雷引下线钢筋错接错焊的情况发生。

（3）用结构钢材代替避雷针（网）及其引下线时，焊接破坏镀锌层不刷防锈漆；或螺栓连接的连接片未经处理，片与片接触不严密等。

（4）引下点间距偏大，引下线跨越变形缝处未加设补偿器，穿墙体时未加保护管。接地体安装埋设深度不够或引出线未作防腐处理。

（5）屋面金属物，如管道、梯子、旗杆和设备外壳等，未与屋顶防雷系统相连，或等电位联结跨接地线线径不足。

（6）电气设备接地（接零）的分支线未与接地干线连接，实行串联连接。多层住宅采用 TN-S 系统时，进线在总电表箱处没有重复接地，没有按要求在配电间作 MEB。

（7）低压配电接地形式、电涌保护器（SPD）的设置及安装工艺状况、管线布设和屏蔽措施等，与防雷设计要求不符。

**2. 防雷工程项目施工质量控制的主要措施**

加强对防雷工程关键部位和工序的质量控制，针对施工中易出现质量通病的几个环节，制定现场检测预控措施，做到预防为主、动态跟踪，保证防雷工程的施工质量。

1）严格审查设计图纸

（1）不仅要熟悉电气图，对建筑设计中的结构、设备的布置也要有初步认识，领会设计中有关说明。对有些特殊的建筑工程项目系统，如弱电系统中的智能化工程、信息通信、计算机、监控等，因为这些地点和设置在设计平面图纸中一般都没有明确标注，是以规范要求为施工标准进行预留、预埋的，要注意对照强制性标准、施工验收规范进行施工。如发现不符合现行施工规范要求或做法不妥，选用的防雷接地材料不当时，应及时与设计单位洽商确定，形成设计文件，以便依照执行及备案。

（2）一个建设项目，相关专业设计图纸较多，在审核防雷图纸时，要对照建筑图、结构图、基础图。各项目衔接复杂，极易导致施工错误。若施工单位经验不足，易因工种（序）配合不当而造成施工错漏。对于施工中容易忽视和特别重要的问题应起草书面意见，以提醒施工单位执行。

2）严格材料质量控制关，保证焊接质量

一是验材料三证；二是看材料规格；三是查在施工中是否使用设计和规范规定的镀锌材料。施工监督检验过程中，作业人员往往随手拿普通结构用钢筋作帮条焊接，或用普通钢材代替镀锌材料，或以冷镀锌材质代替热镀锌材质，都应及时纠正。防雷工程施工主要是焊接，焊接质量决定着工程质量。由焊接技术不过关的人员进行防雷接地，造成防雷工程不合格的情况时有发生，应严格审核专业防雷施工队伍的资质等级和施工人员的资格证。

3）查验地基接地焊接

地基接地焊接是接地施工中的第一环节。对于基础圈梁焊接或桩基钢筋与基础钢筋的焊接、基础钢筋与柱筋的焊接，都应严格按基础图和接地点逐一检查，尤其要对伸缩缝处基础钢筋是否跨接连通进行确认。当整个接地网焊接完成后，立即进行接地电阻值测试，确认是否符合设计要求。当电阻值不满足设计要求时，再次检验焊接质量或按设计要求补做人工接地装置。

4）检查引上点和跨钢筋焊接质量

对以柱筋为引上线的接地网，要求施工人员每层按轴线标清每根柱子的位置及钢筋焊接的根数进行施工，防止漏焊或错焊位置、焊接长度及质量不满足设计和规范要求等。应对引上点和跨钢筋焊接质量仔细检查，并要求对焊接引上线进行定位标识，以防向上层焊错主筋，造成接地中断错误。特别是对于结构的转换层，由于柱筋的调整，防雷引下线利用柱内主筋焊接引下容易错焊、漏焊，应反复核实。

5）核实等电位焊接及其他接地部位

对于要进行等电位焊接、重复接地的部位，如设备间、变配电室、消防机房、空调机房、电梯机房、给水管、冷却塔、风机等部位的接地焊接，要在施工日记上注明备查、核实。高层建筑 45m 高度以上，每向上 3 层在结构圈梁内敷设 1 条 25mm×4mm 的扁钢与引下线，焊成一环形水平避雷带或用不少于两根圈梁主筋焊成均压环。楼内水平敷设的金属管道及金属物应与防雷接地焊接；垂直敷设的竖向金属管道，在其底部和顶部均应与防雷接地焊接。玻璃幕墙防雷等电位接地的施工，采用预埋铁做法时，注意在柱主筋上作可靠焊接。如果是后增加的玻璃幕墙，要根据建筑面积和建筑物的各种特点，做出详细的防雷施工方案。屋顶上装设的防雷网和建筑物顶部的避雷针及金属物体应焊接成一个整体。

6）按规范进行质量验收

防雷工程应按工程进度，及时做好隐蔽验收。无论自然接地体还是人工接地体以及玻璃幕墙、避雷网格、避雷针等，在施工完成后都要及时进行接地电阻值的测试。尤其是接地体或接地网施工完成后，应及时认定接地电阻值是否符合设计规定值。低压配电接地形式、电涌保护器（SPD）的设置及安装工艺状况、管线布设和屏蔽措施等，应与防雷设计要求相符；查看设计、施工资料，检查 SPD 安装位置、数量、型号、规格、技术参数，应与设计相符合。

## 9.5 智能建筑防雷击工程的技术要求有哪些?

当人类社会进入电子信息时代后，随之产生的智能建筑中安装了通信、计算机等大量的电子设备并形成智能系统，称为智能建筑。智能建筑主要包括通信网络系统、信息网络系统、建筑设备监控系统、安全防范系统、综合布线系统、火灾自动报警及消防联动系统等。这些系统中采用了大量的计算机及微电子设备，通过遍布整个建筑物的探测器、控制器、网络设备、机柜等为用户提供服务。由于智能建筑中的计算机及微电子设备具有功率小、工作电压低、绝缘程度不高，过电压承受能力差，抗干扰、抗电涌的能力较弱等特点，一旦遭雷电干扰，不但会损坏系统中价格昂贵的设备，而且极可能使整个运行系统瘫痪，造成巨大的经济损失。因此，熟悉雷电、掌握建筑智能设备及其系统对雷电侵袭的防护技术尤为重要。

**1. 雷电作用的种类**

雷电侵袭智能系统的形式主要有直接雷击、侧向雷击、雷电感应、雷电波侵入，此外还有雷击电磁脉冲等。

1）直接雷击

雷电直接击在建筑物上，雷电流经建筑物泄漏于大地时，产生电效应、热效应和机械效应。

2）雷电感应

雷电放电时，在雷电流通过的周围将有强大的电磁场产生，使通过电流的导体或金属构件及电力装置上产生很高的感应电压，有时可达到几十万伏，完全能够对一般电气设备的绝缘层造成破坏；在金属构件交叉连接的回路中，由于接触不良或存在空隙的接点，将产生火花。

3）雷电波侵入

雷电对架空线路或金属管道的作用，雷电将沿着这些管线侵入建筑物内部，危及智能系统和设备安全。

4）雷击电磁脉冲（LEMP）

作为干扰源的直接雷击和附近雷击所引起的效应。绝大多数是通过连接导体的干扰，如雷电流或部分雷电流、被雷电击中的电位升高以及磁辐射干扰。

**2. 雷击灾害的新特点**

当高科技得到广泛应用后，雷击灾害的特点与以往有极大的不同，出现新的特点。比如：

（1）受灾面积增大，从建筑、电力这两个行业延伸到其他行业，特别是高科技应用较广泛的领域，如邮电通信、计算机、航天航空、智能系统等。

（2）雷击灾害的空间范围扩大了，从二维空间侵入变为三维空间侵入。由雷电直击和过电压波沿管线传输增加至空间闪电的脉冲电磁场，以三维空间的形式侵入到任何角落，无孔不入地产生灾害。

（3）雷击危害程度大大增强，雷击灾害的直接和间接经济损失大幅增加。

（4）雷击灾害的对象已集中在价格昂贵的采用电子器件或微电脑的设备上，毫无疑问，智能建筑将是雷击侵害的主要对象。

因此，必须清醒地认识到防雷工程的重要性、迫切性和复杂性已有相当程度的增加了，雷电的防御由单一防护转变为系统防护，必须根据新特点并站在新的高度来熟悉和研究当代防雷技术，提高人们对雷击灾害防御的综合能力。

**3. 防御雷击的原则**

由于智能建筑的出现并被广泛采用，以及雷击灾害的新特点，我们必须全方位地层层设防，既要泄流、拦截，也要均衡电位、屏蔽隔离、过电压过电流保护等，达到综合防御雷击的目的。

**4. 防御雷击的措施**

智能建筑在一、二类建筑物中采用较多，防雷等级通常为一、二级。一级防雷的冲击接地电阻应小于10Ω，二级防雷的冲击接地电阻不大于 20Ω，公用接地系统的接地电阻应不大于 1Ω。在工程中，将屋面避雷带、避雷网、避雷针或混合组成的接闪器作为接闪装置，利用建筑物的结构柱内钢筋作为引下线，以建筑物基础地梁钢筋、承台钢筋或桩基主筋为接地装置，并用接地线将它们良好焊接。与此同时，将屋面金属管道、金属构件、金属设备外壳等与接闪装置进行连接，将建筑物外墙金属构件或钢架、建筑物外圈梁与引下线进行连接，从而形成闭合可靠的“法拉第笼”。建筑物内，将智能系统中的设备外壳、金属配线架、敷线桥架、穿线金属管道等与总等电位或局部等电位联结在配电系统中的高压柜、低压柜安装避雷器的同时，在智能系统电源箱及信号线箱中安装电涌保护器（SPD），从而达到综合防御雷击的目的，确保智能建筑的安全。

1）外部防御雷击

外部防御雷击的主要装置包括接闪器、避雷引下线、接地装置等，主要用于防御直接雷击。

（1）接闪器：

A. 避雷针：一般采用镀锌圆钢或焊接钢管制作。工程中，将避雷针与避雷引下线相连接，或者与避雷带、避雷网相连接。

B. 在易受雷击的屋角、屋脊、女儿墙、屋面四周的檐口，安装直径为 12mm 的镀锌圆钢作避雷带。并在屋面采用 40mm×4mm 的镀锌扁钢设置不大于 10m×10m 或 15m×15m 的网格，该网格与避雷带相连。

C. 屋顶上的构筑物或其他凸出屋面的物体，如砖砌水箱、楼梯顶盖、电梯机房顶盖、屋顶造型等，沿其四周装设避雷带；在屋面接闪器保护范围以外的建筑物，如主楼裙房屋顶、连接单体楼的通道等，均应安装直径为 12mm 的镀锌圆钢避雷带；主楼屋面上的金属物件，如天线、冷却塔、消防管道或其他供水管道、风机、不锈钢水箱等，都必须与屋面避雷带连接，其连接线的截面不应小于屋面避雷带的截面。

D. 当建筑物高度超过 30m 时，该大楼 30m 及其以上部分的阳台金属栏杆以及外墙上的金属门窗、钢架等金属构件或其他金属凸出物，都必须与避雷引下线连接构成电气通路，以达到防御侧向雷击的目的。

（2）避雷引下线：

避雷引下线通常利用建筑物结构柱内主筋，当该主筋直径大于或等于 16mm 时，则取其中两根钢筋通长焊接作为一组避雷引下线；当该主筋直径小于 16mm 时，则取其中四根钢筋通长焊接作为一组避雷引下线。避雷引下线上部与避雷带连接，下部与接地装置连接。

（3）接地装置：

目前，建筑物大部分都是采用埋深大于 600mm 并同基础钢筋连接作接地装置，利用地圈梁的两根主筋组成闭合环网。地圈梁两根主筋与承台底部钢筋连接有桩基础的，在引下线设置处应将桩基主筋与作接地线的地圈梁主筋连接。

2）内部防御雷击

内部防御雷击主要包括防御雷电感应、雷电波侵入及雷击电磁脉冲等。通常采取的措施是屏蔽隔离、等电位联结与接地、装设电涌保护器等。

（1）防御雷电感应的措施：

A. 在智能系统中央控制室、计算机网络中心、监控中心、消防控制室、电话机房以及其他楼层设备用房等处设置局部等电位箱（LEB）。局部等电位箱内端子板以镀锌扁钢或铜板或铜线与接地体或建筑物总等电位箱内端子板房间内金属设备外壳、电缆桥架、穿线金属管道、设备用支架、静电地板支架或其他金属构件等敷铜线，与局部等电位箱内端子板可靠连接。

B. 在弱电竖井内通长安装一根镀锌扁钢或铜板，电缆桥架、垂直管线的穿线钢管每三层与其相连，并将各楼层竖井内配线架、设备用机柜或支架与该镀锌扁钢或铜板连接。

C. 智能系统在大楼内现场安装的各种设备，如传感器、控制器、读卡器、摄像机机架等的金属外壳，应就近与楼层局部等电位相连。

D. 电缆桥架、穿线钢管及其与箱柜对接处，应做到电气通路良好。

（2）防御雷电波侵入的措施：

A. 进入建筑物电源线缆，特别是智能系统用线缆应尽量埋地敷设。在建筑物底层安装总等电位箱，将进入室内的消防管道、各种金属保护套管、线缆金属保护层等以铜线与总等电位箱端子板相连。若智能系统机房设在底层，其入户金属管道与线缆金属保护层等，也可以以铜线与机房内局部等电位端子板相连。金属管道中断处应跨接。

B. 需架空敷线应换缆进户，在架空与电缆换接处装设避雷器，并将避雷器、电缆金属外皮、保护钢管及其他金属部件一起接地。

（3）防御雷击电磁脉冲的措施：

雷击电磁脉冲的防护是在雷电入侵大楼的各通道上（如电源线路、信号传输线路及进入大楼的各种管线等），通过采用屏蔽隔离、均压、过电压保护、过电流保护、接地等方法，将雷电过电压、过电流泄放入地，从而达到保护智能建筑设备的目的。

（4）电涌保护器（SPD）防护：

电涌保护器是非线形电压限制元件，用于限制暂态过电压和分流电涌电流的装置，分开关型、限压型和混合型；若按电涌保护器在智能系统中的功能，又可分为电源线路电涌保护器、天馈线路电涌保护器和信号线路电涌保护器。

A. 电源线路的电涌保护一般可采用四级。其中，第三级电涌保护器安装在智能系统机房主配电箱内，用于保护以该配电箱为电源的所有设备；第四级安装在需特殊保护的设备（如数字程控交换机、计算机网络系统的主交换机等）电源箱中。电源线路的各级电涌保护器应分别安装在被保护设备用电电源的前端，其接线端分别与电源箱相应相线连接；其接地端与电源箱内 PE 端子板相连。各级电涌保护器连接导线长度不宜大于 0.5m；

B. 天馈线路电涌保护器串接在天馈线与被保护设备之间；

C. 信号线路电涌保护器安装在被保护设备的信号端口上，其输出端与被保护设备的端口相连。

智能建筑的防雷击工程是一个系统工程，只要综合防御雷击的措施采取得当，内外结合，在智能建筑中构成一套完整的防御雷击体系，雷击事故的发生是可以避免的。

## 9.6 民用建筑防雷与接地施工质量如何控制?

民用建筑工程防雷设防分为三级；一般采用 25×4 热镀锌扁钢作为避雷带，沿女儿墙四周敷设，25×4 热镀锌扁钢避雷带支持卡子间距为 1m 左右，但必须一致。转角处悬空段不大于 1m，避雷带高出屋面装饰或女儿墙 0.15m。同时，屋面采用 25×4 热镀锌扁钢组成不等避雷网格。避雷网格沿屋面敷设，所有高出屋面的各种金属构件均需与避雷带焊接相连。

当前，一般民用建筑利用结构柱内或剪力墙内主钢筋作为引下线，钢筋上下焊接相连，直径大于 160mm 两根为一组，柱子上端预埋 100×100×8 钢板，用于柱子内主钢筋与避雷带连接的转换。

工程接地体形式主要有人工接地体和利用基础作为接地体的形式：利用承台钢筋网、桩基钢筋连接构成等电位接地网络，接地电阻不大于 1Ω。每层建筑物外墙连续梁内钢筋与楼层钢筋焊接成一体，形成均压环，并与引下线可靠相连。外墙上的金属门窗、金属结构、外墙栏杆与均压环相连接，以防侧击雷。近几年，等电位联结要求日益严格，主要有总等电位联结、辅助等电位联结、局部等电位联结。机房、卫生间设备、金属管线等一般要作等电位接地。

施工流程：施工准备→接地装置安装→引下线安装→避雷带支架制作安装→避雷网安装→接地电阻测试。

技术措施：材料齐全且符合设计要求，施工机具配备充足，施工图纸已对施工班组进行技术交底。

主要施工方法：防雷接地工程包括接地装置、防雷引下线及避雷带的安装。施工采用标准为《电气装置安装工程 接地装置施工及验收规范》GB 50169—2016。

1）接地装置

（1）按照设计图尺寸位置要求，将底板内两条结构主筋焊接连通并与所经桩台及柱内的有关钢筋焊接（不同标高处利用两根竖向结构上下贯通），将两根主筋用油漆做好标记，便于引出和检查。

（2）所有焊接处焊缝应饱满并有足够的机械强度，不得有夹渣、咬肉、裂纹、虚焊、气孔等缺陷，焊接处的药皮敲净后，刷沥青作防腐处理。采用搭接焊时，其焊接长度要求如下：镀锌扁钢不小于其宽度的两倍，且至少 3 个棱边焊接；镀锌圆钢焊接长度为其直径的 6 倍，并应两面焊接；镀锌圆钢与镀锌扁钢连接时，其长度为圆钢直径的 6 倍。

（3）每一处施工完毕后，应及时请质检部门进行隐蔽工程检查验收，合格后方能隐蔽，同时做好隐蔽工程验收记录。

2）引下线安装

利用建筑钢筋做引下线的情况，钢筋截面一定要满足设计要求；钢筋的连接要满足规范要求，如建筑施工采用埋弧焊工艺，可不作处理；否则，要进行接地跨接，搭接长度不应小于跨接钢筋直径的 6 倍。

3）避雷带

工程避雷带采用 25×4 热镀锌扁钢。

（1）支架安装：在土建屋面结构施工时，应配合预埋支架。所有支架必须牢固，灰浆饱满、横平竖直。支架间距不大于 1.5m 且间距均匀，允许偏差 30mm。转角处两边的支架距转角中心不大于 250mm，成排支架水平度每 2m 检查段允许偏差 3/1000，但全长偏差不得大于 10mm；

（2）避雷带安装：将镀锌扁钢调直；避雷线安装时应平直、牢固，不得有高低起伏和弯曲现象，距离建筑物应一致，平直度每 2m 检查段允许偏差 3/1000，但全长偏差不得大于 10mm；避雷线弯曲处不得小于 90°，弯曲半径不得小于镀锌扁铁直径的 2.5 倍；在建筑物的变形缝处应做防雷跨越处理。

4）电气接地施工方法

目前，根据《住宅设计规范》GB 50096，接地制主要采用 TT、TN—C—S 或 TN-S 接地方式，并进行总等电位联结。

（1）高/低压变配电房设备的接地系统，在房间内周围设置一条距地面 300mm 的水平接地环形带，规格应按照设计要求；

（2）开关柜、配电屏（箱）、电力变压器及各种用电设备、因绝缘破损而可能带电的金属外壳、电气用的独立安装的金属支架及传动机构、插座的接地孔，均应以专用接地（PE 线）支线可靠相连，PE 线应与接地装置连通并作重复接地；

（3）当保护线（PE 线）所用材质与相线相同时，PE 线最小截面应符合要求；当 PE 线采用单芯绝缘导线时，按机械强度要求，截面不应小于：有机械性保护时为 2.5mm$^2$，无机械性保护时为 4mm$^2$；

（4）所有外露的接地点、测试点，均应涂红色油漆并有标志牌写明用途；

（5）火灾自动报警系统，楼宇设备自动监控系统（BMS）及其他弱电设备机房采用专用接地线，由接地装置引入控制室。

5）接地电阻测试

接地电阻测试仪型号采用 ZC29B-2，仪表必须经专业计量。测试前，先将检流计的指针调零，再将倍率标准杆置于最大倍数，慢摇。同时，调整测量标度盘，使检流计为零。加速摇到 120r/min 左右，再调到平衡后，读标度盘的刻度，乘倍率就得所测的电阻值。注意电流探针的接线长度为 40m，电位探测的接线长度为 20m。

# 十、后浇带工程

## 10.1 现浇混凝土结构中后浇带施工质量如何控制？

当今，钢筋混凝土结构的建筑形式多种多样，在施工中经常需要留置后浇带。后浇带就是指在现浇整体钢筋混凝土结构中，只在施工期间留存的临时性的带形缝，起到消化沉降收缩变形的作用。根据工程需要保留一定时间后，再用混凝土浇筑密实，成为连续整体的结构。如后浇带施工质量不好，会使建筑结构整体性不好，造成渗漏等质量问题。现根据笔者的工作经验，对后浇带施工总结出以下施工方法，以提高后浇带的施工质量。本方法适用于高低结构的高层住宅、公共建筑及超长结构的现浇整体钢筋混凝土结构中后浇带的施工。其他有特殊要求的结构中的后浇带施工，可参照本节方法进行施工控制。

**1. 施工工艺的一般要求**

（1）后浇带施工应按设计要求预留，严格按图纸施工。并按设计规定的时间先浇筑混凝土，一般宽度为 800～1200mm，间隔为 20～30m，贯通整个结构的横截面，将结构划分为几个独立区段，但不一定直线通过一个开间，以避免钢筋 100%有搭接接头；后浇带一般从梁、板分跨部通过或纵横墙相交的部位或门洞口的连梁处通过，板、墙的钢筋搭接长度为 $45d$，梁的主筋可以不断开，使其保持一定的连系；

（2）后浇带当前共有四种形式：平直缝、阶梯缝、凸形缝和凹形缝。若设计无明确要求，采用何种形式应视具体情况而定，其中地下室外墙一般采用平直缝，并安装钢板止水带；

（3）在施工基础垫层时，宜将后浇带处基础垫层降低 50～100mm，以便处理施工缝、清除垃圾和排除积水。雨期施工时，后浇带应每间隔 50m 设置集水坑，以便及时排除雨水和养护用水；

（4）后浇带四周应做好防护，顶部应遮盖，以防施工过程中垃圾等污染钢筋及施工缝结合面；

（5）模板应根据分块图划分出混凝土浇筑施工层数，并严格按施工方案进行。后浇带施工缝一般采用快易收口网、钢丝网或堵头板作侧模，堵头板应按钢筋间距上下刻槽；

（6）后浇带混凝土施工前，应清除钢筋表面锈层，混凝土表面凿毛（若采用快易收口网或钢丝网），用压力水冲洗；

（7）钢筋若采用断离法，则按设计及规范要求搭接接长或焊接，有加强附加钢筋的，还需视附加钢筋具体位置穿插施工；

（8）后浇带两侧混凝土达到设计规定龄期后，按照设计规定和施工规范规定的时间浇筑后浇带混凝土。后浇带混凝土必须采用无收缩混凝土，宜采用微膨胀混凝土，强度等级宜提高一级。并且宜掺入早强减水剂，认真配制、精心振捣，为了保证混凝土密实，垂直施工缝处应采用钢钎捣实；

（9）后浇带施工缝处理自下而上逐层进行，后浇带混凝土强度达到设计要求后，视工程特点按规定逐层拆除模板；

（10）后浇带混凝土初凝后，应在12h内覆盖浇水养护14d，养护期间要保持混凝土表面湿润；

（11）后浇带冬期施工：水和砂根据冬期施工方案规定加热并加防冻剂，宜采用综合蓄热法养护。降温不宜超过5℃/h。拆模时，结构表面温度与周围气温的温差不得超过15℃。

**2. 后浇带施工中应注意的问题**

（1）由于施工原因需设置后浇带时，应视工程具体结构形状而定，留设位置须经设计认可，不能根据施工经验或某些资料来确定。

（2）后浇带的保留时间：应按设计要求确定。当设计无要求时，应不少于40d；在不影响施工进度的情况下，应保留60d。沉降后浇带宜在建筑物沉降基本完成后进行。

（3）带有混凝土粉状和片状老锈、经除锈后仍留有麻点的钢筋，严禁按原规格使用。

（4）后浇带的保护：基础承台的后浇带留设后，应采取保护措施防止垃圾、杂物掉入；保护措施可采用木盖板覆盖在承台的上皮钢筋上，盖板两边应比后浇带各宽出 500mm 以上。地下室外墙竖向后浇带可采用砌砖保护。楼层面板后浇带两侧的梁底模及梁板支承架不得拆除。

（5）混凝土浇筑厚度应严格按规范和施工方案进行，以免浇筑厚度过大，钢丝网模板侧压力增大而外凸出，造成尺寸偏差。采用钢丝模板的垂直施工缝，在混凝土浇筑和振捣过程中，应特别注意分层浇筑厚度与振捣器距钢丝网模板的距离。为防止混凝土振捣时水泥浆流失严重，应限制振捣器与模板的距离（采用 $\phi50$ 振捣棒时不小于 400mm，采用 $\phi70$ 振捣器时不小于 500mm）。

（6）后浇带的封闭：浇筑结构混凝土时，后浇带的模板上应设一层钢丝网。后浇带施工时，钢丝网不必拆除。后浇带无论采用何种形式设置，都必须在封闭前仔细地将整个混凝土表面的浮浆凿除并凿成毛面，彻底清除后浇带中的垃圾及杂物，并隔夜浇水湿润，铺设水泥浆，以确保后浇带混凝土与先浇捣的混凝土连接良好。地下室底板和外墙后浇带的止水处理，按设计要求及相应的施工质量验收规范进行。后浇带的封闭材料应采用比先浇捣结构混凝土设计强度等级提高一级的微膨胀混凝土浇筑振捣密实，并保持不少于 14d 的保温、保湿养护。

**3. 施工要点**

（1）后浇带混凝土中使用的微膨胀剂和外加剂品种，应根据工程性质和现场施工条件选择，并事先通过试验确定掺入量。

（2）所有微膨胀剂和外加剂必须具有出厂合格证及产品技术资料，并符合相应技术标准和设计要求。

（3）微膨胀剂的掺量直接影响混凝土的质量，因此，其称量应由专人负责，允许误差一般为掺入量的±2%。

（4）混凝土应搅拌均匀，否则会产生局部过大或过小的膨胀，影响混凝土质量。所以，应对掺微膨胀剂混凝土的搅拌时间适当延长。

（5）后浇带混凝土应密实，与先浇捣混凝土的连接应牢固，受力后不应出现裂缝。

（6）在预应力结构中，后浇带内的非预应力筋必须为预应力筋的锚固、张拉等留出必要的空间。

（7）预应力结构中的后浇带内有非预应力筋、预应力筋、锚具、各种管线等。此类后浇带混凝土浇捣时，应高度注意其密实度。

（8）地下室底板中后浇带内的施工缝应设置在底板厚度的中间，形状为U形。

（9）后浇带混凝土浇筑完毕后应采取带模保温、保湿条件下的养护，应按规范规定，浇水养护时间一般混凝土不得少于7d，掺外加剂或有抗渗要求的混凝土不得少于14d。

（10）浇筑后浇带的混凝土如有抗渗要求，还应按规范规定制作抗渗试块。

**4. 材料质量要求**

钢筋、水泥、砂、碎石、外加剂、焊条等原材料必须符合设计要求和有关标准规定。后浇带施工时模板应支撑安装牢固，钢筋进行清理整形，其规格尺寸、数量、间距、接头位置、焊接质量、接头长度必须符合设计要求和规范规定。施工质量应满足钢筋混凝土设计、施工和质量验收规范的要求，以保证混凝土密实、无裂缝。

工程通过设置后浇带，使大体积、大面积混凝土可以分块分段施工，加快了施工进度，缩短了施工工期。由于不设永久性的沉降缝，简化了建筑结构设计，提高了建筑物的整体性，同时也减少了渗漏水的因素。只有保证后浇带的施工质量，才更能充分体现它的应用价值。

## 10.2 如何控制后浇带的工程质量?

后浇带作为超长建筑不留温度伸缩缝及高层建筑高层部分

与裙房间不留沉降缝的技术措施，已在各种工程中普遍采用。但在施工过程中有些环节注意不到，往往会使后浇带起不到应有的作用，还可能给工程带来不利影响，给结构造成隐患。以下就施工中的一些质量控制措施作一介绍。

**1. 模板支撑设置**

作为超长建筑的温度后浇带，一般要求混凝土的间隔时间不少于相应天数，作为高层建筑高层与裙房之间的后浇带，要求高层部分主体施工完后再浇筑混凝土，间隔时间可能要几个月甚至整年。由于一些跨过后浇带的连续梁被后浇带断开，造成这些梁在该跨出现悬臂现象，而结构设计时这些梁按连续梁的受力特性配筋，并未考虑梁的悬臂问题。同样，一些单向板或双向板由于设置了后浇带，出现了由四边固定支承变为三边固定、一边自由的现象，使板的受力特性发生了变化。为避免这些梁板挠度过大或出现裂缝，同时不影响上部结构的施工，应对后浇带下及其两侧范围内的模板及支撑经独立计算设置，确保受力和稳定；否则，可能会造成梁板上部裂缝或后浇带部位下挠顶板面不平、下沉等质量事故，故在模板支撑中应采取以下措施：

（1）后浇带两侧保留受荷支撑不少于两排，排距不大于1.2m，包括梁板支撑均应保留该部分模板支撑系统要相对独立，以便于其他模板及支撑的正常拆除和周转。后浇带保留的支撑，水平方向应可靠拉结，以防失稳。

（2）对于地下室较厚底板大梁等，属大体积混凝土的后浇带，两侧必须设置专用模板和支撑，以防止混凝土漏浆而使后浇带断不开。对地下室有防水抗渗要求的还应留设止水带或作企口模板，以防后浇带处渗水。后浇带保留的支撑，应保留至后浇带混凝土浇筑且强度达到设计要求后，方可逐层拆除。

**2. 后浇带浇筑前的技术措施**

后浇带混凝土浇筑后会产生干缩变形，导致新老混凝土结合不良，对此采取下列措施，以防止后浇带产生裂缝：

(1) 后浇带两侧用快易收口网，钢丝网或堵头板作侧模，堵头板应按钢筋间距上下刻槽，后浇带的形式按设计要求处理模板。若设计无明确要求时，采用何种形式视具体情况定。其中，地下室外墙一般采用平直缝并安装钢板止水带，后浇带混凝土施工前应清除钢筋表面的浮锈层，混凝土表面凿毛若采用快易收口网或钢丝网，网不拆除不需凿毛，清理混凝土表面杂物并用压力水冲洗。

(2) 钢筋若采用断离法，则按设计及规范要求搭接接长或焊接，穿插施工。后浇带浇筑时的措施，选用带补偿收缩作用的微膨胀混凝土，掺量为水泥用量的14%左右。后浇带浇筑前要用高压水或压缩空气进行清理，清除混凝土表面的碎片、松散颗粒和浮浆。浇筑后浇带时，在施工缝边沿周边模板上粘贴断面的泡沫塑料条，以保证接缝口光滑、平整，防止漏浆和烂根。

**3. 后浇带的质量标准**

钢筋的规格、形状、尺寸、数量、间距、锚固长度和接头位置，必须符合设计要求和施工规范规定；混凝土配合比、原材料计量、搅拌、养护和施工缝处理，必须符合设计与规范要求；对设计不允许有裂缝的结构，严禁出现裂缝；设计允许出现裂缝的结构，其裂缝宽度必须符合设计要求；混凝土应振捣密实，不得有蜂窝、孔洞、露筋、缝隙、夹渣等缺陷。

**4. 施工要求体会**

1) 后浇带的施工缝处理后应采取临时保护措施，防止杂物、污水等进入后浇带内，给后续施工带来困难；

2) 垂直的后浇带表面要粗糙、干净、凹凸不平，这样才能保证新旧混凝土的粘结力达到要求，有效保证混凝土的整体性；

3) 后浇带的断面形式应考虑浇筑混凝土后连接牢固，一般宜避免留缝，对于板可留斜缝；对于梁及基础，可留企口缝；而企口缝又有多种形式，可根据结构断面情况确定；

4) 后浇带的混凝土应减小水灰比，控制坍落度，掺加高效早强型减水剂，减水率一般在4%左右；

5）混凝土的拌制浇捣必须认真，严格配合比计量并适当延长搅拌时间，浇筑顺序宜从一端向另一端分层斜面赶进，这样有利于水的排出和混凝土的结合；

6）后浇带应待主体完成后，主体沉降或伸缩基本稳定再封闭后浇带，浇筑时应自下而上逐层进行，必须加强浇筑后的保护及养护。

工程应用实践证明，在后浇带施工中只要采取以上这些措施施工控制，后浇带的设置效果一定能达到设计要求。

## 10.3 后浇带在建筑施工中如何应用？

在高层建筑物中，由于功能和造型需要，往往将高层主楼与低层裙房连在一起，裙房包围了主楼的部分或大部分。从传统的结构观点看，希望将高层与裙房脱开，这就需要设变形缝；但从建筑要求上，又不希望设缝。因为设缝会出现双梁、双柱、双墙，使平面布局受限，因此施工后浇带法便应运而生。

**1. 施工后浇带的功能作用**

后浇带，也称施工后浇带。按作用分可分为三种：用于解决高层主体与低层裙房的差异沉降缝，称为后浇沉降带；用于解决钢筋混凝土收缩的变形缝，称为后浇收缩带；用于解决混凝土的温度应力缝，称为后浇温度带。后浇带一般可同时考虑几种作用，但终究是临时性的措施，待将该处混凝土补齐后才能得到充分发挥，所以施工也有其特点。

这种后浇带一般具有多种变形缝的功能，设计时应考虑以一种功能为主、其他功能为辅。施工后浇带是整个建筑物，包括基础及上部结构施工中的预留缝（“缝”很宽，故称为“带”），待主体结构完成，将后浇带混凝土补齐后，这种“缝”即不存在，既在整个结构施工中解决了高层主楼与低层裙房的差异沉降，又达到了不设永久变形缝的目的。

**2. 施工后浇带的做法**

一般高层主楼与低层裙房的基础同时施工，这样回填土后场地平整，便于上部结构施工。对于上部结构，无论是高层主楼与低层裙房同时施工，还是先施工高层后施工低层，同样要按施工图预留施工后浇带。

（1）高层主楼与低层裙房连接的基础梁、上部结构的梁和板，要预留出施工后浇带，待主楼与裙房主体完工后（有条件时再推迟一些时间），再用微膨胀混凝土将它浇筑起来，使两侧地梁、上部梁和板连接成一个整体。这样做的目的是为了将高层与低层的差异沉降放过一部分，因为高层主楼完成之后，一般情况下，其沉降量已完成最终沉降量的60%～80%，剩下的沉降量就小多了。这时，再补齐施工后浇带混凝土，两者的差异沉降量就较小一些。这部分差异沉降引起的结构内力，可由不设永久变形缝的结构承担。对于施工后浇收缩带，宜在主体结构完工两个月后浇筑混凝土，这时估计混凝土收缩量已完成60%以上。

（2）施工后浇带的位置宜选在结构受力较小的部位。一般在梁、板的变形缝反弯点附近，此位置弯矩不大，剪力也不大；也可选在梁、板的中部，弯矩虽大，但剪力很小。在施工后浇带处，混凝土虽为后浇，但钢筋不能断开。如果梁、板跨度不大，可一次配足钢筋；如果跨度较大，可按规定断开，在补齐混凝土前焊接好。后浇带的配筋应能承担由浇筑混凝土成为整体后的差异沉降而产生的内力，一般可按差异沉降变形反算为内力，而在配筋上予以加强。后浇带的宽度应考虑便于施工操作并按结构构造要求而定，一般宽度以800～1000mm为宜。施工后浇带的断面形式应考虑浇筑混凝土后连接牢固，一般宜避免留直缝。对于板，可留斜缝；对于梁及基础，可留企口缝。而企口缝又有多种形式，可根据结构断面情况确定。

**3. 后浇带施工控制的一些问题**

1）后浇带两侧的隔断做法

后浇带两侧宜采用钢筋支架钢丝网或单层钢板网隔断，钢筋支架的钢筋直径及间距设置视构件断面大小而定，以支撑稳定为原则，钢丝网的网眼一般不宜过大，以避免灌注混凝土时跑浆；如网眼偏大，可在网外粘贴一层塑料薄膜并支挡固定好，以承受灌注混凝土时的挤压力并保证不跑浆。待混凝土凝固后薄膜即可撕去，钢筋支架亦可除去，而钢丝网则留在后浇带两侧，即永久留在后浇带内。

2）采取措施确保后浇带处钢筋的准确位置

后浇带一般预留 800～1000mm，常用宽度为 800mm，是考虑施工操作的需要，钢筋应保证准确位置而连续不断。对于板，单层钢筋下应设置垫块，双层钢筋应设置支架；对于梁，底部钢筋亦应加垫块，上部钢筋一般直径较大，可不用支架。但应注意的是，在后浇带部位应设马道通过，不应直接踩踏钢筋。

3）后浇带补齐混凝土后的整体连接问题

采用钢筋支架钢丝网隔断，后浇带两侧混凝土应局部干硬一些，即水灰比小一些，既保证接槎振捣密实又不跑漏浆液，使侧面混凝土强度和其他混凝土一致。浇筑混凝土前，应将后浇带处侧面混凝土凿毛、清刷干净，将底部碎屑彻底清除。

4）后浇带灌注混凝土的时间问题

当高层建筑采用天然地基或以摩擦为主的桩基时，由于高层建筑沉降量较大，应待高层建筑主体结构完成后再浇筑后浇带；当高层建筑主楼基础坐落在卵石层或基岩上，或以端承桩为主的摩擦桩时，由于高层建筑沉降量较小，可根据施工期间的沉降观测，确定在高层建筑主体结构施工到一定高度时，灌注后浇带。

5）后浇收缩带、后浇温度带灌注混凝土的时间问题

前述后浇带主要是指后浇沉降带，或者同时也是收缩带和温度带，即同时起到三种作用。如果后浇收缩带单独设置，则灌注混凝土的时间宜在设带后的两个月之后，这样估计可完成混凝土收缩的 60％以上，如确有困难时也不宜少于一个月；如果后浇温度带单独设置，则灌注混凝土的时间宜选择在温度较低时。不要在热天补齐冷天留下来的后浇温度带。

综上所述，鉴于后浇带的范围日益广泛，不仅用于高层主楼与低层裙房连接处，对于超长的多层或高层框架结构，虽不存在差异沉降问题，但为解决钢筋混凝土的收缩变形或混凝土的收缩应力，也采用后浇收缩带或后浇温度带。因此，后浇带的施工问题应引起高度重视，后浇带应按设计要求预留，一定要留企口缝并按规定时间灌注混凝土。灌注前应将表面清理干净，将钢筋加以整理或施焊；然后，浇筑早强、无收缩水泥配制的混凝土或膨胀混凝土，浇筑后加强养护。施工中要采取有力措施，加强监督与检查，以确保后浇带的施工质量。

## 10.4 后浇带施工技术及质量保证措施有哪些?

后浇带是现浇整体式钢筋混凝土结构施工期间，为了克服因温度、收缩可能产生有害裂缝而设置的变形缝，经一定时效后再进行后浇带封闭，形成整体结构。由于结构由后浇带连成整体，因此后浇带施工的质量与结构质量休戚相关。后浇带处往往断面大、钢筋密集、模板支设难度大，特别是杂物、垃圾容易落入，清理十分困难。若清理不彻底，将会影响结构的质量。

**1. 后浇带的主要功能作用**

在建筑工程中，通过设置后浇带来解决设计中考虑沉降差异或钢筋混凝土的收缩变形以及混凝土的温度应力等问题，现各类工程已广泛采用。

1）解决沉降差

高层建筑和裙房的结构及基础设计成整体，但在施工时用后浇带将两部分暂时断开，待主体结构施工完毕，已完成大部分沉降量以后再浇灌连接部分的混凝土，将高低层连成整体。设计时，基础应考虑两个阶段不同的受力状态，分别进行强度校核。连成整体后的计算应当考虑后期沉降差引起的附加内力。这种做法要求地基土较好，房屋的沉降能在施工期间内基本完成。同时，还可以采取以下调整措施：

（1）调压力差：主楼荷载大，采用整体基础降低土压力并加大埋深，减少附加压力；低层部分采用较浅的十字交叉梁基础，增加土压力，使高低层沉降接近。

（2）调时间差：先施工主楼，待其基本建成、沉降基本稳定后，再施工裙房，使后期沉降基本相近。

（3）调标高差：经沉降计算，将主楼标高定得稍高、裙房标高定得稍低，预留两者沉降差，使两者最后的实际标高相一致。

2）减小温度收缩影响

新浇混凝土在硬结过程中会收缩，已建成的结构受热将会膨胀，受冷则会收缩。混凝土硬结收缩的大部分将在施工后的一两个月完成，而温度变化对结构的作用则是经常的。当其变形受到约束时，在结构内部就产生温度应力，严重时就会在构件中出现裂缝。留出后浇带后，施工过程中混凝土可以自由收缩，从而大大减少了收缩应力。混凝土的抗拉强度可以大部分用来抵抗温度应力，提高结构抵抗温度变化的能力。

**2. 后浇带施工应注意的问题**

1）后浇带的支撑方案

后浇带封闭前，后浇带处梁、板模板的支撑不得拆除，同时后浇带跨内不得施加其他荷载，例如放置施工设备、堆放施工材料等，以保证结构安全。

2）楼面后浇带的临时保护措施

后浇带空置期间，为防止杂物进入，采取胶合板封闭的措施。

3）后浇带质量要求

后浇带混凝土采用微膨胀、高一等级的防水混凝土。

4）后浇带混凝土的保养方法

采用蓄水保养。

**3. 后浇带施工技术**

1）模板支设

根据分块图划分出的混凝土浇筑施工层段支设模板，并严格按施工方案的要求进行。

2）地下室顶板混凝土浇筑

（1）混凝土浇筑厚度应严格按规范和施工方案进行，以免因浇筑厚度较大，钢丝网模板的侧压力增大而向外凸出，造成尺寸偏差。

（2）采用钢丝网模板的垂直施工缝，在混凝土浇筑和振捣过程中应分层浇筑，注意厚度和振捣器距钢丝网模板的距离。为了防止混凝土搅拌中水泥浆流失严重，应限制振捣器与模板的距离，采用 $\phi$50 振捣器时不小于 40cm，采用 $\phi$70 振捣器时不小于 50cm。为保证混凝土密实，垂直施工缝处应采用钢钎捣实。

3）浇筑地下室顶板混凝土后垂直施工缝的处理

（1）对采用钢丝网模板的垂直施工缝，当混凝土达到初凝时用压力水冲洗，清除浮浆、碎片并使冲洗部位露出骨料，同时将钢丝网片冲洗干净。混凝土终凝后将钢丝网拆除，立即用高压水再次冲洗施工缝表面。

（2）对木模板处的垂直施工缝，可用高压水冲毛；也可根据现场情况和规范要求，尽早拆模并及时人工凿毛。

（3）对于已硬化的混凝土表面，要使用凿毛机处理。

（4）对较严重的蜂窝或孔洞应进行修补。

（5）后浇带混凝土浇筑前，应用喷枪清理表面。

4）地下室底板后浇带的保护措施

（1）对于底板后浇带，在后浇带两端两侧墙处各增设临时挡水砖墙，其高度高于底板高度，墙壁两侧抹防水砂浆。

（2）为防止底板四周施工积水流进后浇带内，在后浇带两侧 50cm 宽处，用砂浆做出宽 5cm、高 5～10cm 的挡水带。

（3）后浇带施工缝处理完毕并清理干净后，顶部用木模板或薄钢板封盖，并用砂浆做出挡水带，四面设临时栏杆围护，以免施工过程中污染钢筋、堆积垃圾。

（4）基础承台的后浇带留设后，应采取保护措施，防止垃圾、杂物掉入后浇带内。保护措施可采用木盖板覆盖在承台的上皮钢筋上，盖板两边应比后浇带各宽出 500mm 以上。

5）地下室顶板后浇带混凝土的浇筑

（1）不同类型后浇带混凝土的浇筑时间不同：伸缩后浇带视先浇部分混凝土的收缩完成情况而定，一般为施工后 42～60d；沉降后浇带宜在建筑物基本完成沉降后进行。在一些工程中，设计单位对后浇带的保留时间有特殊要求，应按设计要求保留。

（2）浇筑后浇带混凝土前，用水冲洗施工缝，保持湿润 24h 并排除混凝土表面积水。

（3）浇筑后浇带混凝土前，宜在施工缝处铺一层与混凝土内砂浆成分相同的水泥砂浆。

（4）后浇带混凝土必须采用无收缩混凝土，可采用膨胀水泥配制，也可采用添加具有膨胀作用的外加剂和普通水泥配制，混凝土的强度应提高一个等级，其配合比通过试验确定，宜掺入早强减水剂且应认真配制，精心振捣。由于膨胀剂的掺量直接影响混凝土的质量，因此要求膨胀剂的称量由专人负责。所用膨胀剂和外加剂的品种，应根据工程性质和现场施工条件选择，并事先通过试验确定配合比，适当延长掺膨胀剂混凝土的搅拌时间，以使混凝土搅拌均匀。

（5）后浇带混凝土浇筑后仍应浇水养护，养护时间不得不于 28d。

6）地下室底板、侧壁后浇带的施工

地下室因为对防水有一定的要求，所以后浇带的施工是一个非常关键的环节。在《地下防水工程质量验收规范》GB 50208 中也有专门的要求，其规定：防水混凝土的施工缝、后浇带、穿墙管道、埋设件等设置和构造，均须符合设计要求，严禁有渗漏。另外，施工对后浇带的防水措施也做了如下要求：

（1）后浇带应在其两面三侧混凝土龄期达到 42d 后再施工。

（2）后浇带的接缝处理应符合规范关于施工缝防水施工的规定。

（3）后浇带应采用补偿收缩混凝土，其强度等级不得低于两侧混凝土。

(4) 后浇带混凝土养护时间不得少于28d。在地下室后浇带施工中，必须严格按规范规定的要求处理。

7) 后浇带施工的质量控制要求

(1) 后浇带施工时模板支撑应安装牢固，钢筋应进行清理整形，施工的质量应满足钢筋混凝土设计和施工质量验收规范的要求，以保证混凝土密实、不渗水和产生有害裂缝。

(2) 所有膨胀剂和外加剂必须有出厂合格证及产品技术资料，并符合相应标准的要求。

(3) 浇筑后浇带的混凝土必须按规范上试件留设的要求留置试块。有抗渗要求的，应按有关规定制作抗渗试块。

综上所述，采用钢丝网模板封堵竖缝，在混凝土浇筑振捣过程中，会有少量水泥浆外漏。混凝土初凝后、终凝前，用压力水冲洗施工缝表面，清除浮浆、碎片，露出石子。同时，也将钢丝网片冲洗干净，混凝土终凝后再将钢丝网片拆除。经处理的垂直施工缝表面粗糙、干净、凹凸不平，新旧混凝土的粘结力很强，有效地保证了混凝土的整体性。后浇带的施工缝处理后应采取临时保护措施，防止杂物、污水等进入后浇带内，给后续施工带来困难。对于大体积、大面积的混凝土表面可涂刷缓凝剂，以延缓混凝土表面凝聚，保证冲毛效果。

鉴于后浇带的范围日益广泛，不仅用于高层主楼与低层裙房连接处，对于超长的多层或高层框架结构，虽不存在差异沉降问题，但为解决钢筋混凝土的收缩变形或混凝土的收缩应力，也采用后浇收缩带或后浇温度带，因此，后浇带的施工问题应引起高度重视。后浇带应按设计要求预留，一定要留企口缝并按规定时间灌注混凝土，灌注早强、无收缩水泥配制的混凝土或膨胀混凝土，浇筑后加强养护。施工中要采取有力措施，加强监督与检查，以确保后浇带的施工质量。

# 主要参考文献

1. 王宗昌. 建筑工程质量百问（第二版）. 北京：中国建筑工业出版社，2005
2. 王欣泉，高振铎. 怎样防治钻孔灌注桩的质量事故 [J]. 黑龙江科技信息，2010（2）：227，110
3. 杨栋. 钻孔灌注桩断桩形成的原因及处理措施 [J]. 江淮水利科技，2008（2）：36-37
4. 胡伍生，潘庆林. 土木工程测量 [M]. 南京：东南大学出版社，2002
5. 姜晨光. 土木工程概论. 北京：化学工业出版社，2009
6. 孙瑞丰. 建筑学基础. 北京：清华大学出版社，2006
7. 李令波. 多孔砖砌体的施工 [J]. 工程与建设，2007（2）
8. 张成华. 关于承重多孔砖砌筑的施工技术 [J]. 科技咨询导报，2007（30）
9. 胡东明. 浅谈多孔砖砌体的施工与质量保证 [J]. 山西建筑，2008（24）
10. 周俊林. 砌筑砂浆的质量控制 [J]. 科技资讯，2006（10）
11. 靳志国等. 混凝土防渗面板浆砌石重力坝施工技术 [J]. 东北水利水电，2008（9）
12. 王寿华. 复合防水屋面的设计与施工 [J]. 施工技术，2000（4）：228-230.
13. 梅月植、孙成、米晋生. 监理工程师工作指南 [M]. 北京：中国建筑工业出版社，2009
14. 王安. 构筑物工程施工细节详解 [M]. 北京：机械工业出版社，2009
15. 杨德银，王芳. 屋面施工工艺及方法 [J]. 江苏建筑，2006（6）
16. 姚燕. 高性能混凝土的体积变化及裂缝控制. 北京：中国建筑工业出版社，2011
17. 刘娟红，宋少民. 绿色高性能混凝土技术与工程应用. 北京：中国电力出版社，2011
18. 中国建筑设计研究院机电院. 智能建筑电气技术（精选）. 北京：中国电力出版社，2005
19. 勾三利. 民用建筑常见电气工程质量通病与防治对策 [J]. 河北建筑工程学院学报，2005（4）

20. 周峰鹿，王生云. 浅谈电气工程的质量控制［J］. 甘肃科技纵横，2005
21. 高笑，张鹏. 建筑电气施工中容易出现的问题及防治措施［J］. 安装，2008（7）
22. 邹焘. 论建筑电气施工阶段应注意的问题及预防措施［J］. 广东科技，2008（12）
23. 瞿义勇. 民用建筑电气设计规范（强电部分）应用图解［M］. 北京：机械工业出版社，2010
24. 李贵玲，高霞等. 建筑物防雷装置施工质量控制［J］. 气象水文海洋仪器，2008（3）：108-110